普通高等教育"十二五"规划教材（高职高专教育）

建筑施工技术

主　编　钟汉华

编　写　董　伟　　邵元纯　　王中发
　　　　张天俊　　朱保才

主　审　鲁立中

U0393176

中国电力出版社

CHINA ELECTRIC POWER PRESS

内 容 提 要

本书为普通高等教育"十二五"规划教材（高职高专教育）。全书共分 9 章，主要内容为土方工程施工、地基与基础工程施工、砌体工程施工、钢筋混凝土工程施工、预应力混凝土工程施工、钢结构工程施工、结构工程安装、屋面及防水工程施工、建筑装饰工程施工。全书吸取了当前建筑施工的新技术、新工艺、新方法，其内容的深度和难度按照高等职业教育的特点，重点讲授理论知识在工程实践中的应用，培养高等职业学校学生的职业能力。

本书可作为高职高专院校建筑工程技术、工程监理、工程造价等专业的教材，也可作为土建类其他层次职业教育相关专业的培训教材和土建工程技术人员的参考书。

图书在版编目（CIP）数据

建筑施工技术/钟汉华主编. —北京：中国电力出版社，2014.2

普通高等教育"十二五"规划教材. 高职高专教育

ISBN 978-7-5123-5019-9

Ⅰ.①建… Ⅱ.①钟… Ⅲ.①建筑工程－工程施工－高等职业教育－教材 Ⅳ.①TU74

中国版本图书馆 CIP 数据核字（2013）第 237755 号

中国电力出版社出版、发行

（北京市东城区北京站西街 19 号 100005 http：//www.cepp.sgcc.com.cn）

北京市同江印刷厂印刷

各地新华书店经售

*

2014 年 2 月第一版 2014 年 2 月北京第一次印刷

787 毫米×1092 毫米 16 开本 27 印张 664 千字

定价 **47.00** 元

敬 告 读 者

前　言

　　本书根据全国高职高专教育土建类专业教学指导委员会颁布的"建筑施工技术"教学大纲,以施工员、二级建造师等职业岗位能力的培养为导向,同时遵循高等职业院校学生的认知规律,以专业知识和职业技能、自主学习能力及综合素质培养为课程目标,紧密结合职业资格证书相关考核要求,确定本书的内容。本书按照土方工程施工、地基与基础工程施工、砌体工程施工、钢筋混凝土工程施工、预应力混凝土工程施工、钢结构工程施工、结构工程安装、屋面及防水工程施工、建筑装饰工程施工等内容进行安排。本书根据编者多年工作经验和教学实践,在自编教材基础上修改、补充编纂而成。本书可作为高职高专院校建筑工程技术、工程监理、工程造价等专业的教学用书,也可作为土建类其他层次职业教育相关专业的培训教材和土建工程技术人员的参考书。

　　建筑施工技术是一门实践性很强的课程。为此,我们始终坚持"素质为本、能力为主、需要为准、够用为度"的原则进行编写。在写作过程中,精选我国建筑工程施工的内容,注重针对性和实用性。同时,还适当照顾了不同地区的特点和要求,力求反映国内外建筑工程施工的先进经验和技术成就。

　　本书由钟汉华任主编,由鲁立中主审。钟汉华编写第1、6、7、8章,张天俊编写第2章,董伟编写第3章,王中发编写第4章,邵元纯编写第5章,朱保才编写第9章。

　　本书在编写过程中,曲炳良、余丹丹、徐宏广、黄晶等做了一些辅助性工作,在此对他们的辛勤工作表示感谢!

　　在编写本书的过程中参考了有关专业文献和资料,在此对有关文献的作者和资料提供者表示感谢。限于编者水平,加之时间仓促,难免存在不足之处,诚恳地希望读者与同行批评指正。

编　者

2013 年 8 月

目　　录

第1章　土 方 工 程 施 工

1.1　土 方 的 种 类 鉴 别

1.1.1　土的种类鉴别

土的种类繁多，其分类的方法也很多。在建筑施工中，根据土的开挖难易程度（即硬度系数大小），将土分为松软土、普通土、坚土、砂砾坚土、软石、次坚石、坚石、特坚石等八类。前四类属一般土，后四类属岩石。土的这八种分类方法及现场鉴别方法见表1-1。由于土的类别不同，单位工程消耗的人工或机械台班不同，因而施工费用就不同，施工方法也不同。所以，正确区分土的种类、类别，对合理选择开挖方法、准确套用定额和计算土方工程费用关系重大。

表1-1　　　　　　　　　　　土的工程分类及鉴别方法

土的分类	土的名称	可松性系数		现场鉴别（开挖）方法
		K_s	K'_s	
一类土 （松软土）	砂；亚砂土；冲积砂土层；种植土；泥炭（淤泥）	1.08～1.17	1.01～1.03	能用锹、锄头挖掘
二类土 （普通土）	亚黏土；潮湿的黄土；夹有碎石、卵石的砂；种植土；填筑土及亚砂土	1.14～1.28	1.02～1.05	用锹、锄头、挖掘，少许用镐翻松
三类土 （坚土）	软及中等密实黏土；重亚黏土；粗砾石；干黄土及含碎石、卵石的黄土、亚黏土；压实的填筑土	1.24～1.30	1.04～1.07	主要用镐，少许用锹、锄头挖掘，部分用撬棍
四类土 （砂砾坚土）	重黏土及含碎石、卵石的黏土；粗卵石；密实的黄土；天然级配砂石；软泥灰岩及蛋白石	1.26～1.32	1.06～1.09	主要用镐、撬棍，然后用锹挖掘，部分用楔子及大锤
五类土 （软石）	硬石炭纪黏土；中等密实的页岩、泥灰岩、白垩土；胶结不紧的砾岩；软的石炭岩	1.30～1.45	1.10～1.20	用镐或撬棍、大锤挖掘，部分使用爆破方法
六类土 （次坚石）	泥岩；砂岩；砾岩；坚实的页岩；泥灰岩；密实的石灰岩；风化花岗岩；片麻岩	1.30～1.45	1.10～1.20	用爆破方法开挖，部分用风镐
七类土 （坚石）	大理岩；辉绿岩；玢岩；粗、中粒花岗岩；坚实的白云岩、砂岩、砾岩、片麻岩、石灰岩；风化痕迹的安山岩、玄武岩	1.30～1.45	1.10～1.20	用爆破方法开挖
八类土 （特坚石）	安山岩；玄武岩；花岗片麻岩、坚实的细粒花岗岩，闪长岩、石英岩、辉长岩、辉绿岩、玢岩	1.45～1.50	1.20～1.30	用爆破主法开挖

1.1.2　土的工程性质

对土方工程施工有直接影响的土的工程性质主要有以下几个方面。

1. 土的质量密度

土的质量密度分为天然密度和干密度。土的天然密度，指土在天然状态下单位体积的质量，又称湿密度。它影响土的承载力、土压力及边坡稳定性。土的天然密度按下式计算

$$\rho = \frac{m}{V} \tag{1-1}$$

式中　　m——土的总质量，kg；

　　　　V——土的体积，m³。

土的干密度是指单位体积土中固体颗粒的质量，用下式表示

$$\rho_d = \frac{m_s}{V} \tag{1-2}$$

式中　　m_s——土中固体颗粒的质量，kg。

土的干密度在一定程度上反映了土颗粒排列的紧密程度，因而常用它作为填土压实质量的控制指标。土的最大干密度值可参考表1-2。

2. 土的可松性

自然状态下的土经开挖后，其体积因松散而增加，虽经回填夯实，仍不能完全恢复到原状态土的体积，这种现象称为土的可松性。土的可松程度用最初可松性系数 K_s 及最后可松性系数 K_s' 表示，即

$$K_s' = \frac{V_3}{V_1} \tag{1-3}$$

$$K_s = \frac{V_2}{V_1} \tag{1-4}$$

式中　　V_1——土在天然状态下的体积，m³；

　　　　V_2——土挖出后的松散体积，m³；

　　　　V_3——土经压（夯）实后的体积，m³。

土的可松性对土方的平衡调配，基坑开挖时预留土量及运输工具数量的计算均有直接影响。各类土的可松性系数见表1-1。

3. 土的含水量

土的含水量（w）是指土中所含水的质量与土的固体颗粒质量之比，用百分率表示，即

$$w = \frac{m_w}{m_s} \times 100\% \tag{1-5}$$

式中　　m_w——土中水的质量，kg；

　　　　m_s——固体颗粒的质量，kg。

土的含水量反映土的干湿程度。它对挖土的难易、土方边坡的稳定性及填土压实等均有直接影响。因此，土方开挖时，应采取排水措施。回填土时，应使土的含水量处于最佳含水量的变化范围之内，详见表1-2。

表 1-2　　　　　　　　　　土的最佳含水量和干密度参考值

土 的 种 类	变 动 范 围	
	最佳含水量（重量比）/%	最大干密度/(g/cm³)
砂土	8~12	1.80~1.88

土 的 种 类	变 动 范 围	
	最佳含水量（重量比）/%	最大干密度/(g/cm³)
粉土	16～22	1.61～1.80
亚砂土	9～15	1.85～2.08
亚黏土	12～15	1.85～1.95
重亚黏土	16～20	1.67～1.79
粉质亚黏土	18～21	1.65～1.74
黏土	19～23	1.58～1.70

4. 土的渗透性

土的渗透性也称透水性，是指土体被水透过的性质。它主要取决于土体的孔隙特征，如孔隙的大小、形状、数量和贯通情况等。地下水在土中的渗流速度一般可按达西定律计算

$$V = ki \qquad\qquad (1-6)$$

式中　V——水在土中的渗流速度，m/d 或 m/h；

　　　k——土的渗透系数，m/d 或 m/h；

　　　i——水力坡度。

渗透系数 k 反映出土透水性的强弱。它直接影响降水方案的选择和涌水量的计算。可通过室内渗透实验或现场抽水试验确定，一般土的渗透系数参考值见表 1-3。

表 1-3　　　　　　　　　　**土 壤 渗 透 系 数**

土壤的种类	k/(m/d)	土壤的种类	k/(m/d)
亚黏土、黏土	<0.1	含黏土的中砂及纯细砂	20～25
亚砂土	0.1～0.5	含黏土的细砂及纯中砂	35～50
含亚黏土的粉砂	0.5～1.0	纯粗砂	50～75
纯粉砂	1.5～5.0	粗砂夹砾石	50～100
含黏土的细砂	10～50	砾石	100～200

1.2　土方工程量的计算

在土方工程施工前，通常要计算土方工程量，根据土方工程量的大小，拟订土方工程施工方案，组织土方工程施工。土方工程外形往往很复杂、不规则，要准确计算土方工程量难度很大。一般情况下，将其划分成一定的几何形状，采用具有一定精度又与实际情况近似的方法计算。

1.2.1　基坑与基槽土方量的计算

1. 基坑土方量

基坑是指长宽比小于或等于 3 的矩形土体。基坑土方量可按立体几何中拟柱体（由两个平行的平面做底的一种多面体）体积公式计算，如图 1-1 所示，即

$$V = \frac{H}{6}(A_1 + 4A_0 + A_2) \tag{1-7}$$

式中　H——基坑深度，m；

A_1，A_2——基坑上、下底的面积，m^2；

A_0——基坑中截面的面积，m^2。

2. 基槽土方量

基槽土方量计算可沿长度方向分段后，按照上述同样的方法计算，如图 1-2 所示，即

$$V_1 = \frac{L_1}{6}(A_1 + 4A_0 + A_2) \tag{1-8}$$

式中　V_1——第一段的土方量，m^3；

L_1——第一段的长度，m。

将各段土方量相加，即得总土方量

$$V = V_1 + V_2 + \cdots + V_n \tag{1-9}$$

式中　V_1，V_2，…，V_n——各段土方量，m^3。

图 1-1　基坑土方量计算　　　　　图 1-2　基槽土方量计算

1.2.2　场地平整土方量的计算

场地平整就是将天然地面平整成施工要求的设计平面。场地设计标高是进行场地平整和土方量计算的依据，合理选择场地设计标高，对减少土方量、提高施工速度具有重要意义。场地设计标高是全局规划问题，应由设计单位及有关部门协商解决。当场地设计标高无设计文件特定要求时，可按场区内"挖填土方量平衡法"经计算确定，并可达到土方量少、费用低、造价合理的效果。

场地平整土方量的计算有方格网法和断面法两种。断面法是将计算场地划分成若干横截面后逐段计算，最后将逐段计算结果汇总。断面法计算精度较低，可用于地形起伏变化较大、断面不规则的场地。当场地地形较平坦时，一般采用方格网法。

1. 方格网法

方格网法计算场地平整土方量包括以下步骤。

（1）绘制方格网图。

由设计单位根据地形图（一般在 1/500 的地形图上），将建筑场地划分为若干个方格网，方格边长主要取决于地形变化复杂程度，一般取 $a=10m$、$20m$、$30m$、$40m$ 等，通常采用 20m。方格网与测量的纵横坐标网相对应，在各方格角点规定的位置上标注角点的自然地面标高（H）和设计标高（H_n），如图 1-3 所示。

（2）计算场地各方格角点的施工高度。

各方格角点的施工高度为角点的设计地面标高与自然地面标高之差，是以角点设计标高为基准的挖方或填方的施工高度。各方格角点的施工高度按下式计算

图1-3　方格网法计算土方工程量图

$$h_n = H_n - H \tag{1-10}$$

式中　h_n——角点的施工高度，即填挖高度（以"＋"为填，"－"为挖），m；

　　　H_n——角点的设计标高，m；

　　　H——角点的自然地面标高，m；

　　　n——方格的角点编号（自然数列1，2，3，…，n）。

（3）计算"零点"位置，确定零线。

当同一方格的四个角点的施工高度同号时，该方格内的土方则全部为挖方或填方，如果同一方格中一部分角点的施工高度为"＋"，而另一部分为"－"，则此方格中的土方一部分为填方，另一部分为挖方，沿其边线必然有一不挖不填的点，即为"零点"，如图1-4所示。

"零点"位置按下式计算

$$x_1 = \frac{ah_1}{h_1 + h_2}, \quad x_2 = \frac{ah_2}{h_1 + h_2} \tag{1-11}$$

式中　x_1，x_2——角点至零点的距离，m；

　　　h_1，h_2——相邻两角点的施工高度，均用绝对值表示，m；

　　　a——方格网的边长，m。

在实际工作中，为省略计算，也可以用图解法确定零点，如图1-5所示。方法是用尺在各角点上标出挖填施工高度相应比例，用尺相连，与方格相交点即为零点位置。此法甚为方便，同时可避免计算或查表出错。将相邻的零点连接起来，即为零线。它是确定方格中挖方与填方的分界线。

图 1-4 零点位置计算示意图　　　　图 1-5 零点位置图解法

（4）计算方格土方工程量。

按方格底面积图形和表 1-4 所列计算公式，计算每个方格内的挖方量或填方量。

（5）边坡土方量的计算。

场地的挖方区和填方区的边沿都需要做成边坡，以保证挖方土壁和填方区的稳定。边坡的土方量可以划分成两种近似的几何形体进行计算：一种为三角棱锥体，另一种为三角棱柱体。

1）三角棱锥体边坡体积，如图 1-6 中①～③、⑤～⑦所示，计算公式为

$$V_1 = \frac{A_1 l_1}{3} \qquad (1-12)$$

式中　l_1——三角棱锥体边坡的长度，m；

　　　A_1——三角棱锥体边坡的端面积，m^2。

表 1-4　　　　　　　　　　　常用方格网点计算公式

项　目	图　示	计 算 公 式
一点填方或挖方（三角形）		$V = \dfrac{bc}{2} \cdot \dfrac{\sum h}{3} = \dfrac{bch_3}{6}$ 当 $b=a=c$ 时，$V = \dfrac{a^2 h_3}{6}$
二点填方或挖方（梯形）		$V_+ = \dfrac{b+c}{2}a \dfrac{\sum h}{4} = \dfrac{a}{8}(b+c)(h_1+h_3)$ $V_- = \dfrac{d+e}{2}a \dfrac{\sum h}{4} = \dfrac{a}{8}(d+e)(h_2+h_4)$
三点填方或挖方（五角形）		$V = \left(a^2 - \dfrac{bc}{2}\right)\dfrac{\sum h}{5}$ $= \left(a^2 - \dfrac{bc}{2}\right)\dfrac{h_1+h_2+h_3}{5}$

续表

项 目	图 示	计 算 公 式
四点填方或挖方(正方形)		$V=\dfrac{a^2}{4}\sum h=\dfrac{a^2}{4}(h_1+h_2+h_3+h_4)$

注 1. a—方格网的边长,m;b、c—零点到一角的边长,m;h_1、h_2、h_3、h_4—方格网四角点的施工高度,用绝对值代入,m;$\sum h$—填方或挖方施工高度总和,用绝对值代入,m;V—填方或挖方的体积,m^3。

2. 本表计算公式是按各计算图形底面积乘以平均施工高度而得出的。

2) 三角棱柱体边坡体积,如图 1-6 中④所示,计算公式为

$$V_4=\frac{A_1+A_2}{2}l_4 \tag{1-13}$$

当两端横断面面积相差很大的情况下,边坡体积计算公式为

$$V_4=\frac{l_4}{6}(A_1+4A_0+A_2) \tag{1-14}$$

式中　　l_4——三角棱柱体边坡的长度,m;

A_1,A_2,A_0——三角棱柱体边坡两端及中部横断面面积。

图 1-6 场地边坡平面图

(6) 计算土方总量。

将挖方区(或填方区)所有方格计算的土方量和边坡土方量汇总,即得该场地挖方和填方的总土方量。

2. 断面法

沿场地取若干个相互平行的断面,可利用地形图或实际测量定出,将所取的每个断面(包括边坡断面)划分为若干个三角形和梯形,如图 1-7 所示,则面积为

$$A'_1=\frac{h_1d_1}{2},\quad A'_2=\frac{(h_1+h_2)d_2}{2}\cdots$$

图 1-7　断面法示意图

某一断面面积为

$$A_i = A'_1 + A'_2 + \cdots + A'_n$$

若 $d_1 = d_2 = \cdots = d_n = d$，则

$$A_i = d(h_1 + h_2 + \cdots + h_{n-1})$$

设各断面面积分别为 A_1，A_2，$\cdots$，A_m，相邻两断面间的距离依次为 L_1，L_2，$\cdots$，L_m，则所求的土方体积为

$$V = \frac{A_1 + A_2}{2}L_1 + \frac{A_2 + A_3}{2}L_2 + \cdots + \frac{A_{m-1} + A_m}{2}L_{m-1} \qquad (1-15)$$

用断面法计算土方量，边坡土方量已包括在内。

【例 1-1】　某建筑施工场地地形图和方格网布置，如图 1-8 所示。方格网的边长 $a=$ 20m，方格网各角点上的标高分别为地面的设计标高和自然标高，该场地为粉质黏土，为了保证填方区和挖方区边坡稳定性，设计填方区边坡坡度系数为 1.0，挖方区边坡坡度系数为 0.5，试用方格网法计算挖方和填方的总土方量。

图 1-8　某建筑场地方格网布置图

解　（1）计算各角点的施工高度。

根据方格网各角点的地面设计标高和自然标高，按照式（1-10）计算得

$$h_1 = 251.50 - 251.40 = 0.10m$$

$$h_2 = 251.44 - 251.25 = 0.19m$$

$$h_3 = 251.38 - 250.85 = 0.53\text{m}$$
$$h_4 = 251.32 - 250.60 = 0.72\text{m}$$
$$h_5 = 251.56 - 251.90 = -0.34\text{m}$$
$$h_6 = 251.50 - 251.60 = -0.10\text{m}$$
$$h_7 = 251.44 - 251.28 = 0.16\text{m}$$
$$h_8 = 251.38 - 250.95 = 0.43\text{m}$$
$$h_9 = 251.62 - 252.45 = -0.83\text{m}$$
$$h_{10} = 251.56 - 252.00 = -0.44\text{m}$$
$$h_{11} = 251.50 - 251.70 = -0.20\text{m}$$
$$h_{12} = 251.46 - 251.40 = 0.06\text{m}$$

各角点施工高度计算结果标注如图 1-9 所示。

(2) 计算零点位置。

由图 1-9 可知，方格网边 1-5、2-6、6-7、7-11、11-12 两端的施工高度符号不同，这说明在这些方格边上有零点存在，由式 (1-11) 求得

1-5 线：$x_1 = 4.55\text{m}$；2-6 线：$x_1 = 13.10\text{m}$；6-7 线：$x_1 = 7.69\text{m}$；7-11 线：$x_1 = 8.89\text{m}$；11-12 线：$x_1 = 15.38\text{m}$。

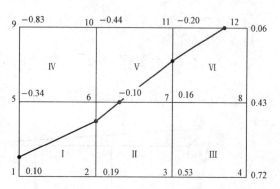

图 1-9　施工高度及零线位置

将各零点标于图上，并将相邻的零点连接起来，即得零线位置，如图 1-9 所示。

(3) 计算各方格的土方量。

方格 Ⅲ、Ⅳ 底面为正方形，土方量为
$$V_{Ⅲ}(+) = 20^2/4 \times (0.53 + 0.72 + 0.16 + 0.43) = 184\text{m}^3$$
$$V_{Ⅳ}(-) = 20^2/4 \times (0.34 + 0.10 + 0.83 + 0.44) = 171\text{m}^3$$

方格 Ⅰ 底面为两个梯形，土方量为
$$V_{Ⅰ}(+) = 20/8 \times (4.55 + 13.10) \times (0.10 + 0.19) = 12.80\text{m}^3$$
$$V_{Ⅰ}(-) = 20/8 \times (15.45 + 6.90) \times (0.34 + 0.10) = 24.59\text{m}^3$$

方格 Ⅱ、Ⅴ、Ⅵ 底面为三边形和五边形，土方量为
$$V_{Ⅱ}(+) = 65.73\text{m}^3；V_{Ⅱ}(-) = 0.88\text{m}^3；V_{Ⅴ}(+) = 2.92\text{m}^3$$
$$V_{Ⅴ}(-) = 51.10\text{m}^3；V_{Ⅵ}(+) = 40.89\text{m}^3；V_{Ⅵ}(-) = 5.70\text{m}^3$$

方格网总填方量为
$$\sum V(+) = 184 + 12.80 + 65.73 + 2.92 + 40.89 = 306.34\text{m}^3$$

方格网总挖方量为
$$\sum V(-) = 171 + 24.59 + 0.88 + 51.10 + 5.70 = 253.26\text{m}^3$$

(4) 边坡土方量计算。

如图 1-10 所示，除④、⑦按三角棱柱体计算外，其余均按三角棱锥体计算，由式 (1-12)、式 (1-13)、式 (1-14) 计算可得
$$V_{①}(+) = 0.003\text{m}^3$$

$$V_②(+) = V_③(+) = 0.000\ 1m^3$$

$$V_④(+) = 5.22m^3$$

$$V_⑤(+) = V_⑥(+) = 0.06m^3$$

$$V_⑦(+) = 7.93m^3$$

$$V_⑧(+) = V_⑨(+) = 0.01m^3$$

$$V_⑩ = 0.01m^3$$

$$V_⑪ = 2.03m^3$$

$$V_⑫ = V_⑬ = 0.02m^3$$

$$V_⑭ = 3.18m^3$$

边坡总填方量为

$$\sum V(+) = 0.003 + 0.000\ 1 + 5.22 + 2 \times 0.06 + 7.93 + 2 \times 0.01 + 0.01 = 13.29m^3$$

边坡总挖方量为

$$\sum V(-) = 2.03 + 2 \times 0.02 + 3.18 = 5.25m^3$$

图 1-10　场地边坡平面图

1.2.3　土方调配

土方调配是土方工程施工组织设计（土方规划）中的重要内容，在场地土方工程量计算完成后，即可着手土方的调配工作。土方调配，就是对挖土的利用、堆弃和填土三者之间的关系进行综合协调的处理。好的土方调配方案，应该使土方的运输量或费用最少，而且施工又方便。

1. 土方调配原则

土方调配应遵循以下原则：

（1）力求达到挖方与填方基本平衡和运距最短。使挖方量与运距的乘积之和最小，即土方运输量或费用最小，降低工程成本。

（2）近期施工与后期利用相结合。当工程分期分批施工时，若先期工程有土方余额，应结合后期工程的需求来考虑其利用量与堆放位置，以便就近调配，以避免重复挖运和场地混乱。

（3）应分区与全场相结合。分区土方的余额或欠额的调配，必须考虑全场土方的调配，不可只顾局部平衡而妨碍全局。

（4）尽可能与大型建筑物的施工相结合。大型建筑物位于填土区时，应将开挖的部分土体予以保留，待基础施工后再进行填土，以避免土方重复挖、填和运输。

（5）选择适当的调配方向和运输路线，使土方机械和运输车辆的功效得到充分发挥。

总之，进行土方调配，必须依据现场具体情况、有关技术资料、工期要求、土方施工方法与运输方法等，综合考虑上述原则，并经计算比较，选择经济合理的调配方案。

2. 土方调配方案的编制

土方调配方案的编制，应根据施工场地地形及地理条件，把挖方区和填方区划分成若干个调配区，计算各调配区的土方量，并计算每对挖、填方区之间的平均运距（即挖方区重心至填方区重心的距离），然后确定挖方各调配区的土方调配方案。土方调配的最优方案，应使土方总运输量最小或土方运输费用最少，工期短、成本低，而且便于施工。

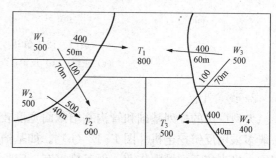

图 1-11 土方调配图

调配方案确定后，绘制土方调配图，如图 1-11 所示。在土方调配图上要注明挖填调配区、调配方向、土方数量和每对挖填之间的平均运距。图中的土方调配，仅考虑场内挖方和填方的平衡，W 表示挖方，T 表示填方。

1.3 土 方 开 挖

1.3.1 施工准备

土方开挖前需要做好下列准备工作。

1. 场地清理

施工区域内障碍物要调查清楚，制订方案，并征得主管部门意见和同意，拆除影响施工的建筑物、构筑物；拆除和改造通信和电力设施、自来水管道、煤气管道和地下管道；迁移树木。

2. 排除地面积水

尽可能利用自然地形和永久性排水设施，采用排水沟、截水沟或挡水坝等措施，把施工区域内的雨雪自然水、低洼地区的积水及时排除，使场地保持干燥，便于土方工程施工。

3. 测设地面控制点

大型场地的平整，利用经纬仪、水准仪，将场地设计平面图的方格网在地面上测设固定下来，各角点用木桩定位，并在桩上注明桩号、施工高度数值，便于施工。

4. 修筑临时设施

修好临时道路、电力、通信及供水设施，以及生活和生产用临时房屋。

1.3.2　开挖方式

1. 点式开挖

厂房的柱基或中小型设备基础坑，因挖土量不大，基坑坡度小，机械只能在地面上作业，一般多采用抓铲挖土机［图 1-12 (c)］和反铲挖土机［图 1-12 (b)］。抓铲挖土机能挖一、二类土和较深的基坑；反铲挖土机适于挖四类以下土和深度在 4m 以内的基坑。

图 1-12　单斗挖土机的类型
(a) 正铲；(b) 反铲；(c) 拉铲；(d) 抓铲

2. 线式开挖

大型厂房的柱列基础和管沟基槽截面宽度较小，有一定长度，适于机械在地面上作业。一般多采用反铲挖土机［图 1-12 (b)］。如基槽较浅，又有一定的宽度，土质干燥时也可采用推土机直接下到槽中作业，但基槽需有一定长度并设上下坡道。

3. 面式开挖

有地下室的房屋基础、箱形和筏式基础、设备与柱基础密集，采取整片开挖方式时。除可用推土机、铲运机进行场地平整和开挖表层外，多采用正铲挖土机［图 1-12 (a)］、反铲挖土机或拉铲挖土机开挖。用正铲挖土机工效高，但需有上下坡道，以便运输工具驶入坑内，还要求土质干燥；反铲和拉铲挖土机可在坑上开挖，运输工具可不驶入坑内，坑内土潮湿也可以作业，但工效比正铲低。

1.3.3　开挖方法

1. 推土机施工

推土机由拖拉机和推土铲刀组成。按铲刀的操纵机构不同，推土机分为钢索式和液压式两种。目前常用的主要是液压式，如图 1-13 所示。

推土机能够单独完成挖土、运土和卸土工作，具有操作灵活、运转方便、所需工作面小、行驶速度快、易于转移等特点。

推土机经济运距在 100m 以内，效率最高的运距在 60m。为提高生产效率，可采用槽形推土、下坡推土及并列推土等方法。

2. 铲运机施工

铲运机是一种能独立完成铲土、运土、卸土、填筑、场地平整的土方施工机械。按行走方式分为牵引式铲运机和自行式铲运机，按铲斗操纵系统可分为有液压操纵和机械操纵两种，如图 1-14 所示。

铲运机对道路要求较低，操纵灵活，具有生产效率较高的特点。它使用在一～三类土中直接挖、运土。经济运距在 600～1500m，当运距在 800m 效率最高。常用于坡度在 20°

图 1-13　T-L180 型推土机外形图

以内的大面积场地平整，大型基坑开挖及填筑路基等，不适用于淤泥层、冻土地带及沼泽地区。

　　为了提高铲运机的生产效率，可以采取下坡铲土、推土机推土助铲等方法，缩短装土时间，使铲斗的土装得较满。铲运机在运行时，根据填、挖方区分布情况，结合当地具体条件，合理选择运行路线，提高生产率。一般有环形路线和"8"字形路线两种形式。

图 1-14　CL₇ 型自行式铲运机

1—驾驶室；2—前轮；3—中央框架；4—转角油缸；5—辕架；6—提斗油缸；
7—斗门；8—铲斗；9—斗门油缸；10—后轮；11—尾架

　　3. 单斗挖土机施工

　　(1) 正铲挖土机挖土。

　　正铲挖土机的工作特点是：土斗自下向上切土、生产效率高、挖掘力大。可直接开挖停机面以上的一～四类土和经爆破的岩石、冻土。其工作面的高度不应小于 1.5m，否则一次起挖不能装满铲斗，会降低工作效率。根据挖土与配套的运输工具相对位置不同，正铲挖土机的挖土和卸土方式有以下两种。

　　1) 正向挖土、后方卸土。

　　即挖土机沿前进方向挖土，运输工具在挖土机后面装土 [图 1-15 (a)]，俗称正向开挖法。这种开挖方式的挖土高度较大、工作面左右对称，但卸土时动臂回转角度大，且运土车辆要倒车开入，生产效率较低，故只宜用于工作面狭小且较深的基坑开挖作业。

图 1-15　正铲挖土机作业方式

（a）正向挖土、反向卸土；（b）正向挖土、侧向卸土

2）正向挖土、侧向卸土。

即挖土机沿前进方向挖土，运输工具在挖土机沿前进方和同挖土，运输工具在挖土机一侧开行、装土［图 1-15（b）］，也称侧向开挖法。这种作业方式，挖土机卸土时动臂回转角度小，生产率高且汽车行驶方便，使用较广。

由于正铲挖土机作业于坑下，无论采用哪种卸土方式，都应先开进出口坡道，坡道的坡度为 1：（7～10）。

（2）反铲挖土机挖土。

反铲挖土机的工作特点是：土斗自上向下切土，再强力向后掏土，随挖随行或后退，其挖掘力比正铲挖土机小，主要用于停机面以下的一～三类土。由于机身和装土均在地面上操作。所以适用于开挖深度不大的基坑、基槽、沟渠及含水量或地下水位高的土壤。对于较大较深的基坑可采用多层接力法开挖。

反铲挖土机的基本作业方式有沟端开挖法和沟侧开挖法两种，如图 1-16 所示。

1.3.4　土方开挖机械选择

在土方工程施工中合理选择土方机械，充分发挥机械性能，并使各种机械相互配合使用，以加快施工进度，提高施工质量，降低工程成本，具有十分重要的意义。

1. 场地平整

场地平整有土方的开挖、运输、填筑和压实等工序。地势较平坦、含水量适中的大面积平整场地，选用铲运机较适宜；地形起伏较大，挖方、填方量大且集中的平整场地，运距在 1000m 以上时，可选用正铲挖土机配合自卸车进行挖土、运土，在填方区

图 1-16　反铲挖土机开挖方式

（a）沟端开挖；（b）沟侧开挖

1—反铲挖土机；2—自卸汽车；3—弃土堆

配备推土机平整及压路机碾压施工；挖填方高度不大，运距在 100m 以内时，采用推土机施工，灵活、经济。

2. 基坑开挖

单个基坑和中小型基础基坑，多采用抓铲挖土机和反铲挖土机开挖。抓铲挖土机适用于一、二类土质和较深的基坑，反铲挖土机适于四类以下土质、深度在 4m 以内的基坑。

3. 基槽、管沟开挖

在地面上开挖具有一定截面、长度的基槽或沟槽，挖大型厂房的柱列基础和管沟，宜采用反铲挖土机挖土。如果水中取土或开挖土质为淤泥，且坑底较深，则可选择抓铲挖土机挖土。如果土质干燥，槽底开挖不深，基槽长 30m 以上，可采用推土机或铲运机施工。

4. 整片开挖

基坑较浅，开挖面积大，且基坑土干燥，可采用正铲挖土机开挖。若基坑内土体潮湿，含水量较大，则采用拉铲或反铲挖土机作业。

5. 柱基础基坑、条形基础基槽开挖

对于独立柱基础的基坑及小截面条形基础基槽，可采用小型液压轮胎式反铲挖土机配以翻斗车来完成浅基坑（槽）的挖掘和运土。

1.4　土方填筑与压实

建筑工程的回填土主要有地基、基坑（槽）、室内地坪、室外场地、管沟和散水等，回填土一定要密实，使回填后的土体不致产生较大的沉陷。

1.4.1　土料填筑的要求

碎石类土、砂土和爆破石渣，可用作表层以下的填料，当填方土料为黏土时，填筑前应检查其含水量是否在控制范围内。含水量大的黏土不宜作为填土用。含有大量有机质的土，吸水后容易变形，承载能力降低。含水溶性硫酸盐大于5%的土，在地下水的作用下，硫酸盐会逐渐溶解消失，形成孔洞，影响土的密实性。这两种土以及淤泥、冻土、膨胀土等均不应作为填土。

填土应分层进行，并尽量采用同类土填筑。如采用不同土填筑时，应将透水性较大的土层置于透水性较小的土层之下，不能将各种土混杂在一起使用，以免填方内形成水囊。

碎石类土或爆破石渣作填料时，其最大粒径不得超过每层铺土厚度的2/3，使用振动碾时，不得超过每层铺土厚度的3/4，铺填时，大块料不应集中，且不得填在分段接头或填方与山坡连接处。

1.4.2　填土压实的影响因素

填土压实的质量与许多因素有关，其中主要影响因素有压实功、土的含水量以及每层铺土厚度。

1. 压实功的影响

填土压实后的密实度与压实机械在其上所施加的功有一定的关系。土的密度与所耗的功的关系如图1-17所示。当土的含水量一定，在开始压实时，土的密度急剧增加，待到接近土的最大密实度时，虽然压实功增加许多，但土的密度则变化甚小，实际施工中，对于砂土只需碾压或夯击2或3遍，对粉土只需3或4遍，对粉质黏土或黏土只需5或6遍。此外，松土不宜用重型碾压机械直接滚压，否则土层有强烈起伏现象，效率不高。如果先用轻碾压实，再用重碾压实会取得较好效果。

2. 含水量的影响

在同一压实功条件下，填土的含水量对压实质量有直接影响。较为干燥的土，由于颗粒之间的摩阻力较大，因而不易压实。当含水量超过一定限度时，土颗粒之间孔隙由水填充而呈饱和状态，也不能压实。当土的含水量适当时，水起润滑作用，土颗粒之

图1-17　土的密度与压实功的关系示意图

间的摩阻力减少，压实效果好。每种土都有其最佳含水量。土在这种含水量的条件下，使用同样的压实功进行压实，所得到的密度最大，如图 1-18 所示，不同土有不同的最佳含水量，如砂土为 8％～12％、黏土为 19％～23％、粉质黏土为 12％～15％、粉土为 15％～22％。工地简单检验黏性土含水量的方法一般是以手握成团落地开花为适宜。

为了保证填土在压实过程中处于最佳含水量状态，当土过湿时，应予翻松晾干，也可掺入同类干土或吸水性土料，当土过干时，则应预先洒水润湿。

3. 铺土厚度的影响

土在压实功的作用下，其应力随深度增加而逐渐减小，如图 1-19 所示，其影响深度与压实机械、土的性质和含水量等有关。铺土厚度应小于压实机械压土时的作用深度，但其中还有最优土层厚度的问题，铺得过厚，要压很多遍才能达到规定的密实度；铺得过薄，则也要增加机械的总压实遍数。最优的铺土厚度应能使土方压实而机械的功耗费最少。可按照表 1-5 选用。

上述 3 个方面的因素相互影响。为了保证压实质量，提高压实机械生产效率，应根据土质和压实机械在施工现场进行压实试验，以确定达到规定密实度所需压实遍数，铺土厚度及最优含水量。

图 1-18　土的干密度与含水量的关系

图 1-19　压实作用沿深度变化

表 1-5　　　　　　　　　　每层铺土厚度与压实遍数

压实机具	每层铺土厚度/mm	每层压实遍数	压实机具	每层铺土厚度/mm	每层压实遍数
平碾	250～300	6～8	柴油打夯机	200～250	3 或 4
振动压实机	250～350	3 或 4	人工打夯	<200	3 或 4

1.4.3　填土压实方法

填土压实方法一般有碾压法、夯实法和振动压实法，如图 1-20 所示。

1. 碾压法

碾压法是利用机械滚轮的压力压实土壤，使之达到所需的密实度，此法多用于大面积填土工程。碾压机械有光面碾（压路机）、羊足碾和气胎碾。光面碾对砂土、黏性土均可压实；羊足碾需要较大的牵引力，且只宜压实黏性土，如图 1-21 所示；气胎碾在工作时是弹性体，其压力均匀，填土压实质量较好。还可利用运土机械进行碾压，也是较经济合理的压实方案，施工时使运土机械行驶路线能大体均匀地分布在填土面积上，并达到一定重复行驶遍数，使其满足填土压实质量的要求。

图 1-20 填土压实方法

(a) 碾压法；(b) 夯压法；(c) 振动压实法

碾压机械压实填方时，行驶速度不宜过快，一般平碾控制在 2km/h，羊足碾控制在 3km/h，否则会影响压实效果。

2. 夯实法

夯实法是利用夯锤自由下落的冲击力来夯实土壤，主要用于小面积回填。夯实法分人工夯实和机械夯实两种。常用的夯实机械有夯锤、内燃夯土机和蛙式打夯机，如图 1-22 所示。适用于夯实砂性土、湿陷性黄土、杂填土以及含有石块的填土。

图 1-21 羊足碾构造示意图

1—前拉头；2—机架；3—轴承座；4—碾筒；
5—铲刀；6—后拉头；7—装砂口；
8—水口；9—羊碾头；

图 1-22 蛙式打夯机示意图

1—夯头；2—夯架；3—三角带；4—底盘

3. 振动压实法

振动压实法是将振动压实机械放在土层表面，通过压实机械振动，土颗粒在振动力的作用下发生相对位移而达到紧密状态。这种方法用于振实非黏性土效果较好。

1.5 基坑支护与降排水

在土方工程施工过程中，当开挖的基坑底面低于地下水位时，地下水会不断渗入坑内，如果没有采取降水措施，会恶化施工条件。为了保持基坑干燥，防止由于水的浸泡发生边坡塌方和地基承载力下降，必须做好基坑的支护、排水、降水工作。

1.5.1 土方边坡及其稳定

基坑边坡坡度是以高度 H 与底宽 B 之比表示，即

$$基坑边坡坡度 = \frac{H}{B} = \frac{1}{B/H} = 1 : m \qquad\qquad (1-16)$$

式中　$m = B/H$——坡度系数。

　　土方开挖或填筑的边坡可以做成直线形、折线形及阶梯形（图1-23）。边坡的大小与土质、开挖深度、开挖方法、边坡留置时间的长短、边坡附近的震动和有无荷载、排水情况等有关。土方开挖设置边坡是防止土方坍塌的有效途径，边坡的设置应符合下述要求。

图 1-23　土方开挖或填筑的边坡
(a) 直线形；(b) 折线形；(c) 阶梯形

　　当地质条件良好、土质均匀且地下水位低于基坑（槽）或管底面标高时，挖方边坡可做成直立壁不加支撑，但不宜超过下列规定：

　　(1) 密实、中密的砂土和碎石类土（充填物为砂土），不超过 1.0m。

　　(2) 硬塑、可塑的轻亚黏土及亚黏土，不超过 1.25m。

　　(3) 硬塑、可塑的黏土和碎石类土（充填物为黏性土），不超过 1.5m。

　　(4) 坚硬的黏土，不超过 2.0m。

　　挖方深度超过上述规定时，应考虑放坡或做直立壁加支撑。当地质条件良好、土质均匀且地下水位低于基坑（槽）或管沟底面标高时，挖方深度在 5m 以内不加支撑边坡的最陡坡度应符合表 1-6 的规定。

表 1-6　　　　　　　深度在 5m 以内基坑（槽）、管沟边坡的最陡坡度（不加支撑）

土 的 类 别	边坡坡度（高：宽）		
	坡顶无荷载	坡顶有静载	坡顶有动载
中密的砂土	1：100	1：1.25	1：1.50
中密的碎石类土（填充物为砂土）	1：0.75	1：1.00	1：1.25
硬塑的粉土	1：0.67	1：0.75	1：1.00
中密的碎石类土（填充物为黏性土）	1：0.50	1：0.67	1：0.75
硬塑的粉质黏土、黏土	1：0.33	1：0.50	1：0.67
老黄土	1：0.10	1：0.25	1：0.33
软土（经井点降水后）	1：1.00	—	—

注　静载指堆放材料等，动载指机械挖土或汽车运输作业等。静载或动载距挖方边缘的距离应保证边坡和直立壁的稳定，应距挖方边缘 0.8m 以外，且高度不超过 1.5m。

1.5.2　土壁支护

在开挖基坑或沟槽时，如果地质水文条件良好，场地周围条件允许，可以采用放坡开挖，这种方式比较经济。但是随着高层建筑的发展，以及建筑物密集地区施工基坑的增多，常因场地的限制而不能采取放坡，或放坡导致土方量增大，或地下水渗入基坑导致土坡失稳。此时，便可以采用土壁支护，以保证施工安全和顺利进行，并减少对邻近已有建筑物的不利影响。基坑支护应综合考虑工程地质与水文地质条件、基础类型、基坑开挖深度、降排水条件、周边环境对基坑侧壁位移的要求、基坑周边荷载、施工季节、支护结构使用期限等因素。

1. 沟槽的支撑

开挖较窄的沟槽多用横撑式支撑。横撑式支撑由挡土板、楞木和工具式横撑组成，根据挡土板的不同，分为水平挡土板和垂直挡土板两类，见表 1-7。

表 1-7　　　　　　　　　　　　基槽、管沟的支撑方法

支撑方式	简　图	支撑方法及适用条件
断续式水平支撑		挡土板水平放置，中间留出间隔，并在两侧同时对称立竖方木，然后用工具式或木横撑上、下顶紧。 适用于能保持直立壁的干土或天然湿度的黏土、深度在 3m 以内的沟槽
连续式水平支撑		挡土板水平连续放置，不留间隙，再两侧同时对称立竖枋木，上、下各撑一根撑木，端头加木楔顶紧。 适用于较松散的干土或天然湿度的黏土、深度为 3～5m 的沟槽
垂直支撑		挡土板垂直放置，可连续或留适当间隙，然后每侧上、下各水平顶一根枋木，再用横撑顶紧。 适用于土质较松散或湿度很高的土，深度不限

采用横撑式支撑时，应随挖随撑，支撑牢固。施工中应经常检查，如有松动、变形等现象时，应及时加固或更换。支撑的拆除应按回填顺序依次进行，多层支撑应自下而上逐层拆除，随拆随填。

2. 一般浅基坑的支撑方法

一般浅基坑的支撑方法可根据基坑的宽度、深度及大小采用不同形式,见表 1-8。

表 1-8 一般浅基坑的支撑方法

支撑方式	简 图	支撑方法及适用条件
临时挡土墙支撑	扁丝编织袋或草袋 装土、砂,或干 砌、浆砌毛石	沿坡脚用砖、石叠砌或用装水泥的聚丙烯扁丝编织袋、草袋装土、砂堆砌,使坡脚保持稳定。 适于开挖宽度大的基坑,当部分地段下部放坡不够时使用
斜柱支撑	回填土 柱桩 斜撑 撑桩	水平挡土板钉在柱桩内侧,柱桩外侧用斜撑支顶,斜撑底端支在木桩上,在挡土板内侧回填土。 适用于开挖较大型、深度不大的基坑或使用机械挖土时
锚拉支撑	$\geqslant H/\tan\varphi$ 拉杆 柱桩 H 锚桩 回填土	水平挡土板方在柱桩的内侧,柱桩一端打入土中,另一端用拉杆与锚桩拉紧,在挡土板内侧回填土。 适于开挖较大型、深度不大的基坑或使用机械挖土,不能安设横撑时使用

1.5.3 深基坑支护

深基坑一般是指开挖深度超过 5m(含 5m)或地下室 3 层以上(含 3 层),或深度虽未超过 5m,但地质条件和周围环境及地下管线特别复杂的工程。深基坑支护是为保证地下结构施工及基坑周边环境的安全,对深基坑侧壁及周边环境采用的支挡、加固与保护的措施。随着高层建筑及地下空间的出现,深基坑工程规模不断扩大。

1. 钢板桩支护

钢板桩是一种支护结构,既可挡土又可挡水。当开挖的基坑较深,地下水位较高且有出现流砂的危险时,如未采用降低地下水位的措施,则可用板桩打入土中,使地下水在土中渗流的路线延长,降低水力坡度,从而防止流砂现象。靠近原有建筑物开挖基坑时,为了防止和减少原建筑物下沉,也可打板桩支护。板桩有钢板桩、木板桩与钢筋混凝土板桩数种。钢板桩除用钢量多之外,其他性能比别的板桩都优越,钢板桩在临时工程中可多次重复使用。

(1)钢板桩分类。

钢板桩的种类很多,常见的有 U 形板桩与 Z 形板桩、H 形板桩,如图 1-24 所示。其中以 U 形应用最多,可用于 5~10m 深的基坑。

钢板桩根据有无锚桩结构,分为无锚板桩(也称悬臂式板桩)和有锚板桩两类。无锚板桩用于较浅的基坑,依靠入土部分的土压力来维持板桩的稳定。有锚板桩,是在板桩墙后设

图 1-24　常用钢板桩截面形式

(a) U 形板桩相互连接；(b) Z 形板桩相互连接；(c) H 形板桩相互连接

柔性系杆（如钢索、土锚杆等）或在板桩墙前设刚性支撑杆（如大型钢、钢管）加以固定，可用于开挖较深的基坑，该种板桩用得较多。板式支护结构如图 1-25 所示。

图 1-25　板式支护结构

(a) 水平支撑式；(b) 斜撑式；(c) 拉锚式；(d) 土锚式

1—板桩墙；2—围檩；3—钢支撑；4—竖撑；5—斜撑；6—拉锚；7—土锚杆

（2）钢板桩施工。

钢板桩施工机具有冲击式打桩机，包括自由落锤、柴油锤、蒸汽锤等；振动打桩机，可用于打桩及拔桩；此外还有静力压桩机等。

钢板桩的位置应设置在基础最突出的边缘外，留有支模、拆模的余地，便于基础施工。在场地紧凑的情况下，也可利用钢板作底板或承台侧模，但必须配以纤维板（或油毛毡）等隔离材料，以方便钢板桩拔出。

钢板桩的打入方法主要有单根桩打入法、屏风式打入法、围檩打桩法。

1）单根桩打入法。将板桩一根根地打入至设计标高。这种施工法速度快，桩架高度相对可低一些，但容易倾斜，当板桩打设要求精度较高、板桩长度较长（大于 10m）时，不宜采用这种方法。

2）屏风式打入法。将 10～20 根板桩成排插入导架内，使之成屏风状，然后桩机来回施打，并使两端先打到要求深度，再将中间部分的板桩顺次打入。这种屏风施工法可防止板桩的倾斜与转动，对要求闭合的围护结构常用此法，缺点是施工速度比单桩施工法慢，且桩架较高。

3）围檩打桩法。分单层、双层围檩，是在地面上一定高度处离轴线一定距离，先筑起单层或双层围檩架，而后将钢板桩依次在围檩中全部插好，待四角封闭合拢后，再逐渐按阶梯状将钢板桩逐块打至设计标高。这种方法能保证钢板桩墙的平面尺寸、垂直度和平整度，适用于精度要求高、数量不大的场合，缺点是施工复杂，施工速度慢，封闭合拢时需异形桩，如图 1-26 所示。

2. 排桩支护

基坑开较大、较深（大于 6m），邻近有建筑物，不能放坡时，可采用排桩支护。排桩支护可采用钻孔灌注桩、人工挖孔桩、预制钢筋混凝土板桩或钢板桩等。

图 1-26　单层、双层围檩示意图

1—围檩桩；2—围檩；3—两端先打入的定位钢板桩；h—钢板桩的高度

（1）排桩支护的布置形式：

1）柱列式排桩支护。当边坡土质较好、地下水位较低时，可利用土拱作用，以稀疏钻孔灌注桩或挖孔桩支挡土坡，如图 1-27（a）所示。

2）连续排桩支护。在软土中一般不能形成土拱，支挡桩应该连续密排，如图 1-27（b）所示。密排的钻孔桩可以互相搭接，或在桩身混凝土强度尚未形成时，在相邻桩之间做一根素混凝土树根桩把钻孔桩排连起来，如图 1-27（c）所示。也可以采用钢板桩支护、钢筋混凝土板桩支护，如图 1-27（d）、图 1-27（e）所示。

3）组合式排桩支护。在地下水位较高的软土地区，可采用钻孔灌注桩排桩与水泥土桩防渗墙组合的形式，如图 1-27（f）所示。

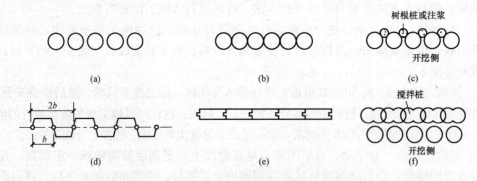

图 1-27　排桩围护的形式

（a）柱列式排桩支护；（b）连续排桩支护；（c）素混凝土树根桩支护

（d）钢板桩支护；（e）钢筋混凝土板桩支护；（f）组合式排桩支护

（2）排桩支护施工：

1）钢筋混凝土挡土桩间距一般为 1.0～2.0m，桩直径为 0.5～1.1m，埋深为基坑深的 0.5～1.0 倍。桩配筋由计算确定，一般主筋为 $\phi14\sim\phi32$，当为构造配筋时，每根桩不少于

8 根，箍筋采用 $\phi 8@100\sim 200$。

2）对于开挖深度不大于 6m 的基坑，在场地条件允许的情况下，采用重力式深层搅拌桩挡墙较为理想。当场地受限制时，也可先用 $\phi 600$ 密排悬臂钻孔桩，桩与桩之间可用树根桩封密，也可在灌注桩后注浆或打水泥搅拌桩作防水帷幕。

3）对于开挖深度为 6～10m 的基坑，常采用 $\phi 800\sim\phi 1000$ 的钻孔桩，后面加深层搅拌桩或注浆防水，并设 2～3 道支撑，支撑道数视土质情况、周围环境及围护结构变形要求而定。

4）对于开挖深度大于 10m 的基坑，以往常采用地下连续墙，设多层支撑，虽然安全可靠，但价格昂贵。近年来上海常采用 $\phi 800\sim\phi 1000$ 大直径钻孔桩代替地下连续墙，同样采用深层搅拌桩防水，多道支撑或中心岛施工法，这种支护结构已成功应用于开挖深度达到 13m 的基坑。

5）排桩顶部应设钢筋混凝土冠梁连接，冠梁宽度（水平方向）不宜小于桩径，冠梁高度（竖直方向）不宜小于 400mm，排桩与桩顶冠梁的混凝土强度宜大于 C20；当冠梁作为连系梁时可按构造配筋。

6）基坑开挖后，排桩的桩间土防护可采用钢丝网混凝土护面、砖砌等处理方法，当桩间渗水时，应在护面设泄水孔。当基坑面在实际地下水位以上且土质较好、暴露时间较短时，可不对桩间土进行防护处理。

3. 水泥土墙支护

水泥土桩墙支护是加固软土地基的一种新方法，它是利用水泥、石灰等材料作为固化剂，通过深层搅拌机械，将软土和固化剂（浆液或粉体）强制搅拌，利用固化剂和软土之间所产生的一系列物理化学反应，使软土硬结成具有整体性、水稳定性和一定强度的围护结构。其适用于以下条件：

1）基坑侧壁安全等级宜为二、三级。

2）水泥土墙施工范围内地基承载力不宜大于 150kPa。

3）基坑深度不宜大于 6m。

4）基坑周围具备水泥土墙的施工宽度。

5）深层搅拌法最适宜于各种成因的饱和软黏土，包括淤泥、淤泥质土、黏土和粉质黏土等。

深层搅拌桩支护结构是将搅拌桩相互搭接而成，平面布置可采用壁状体，如图 1-28 所示。若壁状的挡墙宽度不够时，可加大宽度，做成格栅状支护结构，如图 1-29 所示，即在支护结构宽度内，不需整个土体都进行搅拌加固，可按一定间距将土体加固成相互平行的纵向壁，再沿纵向按一定间距加固肋体，用肋体将纵向壁连接起来。这种挡土结构目前常采用双头搅拌机进行施工，一个头搅拌的桩体直径为 700mm，两个搅拌轴的距离为 500mm，搅拌桩之间的搭接距离为 200mm。

图 1-28 深层搅拌水泥土桩平面
布置形式——壁状支护结构

图 1-29 深层搅拌水泥土桩平面
布置形式——格栅式专护结构

墙体宽度 B 和插入深度 D 应根据基坑深度、土质情况及其物理、力学性能、周围环境、地面荷载等计算确定。在软土地区，当基坑开挖深度 $h \leqslant 5m$ 时，可按经验取 B 为（$0.6 \sim 0.8$）h，尺寸以 500mm 进位，D 为（$0.8 \sim 1.2$）h。基坑深度一般控制在 7m 以内，过深则不经济。根据使用要求和受力特性，搅拌桩挡土结构的竖向断面形式如图 1-30 所示。

图 1-30 搅拌桩支护结构几种竖向断面

(a) 矩形断面；(b) L 形断面；(c) 马鞍形断面；(d) 倒 L 形断面；(e) F 形断面

水泥土桩墙工程主要施工机械采用深层搅拌机。目前，我国生产的深层搅拌机主要分为单轴搅拌机和双轴搅拌机。水泥土桩墙工程施工工艺如图 1-31 所示。深层搅拌桩施工可采用湿法（喷浆）及干法（喷粉）施工，施工时应优先选用喷浆法双轴型深层搅拌机。

图 1-31 施工工艺流程

(a) 定位；(b) 预埋下沉；(c) 提升喷浆搅拌；(d) 重复下沉搅拌；
(e) 重复提升搅拌；(f) 成桩结束

（1）定位。桩架定位及保证垂直度。深层搅拌机桩架到达指定桩位、对中。当场地标高不符合设计要求或起伏不平时，应先进行开挖、整平。施工时桩位偏差应小于 5cm，桩的垂直度误差不超过 1%。

（2）预搅下沉。待深层搅拌机的冷却水循环正常后，起动搅拌机的电动机，放松起重机的钢线绳，使搅拌机沿导向架搅拌切土下沉，下沉速度可由电动机的电流表控制。工作电流不应大于 70A。如果下沉速度太慢，可从输浆系统补给清水以利钻进。

（3）制备水泥浆。按设计要求的配合比拌制水泥浆，压浆前将水泥浆倒入集料斗中。

（4）提升、喷浆并搅拌。深层搅拌机下沉到设计深度后，开启灰浆泵将水泥浆压入地基土中，并且边喷浆、边旋转，同时严格按照设计确定的提升速度提升搅拌头。

（5）重复搅拌或重复喷浆。搅拌头提升至设计加固深度的顶面标高时，集料斗中的水泥浆应正好排空。为使软土和水泥浆搅拌均匀，可再次将搅拌头边旋转边沉入土中，至设计加固深度后再将搅拌头提升出地面。有时可采用复搅、复喷（即二次喷浆）方法。在第一次喷浆至顶面标高，喷完总量的60%浆量，将搅拌头边搅边沉入土中，至设计深度后，再将搅拌头边提升边搅拌，并喷完余下的40%浆量。喷浆搅拌时搅拌头的提升速度不应超过0.5m/min。

（6）移位。桩架移至下一桩位施工。下一桩位施工应在前桩水泥土尚未固化时进行。相邻桩的搭接宽度不宜小于200mm。相邻桩喷浆工艺的施工时间间隔不宜大于10h。施工开始和结束的头尾搭接处，应采取加强措施，防止出现沟缝。

4. 土层锚杆

土层锚杆简称土锚杆，是在地面或深开挖的地下室墙面或基坑立壁未开挖的土层钻孔，达到设计深度后，或在扩大孔端部，形成球状或其他形状，在孔内放入钢筋或其他抗拉材料，灌入水泥浆与土层结合成为抗拉强度高的锚杆。为了均匀分配传到连续墙或柱列式灌注桩上的土压力，减少墙、柱的水平位移和配筋，一端采用锚杆与墙、柱连接，另一端锚固土层在土层中，用以维持坑壁的稳定。

锚杆由锚头、拉杆和锚固体组成。锚头由锚具、承压板、横梁和台座组成；拉杆采用钢筋、钢绞线制成；锚固体是由水泥浆或水泥砂浆将拉杆与土体连接成一体的抗拔构件，如图1-32所示。

锚杆代替内支撑，它设置在围护墙背后，因而在基坑内有较大的空间，有利于挖土施工。锚杆施工机械及设备的作业空间不大，因此可适用于各种地形及场地。锚杆可采用预加拉力，以控制结构的变形量。施工时的噪声和振动均很小。

适用于基坑侧壁安全等级一、二、三级，一般黏土、砂土地基皆可应用，软土、淤泥质土地基要进行实验确认后应用，适用于难以采用支撑的大面积深基坑，不宜用于地下水多、含有化学腐蚀物的土层和松散软弱土层。

图1-32 土层锚杆的构造

1—挡墙；2—承托支架；3—横梁；4—台座；
5—承压板；6—锚具；7—钢拉杆；8—水泥浆
或砂浆锚固体；9—非锚固段；10—滑动面；
D—锚固体直径；d—拉杆直径

土层锚杆主要有如下几种类型：

（1）一般灌浆锚杆。钻孔后放入受拉杆件，然后用砂浆泵将水泥浆或水泥砂浆注入孔内，经养护后即可承受拉力。

（2）高压灌浆锚杆（又称预压锚杆）。其与一般灌浆锚杆的不同点是在灌浆阶段对水泥砂浆施加一定的压力，使水泥砂浆在压力下压入孔壁四周的裂缝并在压力下固结，从而使锚杆具有较大的抗拔力。

（3）预应力锚杆。先对锚固段进行一次压力灌浆，然后对锚杆施加预应力后锚固并在非锚固段进行不加压二次灌浆也可一次灌浆（加压或不加压）后施加预应力。这种锚杆可穿过松软地层而锚固在稳定土层中，并使结构物减小变形。我国目前大多采用预应力锚杆。

(4) 扩孔锚杆。用特制的扩孔钻头扩大锚固段的钻孔直径，或用爆扩法扩大钻孔端头，从而形成扩大的锚固段或端头，可有效提高锚杆的抗拔力。扩孔锚杆主要用在松软地层中。

灌浆材料可使用水泥浆、水泥砂浆、树脂材料、化学浆液等作为锚固材料。

土锚杆施工机械包括冲击式钻机、旋转式钻机及旋转式冲击钻机等。冲击式钻机适用于砂石层地层。旋转式钻机可用于各种地层，它靠钻具旋转切削钻进成孔，也可加套管成孔。

土层锚杆的施工程序分为以下几步。钻机就位→钻孔→清孔→放置钢筋（或钢绞线）及灌浆管→压力灌浆→养护→放置横梁、台座，张拉锚固。

(1) 钻孔。土层锚杆钻孔用的钻孔机械，按工作原理分为旋转式钻孔机、冲击式钻孔机和旋转冲击式钻孔机 3 类。主要根据土质、钻孔深度和地下水情况进行选择。

锚杆孔壁要求平直，以便安放钢拉杆和灌注水泥浆。孔壁不得坍陷和松动，否则影响钢拉杆安放和土层锚杆的承载能力。钻孔时不得使用膨润土循环泥浆护壁，以免在孔壁上形成泥皮，降低锚固体与土壁向的摩阻力。

(2) 安放拉杆。土层锚杆用的拉杆，常用的有钢管、粗钢筋、钢丝束和钢绞线。主要根据土层锚杆的承载能力和现有材料的情况来选择。

(3) 灌浆。灌浆的作用是形成锚固段，将锚杆锚固在土层中；防止钢拉杆腐蚀；充填土层中的孔隙和裂缝。灌浆是土层锚杆施工中的一个重要工序，施工时应做好记录。灌浆有一次灌浆法和二次灌浆法。一次灌浆法宜选用灰砂比 0.5～1、水灰比 0.38～0.45 的水泥砂浆，或水灰比 0.4～0.50 的水泥浆；二次灌浆法中的二次高压灌浆，宜用水灰比 0.45～0.55 的水泥浆。

(4) 张拉和锚固。锚杆压力灌浆后，待锚固段的强度大于 15MPa 并达到设计强度等级的 75% 后方可进行张拉。

锚杆宜张拉至设计荷载的 0.9～1.0 倍后，再按设计要求锁定。锚杆张拉控制应力，不应超过拉杆强度标准值的 75%。张拉所用设备与预应力结构张拉所用设备相同。

5. 土钉墙支护结构

土钉墙支护是在基坑开挖过程中将较密排列的土钉（细长杆件）置于原位土体中，并在坡面上喷射钢筋网混凝土面层。通过土钉、土体和喷射混凝土面层的共同工作，形成复合土体。土钉墙支护充分利用土层介质的自承力，形成自稳结构，承担较小的变形压力，土钉承受主要拉力，喷射混凝土面层调节表面应力分布，体现整体作用。同时由于土钉排列较密，通过高压注浆扩散后使土体性能提高。土钉墙支护如图 1-33 所示。

(a)　　　　　　　　　　(b)　　　　　　　　　　(c)

图 1-33　土钉墙支护简图

(a) 平钉墙剖面；(b) 斜钉墙剖面；(c) 土钉墙立面

土钉墙支护是边开挖边支护，流水作业，不占独立工期，施工快捷。设备简单，操作方便，施工所需场地小。材料用量和工程量小，经济效果好。土体位移小，采用信息化施工，发现墙体变形过大或土质变化，可及时修改、加固或补救，确保施工安全。适用于基坑侧壁安全等级为二、三级非软土场地，地下水位较低的黏土、砂土、粉土地基，土钉墙基坑深度不宜大于 12m，当地下水位高于基坑底面时，应采取降水或截水措施。

（1）土钉墙的基本构造：

1）土钉长度。

一般对非饱和土，土钉长度 L 与开挖深度 H 之比值为 0.6～1.2，密实砂土及干硬性黏土取小值。为减少变形，顶部土钉长度宜适当增加。非饱和土底部土钉长度可适当减少，但不宜小于 0.5H。对于饱和软土，由于土体抗剪能力很低，土钉内力因水压作用而增加，设计时取 L/H 值大于 1 为宜。

2）土钉间距。

土钉间距的大小影响土体的整体作用效果，目前尚不能给出有足够理论依据的定量指标。土钉的水平间距和垂直间距一般宜为 1.2～2.0m。垂直间距依土层及计算确定，且与开挖深度相对应。上下插筋交错排列，遇局部软弱土层间距可小于 1.0m。

3）土钉直径。

最常用的土钉材料是变形钢筋、圆钢、钢管及角钢等。当采用钢筋时，一般为 ϕ18～ϕ32 高强度带肋钢筋；当采用角钢时，一般为 L 50×50×5 角钢；当采用钢管时，一般为 ϕ50 钢管。

4）土钉倾角。

土钉垂直方向向下倾角一般在 5°～20°，土钉倾角取决于注浆钻孔工艺与土体分层特点等多种因素。研究表明，倾角越小，支护的变形越小，但注浆质量较难控制。倾角越大，支护的变形越大，但倾角大，有利于土钉插入下层较好的土层内。

5）注浆材料。

用水泥砂浆或水泥素浆，其强度等级不宜低于 M10。水泥采用普通硅酸盐水泥，水灰比 0.5～2.5，水泥砂浆配合比宜为 0.5～1（质量比）。

6）支护面层。

土钉支护中的喷射混凝土面层不属于主要挡土部件，在土体自重作用下主要是稳定开挖面上的局部土体，防止其崩落和受到侵蚀。临时性土钉支护的面层通常用 50～150mm 厚的钢筋网喷射混凝土，混凝土强度等级不低于 C20。钢筋网常用 ϕ6～ϕ8 钢筋焊成 15～30cm 方格网片。永久性土钉墙支护面层厚度为 150～250mm，设两层钢筋网，分两次喷成。

（2）土钉墙支护的施工。

土钉墙支护的成功与否不仅与结构设计有关，而且在很大程度上取决于施工方法、施工工序和施工速度，设计与施工的紧密配合是土钉墙支护成功的重要环节。

土钉墙支护施工设备主要有钻孔设备、混凝土喷射机及注浆泵。

土钉墙支护施工应按设计要求自上而下、分层分段进行。土钉墙施工工艺流程及技术要点如下。

1）开挖、修坡。土方开挖用挖掘机作业，挖掘机开挖应离预定边坡线 0.4m 以上，以保证土方开挖少扰动边坡壁的原状土，一次开挖深度由设计确定，一般为 1.0～2.0m，土质较差时应小于 0.75m。正面宽度不宜过长，开挖后，用人工及时修整。边坡坡度不宜大于 10∶1。

2）在开挖面上进行土钉施工：

①成孔。按设计规定的孔径、孔距及倾角成孔，孔径宜为 70~120mm。成孔方法有洛阳铲成孔和机械成孔。成孔后及时将土钉（连同注浆管）送入孔中，沿土钉长度每隔 2.0m，设置一对中支架。

②设置土钉。土钉的置入可分为钻孔置入、打入或射入方式。最常用的是钻孔注浆型土钉。钻孔注浆土钉是先在土中成孔，置入变形钢筋或钢管，然后沿全长注浆填孔。打入土钉是用机械（振动冲击钻、液压锤），将角钢、钢筋或钢管打入土体。打入土钉不注浆，与土体接触面积小，钉长受限制，所以布置较密，其优点是不需预先钻孔，施工较为快速。射入土钉是用高压气体作动力，将土钉射入土体。射入钉的土钉直径和钉长受一定限制，但施工速度更快。注浆打入钉是将周围带孔、端部密闭的钢管打入土体后，从管内注浆，并透过壁孔将浆体渗到周围土体。

③注浆。注浆时先高速低压从孔底注浆，当水泥浆从孔口溢出后，再低速高压从孔口注浆。水泥浆、水泥砂浆应拌和均匀，随伴随用，一次拌和的浆液应在初凝前用完。注浆前应将孔内的杂土清除干净；注浆开始或中途停止超过 30min 时，应用水或稀水泥浆润滑注浆泵及其管路；注浆时，注浆管应插至距孔底 250~500mm 处，孔口宜设置止浆塞及排气管。

④绑钢筋网，焊接土钉头。层与层之间的竖筋用对钩连接，竖筋与横筋之间用扎丝固定，土钉与加强钢筋或垫板施焊。

⑤喷射混凝土面层。

⑥继续向下开挖有限深度，并重复上述步骤。这里需要注意第一层土钉施工完毕后，等注浆材料达到设计强度的 70% 以上，方可进行下层土方开挖，按此循环直至坑底标高。

按此循环，直到坑底标高，最后设置坡顶及坡底排水装置。

当土质较好时，也可采取如下顺序：确定基坑开挖边线→按线开挖工作面→修整边坡→埋设喷射混凝土厚度控制标志→放土钉孔位线并做标志→成孔→安设土钉、注浆→绑扎钢筋网，土钉与加强钢筋或承压板连接，设置钢筋网垫块→喷射混凝土→下一层施工。

6. 逆作法支护

逆作法施工是以地面为起点，先建地下室的外墙和中间支撑桩，然后由上而下逐层建造梁、板或框架，利用它们做水平支撑系统，进行下部地下工程的结构施工，这种地下室施工不同于传统方法的先开挖土方到底，浇筑底板，然后自下而上逐层施工的方法，故称为逆作法，如图 1-34 所示。与传统的施工方法相比，用逆作法施工多层地下室可节省支护结构的支撑，可以缩短工程施工的总工期，基坑变形减小，相邻建筑物等沉降少等优点。

逆作法施工可分为封闭式逆作法施工（又称全逆作法施工）和开敞式逆作法施工（又称半逆作法施工），具体选用哪种施工方法，需根据结构体系、基础选型、建筑物周围环境以及施工机具与施工经验等因素确定。

在土方开挖之前，先浇筑地下连续墙，作为该建筑的基础墙或基坑支护结构的围护墙，同时在建筑物内部浇筑或打下中间支撑柱（又称中支桩）。然后开挖土方至地下一层顶面底的标高处，浇筑该层的楼盖结构（留有部分工作面），这样已完成的地下一层顶面楼盖结构即作为周围地下连续墙的水平支撑。然后由上向下逐层开挖土方和浇筑各层地下结构，直至底板封底。同时，由于地面一层的楼面结构已完成，为上部结构施工创造了条件，这样可以同时向上逐层进行地上结构的施工。

图 1 - 34　逆作法施工示意图

1—地下连续墙；2—中间撑桩

开敞式逆作法即在地面以下，从地面开始向地下室底面施工。地下部分施工方法与封闭式逆作法相同，只是不同时施工地上部分。

1.5.4　基坑降水排水

在基坑开挖过程中，当基坑底面低于地下水位时，由于土壤的含水层被切断，地下水将不断渗入基坑。这时如不采取有效措施排水，降低地下水位，不但会使施工条件恶化，而且基坑经水浸泡后会导致地基承载能力的下降和边坡塌方。因此为了保证工程质量和施工安全，在基坑开挖前或开挖过程中，必须采取措施降低地下水位，使基坑在开挖中坑底始终保持干燥。对于地面水（雨水、生活污水），一般采取在基坑四周或流水的上游设排水沟、截水沟或挡水土堤等办法解决。对于地下水则常采用人工降低地下水位的方法，使地下水位降至所需开挖的深度以下。无论采用何种方法，降水工作都应持续到基础工程施工完毕并回填土后才可停止。

1. 降水方法、类别及适用条件

基坑的排水降水方法很多，一般常用的有明排水法和井点降水法两类。

（1）明排水法是在基坑开挖过程中，在坑底设置集水井，并沿坑底的周围或中央开挖排水沟，使水流入集水井内，然后用水泵抽出坑外。明排水法包括普通明沟排水法和分层明沟排水法。

（2）井点降水法是在基坑的周围埋下深于基坑底的井点或管井，以总管连接抽水，使地下水位下降形成一个降落漏斗，并降低到坑底以下 0.5～1.0m，从而保证可在干燥无水的状态下挖土，不但可防止流砂、基坑边坡失稳等问题，而且便于施工。井点降水方法的种类有单层轻型井点、多层轻型井点、喷射井点、电渗井点、管井井点、深井井点等。

井点降水法可根据土的种类、透水层位置、厚度、土的渗透系数；水的补给源、井点布置形式、要求降水深度、邻近建筑、管线情况、工程特点、场地及设备条件以及施工技术水平等情况比较，做出经济和节能的选择，选用一种或两种，或井点与明沟排水综合使用，可参照表1-9选用。

表1-9　　　　　　　　　　　　　各类井点降水法的适用范围

井点降水法类型	土层渗透系数/(m/d)	降低水位深度/m	适用土层种类
单层轻型井点	0.1~80	3~6	粉砂、砂质粉土、黏质粉土、含薄层粉砂层的粉质黏土
多层轻型井点	0.1~80	6~12（由井点级数决定）	粉砂、砂质粉土、黏质粉土、含薄层粉砂层的粉质黏土
喷射井点	0.1~50	8~20	粉砂、砂质粉土、黏质粉土、粉质黏土、含薄层粉砂层的淤泥质粉质黏土
电渗井点	≤0.1	根据阴极井点确定（宜配合其他形式降水使用）	淤泥质粉质黏土、淤泥质黏土
管井井点	20~200	3~5	各种砂土、砂质粉土
深井井点	10~80	≥10或降低深部地层承压水头	各种砂土、砂质粉土

　　一般来讲，当土质情况良好，土的降水深度不大，可采用单层轻型井点；当降水深度超过6m，且土层垂直渗透系数较小时，宜用二级轻型井点或多层轻型井点，或在坑中另布置井点，以分别降低上层土及下层土的水位。当土的渗透系数小于0.1m/d时，可在一侧增加电极，改用电渗井点降水；如土质较差，降水深度较大，采用多层轻型井点设备增多，土方量增大，经济效率低，可采用喷射井点较为适宜；如果降水深度不大，土的渗透系数大，涌水量大，降水时间长，可选用管井井点；如果降水很深，涌水量大，土层复杂多变，降水时间很长，此时宜选用深井井点，最为有效而经济。当各种井点降水方法影响邻近建筑物产生不均匀沉降和使用安全，应采用回灌井点或在基坑有建筑物一侧采用旋喷桩加固土壤和防渗，对侧壁和坑底进行加固处理。

　　2.基坑明排水法

　　（1）普通明沟排水法。

　　普通明沟排水法是采用截、疏、抽的方法进行排水，即在开挖基坑时，沿坑底周围或中央开挖排水沟，再在沟底设置集水井，使基坑内的水经排水沟流入集水井内，然后用水泵抽出坑外，如图1-35和图1-36所示。

图1-35　坑内明沟排水

1—排水沟；2—集水井；3—基础外边线

图1-36　集水井降水

1—基坑；2—水泵；3—集水井；4—排水坑

根据地下水量、基坑平面形状及水泵的抽水能力，每隔 30~40m 设置一个集水井。集水井的截面一般为 0.6m×0.6m~0.8m×0.8m，其深度随着挖土的加深而加深，并保持低于挖土面 0.8~1.0m，井壁可用竹笼、砖圈、木方或钢筋笼等做简易加固；当基坑挖至设计标高后，井底应低于坑底 1~2m，并铺设 0.3m 碎石滤水层，以免由于抽水时间较长而将泥砂抽出，并防止井底的土被搅动。一般基坑排水沟深 0.3~0.6m，底宽应不小于 0.3m，排水沟的边坡为 1.1~1.5m，沟底设有 0.2%~0.5% 的纵坡，其深度随着挖土的加深而加深，并保持水流的畅通。基坑四周的排水沟及集水井必须设置在基础范围以外，以及地下水流的上游。

集水坑排水所用机具主要为离心泵、潜水泵和软轴泵。选用水泵类型时，一般取水泵的排水量为基坑涌水量的 1.5~2.0 倍。

（2）分层明沟排水法。

基坑较深，开挖土层由多种土壤组成，中部夹有透水性强的砂类土壤时，为避免上层地下水冲刷下部边坡，造成塌方，可在基坑边坡上设置 2~3 层明沟及相应的集水井，分层阻截土层中的地下水，如图 1-37 所示。这样一层一层地加深排水沟和集水井，逐步达到设计要求的基坑断面和坑底标高，其排水沟与集水井的设置及基本构造，基本与普通明沟排水法相同。

图 1-37 分层明沟排水
1—底层排水沟；2—底层集水井；
3—二层排水沟；4—二层集水井；
5—水泵；6—水位降低线

3. 人工降水

（1）轻型井点。

轻型井点降低地下水位是沿基坑周围以一定的间距埋入井点管（下端为滤管），在地面上用水平铺设的集水总管将各井点管连接起来，在一定位置设置离心泵和水力喷射器，离心泵驱动工作水，当水流通过喷嘴时形成局部真空，地下水在真空吸力的作用下经滤管进入井管，然后经集水总管排出，从而降低了水位。

1）设备。

轻型井点系统由井点管、连接管、集水总管及抽水设备等组成，如图 1-38 所示。

①井点管。井点管多用无缝钢管，长度一般为 5~7m，用直径为 38~55mm 的钢管。井点管的下端装有滤管和管尖，其构造如图 1-39 所示。滤管直径常与井点管直径相同，长度为 1.0~1.7m，管壁上钻有直径为 12~18mm 的星棋状排列滤孔。管壁外包两层滤网，内层为细滤网，采用 30~50 孔每厘米的黄铜丝布或生丝布，外层为粗滤网，采用 8~10 孔每厘米的铁丝布或尼龙丝布。常用的滤网类型有方织网、斜织网和平织网。一般在细砂中适宜采用平织网，中砂中宜采用斜织网，粗砂、砾石中则用方织网。为避免滤孔淤塞，在管壁与滤网间用铁丝绕成螺旋形隔开，滤网外面再围一层 8 号粗铁丝保护网。滤管下端放一个锥形铸铁头以利井管插埋。井点管的上端用弯管接头与总管相连。

②连接管与集水总管。连接管用胶皮管、塑料透明管或钢管弯头制成，直径为 38~55mm。每个连接管均宜装设阀门，以便检修井点。集水总管一般用直径为 100~127mm 的钢管分布连接，每节长约 4m，其上装有与井点管相连接的短接头，间距 0.8m 或 2.2m 或 1.6m。

③抽水设备。现在多使用射流泵井点，如图 1-40 所示。射流泵采用离心泵驱动工作水

运转，当水流通过喷嘴时，由于截面收缩，流速突然增大而在周围产生真空，把地下水吸出，而水箱内的水呈一个大气压的天然状态。射流泵能产生较高真空度，但排气量小，稍有漏气则真空度易下降，因此它带动的井点管根数较少。但它耗电少、重量轻、体积小、机动灵活。

图 1-38　轻型井点降低地下水位全貌示意图
1—滤管；2—降低各地下水位线；3—井点管；
4—原有地下水位线；5—总管；6—弯联管；7—水泵房

图 1-39　滤管构造
1—钢管；2—管壁上的小孔；
3—缠绕的塑料管；4—细滤网；
5—粗滤网；6—粗铁丝保护网；
7—井点管；8—铸铁头

图 1-40　射流泵井点系统工作简图
(a) 射流泵机组图；(b) 射流器剖面图；(c) 现场布置示意图
1—离心泵；2—进水口；3—真空表；4—射流器；5—水箱；6—底座；7—出水口；
8—喷嘴；9—喉管；10—滤水管；11—井点管；12—软管；13—总管；14—机组

2）布置。

轻型井点系统的布置，应根据基坑平面形状及尺寸、基坑的深度、土质、地下水位及流向、降水深度等因素确定。设计时主要考虑平面和高程两个方面。

当基坑或沟槽宽度小于 6m，降水深度不超过 5m 时，可采用单排井点，将井点管布置在地下水流的上游一侧，两端延伸长度不小于坑槽宽度，如图 1-41 所示；反之，则应采用双排井点，位于地下水流上游一排井点管的间距应小些，下游一排井点管的间距可大些。当基坑面积较大时，则应采用环形井点如图 1-42 所示。井点管距离基坑壁不应小于 1～1.5m，间距一般为 0.8～1.6m。

图 1-41　单排井点布置图
（a）平面布置图；（b）剖视图
1—井点管；2—集水总管；3—抽水设备；4—基坑；5—原地下水位线；6—降低后地下水位

图 1-42　环形井点布置图
（a）平面布置图；（b）剖视图
1—井点；2—集水总管；3—弯联管；4—抽水设备；5—基坑；
6—填黏土；7—原地下水位线；8—降低后地下水位线

3）施工工艺。

井点施工工艺包括以下步骤：定位放线→铺设总管→冲孔→安装井点管→添砂砾滤料、黏土封口→用弯联管接通井点管与总管→安装抽水设备并与总管接通→安装集水箱和排水管→真空泵排气→离心水泵抽水→测量观测井中地下水位变化。

①准备工作。根据工程情况与地质条件，确定降水方案，进行轻型井点的设计计算。根据设计准备所需的井点设备、动力装置、井点管、滤管、集水总管及必要的材料。施工现场准备工作包括排挖水沟、泵站的处理等。对于在抽水影响半径范围内的建筑物及地下管线应

设置监测标点，并准备好防止沉降的措施。

②井点管的埋设。井点管的埋设一般用水冲法进行，并分为冲孔与埋管填料两个过程。冲孔时先用起重设备将直径为 50～70mm 的冲管吊起，并插在井点埋设位置上，然后开动高压水泵（一般压力为 0.6～1.2MPa），将土冲松，如图 1-43（a）所示。冲孔时冲管应垂直插入土中，并做上下左右摆动，以加速土体松动，边冲边沉。冲孔直径一般为 250～300mm，以保证井管周围有一定厚度的砂滤层。冲孔深度宜比滤管底深 0.5～1.0m，以防冲管拔出时，部分土颗粒沉淀于孔底而触及滤管底部。

在埋设井点时，冲孔是重要的一个环节，冲水压力不宜过大或过小。当冲孔达到设计深度时，须尽快减低水压。

井孔冲成后，应立即拔出冲管，插入井点管，并在井点管与孔壁之间迅速填灌砂滤层，以防孔壁塌土如图 1-43（b）所示。砂滤层一般选用干净粗砂，填灌均匀，并填至滤管顶上部 1.0～1.5m，以保证水流通畅。井点填好砂滤料后，须用黏土封好井点管与孔壁间的上部空间，以防漏气。

图 1-43　水冲法井点管

(a) 冲孔；(b) 埋管

1—冲管；2—冲嘴；3—胶管；4—高压水泵；5—压力表；6—起重机吊钩；

7—井点管；8—滤管；9—填砂；10—黏土封口

③连接与试抽。将井点管、集水总管与水泵连接起来，形成完整的井点系统。安装完毕，需进行试抽，以检查是否有漏气现象。开始正式抽水后，一般不宜停抽，时抽时停，滤网易堵塞，也易抽出土颗粒，使水混浊，并引起附近建筑物由于土颗粒流失而沉降开裂。正常的降水是细水长流、出水澄清。

④井点运转与监测。井点运行后要连续工作，应准备双电源以保证连续抽水。真空度能判断井点系统是否运行良好，一般应不低于 55.3～66.7kPa。如真空度不够，通常是由于管路漏气，应及时修复。如果通过检查发现淤塞的井点管太多，严重影响降水效果时，应逐个

用高压水反冲洗或拔出重新埋设。

井点运行过程中应加强监测，井点监测项目包括流量观测、地下水位观测、沉降观测 3 方面。

流量观测可用流量表或堰箱。若发现流量过大而水位降低缓慢甚至降不下去时，可考虑改用流量较大的水泵；若流量较小而水位降低却较快则可改用小型水泵以免离心泵无水发热，并可节约电力。

地下水位观测井的位置和间距可按设计需要布置，可用井点管作为观测井。在开始抽水时，每隔 4～8h 测一次，以观测整个系统的降水效果。3d 后若降水达到预定标高前，每日观测 1～2 次。地下水位降到预定标高后，可数日或一周测一次，但若遇下雨时，须加密观测。

在抽水影响范围内的建筑物和地下管线，应进行沉降观测。观测次数一般每天一次，在异常情况下须加密观测，每天不少于 2 次。

（2）喷射井点。

当基坑开挖所需降水深度超过 8m 时，一层轻型井点就难以收到预期的降水效果，这时如果场地许可，可以采用二层甚至多层轻型井点增加降水深度，达到设计要求。但是这样会增加基坑土方施工工程量、增加降水设备用量并延长工期，也扩大了井点降水的影响范围而对环境保护不利。因此，当降水深度超过 8m 时，宜采用喷射井点。

1）喷射井点设备。

根据工作流体的不同，喷射井点可分为喷水井点和喷气井点两种。两者的工作原理是相同的。喷射井点系统主要由喷射井点管、高压水泵（或空气压缩机）和管路系统组成，如图 1-44 所示。

①喷射井点管。喷射井点管由内管和外管组成，在内管的下端装有喷射扬水器与滤管相

图 1-44 喷射井点布置图
(a) 喷射井点设备简图；(b) 喷射井点平面布置图
1—喷射井管；2—滤管；3—供水总管；4—排水总管；
5—高压离心水泵；6—水箱；7—排水泵；8—压力表

连，如图 1-45 所示。当喷射井点工作时，由地面高压离心水泵供应的高压工作水经过内外管之间的环形空间直达底端，在此处工作流体由特制内管的两侧进水孔至喷嘴喷出，在喷嘴处由于断面突然收缩变小，使工作流体具有极高的流速，在喷口附近造成负压，将地下水经过滤管吸入，吸入的地下水在混合室与工作水混合，然后进入扩散室，水流在强大压力的作用下把地下水同工作水一同扬升出地面，经排水管道系统排至集水池或水箱，一部分用低压泵排走；另一部分供高压水泵压入井管外管内作为工作水流。如此循环作业，将地下水不断从井点管中抽走，使地下水逐渐下降，达到设计要求的降水深度。

②高压水泵。高压水泵一般可采用流量为 50～80m³/h，压力为 0.7～0.8MPa 的多级高压水泵，每套约能带动 20～30 根井管。

③管路系统。管路系统包括进水、排水总管（直径 150mm，每套长度 60m）、接头、阀

门、水表、溢流管、调压管等管件、零件及仪表。

图 1-45　喷射井点管构造

1—外管；2—内管；3—喷射器；
4—扩散管；5—混合管；6—喷嘴；
7—缩节；8—连接座；9—真空测
定管；10—滤管芯管；11—滤管
有孔套管；12—滤管外缠滤网及
保护网；13—逆止球阀；14—逆
止阀座；15—护套；16—沉泥管

喷射井点用作深层降水，应用在渗透系数在 0.1～20m/s 的粉土、极细砂和粉砂中较为适用。在较粗的砂粒中，由于出水量较大，循环水流不经济，这时宜采用深井泵。一般一级喷射井点可降低地下水位 8～20m，甚至高于 20m。

2）喷射井点设计。

喷射井点在设计时其管路布置和剖面布置与轻型井点基本相同。基坑面积较大时，采用环形布置如图 1-45 所示；基坑宽度小于 10m 时采用单排线型布置；大于 10m 时作双排布置。喷射井管间距一般为 3～6m。当采用环形布置时，进出口（道路）处的井点间距可扩大为 5～7m。每套井点的总管数应控制在 30 根左右。

3）喷射井点施工工艺及要点。

喷射井点施工工艺为：泵房设置→安装进、排水总管→水冲或钻孔成井→安装喷射井点管、填滤管→接通进、排水总管，并与高压水泵或空气压缩机接通→将各井点管的外管管口与排水管接通，并通过循环水箱→起动高压水泵或空气压缩机抽水→离心水泵排除循环水箱中多余的水→测量观测井中地下水位变化。

喷射井点的施工要点如下：

①喷射井点井点管埋设方法与轻型井点相同，其成孔直径为 400～600mm。为保证埋设质量，宜用套管法冲孔加水及压缩空气排泥，当套管内含泥量经测定小于 5% 时，下井管及灌砂，然后再拔套管。对于 10m 以上喷射井点管，宜用吊车下管。下井管时，水泵应先开始运转，以便每下好一根井点管，立即与总管接通，然后及时进行单根试抽排泥，让井管内出来的泥浆从水沟排出。

②全部井点管埋设完毕后，再接通回水总管全面试抽，然后使工作水循环，进行正式工作。各套进水总管均应用阀门隔开，各套回水管应分开。

③为防止喷射器损坏，安装前应对喷射井管逐根冲洗，开泵压力要小些（不大于 0.3MPa），以后再将其逐步开足。如果发现井点管周围有翻砂、冒水现象，应立即关闭井管检修。

④工作水应保持清洁，试抽 2d 后，应更换清水，以后视水质污浊程度定期更换清水，以减轻对喷嘴及水泵叶轮的磨损。

4）喷射井点的运转和保养。

喷射井点比较复杂，在井点安装完成后，必须及时试抽，及时发现和消除漏气和"死井"。在其运转期间，需进行监测以了解装置性能，及时观测地下水位变化；测定井点抽水量，通过地下水量的变化，分析降水效果及降水过程中出现的问题；测定井点管真空度，检查井点工作是否正常。此外，还可通过听、摸、看等方法来检查：

听——有上水声是好井点，无声则可能井点已被堵塞；

摸——手摸管壁感到振动，另外，冬天热而夏天凉为好井点，反之则为坏井点；

看——夏天湿、冬天干的井点为好井点。

（3）电渗井点。

在渗透系数小于 0.1m/d 的黏土或淤泥中降低地下水位时，比较有效的方法是电渗井点排水。

电渗井点排水的原理如图 1-46 所示，以井点管作负极，以打入的钢筋或钢管作正极，当通以直流电后，土颗粒即自负极向正极移动，水则自正极向负极移动而被集中排出。土颗粒的移动称为电泳现象，水的移动称为电渗现象，故名电渗井点。

电渗井点的施工要点如下。

图 1-46 电渗井点排水示意图
1—水泵；2—直流发电机；
3—钢管；4—井点

1）电渗井点埋设程序，一般是先埋设轻型井点或喷射井点管，预留出布置电渗井点阳极的位置，待轻型井点或喷射井点降水不能满足降水要求时，再埋设电渗阳极，以改善降水效果。阳极埋设可用 75mm 旋叶式电钻钻孔埋设，钻进时加水和高压空气循环排泥，阳极就位后，利用下一钻孔排出泥浆倒灌填孔，使阳极与土接触良好，减少电阻，以利电渗。如深度不大，可用锤击法打入。阳极埋设必须垂直，严禁与相邻阴极相碰，以免造成短路，损坏设备。

2）通电时，工作电压不宜大于 60V，电压梯度可采用 50V/m，土中通电的电流密度宜为 $0.5 \sim 1.0 A/m^2$。为避免大部分电流从土表面通过，降低电渗效果，通电前应清除井点管与阳极间地面上的导电物质，使地面保持干燥，如涂一层沥青绝缘效果更好。

3）通电时，为消除由于电解作用产生的气体积聚于电极附近，使土体电阻增大，而加大电能的消耗，宜采用间隔通电法，每通电 22h，停电 2h，然后再通电，依次类推。

4）在降水过程中，应对电压、电流密度、耗电量及观测孔水位等进行量测记录。

（4）深井井点。

深井井点降水的工作原理是利用深井进行重力集水，在井内用长轴深井泵或井内用潜水泵进行排水以达到降水或降低承压水压力的目的。它适用于渗透系数较大（$K \geqslant 200 m/d$）、涌水量大、降水较深（可达 50m）的砂土、砂质粉土，及用其他井点降水不易解决的深层降水，可采用深井井点系统。深井井点的降水深度不受吸程限制，由水泵扬程决定，在要求水位降低大于 5m，或要求降低承压水压力时，排水效果好。井距大，对施工平面布置干扰小。

1）深井井点设备。

深井井点系统由深井、井管和深井泵（或潜水泵）组成，如图 1-47 所示。

2）深井井点布置。

对于采用坑外降水的方法，深井井点的布置根据基坑的平面形状及所需降水深度，沿基坑四周呈环形或直线型布置，井点一般沿工程基坑周围离开边坡上缘 0.5～1.5m，井距一般为 30m 左右。当采用坑内降水时，同样可按棋盘状点状方式布置，如图 1-48 所示，呈井根据单井涌水量、降水深度及影响半径等确定井距，在坑内呈棋盘形点状布置。一般井距为 10～30m。井点宜深入到透水层 6～9m，通常还应比所应降水深度深 6～8m。

图 1-47　深井井点构造示意图

1—井孔；2—井口（黏土封口）；
3—ϕ300井管；4—潜水泵；
5—过滤段（内填碎石）；6—滤网；
7—导向段；8—开孔底板（下铺滤
网）；9—ϕ50 出水管；10—ϕ50～
ϕ75 出水总管；11—小砾石或中粗砂；
12—中粗砂；13—钢板井盖

3）深井井点施工程序及要点：

①井位放样、定位。

②做井口，安放护筒。井管直径应大于深井泵最大外径 50mm，钻孔孔径应大于井管直径 300mm 以上。安放护筒以防孔口塌方，并为钻孔起到导向作用。做好泥浆沟与泥浆坑。

③钻机就位、钻孔。深井的成孔方法可采用冲击钻、回转钻、潜水电钻等，用泥浆护壁或清水护壁法成孔。清孔后回填井底砂垫层。

④吊放深井管与填滤料。井管应安放垂直，过滤部分应放在含水层范围内。井管与土壁间填充粒径大于滤网孔径的砂滤料。填滤料要一次连续完成，从底填到井口下 1m 左右，上部采用黏土封口。

⑤洗井。若水较混浊，含有泥砂、杂物、会增加泵的磨损、减少寿命或使泵堵塞，可用空压机或旧的深井泵来洗井，使抽出的井水清洁后，再安装新泵。

⑥安装抽水设备及控制电路。安装前应先检查井管内径、垂直度是否符合要求。安放深井泵时，用麻绳吊入滤水层部位，并安放平稳，然后接电动机电缆及控制电路。

⑦试抽水。深井泵在运转前，应用清水预润（清水通入泵座润滑水孔，以保证轴与轴承的预润）。检查电气装置及各种机械装置，测量深井的静、动水位。达到要求后，即可试抽，一切满足要求后，再转入正常抽水。

⑧降水完毕拆除水泵、拔井管、封井。降水完毕，即可拆除水泵，用起重设备拔除井管。拔出井管所留的孔洞用砂砾填实。

4. 降水对环境的影响及防治措施

井点降水时，井点管周围含水层的水不断流向滤管。在无承压水等环境条件下，经过一段时间之后，在井点周围形成漏斗状的弯曲水面，即"降水漏斗"曲线。经过几天或几周后，降水漏斗渐趋稳定。降水漏斗范围内的地下水位下降后，就必然会造成地基固结沉降。由于降水漏斗不是平面，因而产生的沉降也是不均匀的。在实际工程中，由于井点管滤网和砂滤层结构不良，把土层中的细颗粒同地下水一同抽出，就会使地基不均匀沉降加剧，造成附近建筑物及地下管线的不同程度的损坏。

在基坑降水开挖中，为了防止邻近建筑物受影响，可采用以下措施。

（1）井点降水时应减缓降水速度，均匀出水，勿使土粒带出。降水时要随时注意抽出的地下水是否混浊。抽出的水中带走细颗粒，不但会增加周围地面的

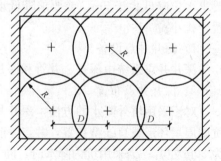

图 1-48　坑内降水井点布置示意图

R—抽水影响半径；D—井点间距

沉降，而且还会使井管堵塞、井点失效。为此，应选用合适的滤网与回填的砂滤料。

（2）井点应连续运转，尽量避免间歇和反复抽水，以减小在降水期间引起的地面沉降量。

（3）降水场地外侧设置挡水帷幕，减小降水影响范围。降水场地外侧设置一圈挡水帷幕，切断"降水漏斗"曲线的外侧延伸部分，减小降水影响范围。一般挡水帷幕底面应在降落后的水位线 2m 以下。常用的挡水帷幕可采用地下连续墙、深层水泥土搅拌桩等。

（4）设置回灌水系统，保护邻近建筑物与地下管线。回灌水系统包括回灌井、回灌沟。

5. 基坑外地面排水

基坑（槽）形成以后，地下水渗透流量相应增大，基坑边坡和底部的动水压力加大，容易引起管涌或流土，造成塌坡和基坑底隆起的严重后果。因此在整个基础工程施工期间，应进行周密的排水系统的布置、渗透流量的计算和排水设备的选择，并注意观察基坑边坡和基坑底面的变化，保证基坑工作顺利进行。基坑排水主要包括基坑外地面排水和坑内排水。

地面水的排除一般采用排水沟、截水沟、挡水土坝等措施。应尽量利用自然地形来设置排水沟，使水直接排至场外，或流向低洼处再用水泵抽走。主排水沟最好设置在施工区域的边缘或道路的两旁，其横断面和纵向坡度应根据最大流量确定。一般排水沟的横断面不小于 0.5m×0.5m，纵向坡度一般不小于 3∶1000。平坦地区，如排水困难，其纵向坡度不应小于 2∶1000，沼泽地区坡度可减至 1∶1000。场地平整过程中，要注意排水沟保持畅通。

山区的场地平整施工，应在较高一面的山坡上开挖截水沟。在低洼地区施工时，除开挖排水沟外，必要时应修筑挡水土坝，以阻挡雨水的流入。

1.6 冬期与雨期施工

1.6.1 冬期施工措施

冬期施工期限划分原则是：根据当地多年气象资料统计，当室外日平均气温连续 5d 稳定低于 5℃即进入冬期施工，当室外日平均气温连续 5d 高于 5℃即解除冬期施工。

建筑场地宜在冻结前清除地上和地下障碍物、地表积水，并应平整场地与道路。冬期应及时清除积雪，春融期应做好排水。

1. 土方的防冻

为了减少冬期挖土困难，如有大量土方开挖，则应在冬期前就采取措施进行防冻。土的防冻应尽量利用自然条件，以就地取材为原则，防冻的主要方法有：

（1）翻松耙平防冻法。进入冬期施工前，在准备施工的部位将表层土翻松耙平，其深度宜为 25～30cm，宽度宜为开挖时土冻结深度的两倍加基槽底宽之和。经翻松的土壤中，有许多充满空气的空隙，可降低土的导热性，起到保温作用，如图 1-49 所示。此方法适用于大面积的土方工程。

（2）雪覆盖防冻法。在初冬降雪量较大的土方工程施工地区，宜采用雪覆盖法，如场地面积较大，可在地面上设篱笆或雪堤，或用其他材料堆积成墙，高度宜为 50～100cm，间距宜为 10～15m，并应与主导风向垂直。面积较小的基槽，可在预定的位置上挖积雪沟，深度宜为 30～50cm，宽度为基槽预计深度的两倍加基槽底宽之和，并随即用雪填满，如图 1-50 所示。

图 1-49　翻松耙平防冻法

1—覆雪厚度；2—翻松土层厚度；3—自然地面；Z_0—最大冻结深度

（3）保温材料防冻法。适用于开挖面积较小的基槽。保温材料可用草帘、炉渣、膨胀珍珠岩（可装入袋内使用）等，再加盖一层塑料布。保温材料的铺设深度亦为待挖基坑宽度的两倍加基槽底宽之和，如图 1-51 所示。

图 1-50　挖沟填雪防冻法　　　　图 1-51　未挖基坑保温法

　　　　　　　　　　　　　　　　　　　Z_0—最大冻结深度

（4）暖棚法。主要适用于基础或地下工程，在已挖好的基槽上搭设骨架铺上基层，覆盖保温材料，也可搭设塑料大棚，在棚内采取供暖措施。

2. 冻土的开挖

对建筑物、构筑物的施工控制坐标点、水准点及轴线定位点的埋设，应采取防止土集冻胀、融沉变位和施工振动影响的措施，并应定期复测校正。

在冻土上进行桩基础和强夯施工时所产生的振动，对周围建筑物及各种设施有影响时，应采取隔振措施。

靠近建筑物、构筑物基础的地下基坑施工时，应采取防止相邻地基土遭冻的措施。

同一建筑物基槽（坑）开挖时应同时进行，基底不得留冻土层。基础施工中，应防止地基土被融化的雪水或冰水浸泡。

在挖方上边弃置冻土时，其弃土堆坡脚至挖方边缘的距离应为常温下规定的距离加上弃土堆的高度。

挖掘完毕的基槽（坑）应采取防止基底部受冻的措施，因故未能及时进行下道工序施工时，应在基槽（坑）底标高以上预留土层，并应覆盖保温材料。

土已冻结时，比较经济的土方施工方法是先破碎冻土，然后挖掘。一般有人工法、机械法、爆破法 3 种，现主要介绍机械法。

机械挖掘冻土可根据冻土的厚度选用推土机松动、挖掘机开挖或重锤冲击破碎冻土等方法，其设备可按表1-10选用。

表1-10　　　　　　　　　　机械挖掘冻土设备选择表

冻土厚度/mm	挖掘设备	冻土厚度/mm	挖掘设备
<500	铲运机，挖掘机	1000～1500	重锤或重球
500～1000	松土机，挖掘机		

当采用重锤冲击破碎冻土时，重锤可为铸铁楔形或球形，重量宜为2～3t。

土方开挖过程中应注意以下几点：

(1) 必须周密计划，组织强有力的施工队伍，连续施工，尽可能减少继续加深冻结深度。

(2) 挖完一段，覆盖一段，以防已挖完的基土冻结。如果基坑开挖后需要停歇较长时间才能进行基础施工，应注意基坑不要一次挖到设计标高，应在地基上留一层约30cm厚土做保护层，暂不铲除。

(3) 对各种管道、机械设备等采取保温措施。

(4) 如果相邻建筑物与基坑周边距离较近，应对地基土的冻胀性进行准确的评价，如果地基土不具有冻胀性，可按正常基坑进行支护，如果地基土冻胀性较强，且基坑开挖有可能造成相邻建筑物基底土冻结时，应在基坑开挖后采取可靠的保温防冻措施。

3. 土方的回填

由于土冻结后即成为坚硬的土块，在回填过程中不能压实或夯实，土解冻后会造成下沉，所以，土方回填时，应严格按照规范要求施工。

土方回填时，铺层铺土厚度应比常温施工时减少20％～25％，预留沉陷量应比常温施工时增加。

对于大面积回填上和有路面的路基及其人行道范围内的平整场地填方，可采用含有冻土块的土回填，但冻土块的粒径不得大于150mm，其含量不得超过30％，铺填时冻土块应分散开，并应逐层夯实。

冬期施工应在填方前清除基底上的冰雪和保温材料，填方上层部位应采用未冻的或透水性好的土方回填。其厚度应符合设计要求。填方边坡的表层1m以内，不得采用含有冻土块的土填筑。

室外的基槽（坑）或管沟可采用含有冻土块的土回填，冻土块粒径不得大于150mm，含量不得超过15％，且应均匀分布。管沟底以上500mm范围内不得用含有冻土块的土回填。

室内的基槽（坑）或管沟不得采用含有冻土块的土回填，施工应连续进行并应夯实。当采用人工夯实时，每层铺土厚度不得超过200mm，夯实厚度宜为100～150mm。

冻结期间暂不使用的管道及其场地回填时，冻土块的含量和粒径可不受限制，但融化后应作适当处理。

室内地面垫层下回填的土方，填料中不得含有冻土块，并应及时夯实。填方完成后至地面施工前，应采取防冻措施。

永久性的挖、填方和排水沟的边坡加固修整，宜在解冻后进行。

冬期填方的高度不宜超过表 1 - 11 的规定。

表 1 - 11   **冬 期 填 方 的 高 度**

室外日平均气温/℃	填方高度/m	室外日平均气温/℃	填方高度/m
-5~-10	4.5	-16~-20	2.5
-12~-15	3.5		

土方回填时，应注意以下问题：

(1) 在施工前将未冻的土堆积在一起，覆盖 2~3 层草帘防止受冻，留作回填土用；

(2) 土方回填时，要注意施工的连续性，加快回填速度，对已回填的土方采取防冻措施；

(3) 土方回填前，应先将基底的冰雪和保温材料打扫干净，方可开始回填；

(4) 冬期施工应尽量减少回填土方量，其余的土可待春暖解冻后再回填；

(5) 为确保回填土质量，对重大工程项目，必要时可用砂土进行回填（注意：不得将砂土回填在黏土等渗透性小的土层上，以免回填的砂土在一定条件下液化）。

1.6.2　雨期施工措施

在雨季进行土方工程施工，一旦遇到大雨，基槽容易被雨水浸泡，会影响建基土的质量，延误工期，增加排水和清除淤泥等施工费用。因此，土方工程尽量不要在雨季开展。

在工期紧迫和一些应急工程中，如在雨期也必须要开展土方施工作业，应采取以下措施，保证工程质量和施工安全：

(1) 土方的开挖。

1) 基坑开挖前，首先在挖土范围外先挖好挡水沟，沟边做土堤，防止雨水流入坑内。

2) 为防止基坑被雨水浸泡，开挖后应在坑内做好排水沟、集水井。

3) 土方边坡坡度留设应适当缓一些，如果施工现场无法满足，则可设置支撑或采取边坡加固等措施。在施工中应随时注意边坡稳定，加强对边坡和支撑的检查。

4) 土方工程施工时，工作面不宜过大，宜分段作业。可先预留 20~30cm 保护土层暂时不挖，待大部分基槽已挖到距基底 20~30cm 时，再采用人工挖土清槽。

5) 土方施工过程中，为防止边坡坍塌，应尽可能减小基坑边坡荷载，不得堆积过多的材料、土方，施工机械作业时尽量远离基坑的边缘。

6) 土方开挖完后，应抓紧进行基础垫层的施工。

(2) 土方的回填。

1) 雨季施工中，回填用土应采取覆盖措施，保证土方的含水量符合要求；

2) 若采取措施后，土方含水量仍偏大，应翻开晾晒，待含水量符合要求后再进行回填。若工期紧迫，要求必须立即回填，则应进一步采取其他措施，如用灰土回填等，土的密实度必须满足要求。

1.7　施 工 安 全 措 施

1.7.1　施工准备

施工前应做好以下准备工作：

(1) 勘查现场，清除地面及地上障碍物。摸清工程实地情况、开挖土层的地质、水文情况、运输道路、邻近建筑、地下埋设物、古墓、旧人防地道、电缆线路、上下水管道、煤气管道、地面障碍物、水电供应情况等，以便有针对性地采取安全措施，清除施工区的地面及地下障碍物。勘察范围应根据开挖深度及场地条件确定，应大于开挖边界外按开挖深度1倍以上范围布置勘探点。

(2) 做好施工场地防洪排水工作，全面规划场地，平整各部分的标高，保证施工场地排水通畅不积水，场地周围设置必要的截水沟、排水沟。

(3) 保护测量基准桩，以保证土方开挖标高位置与尺寸准确无误。

(4) 备好施工用电、用水及其他设施，平整施工道路。

(5) 需要做挡土桩的深基坑，要先做挡土桩。

1.7.2　土方开挖的安全技术

土方开挖的安全技术包含以下几个方面：

(1) 在施工组织设计中，要有单项土方工程施工方案，对施工准备、开挖方法、放坡、排水、边坡支护应根据有关规范要求进行设计，边坡支护要有设计计算书。

(2) 土石方作业和基坑支护的设计、施工应根据现场的环境、地质与水文情况，针对基坑开挖深度、范围大小，综合考虑支护方案、土方开挖、降排水方法以及对周边环境采取的措施来进行。

(3) 根据土方工程开挖深度和工程量的大小，选择机械和人工挖土或机械挖土方案。挖掘应自上而下进行，严禁先挖坡脚。软土基坑无可靠措施时应分层均衡开挖，层高不宜超过1m。坑（槽）沟边1m以内不得堆土、堆料，不得停放机械。

(4) 基坑工程应贯彻先设计后施工；先支撑后开挖；边施工边监测；边施工边治理的原则。严禁坑边超载，相邻基坑施工应有防止相互干扰的技术措施。

(5) 挖土方前对周围环境要认真检查，不能在危险岩石或建筑物下面进行作业。

(6) 人工挖基坑时，操作人员之间要保持安全距离，一般大于2.5m，多台机械开挖，挖土机间距应大于10m。

(7) 机械挖土，多台机同时开挖土方时，应验算边坡和稳定。根据规定和验算确定挖土机离边坡的安全距离。

(8) 如开挖的基坑（槽）比邻近建筑物基础深时，开挖应保持一定距离和坡度，以免在施工时影响邻近建筑物的稳定，如不能满足要求，应采取边坡支撑加固措施。并在施工过程中间进行沉降和位移观测。

(9) 当基坑施工深度超过2m时，坑边应按照高处作业的要求设置临边防护，作业人员上下应有专用梯道。当深基坑施工中形成立体交叉作业时，应合理布局基位、人员、运输通道，并设置防止落物伤害的防护层。

(10) 为防止基坑底的土被扰动，基坑挖好后要尽量减少暴露时间，及时进行下一道工序的施工。如不能立即进行下一道工序，要预留15～30cm厚覆盖土层，待基础施工时再挖去。

(11) 应加强基坑工程的监测和预报工作，包括对支护结构、周围环境及对岩土变化的监测，应通过监测分析及时预报并提出建议，做到信息化施工，防止隐患扩大和随时检验设计施工的正确性。

(12) 弃土应及时运出，如需要临时推土，或留作回填土，推土坡脚至坑边距离应按挖坑深度、边坡坡度和土的类别确定，在边坡支护设计时应考虑推土附加的侧压力。

（13）运土道路的坡度、转弯半径要符合有关安全规定。

（14）爆破土方要遵守爆破作业安全有关规定。

1.7.3　边坡稳定及支护安全技术

1. 影响边坡稳定的因素

基坑开挖后，其边坡失稳坍塌的实质是边坡土体中的剪应力大于土的抗剪强度。而土体的抗剪强度是来源于土体的内摩阻力和内聚力。因此，凡是能影响土体中剪应力、内摩阻力和内聚力的，都能影响边坡的稳定。

（1）土的类别的影响。不同类别的土，其土体的内摩阻力和内聚力不同。例如砂土的内聚力为零，只有内摩阻力，靠内摩阻力来保持边坡稳定平衡。而黏性土则同时存在内摩阻力和内聚力，因此，不同类别的土其保持边坡的最大坡度不同。

（2）土的湿化程度的影响。土内含水愈多，湿化程度增高，土颗粒之间产生滑润作用，内摩阻力和内聚力均降低。其土的抗剪强度降低，边坡容易失去稳定。同时含水量增加，使土的自重增加，裂缝中产生静水压力，增加了土体内剪应力。

（3）气候的影响使土质松软，如冬季冻融又风化，也可降低土体抗剪强度。

（4）基坑边坡上面附加荷载或外力松动的影响，能使土体中剪应力大大增加，甚至超过土体的抗剪强度，使边坡失去稳定而塌方。

2. 基坑（槽）边坡的稳定性

为了防止塌方，保证施工安全，开挖土方深度超过一定限度时，边坡均应做成一定坡度。土方边坡的坡度以其高度 H 与底 B 之比表示。

土方边坡的大小与土质、开挖深度、开挖方法、边坡留置时间的长短、排水情况、附近堆积荷载等有关。开挖的深度愈深，留置时间越长，边坡应设计得平缓一些，反之则可陡一些，用井点降水时边坡可陡一些。边坡可以做成斜坡式，根据施工需要亦可做成踏步式。

（1）基坑（槽）边坡的规定。

当地质情况良好、土质均匀、地下水位低于基坑（槽）或管沟底面标高时，挖方深度在 5m 以内，不加支撑的边坡最陡坡度应按表 1-12 的规定。

表 1-12　　　　　　　　　　基坑（槽）边坡的最陡坡规定

土 的 类 别	边坡坡度（高：宽）		
	坡顶无荷载	坡顶有荷载	坡顶有动载
中密砂土	1：1.00	1：1.25	1：1.50
中密的碎石类土（充填物砂土）	1：0.75	1：1.00	1：1.25
硬塑的黏质粉土	1：0.67	1：0.75	1：1.00
中密的碎石类土（充填物为黏性土）	1：0.50	1：0.67	1：0.75
硬塑的粉质黏土、黏土	1：0.33	1：0.50	1：0.67
老黄土	1：0.10	1：0.25	1：0.33
软土（经井点降水后）	1：1.00	—	—

注　1. 静载指堆土或材料等，动载指机械挖土或汽车运输作业等。在挖方边坡上侧堆土或材料以及移动施工机械时，应与挖方边缘保持一定距离，以保证边坡的稳定，当土质良好时，堆土或材料距挖方边缘 0.8m 以外，高度不宜超过 1.5m。

　　2. 若有成熟的经验或科学理论计算并经实验证明者可不受本表限制。

（2）基坑（槽）无边坡垂直挖深高度规定。

1）无地下水或地下水位低于基坑（槽）或管沟底面标高且土质均匀时，其挖方边坡可作成直立壁不加支撑，挖方深度应根据土质确定，但不宜超过表 1-13 的规定。

表 1-13　　　　　　　基坑（槽）作成直立壁不加支撑的深度规定

土 的 类 别	挖方深度/m
密实、中密的砂土和碎石类土的（充填物为砂）	1.00
硬塑、可塑的粉土及粉质黏土	1.25
硬塑、可塑的黏土和碎石类土（充填物为黏性土）	1.50
坚硬的黏土	2.00

2）天然冻结的速度和深度，能确保施工挖方的安全，在深度为 4m 以内的基坑（槽）开挖时，允许采用天然冻结法垂直开挖而不设支撑，但在干燥的砂土中应严禁采用冻结法施工。

采用直立壁挖土的基坑（槽）或管沟挖好后，应及时进行地下结构和安装工程施工，在施工过程中，应经常检查坑壁的稳定情况。

挖方深度超过表 1-13 规定，应按表 1-12 规定，放坡或直立壁加支撑。

3. 滑坡与边坡塌方的分析处理

（1）滑坡的产生和防治。

1）滑坡的产生：

①震动的影响，如工程中采用大爆破而触发滑坡。

②水的作用，多数滑坡的发生都是与水的参数有关，水的作用能增大土体重量，降低土的抗剪强度和内聚力，产生静水和动水压力，因此，滑坡多发生在雨季。

③土体（或岩体）本身层理发达，破碎严重，或内部夹有软泥或软弱层受水浸或震动滑坡。

④土层下岩层或夹层倾斜度较大，上表面堆土或堆材料较多，增加了土体重量，致使土体与夹层间、土体与岩石之间的抗剪强度降低而引起滑坡。

⑤不合理的开挖或加荷，如在开挖坡脚或在山坡上加荷过大，破坏原有的平衡而产生滑坡。

⑥如路堤、土坝筑于尚未稳定的古滑坡体上，或是易滑动的土层上，使重心改变产生滑坡。

2）滑坡的防治：

①使边坡有足够的坡度，并应尽量将土坡削成较平缓的坡度或做成台阶形，使中间具有数个平台以增加稳定。土质不同时，可按不同土质削成不同坡度，一般可使坡度角小于土的内摩擦角。

②禁止滑坡范围以外的水流入滑坡区域以内，对滑坡范围以内的地下水，应设置排水系统疏干或引出。

③对于施工地段或危及建筑安全的地段设置抗滑结构，如抗滑柱、抗滑挡墙、锚杆挡墙等。这些结构物的基础底必须设置在滑动面以下的稳定土层或岩基中。

④将不稳定的陡坡部分削去，以减轻滑坡体重量，减少滑坡体的下滑力，达到滑体的静

力平衡。

⑤严禁随意切割滑坡体的坡脚，同时也切忌在坡体被动区挖土。

（2）边坡塌方的防治。

1）边坡塌方的发生原因：

①由于边坡太陡，土体本身的稳定性不够而发生塌方。

②气候干燥，基坑暴露时间长，使土质松软或黏土中的夹层因浸水而产生润滑作用，以及饱和的细砂、粉砂因受振动而液化等原因引起土体内抗剪强度降低而发生塌方。

③边坡顶面附近有动荷载，或下雨使土体的含水量增加，导致土体的自重增加和水在土中渗流产生一定的动水压力，以及土体裂缝中的水产生静水压力等原因，引起土体抗剪应力的增加而产生塌方。

2）边坡塌方的防治：

①开挖基坑（槽）时，若因场地限制不能放坡或放坡后所增加的土方量太大，为防止边坡塌方，可采用设置挡土支撑的方法。

②严格控制坡顶护道内的静荷载或较大的动荷载。

③防止地表水流入坑槽内和渗入土坡体。

④对开挖深度大、施工时间长、坑边要停放机械等，应按规定的允许坡度适当的放平缓些，当基坑（槽）附近有主要建筑物时，基坑边坡的最大坡度为 1∶1.5～1∶1。

4. 基坑挡土桩设计要素及安全检查要点

我国高层建筑、构筑物深基础工程施工常用的支护结构，有钢板桩和钢筋混凝土钻孔桩等，根据具体情况选择使用。

钢板桩和钢筋混凝土钻孔桩支护结构，根据有无锚碇结构，分为有锚桩和无锚桩两类。无锚桩用于较浅的基础，是依靠部分的土压力来维持桩的稳定；有锚栓是依靠拉锚和桩入土深度共同来维持板桩的稳定，用于较深的基坑。

总结支护结构挡土桩的工程事故，其原因主要有三个方面：

（1）桩的入土深度不够，在土压力作用下桩入土部分走动而出现坑壁滑坡，对钢板桩来说由于入土深度不够还可能发生隆起和管涌现象。

（2）拉锚的强度不够，使锚碇结构破坏；或者拉锚长度不足，位于土体滑动面之内，当土体要滑动时，拉锚桩随着滑动而失去拉锚的作用。

（3）桩本身的刚度和抗弯强度不够，在土压力作用下，桩本身失稳而弯曲，或者强度不够而破坏。

为此，对于拉锚挡土桩支护结构来说，入土深度、锚杆（强度和长度）、桩截面刚度和强度是挡土桩设计"三要素"。

各类挡土桩，在施工组织设计中，必须有单项设计和详细的结构计算书，内容应包括下列几方面，施工前必须逐一检查：

（1）绘制挡土桩设计图，设计图应包括桩位布置、桩的施工详图（包括桩长、标高、断面尺寸、配筋及预理件详图）、锚杆及支承钢梁布置与详图、节点详图（包括锚杆的标高、位置、平面布置、锚杆长度、断面、角度、支撑钢梁的断面及锚杆与支承钢梁的节点大样），顶部钢筋混凝土圈梁或斜角拉梁的施工详图等。设计图应有材料要求说明、锚杆灌浆养护及预应力张拉的要求等。

（2）根据挖土施工方案及挡土桩各类荷载，对挡土桩结构进行计算或验算。挡土桩的计算书应包括下列项目的计算：

1）桩的入土深度计算，以确保桩的稳定。

2）计算桩最危险截面处的最大弯矩和剪力，验算桩的强度和刚度，以确保桩的承载能力。

3）计算在最不利荷载情况下，锚杆的最大拉力，验算锚杆的抗拉强度，验算土层锚杆非锚固段与锚固段长度，以保证锚杆抗拔力。

4）桩顶设拉锚的除验算拉锚杆强度外，还应该验算锚桩的埋设深度，以及检查锚桩是否埋设在土体稳定区域内（图1-52）。

（3）明确挡土桩的施工顺序，锚杆施工与挖土工序之间的时间安排，锚杆与支承梁施工说明，多层锚杆施工过程中的预应力调正等。

（4）挡土桩的主要施工方法。

（5）施工安全技术措施以及估计可能发生的问题应如何解决。

图1-52 固拉结区域
稳定性划分

5. 坑（槽）壁支护工程施工安全要点

（1）一般坑壁支护都应进行设计计算，并绘制施工详图，比较浅的基坑（槽），若确有成熟可靠的经验，可根据经验绘制简明的施工图。在运用已有经验时，一定要考虑土壁土的类别、深度、干湿程度、槽边荷载以及支撑材料和做法是否与经验做法相同或近似，不能生搬硬套已有的经验。

（2）选用坑壁支撑的木材，要选坚实的、无枯节的、无穿心裂折的松木或杉木，不宜用杂木。木支撑要随挖随撑，并严密顶紧牢固，不能整个挖好后最后一次支撑。挡土板或板桩与抗壁间填土应分层回填夯实，使之密实以提高回填土的抗剪强度。

（3）锚杆的锚固段应埋在稳定性较好的土层中或岩层中，并用水泥砂浆灌注密实。锚固须经计算或试验确定，不得锚固在松软土层中。应合理布置锚杆的间距与倾角，锚杆上下间距不宜小于2.0m，水平间距不宜小于1.5m；锚杆倾角宜为15°～25°，且不应大于45°。最上一道锚杆覆土厚不得小于4m。

（4）挡土桩顶埋深的拉锚，应用挖沟方式埋设，沟宽尽可能小，不能采取全部开挖回填方式，扰动土体固结状态。拉锚安装后应按设计要求预拉应力进行拉紧。

（5）当采用悬臂式结构支护时，基坑深度不宜大于6m。基坑深度超过6m时，可选用单支点和多支点的支护结构。地下水位低的地区和能保证降水施工时，也可采用土钉支护。

（6）施工中应经常检查支撑和观测邻近建筑物的稳定与变形情况。如发现支撑有松动、变形、位移等现象，应及时采取加固措施。

（7）支撑的拆除应按回填顺序依次进行，多层支撑应自上而下逐层拆除，拆除一层，经回填夯实后，再拆上层。拆除支撑应注意防止附近建筑物或构筑物产生下沉或裂缝，必要时采取加固措施。

（8）护坡桩施工的安全技术：

1）打桩前，对邻近施工范围内的已有建筑物、驳岸、选下管线等，必须认真检查，针对具体情况采取有效加固或隔震措施，对危险而又无法加固的建筑征得有关方面同意可以拆除，以确保施工安全和邻近建筑物及人身的安全。

机器进场，要注意危桥、陡坡、限地和防止碰撞电杆、房屋等。打桩场地必须平整夯实，必要时宜铺设道渣，经压路机碾压密实，场地四周应挖排水沟以利排水。在打桩过程中，遇有地坪隆起或下陷时，应随时对机器及路轨调平或整平。

2）钻孔灌注桩施工，成孔钻机操作时，应注意钻机固定平整，防止钻架突然倾倒或钻具突然下落而造成事故。已钻成的孔在尚未灌混凝土前，必须用盖板封严。

1.7.4　基坑排水安全技术

基坑开挖要注意预防基坑被浸泡，引起坍塌和滑坡事故的发生。为此在制定土方施工方案时应注意采取措施。

（1）土方开挖及地下工程要尽可能避开雨期施工，当地下水位较高、开挖土方较深时，应尽可能在枯水期施工，尽量避免在水位以下进行土方工程。

（2）为防止基坑浸泡，除做好排水沟外，要在坑四周做水堤，防止地面水流入坑内，坑内要做排水沟、集水井以排除暴雨和其他突然而来的明水倒灌，基坑边坡视需要可覆盖塑料布，应防止大雨对土坡的侵蚀。

（3）软土基坑、高水位地区应做截水帷幕，应防止单纯降水造成基土流失。

（4）开挖低于地下水位的基坑（槽）、管沟和其他挖方时，应根据当地工程地质资料，挖方深度和尺寸、选用集水坑或井点降水。采用集水坑降水时，应符合以下规定：

1）根据现场条件，应能保持开挖边坡的稳定。

2）集水坑应与基础底边有一定距离。边坡如有局部渗出地下水时，应在渗水处设置过滤层，防止土粒流失，并应设置排水沟，将水引出坡面。

（5）采用井点降水，降水前应考虑降水影响范围内的已有建筑物和构筑物可能产生附加沉降、位移。定期进行沉降和水位观测并做好记录。发现问题，应及时采取措施。

（6）膨胀土场地应在基坑边缘采取抹水泥地面等防水措施，封闭坡顶及坡面，防止各种水流渗入坑壁。不得向基坑边缘倾倒各种废水并应防止水管泄露冲走桩间土。

1.7.5　流砂的防治

基坑（槽）开挖，深入地下水位 0.5m 以下时，在坑（槽）内抽水，有时坑底土成为流动状态，随地下水涌起，边挖边冒，以致无法挖深的现象，称为流砂。

如果是挖基坑（槽），流砂使地基土受扰动，可能造成坑壁坍塌，对附近的建筑物则可能因地基土扰动而沉陷。若不及时制止将可能使附近建筑物倾斜，甚至倒坍，造成严重的后果。同时对新挖的基坑，地基土的扰动将影响其他基坑承载力，并且使施工不能继续进行下去。

1. 流砂发生的原因

根据理论分析，土工试验与实践经验总结可知，当土具有下列性质，就有可能发生流砂现象：

（1）土的颗粒组成中，黏土颗粒含量小于 10%，粉粒（粒径为 0.005～0.05mm）含量大于 75%。

（2）颗粒级配中，土的不均匀系数小于 5。

（3）土的天然孔隙比大于 0.75。

（4）土的天然含水量大于 30%。

总之，流砂现象经常发生在细砂、粉砂及砂质粉土中，是否发生流砂现象，还取决于动水压力的大小。当地下水位较高、坑内外水位差较大时，动水压力也就愈大，就愈易发生流砂现象。一般经验是，在可能发生流砂的土质处，基坑挖深超过地下水位线 0.5m 左右，就可能发生流砂现象。

另外，与流砂现象相似的是管涌现象，当基坑坑底位于不透水土层中，而不透水层下面为承压蓄水层，坑底不透水层的覆盖厚度的重量小于承压水的顶托力时，基坑底部即可能发生管涌冒砂现象。

为了防止管涌冒砂，可以采取人工降低地下水位办法来降低承压层的压力水位。

2. 流砂防治

根据流砂形成的原因，防治流砂的方法主要是减小动水压力，或采取加压措施以平衡动水压力。根据不同情况可采取下列措施：

（1）枯水期施工。当根据地质报告了解到必须在水位以下开挖粉细砂土层时，应尽量在枯水期施工。因地下水位低，坑内外压差小，动水压力可减少，就不易发生流砂现象。

（2）水下挖土法。就是不排水挖土，使坑内水压与坑外地下水压相平衡，避免流砂现象发生，此法在沉井挖土过程中常采用，但水下挖土太深不宜采用。

（3）人工降低地下水位方法。采用井点降水，由于地下水的渗流向下，使动水压力的方向也朝下，增加土颗粒间的压力，从而有效地制止流砂现象发生，此法较可靠，采用较广。

（4）地下连续墙法。此方法是在地面上开挖一条狭长的深槽（一般宽 0.6～1m，深可达20～30m），在槽内浇注钢筋混凝土，可截水防止流砂，又可挡土护壁，并作为正式工程的承重挡土墙。

（5）采取加压措施。下面先铺芦席，然后抛大石块增加土的压力，以平衡动水压力，采取此法，应组织分段抢挖，使挖土速度超过冒砂速度，挖至标高（即铺芦席）处加大石块把流砂压住。此法用以解决局部流砂或轻微流砂有效。如果坑底冒砂较快，土已失去承载力，抛入大石块会很快沉入土中，无法阻止流砂现象。

（6）打钢板桩法。以增加地下水从坑外流入坑内的渗流路线，减少水力坡度，从而减小动水压力，防止流砂发生，但此方法要投入大量钢板桩，不经济，较少采用。

复 习 思 考 题

1. 土的工程分类是按什么划分的？
2. 试述土的基本性质及其对土石方施工的影响。
3. 简述土方开挖的方法。
4. 简述土方压实的方法。
5. 什么是明排水法？有何特点？
6. 试分析土壁塌方的预防措施。
7. 填土压实有哪些方法？影响填土压实的主要因素有哪些？
8. 土方工程冬期施工措施有哪些？
9. 土方工程雨期施工措施有哪些？
10. 土方工程安全施工措施有哪些？

第 2 章　地基与基础工程施工

2.1　地 基 处 理 与 加 固

2.1.1　换土垫层法

换土垫层按其回填材料的不同可分为砂垫层、碎石垫层、素土垫层、灰土垫层、矿渣垫层、粉煤灰垫层等。垫层的作用是提高浅基础下地基的承载力，满足地基稳定要求；减少沉降量；加速软弱土层的排水结固；防止持力层的冻胀或液化。

目前国内常用的垫层施工方法，主要有机械碾压法、重锤夯实法和振动压实（平板压实）法。换土垫层法适用于淤泥、淤泥质土、湿陷性黄土、素填土、杂填土地基及暗沟、暗塘等的浅层处理或不均匀地基处理。当在建筑范围内上层软弱土较薄时，可采用全部置换处理；对于建筑物范围内局部存在古井、古墓、暗塘、暗沟或拆除旧基础的坑穴等，可采用局部换填法处理。换填法的处理深度通常控制在 3m 以内较为经济合理。换填法常用于处理轻型建筑、地坪、堆料场及道路工程等。

2.1.2　预压法

预压法是在建筑物建造前，对建筑物进行预压，使土体中的水排出，逐渐固结，地基发生沉降，同时强度逐步提高的方法。预压法包括堆载预压法、真空预压法、真空—堆载联合预压法、降水预压和电渗排水预压等，后两种预压方法在工程上应用较少。预压法适用于淤泥质土、淤泥和冲填土等饱和黏性土地基。

（1）堆载预压法。在地基基础施工前，通过在拟建场地上预先堆置重物，进行堆载预压，以使地基土固结沉降基本完成，通过地基土的固结以提高地基承震能力。预压荷载一般等于建筑物的荷载，为了加速压缩过程，预压荷载也可比建筑物的重量大，称为超载预压。

堆载预压可分为塑料排水板或砂井地基堆载预压和天然地基堆载预压。该法适用于各种软弱地基，包括天然沉积土层或人工冲填土层，如沼泽土、淤泥水力冲填土；较广泛用于冷藏库、油罐、机场跑道、集装箱码头等沉降要求比较高的地基。通常，当软土层厚度小于 4m 时，可采用天然地基堆载预压法处理；当软土层厚度超过 4m 时，为加速预压过程，应采用塑料排水板或砂井预压法处理地基。

（2）真空预压法。通过在需要加固的软土地基上铺设砂垫层，并设置竖向排水通道（砂井、塑料排水板），再在其上覆盖不透气的薄膜形成一密封层使之与大气隔绝。然后用真空泵抽气，使排水通道保持较高的真空度，在土的孔隙水中产生负的孔隙水压力，孔隙水逐渐被吸出，从而使土体达到固结。真空预压法一般能形成 78～92kPa 的等效荷载，与堆载预压法联合使用，可产生 130kPa 的等效荷载。加固深度一般不超过 20m。

该法的施工要点是：先设置竖向排水系统，水平分布的滤管埋设宜采用条形或鱼刺形，砂垫层上的密封膜采用 2～3 层的聚氯乙稀薄膜，按先后顺序同时铺设。面积大时宜分区预压；做好真空度、地面沉降量、深层沉降、水平位移等观测；预压结束后，应清除砂槽和腐殖土层。应注意对周边环境的影响。

该法适用于饱和均质黏性土及含薄层砂夹层的黏性土，特别适用于新淤填土、超软土地基的加固。

2.1.3 强夯法

强夯法是利用近十吨或数十吨的重锤从近十米或数十米的高处自由落下，对土进行强力夯击并反复多次，从而达到提高地基土的强度并降低其压缩性的处理目的。强夯法又称动力固结法或动力压实法。当需要时，可在夯坑内回填块石、碎石等粗颗粒材料，用夯锤夯击形成连续的强夯置换墩，称之为强夯置换法。

强夯法的作用机理是用很大的冲击能（一般为 500～800kJ），使土体中出现冲击波和很大的应力，迫使土中空隙压缩，土体局部液化，夯击点周围产生裂隙形成良好的排水通道，使土中的空隙水（气）顺利溢出，土体迅速固结，从而降低此深度范围内土体的压缩性，提高地基承载力。同时，强夯技术可显著减少地基上的不均匀性，降低地基差异沉降。

强夯法适用于碎石土、砂土、低饱和度的粉土和黏性土、湿陷性黄土、杂填土和素填土等地基，对于软土地基，一般来说处理效果不显著。

2.1.4 振冲法

振冲法又称振动水冲法，是以起重机吊起振冲器，启动潜水电机带动偏心块，使振动器产生高频振动，同时起动水泵，通过喷嘴喷射高压水流，在边振边冲的共同作用下，将振动器沉到土中的预定深度，经清孔后，从地面向孔内逐段填入碎石，使其在振动作用下被挤密实，达到要求的密实度后即可提升振动器，如此反复直至地面，在地基中形成一个大直径的密实桩体与原地基构成复合地基，提高地基承载力，减少沉降，是一种快速、经济有效的加固方法。

振冲法根据加固机理和效果可分为振冲置换法和振冲密实法两类。

（1）振冲置换法。振冲置换法是利用振冲器或沉桩机，在软弱黏性土地基中成孔，再在孔内分批填入碎石或卵石等材料制成桩体。桩体和原来的黏性土构成复合地基，从而提高地基承载力，减小压缩性。碎石桩的承载力和压缩量在很大程度上取决于周围软土对碎石桩的约束作用。如周围的土过于软弱，对碎石桩的约束作用就差。

振冲置换法适用于不排水抗剪强度不小于 20kPa 的黏性土、粉土、饱和黄土和人工填土地基。对不排水剪切强度小于 20kPa 的地基，应慎重对待。

（2）振冲密实法。振冲密实法的原理是依靠振冲器的强力振动使饱和砂层发生液化，砂粒重新排列，孔隙减少，使砂层挤压加密。振冲密实法适用于黏粒含量小于 10% 的粗砂、中砂地基。

2.1.5 土或灰土挤密法

土挤密桩和灰土挤密桩地基是用沉管、冲击或爆炸等方法在地基中挤土，形成直径为 28～60cm 的桩孔，然后向孔内夯填素土或灰土（所谓灰土，是将不同比例的消石灰和土掺和而形成）形成土挤密桩或灰土挤密桩。成孔时，桩孔部位的土被侧向挤出，从而使桩间土得到挤密。另一方面，对灰土挤密桩而言，桩体材料石灰和土之间产生一系列物理和化学反应，凝结成一定强度的桩体。桩体和桩间挤密土共同组成的人工复合地基，是深层加密处理的一种方法。

以消除地基的湿陷性为主要目的时选用土桩挤密法；以提高地基的承载力及水、土稳定性为主要目的时，选用灰土桩挤密法。土挤密桩和灰土挤密桩，在消除土的湿陷性和减少渗透性方面，其效果基本相同或差别不明显，但土挤密桩地基的承载力和水稳性不及灰土挤密桩，选用这两种方法时，应根据工程要求和处理地基的目的来确定。

土挤密桩和灰土挤密桩地基有多种施工工艺，各种施工工艺都是由成孔和夯实两部分组成。成孔的设备有锤击成孔、振动沉管成孔、冲击成孔、爆破成孔及人工挖孔法。夯实机械按提锤方法分有偏心轮夹杆式夯实机和卷扬机提升式夯实机两种。

2.1.6 砂桩法

砂桩也称为挤密砂桩或砂桩挤密法。是指用振动或冲击荷载在软弱地基中成孔后，将砂石挤压入土中，形成大直径的密实砂石桩，达到加固地基的目的。

砂石桩法的适用范围：松散砂土、粉土、黏性土、素填土和杂填土等地基。对饱和黏土地基上对变形控制要求不严的工程也可采用砂石桩置换处理。砂石桩法也可用于处理可液化地基。

砂桩在砂性土地基中和黏性土地基中的加固机理是不同的。砂桩在加固砂性土地基中的作用是：提高桩和桩间土的密实度，从而提高地基的承载力、减小变形、增强抗液化能力。砂桩在加固黏性土地基中的作用主要是通过桩体的置换和排水作用加速桩间土体的排水固结，并形成复合地基，提高地基的承载力和稳定性，改善地基土的力学性能。

砂桩常用的施工方法有：振动成桩法、冲击成桩法和振动水冲法。

2.1.7 水泥土搅拌法

水泥土搅拌法是以水泥作为固化剂的主剂，通过特制的搅拌机械边钻边往软土中喷射浆液或雾状粉体，在地基深处将软土和固化剂（浆液或粉体）强制搅拌，使喷入软土中的固化剂与软土充分拌和在一起，利用固化剂和软土之间产生的一系列物理化学反应，形成抗压强度比天然土强度高得多，并具有整体性、水稳定性和一定强度的水泥加固土桩柱体，由若干根这类加固土桩柱体和桩间土构成复合地基，从而达到提高地基的承载力和增大变形模量的目的。

水泥土搅拌法分为深层搅拌法（亦称湿法）和粉体喷搅法（简称干法）。深层搅拌法是使用水泥浆作为固化剂的水泥土搅拌法；粉体喷搅法是以干水泥粉或石灰粉作为固化剂的水泥土搅拌法。

水泥土搅拌法适用于软黏土地基的加固，但是用于处理泥炭土、有机质土、塑性指数 I_P 大于 25 的黏土（这种土容易在搅拌头叶片处形成泥团，无法完成水泥土搅拌），地下水具有腐蚀性时以及无工程经验的地区，应通过现场试验确定其适用性。

深层搅拌法（湿法）的施工工艺为：桩机就位→钻进喷浆到底→提升搅拌→重复喷射搅拌→重复提升复搅→成桩完毕。

粉体喷搅法（干法）的施工工艺为：桩机就位→搅拌下沉→钻进结束→提升喷粉搅拌→提升结束。

2.1.8 高压喷射注浆法

高压喷射注浆法就是利用钻机把带有喷嘴的注浆管钻入（或置入）至土层预定的深度，以 20～40MPa 的压力把浆液或水从喷嘴中喷射出来，形成喷射流冲击破坏土层及预定形状的空间，当能量大、速度快和脉动状的喷射流的动压力大于土层结构强度时，土颗粒便从土层中剥落下来，一部分细粒土随浆液或水冒出地面，其余土颗粒在射流的冲击力、离心力和重力等作用下，与浆液搅拌混合，并按一定的浆土比例和质量大小，有规律地重新排列。这样注入的浆液将冲下的部分土混合凝结成加固体，从而达到加固土体的目的。

　　高压喷射注浆法的适用范围为淤泥、淤泥质土、黏性土、粉土、黄土、砂土、人工填土和碎石等地基。当土中含有较多的大粒径块石、坚硬黏性土、大量植物根茎或有过多的有机质时，应根据现场实验结果确定其适用程度。

　　高压喷射注浆法的施工工艺是：钻机就位→钻孔→插管→喷射作业→拔管→清洗器具→移开机具→回填注浆。

2.2　条形基础施工

2.2.1　砖基础

　　砖基础用普通烧结砖与水泥砂浆砌成。砖基础砌成的台阶形状称为"大放脚"，有等高式和不等高式两种（图 2-1）。等高式大放脚是两皮一收，两边各收进 1/4 砖长；不等高式大放脚是两皮一收与一皮一收相间隔，两边各收进 1/4 砖长。

图 2-1　砖基础大放脚形式
(a) 等高式；(b) 不等高式

　　大放脚的底宽应根据计算确定，各层大放脚的宽度应为半砖宽的整数倍。在大放脚的下面一般做垫层。垫层材料可用 3∶7 或 2∶8 灰土，也可用 1∶2∶4 或 1∶3∶6 碎砖三合土。为了防止土中水分沿砖块中毛细管上升而侵蚀墙身，应在室内地坪以下一皮砖处设置防潮层（图 2-2）。防潮层一般用 1∶2 水泥防水砂浆，厚约 20mm。

　　砖基础施工注意：

　　(1) 基槽（坑）开挖：应设置好龙门桩及龙门板，标明基础、墙身和轴线的位置。

　　(2) 大放脚的形式：当地基承载力大于 150kPa 时，采用等高式大放脚，即两皮一收；否则应采用不等高式大放脚，即两皮一收与一皮一收相间隔，基础底宽应根据计算而定。

　　(3) 砖基础若不在同一深度，则应先由底往上砌筑。在高低台阶接头处，下面台阶要砌一定长度（一般不小于基础扩大部分的高度）的实砌体，砌到上面后与上面的砖一起退台。

　　(4) 砖基础接槎应留成斜槎，如因条件限制留成直槎时，应按规范要求设置拉结筋。

2.2.2　毛石基础

　　毛石基础是用毛石与砂浆砌筑而成。其断面形式有阶梯形和梯形。基础的顶面宽度比墙厚大 200mm，即每边宽出 100mm，每阶高度一般为 300～400mm，并至少砌二皮毛石。毛石基础施工注意：

图 2-2 防潮层设置

(a) 墙身防潮；(b) 地坪防潮

(1) 毛石基础可用毛石或毛条石以铺浆法砌筑，灰缝厚度宜为 20～30mm，砂浆应饱满。

(2) 毛石基础宜分皮卧砌，并应上下错缝，内外搭接，上阶石块应至少压砌下阶台块的 1/2，不得采用外面侧立石块、中间填心的砌筑方法。每日砌筑高度不宜超过 1.2m。

(3) 毛石基础在转角处及交接处应同时砌筑，如不能同时砌筑则应留成斜槎。

(4) 毛石基础的第一层石块砌筑时，基地要坐浆，石块大面向下，毛石基础的最上一层石块宜选用较大的毛石砌筑。

2.2.3 钢筋混凝土基础

钢筋混凝土基础（图 2-3）施工时应注意：

(1) 基槽（坑）应进行验槽，局部软弱土层应挖去，用灰土或砂砾分层回填夯实至基底相平，并将基槽（坑）内清除干净。

图 2-3 钢筋混凝土基础

(2) 如地基土质良好，且无地下水基槽（坑）第一阶可利用原槽（坑）浇筑，但应保证尺寸正确，砂浆不流失。上部台阶应支模浇筑，模板支撑要牢固，缝隙孔洞要堵严，木模应浇水湿润。

(3) 基础混凝土浇筑高度在 2m 以内，混凝土可直接卸入基槽（坑）内，注意混凝土能充满边角；浇筑高度在 2m 以上时，应通过漏斗、串筒或溜槽，以防止混凝土产生离析分层。

(4) 浇筑台阶式基础应按台阶分层一次浇筑完成，每层先浇筑边角，后浇筑中间。应注意防止上下台阶交接处混凝土出现蜂窝和脱空现象。

(5) 锥形基础如斜坡较陡，斜面应支模浇筑，并应注意防止模板上浮。斜坡较平时，可不支模，注意斜坡及边角部位混凝土的导固密度，振捣完后，再用人工将斜坡表面修正、拍平、拍实。

（6）当基槽（坑）因土质不一挖成阶梯形式时，先从最低处浇筑，按每阶高度，其各边搭接长度不应小于 500mm。

（7）混凝土浇筑完后，外露部分应适当覆盖，洒水养护；拆模后，及时分层回填土方并夯实。

2.3 桩基础施工

2.3.1 钢筋混凝土预制桩施工

钢筋混凝土预制桩是在预制构件厂或施工现场预制，用沉桩设备在设计位置上将其沉入土中，其特点：坚固耐久，不受地下水或潮湿环境影响，能承受较大荷载，施工机械化程度高，进度快，能适应不同土层施工。目前最常用的预制桩是预应力混凝土管桩。它是一种细长的空心等截面预制混凝土构件，是在工厂经先张预应力、离心成型、高压蒸养等工艺生产而成。管桩按桩身混凝土强度等级的不同分为 PC 桩（C60，C70）和 PHC 桩（C80）；按桩身抗裂弯矩的大小分为 A 型、AB 型和 B 型（A 型最大，B 型最小）；外径有 300、400、500、550 和 600mm，壁厚为 65～125mm，常用节长 7～12m，特殊节长 4～5m。

钢筋混凝土预制桩施工前，应根据施工图设计要求、桩的类型、成孔过程对土的挤压情况、地质探测和试桩等资料，制定施工方案。一般的施工程序如图 2-4 所示。

图 2-4 预制桩施工程序图

1. 打桩前的准备

桩基础工程在施工前，应根据工程规模的大小和复杂程度，编制整个分部工程施工组织设计或施工方案。沉桩前，现场准备工作的内容有处理障碍物、平整场地、抄平放线、铺设水电管网、沉桩机械设备的进场和安装以及桩的供应等。

（1）处理障碍物。

打桩前，宜向城市管理、供水、供电、煤气、电信、房管等有关单位提出要求，认真处理高空、地上和地下的障碍物。然后对现场周围（一般为 10m 以内）的建筑物、驳岸、地下管线等作全面检查，必须予以加固或采取隔振措施或拆除，以免打桩中由于振动的影响，可能引起倒塌。

（2）场地平整。

打桩场地必须平整、坚实，必要时宜铺设道路，经压路机碾压密实，场地四周应挖排水沟以利排水。

（3）放线定桩位。

在打桩现场附近设水准点，其位置应不受打桩影响，数量不得少于两个，用以抄平场地和检查桩的入土深度。要根据建筑物的轴线控制桩定出桩基础的每个桩位,可用小木桩标记。正式打桩之前,应对桩基的轴线和桩位复查一次。以免因小木桩挪动、丢失而影响施工。桩位放线允许偏差为 20mm。

(4) 打桩试验。

施工前应作数量不少于 2 根桩的打桩工艺试验,用以了解桩的沉入时间、最终沉入度、持力层的强度、桩的承载力以及施工过程中可能出现的各种问题和反常情况等,以便检验所选的打桩设备和施工工艺,确定是否符合设计要求。

(5) 打桩顺序。

打桩顺序直接影响到桩基础的质量和施工速度,应根据桩的密集程度(桩距大小)、桩的规格、长短、桩的设计标高、工作面布置、工期要求等综合考虑,合理确定打桩顺序。根据桩的密集程度,打桩顺序一般分为逐段打设、自中部向四周打设和由中间向两侧打设三种,如图 2-5 所示。当桩的中心距不大于 4 倍桩的直径或边长时,应由中间向两侧对称施打 [图 2-5 (c)],或由中间向四周施打 [图 2-5 (b)]。当桩的中心距大于 4 倍桩的边长或直径时,可采用上述两种打法,或逐排单向打设 [图 2-5 (a)]。

根据基础的设计标高和桩的规格,宜按先深后浅、先大后小、先长后短的顺序进行打桩。

图 2-5 打桩顺序图

(a) 逐排打设;(b) 自中部向四周打设;(c) 由中间向两侧打设

(6) 垫衬和送桩设备机具准备。

准备桩帽、垫衬和送桩设备机具。

2. 桩的制作、运输、堆放

(1) 桩的制作。

较短的桩多在预制厂生产。较长的桩一般在打桩现场附近或打桩现场就地预制。

桩分节制作时,单节长度确定,应满足桩架的有效高度、制作场地条件、运输与装卸能力的要求,同时应避免桩尖接近硬持力层或桩尖处于硬持力层中接桩,上节桩和下节桩应尽量在同一纵轴线上预制,使上下节钢筋和桩身减少偏差。

制桩时,应做好浇筑日期、混凝土强度、外观检查、质量鉴定等记录,以供验收时查用。每根桩上应标明编号、制作日期,如不预埋吊环,则应标明绑扎位置。

(2) 桩的运输。

混凝土预制桩达到设计强度 70% 方可起吊,达到 100% 后方可进行运输。如提前吊运,必须验算合格。桩在起吊和搬运时,吊点应符合设计规定,如无吊环,设计又未作规定时,绑扎点的数量及位置按桩长而定,应按起吊弯矩最小的原则进行捆绑。钢丝绳与桩之间应加衬垫，以免损坏棱角。起吊时应平稳提升，吊点同时离地，如要长距离运输，可采用平板拖车或轻轨平板车。长桩搬运时，桩下要设置活动支座。经过搬运的桩，还应进行质量复查。

（3）桩的堆放。

桩堆放应遵守：桩堆放时，地面必须平整、坚实，垫木间距应根据吊点确定，各层垫木应位于同一垂直线上，最下层垫木应适当加宽，堆放层数不宜超过 4 层。不同规格的桩，应分别堆放。

3. 施工方法

混凝土预制桩的沉桩方法有锤击沉桩、静力压桩、振动沉桩等。

（1）锤击沉桩。

锤击沉桩也称打入桩（图 2-6），是利用桩锤下落产生的冲击能量将桩沉入土中，锤击沉桩是混凝土预制桩最常用的沉桩方法。该法施工速度快，机械化程度高，适应范围广，现场文明程度高，但施工时有噪音污染和振动，对于城市中心和夜间施工有所限制。

1）打桩设备及选择。

打桩所用的机具设备，主要包括桩锤（作用是对桩施加冲动击力，将桩打入土中）、桩架（作用是支持桩身和桩锤将桩吊到打桩位置，并在打入过程中引导桩的方向，保证桩锤沿着所要求的方向冲击）及动力装置（包括起动桩锤用的动力设施，如卷扬机、锅炉、空气压缩机等）三部分。

桩锤是把桩打入土中的主要机具，有落锤、汽锤（单动汽锤和双动汽锤）、柴油桩锤、振动桩锤等。

图 2-6　锤击沉桩

桩锤的类型应根据施工现场情况、机具设备条件及工作方式和工作效率等条件来选择。锤重的选择，在做功相同而锤重与落距乘积相等情况下，宜选用重锤低击，这样可以使桩锤动量大而冲击回弹能量消耗小。桩锤过重，所需动力设备大，能源消耗大，不经济；桩锤过轻，施打时必定增大落距，使桩身产生回弹，桩不宜沉入土中，常常打坏桩头或使混凝土保护层脱落，严重者甚至使桩身断裂。

桩架是支持桩身和桩锤，在打桩过程中引导桩的方向及维持桩的稳定，并保证桩锤沿着所要求方向冲击的设备。桩架一般由底盘、导向杆、起吊设备、撑杆等组成。根据桩的长度、桩锤的高度及施工条件等选择桩架和确定桩架高度。

桩架的形式多种多样，常用的通用桩架有两种基本形式：一种是沿轨道行驶的多能桩架；另一种是装在履带底盘上的履带式桩架。多能桩架是由定柱、斜撑、回转工作台、底盘及传动机构组成。它的机动性和适应性很大，在水平方向可作 360° 回转，导架可以伸缩和前后倾斜，底座下装有铁轮，底盘在轨道上行走。这种桩架可适用于各种预制桩及灌注桩施工。履带式桩架（图 2-7）以履带式起重机为主，配备桩架工作装置而组成。操作灵活，移动方便，适用于各种预制桩和灌注桩的施工。

打桩机械的动力装置是根据所选桩锤而定的。当采用空气锤时，应配备空气压缩机；当选用蒸汽锤时，则要配备蒸汽锅炉和绞盘。

2) 打桩工艺:

①吊桩就位。按既定的打桩顺序,先将桩架移动至桩位处并用缆风绳拉牢,然后将桩运至桩架下,利用桩架上的滑轮组,由卷扬机提升桩。当桩提升至直立状态后,即可将桩送入桩架的龙门导管内,同时把桩尖准确地安放到桩位上,并与桩架导管相连接,以保证打桩过程中不发生倾斜或移动。桩插入时垂直偏差不得超过 0.5%。桩就位后,为了防止击碎桩顶,在桩锤与桩帽、桩帽与桩之间应放上硬木、粗草纸或麻袋等桩垫作为缓冲层,桩帽与桩顶四周应留 5~10mm 的间隙,如图 2-8 所示。然后进行检查,使桩身、桩帽和桩锤在同一轴线上即可开始打桩。

5~10

图 2-7　履带式桩机　　　　　　　　　图 2-8　自落锤桩帽构造示意图
1—导架;2—桩锤;3—桩帽;4—桩;5—吊车　　　1—桩帽;2—硬垫木;3—草纸(弹性衬垫)

②打桩。打桩时用"重锤低击"可取得良好效果,这是因为这样桩锤对桩头的冲击小,回弹也小,桩头不易损坏,大部分能量都用于克服桩身与土的摩阻力和桩尖阻力,桩就能较快地沉入土中。

初打时地层软、沉降量较大,宜低锤轻打,随着沉桩加深(1~2m),速度减慢,再酌情增加起锤高度,要控制锤击应力。打桩时应观察桩锤回弹情况,如经常回弹较大时则说明锤太轻,不能使桩下沉,应及时更换。至于桩锤的落距以多大为宜,根据实践经验,在一般情况下,单动汽锤以 0.6m 左右为宜,柴油锤不超过 1.5m 为宜,落锤不超过 1.0m 为宜。打桩时要随时注意贯入度变化情况,当贯入度骤减,桩锤有较大回弹时,表示桩尖遇到障碍,此时应减小桩锤落距,加快锤击。如上述情况仍存在,则应停止锤击,查其原因进行处理。

在打桩过程中,如突然出现桩锤回弹、贯入度突增、锤击时桩弯曲、倾斜、颤动、桩顶破坏加剧等情况,则表明桩身可能已破坏。

打桩最后阶段,沉降太小时,要避免硬打,如难沉下,要检查桩垫、桩帽是否适宜,需要时可更换或补充软垫。

③接桩。预制桩施工中,由于受到场地、运输及桩机设备等的限制,而将长桩分为多节进行制作。接桩时要注意新接桩节与原桩节的轴线一致。目前预制桩的接桩工艺主要有硫磺胶泥浆锚法、电焊接桩和法兰螺栓接桩等三种。前一种适用于软弱土层,后两种适用于各类土层。

3）打桩质量要求。

保证打桩的质量，应遵循以下原则：端承桩即桩端达到坚硬土层或岩层，以控制贯入度为主，桩端标高可作参考；摩擦桩即桩端位于一般土层，以控制桩端设计标高为主，贯入度可作参考。打（压）入桩（预制混凝土方桩、先张法预应力管桩、钢桩）的桩位偏差，必须符合规范的规定。打斜桩时，斜桩的倾斜度的允许偏差，不得大于倾斜角正切值的 15％。

4）桩头的处理。

在打完各种预制桩开挖基坑时，按设计要求的桩顶标高将桩头多余的部分截去。截桩头时不能破坏桩身，要保证桩身的主筋伸入承台，长度应符合设计要求。当桩顶标高在设计高程以下时，在桩位上挖成喇叭口，凿掉桩头混凝土，剥出主筋并焊接接长至设计要求长度，与承台钢筋绑扎在一起，用桩身同强度等级的混凝土与承台一起浇筑接长桩身，如图 2-9 所示。

5）打桩施工常见问题。

在打桩施工过程中会遇见各种各样的问题，例如桩顶破碎，桩身断裂，桩身位移、扭转、倾斜，桩锤跳跃，桩身严重回弹等。发生这些问题的原因有钢筋混凝土预制桩制作质量、沉桩操作工艺和复杂土层等三个方面的原因。施工规范规定，打桩过程中如遇到上述问题，都应立即暂停打桩，施工单位应与勘察、设计单位共同研究，查明原因，提出明确的处理意见，采取相应的技术措施后，方可继续施工。

图 2-9　桩头处理

（2）静力压桩。

静力压桩是在软土地基上，利用静力压桩机或液压压桩机用无振动的静力压力（自重和配重）将预制桩压入土中的一种新工艺。静力压桩已在我国沿海软土地基上较为广泛地采用，与普通的打桩和振动沉桩相比，压桩可以消除噪声和振动的公害。故特别适用于医院和有防震要求部门附近的施工。

静力压桩机（图 2-10）的工作原理是：通过安置在压桩机上的卷扬机的牵引，由钢丝绳、滑轮及压梁，将整个桩机的自重力（800～1500kN）反压在桩顶上，以克服桩身下沉时与土的摩擦力，迫使预制桩下沉。桩架高度 10～40m，压入桩长度已达 37m，桩断面为 400mm×400mm～500mm×500mm。

近年引进 WYJ-200 型和 WYJ-400 型压桩机，是液压操纵的先进设备。静压力有 2000kN 和 4000kN 两种，单根制桩长度可达 20m。压桩施工，一般情况下都采取分段压入，逐段接长的方法。接桩的方法目前有三种（焊接法、法兰接法和浆锚法）。

焊接法接桩（图 2-11）时，必须对准下节桩并垂直无误后，用点焊将拼接角钢连接固定，再次检查位置正确后则进行焊接。施焊时，应两人同时对角对称地进行，以防止节点变形不匀而引起桩身歪斜。焊缝要连续饱满。

浆锚法接桩（图 2-12）时，首先将上节桩对准下节桩，使四根锚筋插入锚筋孔中（直径为锚筋直径的 2.5 倍），下落压梁并套住桩顶，然后将桩和压梁同时上升约 200mm（以四根锚筋不脱离锚筋孔为度）。此时，安设好施工夹箍（施工夹箍：由四块木板，内侧用人造革包裹 40mm 厚的树脂海绵块而成），将熔化的硫磺胶泥注满锚筋孔内和接头平面上，然后

图 2-10 静力压桩机示意图

1—活动压梁；2—油压表；3—桩帽；4—上段桩；5—加重物仓；6—底盘；7—轨道；8—上段接桩锚筋；
9—桩；10—压头；11—操作平台；12—卷扬机；13—加压钢绳滑轮组；14—桩架导向笼

将上节桩和压梁同时下落，当硫磺胶泥冷却并拆除施工夹箍后，即可继续加荷施压。

图 2-11 焊接法接桩节点构造

1—角钢与主筋焊接；2—钢板；
3—主筋；4—箍筋；5—焊缝

图 2-12 浆锚法接桩节点构造

1—锚筋；2—锚筋孔

为保证接桩质量，应做到：锚筋应刷净并调直；锚筋孔内应有完好螺纹，无积水、杂物和油污；接桩时接点的平面和锚筋孔内应灌满胶泥；灌注时间不得超过 2min；灌注后停歇时间应符合有关规定。

（3）其他沉桩方法。

水冲沉桩法是锤击沉桩的一种辅助方法。它是利用高压水流经过桩侧面或空心管内部的射水管冲击桩尖附近土层，便于锤击。一般是边冲水边打桩，当沉桩至最后 1~2m 时停止冲水，用锤击至规定标高。水冲法适用于砂土和碎石土，有时对于特别长的预制桩，单靠锤击有一定的困难时，亦用水冲法辅助之。

振动法沉桩是利用振动机，将桩与振动机连接在一起，振动机产生的振动力通过桩身使土体振动，使土体的内摩擦角减小、强度降低而将桩沉入土中。此法在砂土中效率最高。

2.3.2　灌注桩施工

混凝土灌注桩是直接在施工现场桩位上成孔，然后在孔内安装钢筋笼，浇筑混凝土成桩。与预制桩相比，灌注桩具有不受地层变化限制，不需要接桩和截桩，节约钢材、振动小、噪声小等特点，但施工工艺复杂，影响质量的因素多。灌注桩按成孔方法分为：泥浆护壁成孔灌注桩、干作业钻孔灌注桩、人工挖孔灌注桩、沉管灌注桩等，近年来还出现了夯扩桩、管内泵压桩、变径桩等新工艺，特别是变径桩，将信息化技术引进到桩基础中。

1. 泥浆护壁成孔灌注桩

泥浆护壁成孔是利用原土自然造浆或人工造浆浆液进行护壁，通过循环泥浆将被钻头切下的土块携带排出孔外成孔，然后安装绑扎好的钢筋笼，导管法水下灌注混凝土沉桩。此法对于不论地下水高低的土层都适用。但在岩溶发育地区慎用。

（1）施工工艺流程。

泥浆护壁成孔灌注桩施工工艺流程，如图 2-13 所示。

图 2-13　泥浆护壁成孔灌注桩工艺流程图

（2）施工准备。

1）埋设护筒。

护筒是用 4～8mm 厚钢板制成的圆筒，其内径应大于钻头直径 100mm，其上部宜开设 1～2 个溢浆孔。

埋设护筒时，先挖去桩孔处表土，将护筒埋土中，保证其准确、稳定。护筒中心与桩位中心的偏差不得大于 50mm，护筒与坑壁之间用黏土填实，以防漏水。护筒的埋设深度，在黏土中不宜小于 1.0m，在砂土中不宜小于 1.5m。护筒顶面应高于地面 0.4～0.6m，并应保持孔内泥浆面高出地下水位 1m 以上，在受水位涨落影响时，泥浆面应高出最高水位 1.5m 以上。

护筒的作用是固定桩孔位置，防止地面水流入，保护孔口，增高桩孔内水压力，防止塌孔和成孔时引导钻头方向。

2）制备泥浆。

泥浆在桩孔内吸附在孔壁上，将土壁上孔隙填渗密实，避免孔内壁漏水，保持护筒内水压稳定；泥浆比重大，加大孔内水压力，可以稳固土壁、防止塌孔；泥浆有一定黏度，通过循环泥浆可将切削碎的泥石渣屑悬浮后排出，起到携砂、排土的作用。同时，泥浆还可对钻头有冷却和润滑作用。

制备泥浆方法：在黏性土中成孔时可在孔中注入清水，钻机旋转时，切削土屑与水旋拌，用原土造浆，泥浆比重应控制在 1.1～1.2；在其他土中成孔时，泥浆制备应选用高塑性黏土或膨润土。在砂土和较厚的夹砂层中成孔时，泥浆比重应控制在 1.3～1.5；施工中应经常测定泥浆比重，并定期测定黏度、含砂率和胶体率等指标，应根据土质条件确定。

对施工中废弃的泥浆、渣应按环境保护的有关规定处理。

3）成孔。

桩架安装就位后，挖泥浆槽、沉淀池，接通水电，安装水电设备，制备要求相对密度的泥浆。用第一节钻杆（每节钻杆长约 5m，按钻进深度用钢销连接）接好钻机，另一端接上钢丝绳，吊起潜水钻对准埋设的护筒，悬离地面，先空钻然后慢慢钻入土中；注入泥浆，待整个潜水钻如土，观察机架是否垂直平稳，检查钻杆是否平直后，再正常钻进。

泥浆护壁成孔灌注桩成孔方法按成孔机械分类有回转钻机成孔、潜水钻机成孔、冲击钻机成孔、冲抓锥成孔等，其中以钻机成孔应用最多。

①回转钻机成孔。

回转钻机是由动力装置带动钻机回转装置转动，再由其带动带有钻头的钻杆移动，由钻头切削土层。适用于地下水位较高的软、硬土层，如淤泥、黏性土、砂土、软质岩层。

回转钻机钻孔方式根据泥浆循环方式的不同，分为正循环回转钻机成孔和反循环回转钻机成孔。

正循环回转钻机成孔的工艺如图 2-14 所示。由空心钻杆内部通入泥浆或高压水，从钻杆底部喷出，携带钻下的土渣沿孔壁向上流动，由孔口将土渣带出流入泥浆池。

反循环回转钻机成孔的工艺如图 2-15 所示。泥浆带渣流动的方向与正循环回转钻机成孔的情形相反。反循环工艺的泥浆上流的速度较高，能携带较大的土渣。

图 2-14　正循环回转钻机成孔工艺原理图　　图 2-15　反循环回转钻机成孔工艺原理图
1—钻头；2—泥浆循环方向；3—沉淀池；　　　1—钻头；2—新泥浆流向；3—沉淀池；
4—泥浆池；5—泥浆泵；6—水龙头；　　　　　4—砂石泵；5—水龙头；6—钻杆；
7—钻杆；8—钻机回转装置　　　　　　　　　7—钻机回转装置；8—混合液流向

②潜水钻机成孔。

潜水钻机成孔示意图如图 2-16 所示。潜水钻机是一种将动力、变速机构、钻头连在一起加以密封，潜入水中工作的一种体积小而轻的钻机，这种钻机的钻头有多种形式，以适应不同桩径和不同土层的需要。钻头可带有合金刀齿，靠电机带动刀齿旋转切削土层或岩层。钻头靠桩架悬吊吊杆定位，钻孔时钻杆不旋转，仅钻头部分放置切削下来的泥渣通过泥浆循环排出孔外。

　　钻机桩架轻便，移动灵活，钻进速度快，噪声
小，钻孔直径为 500～1500mm，钻孔深度可达 50m，
甚至更深。

　　潜水钻机成孔适用于黏性土、淤泥、淤泥质土、砂
土等钻进，也可钻入岩层，尤其适用于地下水位较高的
土层中成孔。当钻一般黏性土、淤泥、淤泥质土及砂土
时，宜用笼式钻头；穿过不厚的砂夹卵石层或在强风化
岩上钻进时，可镶焊硬质合金刀头的笼式钻头；遇孤石
或旧基础时，应用带硬质合金齿的筒式钻头。

　　③冲击钻机成孔。

　　冲击钻机通过机架、卷扬机把带刃的重钻头（冲
击锤）提高到一定高度，靠自由下落的冲击力切削破
碎岩层或冲击土层成孔（图 2-17）。部分碎渣和泥浆
挤压进孔壁，大部分碎渣用掏渣筒掏出。此法设备简
单，操作方便，对于有孤石的砂卵石岩、坚质岩、岩
层均可成孔。

　　冲击钻头形式有十字形、工字形、人字形等，
一般常用十字形冲击钻头（图 2-18）。在钻头锥顶

图 2-16　潜水钻机钻孔示意图

1—钻头；2—潜水钻机；3—电缆；4—护筒；
5—水管；6—滚轮（支点）；7—钻杆；
8—电缆盘；9—5kN 卷扬机；10—10kN
卷扬机；11—电流电压表；12—启动开关

与提升钢丝绳间设有自动转向装置，冲击锤每冲击一次转动一个角度，从而保证桩孔冲
成圆孔。

图 2-17　简易冲击钻孔机示意图

1—副滑轮；2—主滑轮；3—主杆；4—前拉索；5—后拉索；6—斜撑；
7—双滚筒卷扬机；8—导向轮；9—垫木；10—钢管；11—供浆管；
12—溢流口；13—泥浆渡槽；14—护筒回填土；15—钻头

图 2-18　十字形冲头示意图

冲孔前应埋设钢护筒，并准备好护壁材料。若表层为淤泥、细砂等软土，则在筒内加入小块片石、砾石和黏土；若表层为砂砾卵石，则投入小颗粒砂砾石和黏土，以便冲击造浆，并使孔壁挤密实。冲击钻机就位后，校正冲锤中心对准护筒中心，在冲程 0.4～0.8m 范围内应低提密冲，并及时加入石块与泥浆护壁，直至护筒下沉 3～4m 以后，冲程可以提高到 1.5～2.0m，转入正常冲击，随时测定并控制泥浆相对密度。

施工中，应经常检查钢丝绳损坏情况，卡机松紧程度和转向装置是否灵活，以免掉钻。如果冲孔发生偏斜，应回填片石（厚 300～500mm）后重新冲孔。

图 2-19　冲抓锥头
(a) 下落；(b) 提土
1—抓片；2—连杆；3—压重；4—滑轮组

④冲抓锥成孔。

冲抓锥（图 2-19）锥头上有一重铁块和活动抓片，通过机架和卷扬机将冲抓锥提升到一定高度，下落时松开卷筒刹车，抓片张开，锥头便自由下落冲入土中，然后开动卷扬机提升锥头，这时抓片闭合抓土。冲抓锥整体提升至地面上卸去土渣，依次循环成孔。

冲抓锥成孔施工过程、护筒安装要求、泥浆护壁循环等与冲击成孔施工相同。

冲抓锥成孔直径为 450～600mm，孔深可达 10m，冲抓高度宜控制在 1.0～1.5m。适用于松软土层（砂土、黏土）中冲孔，但遇到坚硬土层时宜换用冲击钻施工。

4）清孔。

成孔后，必须保证桩孔进入设计持力层深度。当孔达到设计要求后，即进行验孔和清孔。验孔是用探测器检查桩位、直径、深度和孔道情况；清孔即清除孔底沉渣、淤泥浮土，以减少桩基的沉降量，提高承载能力。

泥浆护壁成孔清孔时，对于土质较好不易坍塌的桩孔，可用空气吸泥机清孔，气压为 0.5MPa，使管内形成强大高压气流向上涌，同时不断地补足清水，被搅动的泥渣随气流上涌从喷口排出，直至喷出清水为止。对于稳定性较差的孔壁应采用泥浆循环法清孔或抽筒排渣，清孔后的泥浆相对密度应控制在 1.15～1.25；原土造浆的孔，清孔后泥浆相对密度应控制在 1.1 左右，在清孔时，必须及时补充足够的泥浆，并保持浆面稳定。

5）水下浇筑混凝土。

在灌注桩、地下连续墙等基础工程中，常要直接在水下浇筑混凝土。其方法是利用导管输送混凝土并使之与环境水隔离，依靠管中混凝土的自重，压管口周围的混凝土在已浇筑的混凝土内部流动、扩散，以完成混凝土的浇筑工作，如图 2-20 所示。

在施工时，先将导管放入水中（其下部距离底面约 100mm），用麻绳或铅丝将球塞悬吊在导管内水位以上的 0.2m（塞顶铺 2～3

图 2-20　导管法浇筑水下混凝土示意图
1—导管；2—承料漏斗；3—提升机具；4—球塞

层稍大于导管内径的水泥纸袋，再散铺一些干水泥，以防混凝土中骨料卡住球塞），然后浇入混凝土，当球塞以上导管和承料漏斗装满混凝土后，剪断球塞吊绳，混凝土靠自重推动球塞下落，冲向基底，并向四周扩散。球塞冲出导管，浮至水面，可重复使用。冲入基底的混凝土将管口包住，形成混凝土堆。同时不断地将混凝土浇入导管中，管外混凝土面不断被管内的混凝土挤压上升。随着管外混凝土面的上升，导管也逐渐提高（到一定高度，可将导管顶段拆下）。但不能提升过快，必须保证导管下端始终埋入混凝土内；其最大埋置深度不宜超过 5m。混凝土浇筑的最终高程应高于设计标高约 100mm，以便清除强度低的表层混凝土（清除应在混凝土强度达到 $2\sim2.5N/mm^2$ 后方可进行）。

导管由每段长度为 1.5～2.5m（脚管为 2～3m）、管径 200～300mm、厚 3～6mm 的钢管用法兰盘加止水胶垫用螺栓连接而成。承料漏斗位于导管顶端，漏斗上方装有振动设备以防混凝土在导管中阻塞。提升机具用来控制导管的提升与下降，常用的提升机具有卷扬机、电动葫芦、起重机等。球塞可用软木、橡胶、泡沫塑料等制成，其直径比导管内径小15～20mm。

水下浇筑的混凝土必须具有较大的流动性和粘聚性以及良好的流动性保持能力，能依靠其自重和自身的流动能力来实现摊平和密实，有足够的抵抗泌水和离析的能力，以保证混凝土在堆内扩散过程中不离析，且在一定时间内其原有的流动性不降低。因此要求水下浇筑混凝土中水泥用量及砂率宜适当增加，泌水率控制在 2‰～3‰ 以内；粗骨料粒径不得大于导管的 1/5 或钢筋间距的 1/4，并不宜超过 40mm；坍落度为 150～180mm。施工开始时采用低坍落度，正常施工则用较大的坍落度，且维持坍落度的时间不得少于 1h，以便混凝土能在一较长时间内靠其自身的流动能力实现其密实成型。

每根导管的作用半径一般不大于 3m，所浇混凝土覆盖面积不宜大于 $30m^2$，当面积过大时，可用多根导管同时浇筑。混凝土浇筑应从最深处开始，相邻导管下口的标高差不应超过导管间距的 1/20～1/15，并保证混凝土表面均匀上升。

导管法浇筑水下混凝土的关键：一是保证混凝土的供应量应大于导管内混凝土必须保持的高度和开始浇筑时导管埋入混凝土堆内必须的埋置深度所要求的混凝土量；二是严格控制导管提升高度，且只能上下升降，不能左右移动，以避免造成管内返水事故。

2. 干作业钻孔灌注桩

干作业钻孔灌注桩是先用钻机在桩位处进行钻孔，然后在桩孔内放入钢筋骨架，再灌筑混凝土而成桩。其施工过程如图 2-21 所示。

（1）施工特点。

干作业成孔一般采用螺旋钻机钻孔。螺旋钻机根据钻杆形式不同可分为：整体式螺旋、装配式长螺旋和短螺旋三种。螺旋钻杆是一种动力旋动钻杆，它是使钻头的螺旋叶旋转削土，土块由钻头旋转上升而带出孔外。螺旋钻头外径分别为 $\phi400mm$、$\phi500mm$、$\phi600mm$，钻孔深度相应为 12m、10m、8m。适用于成孔深度内没有地下水的一般黏土层、砂土及人工填土地基，不适于有地下水的土层和淤泥质土。

（2）施工工艺。

干作业钻孔灌注桩的施工工艺为：螺旋钻机就位对中→钻进成孔、排土→钻至预定深度、停钻→起钻，测孔深、孔斜、孔径→清理孔底虚土→钻机移位→安放钢筋笼→安放混凝土溜筒→灌溉混凝土成桩→桩头养护。

图 2-21 螺旋钻机钻孔灌注桩施工过程示意图

(a) 钻机进行钻孔；(b) 放入钢筋骨架；(c) 浇筑混凝土

钻机就位后，钻杆垂直对准桩位中心，开钻时先慢后快，减少钻杆的摇晃，及时纠正钻孔的偏斜或位移。钻孔时，螺旋刀片旋转削土，削下的土沿整个钻杆螺旋叶片上升而涌出孔外，钻杆可逐节接长直至钻到设计要求规定的深度。在钻孔过程中，若遇到硬物或软岩，应减速慢钻或提起钻头反复钻，穿透后再正常进钻。在砂卵石、卵石或淤泥质土夹层中成孔时，这些土层的土壁不能直立，易造成塌孔；这时，钻孔可钻至塌孔下 1～2m 以内，用低强度等级细石混凝土回填至塌孔 1m 以上；待混凝土初凝后，再钻至设计要求深度。也可用3：7 夯实灰土回填代替混凝土处理。

钻孔至规定要求深度后，孔底一般都有较厚的虚土，需要进行专门处理。清孔的目的是将孔内的浮土、虚土取出，减少桩的沉降。常用的方法是采用 25～30kg 的重锤对孔底虚土进行夯实，或投入低坍落度素混凝土，再用重锤夯实；或是钻机在原深处空转清土，然后停止旋转，提钻卸土。

钢筋骨架的主筋、箍筋、直径、根数、间距及主筋保护层均应符合设计规定，绑扎牢固，防止变形。用导向钢筋送入孔内，同时防止泥土杂物掉进孔内。钢筋骨架就位后，应立即灌注混凝土，以防塌孔。灌注时，应分层浇筑、分层捣实，每层厚度 50～60cm。

（3）操作要点：

1）螺旋钻进应根据地层情况，合理选择和调整钻进参数，并可通过电流表来控制进尺速度，电流值增大，说明孔内阻力增大，应降低钻进速度。

2）开始钻进及穿过软硬土层交界处时，应缓慢进尺，保持钻具垂直；钻进含有砖头瓦块卵石的土层时，应控制钻杆跳动与机架摇晃。

3）钻进中遇蹩车，不进尺或钻进缓慢时，应停机检查，找出原因，采取措施，避免盲目钻进，导致桩孔严重倾斜、垮孔甚至卡钻、折断钻具等恶性孔内事故。

4）遇孔内渗水、垮孔、缩径等异常情况时，立即起钻，采取相应的技术措施；上述情况不严重时，可调整钻进参数，投入适量黏土球，经常上下活动钻具等，保持钻进顺畅。

5）冻土层、硬土层施工，宜采用高转速，小给进量，恒钻压。

6）短螺旋钻进，每回次进尺宜控制在钻头长度的 2/3 左右，砂层、粉土层可控制在 0.8～1.2m，黏土、粉质黏土在 0.6m 以下。

7) 钻至设计深度后，应使钻具在孔内空转数圈清除虚土，然后起钻，盖好孔口盖，防止杂物落入。

3. 人工挖孔灌注桩

人工挖孔灌注桩是采用人工挖掘方法成孔，然后放置钢筋笼，浇筑混凝土而成的桩基础，也称墩基础。其施工特点是设备简单；无噪音、无振动、不污染环境，对施工现场周围原有建筑物的影响小；施工速度快，可按施工进度要求决定同时开挖桩孔的数量，必要时各桩孔可同时施工；土层情况明确，可直接观察到地质变化，桩底沉渣能清除干净，施工质量可靠。尤其当高层建筑选用大直径的灌注桩，而施工现场又在狭窄的市区时，采用人工挖孔比机械挖孔具有更大的适应性。但其缺点是人工耗量大。开挖效率低，安全操作条件差等。

(1) 施工设备。

一般可根据孔径、孔深和现场具体情况加以选用，常用的有：电动葫芦、提土桶、潜水泵、鼓风机和输风管、镐、锹、土筐、照明灯、对讲机及电铃等。

(2) 施工工艺。

施工时，为确保挖土成孔施工安全，必须考虑预防孔壁坍塌和流砂现象发生的措施。因此，施工前应根据地质水文资料，拟定出合理的护壁措施和降排水方案，护壁方法很多，可以采用现浇混凝土护壁、沉井护壁、喷射混凝土护壁等。

1) 浇混凝土护壁法施工。

现浇混凝土护壁法施工即分段开挖、分段浇筑混凝土护壁，既能防止孔壁坍塌，又能起到防水作用。

桩孔采取分段开挖，每段高度取决于土壁直立状态的能力，一般 0.5~1.0m 为一施工段，开挖井孔直径为设计桩径加混凝土护壁厚度。

护壁施工段，即支设护壁内模板（工具式活动钢模板）后浇筑混凝土，模板的高度取决于开挖土方施工段的高度，一般为 1m，由 4~8 块活动钢模板组合而成，支成有锥度的内模。内模支设后，吊放用角钢和钢板制成的两半圆形合成的操作平台入桩孔内，置于内模板顶部，以放置料具和浇筑混凝土操作之用。浇筑混凝土时要注意振捣密实。

当护壁混凝土强度达到 1MPa（常温下约 24h）可拆除模板，开挖下段的土方，再支模浇筑护壁混凝土，如此循环，直至挖到设计要求的深度。

当桩孔挖到设计深度，并检查孔底土质是否已达到设计要求后，再在孔底挖成扩大头。待桩孔全部成型后，用潜水泵抽出孔底的积水，然后立即浇筑混凝土。当混凝土浇筑至钢筋笼的底面设计标高时，再吊入钢筋笼就位，并继续浇筑桩身混凝土而形成桩基。

2) 沉井护壁法挖孔施工。

当桩径较大，挖掘深度大，地质复杂，土质差（松软弱土层），且地下水位高时，应采用沉井护壁法挖孔施工。

沉井护壁施工是先在桩位上制作钢筋混凝土井筒，井筒下捣制钢筋混凝土刃脚，然后在筒内挖土掏空，井筒靠其自重或附加荷载来克服筒壁与土体之间的摩擦阻力，边挖边沉，使其垂直地下沉到设计要求深度。

4. 沉管灌注桩

沉管灌注桩是利用锤击打桩设备或振动沉桩设备，将带有钢筋混凝土的桩尖（或钢板靴）或带有活瓣式桩靴的钢管沉入土中（钢管直径应与桩的设计尺寸一致），造成桩孔，然后放入钢筋骨架并浇筑混凝土，随之拔出套管，利用拔管时的振动将混凝土捣实，便形成所需要的灌注桩。利用锤击沉桩设备沉管、拔管成桩，称为锤击沉管灌注桩（图 2-22）；利用振动器振动沉管、拔管成桩，称为振动沉管灌注桩（图 2-23）。

图 2-22　锤机沉管灌注桩

1—桩锤钢丝绳；2—桩管滑轮组；3—吊斗钢丝绳；

4—桩锤；5—桩帽；6—混凝土漏斗；7—桩管；

8—桩架；9—混凝土吊斗；10—回绳；11—行驶

用钢管；12—预制桩靴；13—卷扬机；14—枕木

图 2-23　振动沉管灌注桩

1—导向滑轮；2—滑轮组；3—激振器；4—混凝土

漏斗；5—桩帽；6—加压钢丝绳；7—桩管；

8—混凝土吊斗；9—回绳；10—活瓣桩靴；

11—缆风绳；12—卷扬机；13—行驶

用钢管；14—枕木

在沉管灌注桩施工过程中，对土体有挤密作用和振动影响，施工中应结合现场施工条件，考虑成孔的顺序：间隔一个或两个桩位成孔；在邻桩混凝土初凝前或终凝后成孔；一个承台下桩数在 5 根以上者，中间的桩先成孔，外围的桩后成孔。

为了提高桩的质量和承载能力，沉管灌注桩常采用单打法、复打法、翻插法等施工工艺。

1）单打法（又称一次拔管法）：拔管时，每提升 0.5～1.0m，振动 5～10s，然后再拔管 0.5～1.0m，这样反复进行，直至全部拔出。

2）复打法：在同一桩孔内连续进行两次单打，或根据需要进行局部复打。施工时，应保证前后两次沉管轴线重合，并在混凝土初凝之前进行。

3）翻插法：钢管每提升 0.5m，再下插 0.3m，这样反复进行，直至拔出。

在施工时，注意及时补充套筒内的混凝土，使管内混凝土面保持一定高度并高于地面。

（1）锤击沉管灌注桩。

锤击沉管灌注桩适宜于一般黏性土、淤泥质土和人工填土地基，其施工过程如图 2-24 所示。

锤击沉管灌注桩施工要点：

1）桩尖与桩管接口处应垫麻（或草绳）垫圈，以防地下水渗入管内，也可作缓冲层。沉管时先用低锤锤击，观察无偏移后，才正常施打。

2）拔管前，应先锤击或振动套管，在测得混凝土确已流出套管时方可拔管。

3）桩管内混凝土尽量填满，拔管时要均匀，保持连续密锤轻击，并控制拔管速度，一般土层以不大于 1m/min 为宜，软弱土层与软硬交界处，应控制在 0.8m/min 以内为宜。

4）在管底未拔到桩顶设计标高前，倒打或轻击不得中断，注意使管内的混凝土保持略高于地面，并保持到全管拔出为止。

5）桩的中心距在 5 倍桩管外径以内或小于 2m 时均应跳打施工；中间空出的桩须待邻桩混凝土达到设计强度的 50% 以后，方可施打。

（2）振动沉管灌注桩。

振动沉管灌注桩采用激振器或振动冲击沉管。其施工过程为：

图 2-24 锤击沉管灌注桩施工过程示意图
(a) 就位；(b) 沉钢管；(c) 开始灌注混凝土；
(d) 下钢筋骨架继续浇筑混凝土；(e) 拔管成型

1）桩机就位：将桩尖活瓣合拢对准桩位中心，利用振动器及桩管自重，把桩尖压入土中。

2）沉管：开动振动箱，桩管即在强迫振动下迅速沉入土中。沉管过程中，应经常探测管内有无水或泥浆，如发现水、泥浆较多，应拔出桩管，用砂回填桩孔后方可重新沉管。

3）上料：桩管沉到设计标高后停止振动，放入钢筋笼，再上料斗将混凝土灌入桩管内，一般应灌满桩管或略高于地面。

4）拔管：开始拔管时，应先启动振动箱 8~10min，并用吊铊测得桩尖活瓣确已张开，混凝土确已从桩管中流出以后，卷扬机方可开始抽拔桩管，边振边拔。拔管速度应控制在 1.5m/min 以内。拔管方法根据承载力不同要求，可分别采用单打法、复打法和翻插法。

振动沉管灌注桩宜用于一般黏性土、淤泥质土及人工填土地基，更适用于砂土、稍密及中密的碎石土地基。

（3）夯扩桩。

夯扩桩即夯压成型灌注桩是在普通沉管灌注桩的基础上加以改进，增加一根内夯管，使桩端扩大的一种桩型。内夯管的作用是在夯扩工序时，将外管混凝土夯出管外，并在桩端形成扩大头；在施工桩身时利用内管和桩锤的自重将桩身混凝土压实。夯扩桩适用于一般黏性土、淤泥、淤泥质土、黄土、硬黏性土；也可用于有地下水的情况；可在 20 层以下的高层建筑基础中使用。

夯扩桩施工（图 2-25）时，先在桩位处按要求放置干混凝土，然后将内外管套叠对准桩位，再通过柴油锤将双管打入地基土中至设计要求深度。将内夯管拔出，向外管内灌入一定高度 H 的混凝土，然后将内管放入外管内压实灌入的混凝土，再将外管拔起一定高度 h。通过柴油锤与内夯管夯打管内混凝土，夯打至外管底端深度略小于设计桩底深度处（差值 c）。此过程为一次夯扩，如需第二次夯扩，则重复一次夯扩步骤即可。

5. PPG 灌注桩后压浆法

PPG 灌注桩后压浆法是利用预先埋设于桩体内的注浆系统，通过高压注浆泵将高压浆液压入桩底，浆液克服土粒之间抗渗阻力，不断渗入桩底沉渣及桩底周围土体孔隙中，排走孔隙中水分，充填孔隙中。由于浆液的充填胶结作用，在桩底形成一个扩大头。另一方

图 2-25　夯扩桩施工

a—柴油锤；b—外管；c—内管；d—内管底板；e—C20 干硬混凝土；$H > h > c$

面，随着注浆压力及注浆量的增加，一部分浆液克服桩侧摩阻力及上覆土压力沿桩土界面不断向上泛浆，高压浆液破坏泥皮，渗入（挤入）桩侧土体，使桩周松动（软化）的土体得到挤密加强。浆液不断向上运动，上覆土压力不断减小，当浆液向上传递的反力大于桩侧摩阻力及上覆土压力时，浆液将以管状流溢出地面。因此，控制一定的注浆压力和注浆量，将使桩底土体及桩周土体均得到加固，从而有效提高了桩端阻力和桩侧阻力，达到大幅度提高承载力的目的。

施工工艺为：灌注桩成孔→钢筋笼制作→压浆管制作→灌注桩清孔→压浆管绑扎→下钢筋笼→灌注桩混凝土后压浆施工。施工要点如下所述。

（1）压浆管的制作。

在制作钢筋笼的同时制作压浆管。压浆管采用直径为 25mm 的黑铁管制作，接头采用丝扣连接，两端采用丝堵封严。压浆管长度比钢筋笼长度多出 55cm，在桩底部长出钢筋笼 5cm，上部高出桩顶混凝土面 50cm，但不得露出地面以便于保护。压浆管在最下部 20cm 制作成压浆喷头（俗称花管），在该部分采用钻头均匀钻出 4 排（每排 4 个）、间距 3cm、直径 3mm 的压浆孔作为压浆喷头；用图钉将压浆孔堵严，外面套上同直径的自行车内胎并在两端用胶带封严，这样压浆喷头就形成了一个简易的单向装置：当注浆时压浆管中压力将车胎迸裂、图钉弹出，水泥浆通过注浆孔和图钉的孔隙压入碎石层中，而混凝土灌注时该装置又保证混凝土浆不会将压浆管堵塞。

（2）压浆管的布置。

将 2 根压浆管对称绑在钢筋笼外侧。成孔后清孔、提钻、下钢筋笼，在钢筋笼吊装安放过程中要注意对压浆管的保护，钢筋笼不得扭曲，以免造成压浆管在丝扣连接处松动，喷头部分应加混凝土垫块保护，不得摩擦孔壁以免车胎破裂造成压浆孔的堵塞。按照规范要求灌注混凝土。

（3）压浆桩位的选择。

根据以往工程实践，在碎石层中，水泥浆在工作压力作用下影响面积较大。为防止压浆时水泥浆液从临近薄弱地点冒出，压浆的桩应在混凝土灌注完成 3～7d 后，并且该桩周围至少 8m 范围内没有钻机钻孔作业，该范围内的桩混凝土灌注完成也应在 3d 以上。

（4）压浆施工顺序。

压浆时最好采用整个承台群桩一次性压浆，压浆先施工周圈桩位再施工中间桩。压浆时采用 2 根桩循环压浆，即先压第 1 根桩的 A 管，压浆量约占总量的 70%，压完后再压另 1 根桩的 A 管，然后依次为第 1 根桩的 B 管和第 2 根桩的 B 管，这样就能保证同一根桩 2 根管压浆时间间隔 30～60min 以上，给水泥浆一个在碎石层中扩散的时间。压浆时应做好施工记录，记录的内容应包括施工时间、压浆开始及结束时间、压浆数量以及出现的异常情况和处理的措施等。

2.4 地下连续墙施工

地下连续墙是利用特殊的挖槽设备在地下构筑的连续墙体。在工程开挖土方之前，用特制的挖槽机械在泥浆护壁下每次开挖一定长度（一个单元槽段）的沟槽，待挖至设计深度并清除沉淀下来的泥渣后，将在地面上加工好的钢筋骨架（称为钢筋笼）用起重机械吊放入充满泥浆的沟槽内，用导管向沟槽内浇筑混凝土，待混凝土浇筑至设计标高后，一个单元槽段即施工完毕。各个单元槽段之间由特制的接头连接，而形成连续的地下钢筋混凝土墙。

随着城市建设和工业交通的发展，有的地下工程由于四周邻街或与现有建筑物紧相连接；有的工程由于地基比较松软，打桩会影响邻近建筑物的安全和产生噪声；还有的工程由于受环境条件的限制或由于水文地质和工程地质的复杂性，很难设置井点降水等，这些场合采用地下连续墙支护具有明显的优越性。

与其他防渗型式墙相比较，混凝土连续墙几乎可适应于各种地质条件，从松软的淤泥到密实的砂卵石、甚至漂石和岩层中，虽然施工有难易之分，但以目前的技术都可建成连续墙。墙体的结构尺寸（厚度、深度）、墙体材料的渗透性能和力学性能可根据工程要求和地层条件进行设计和控制。既可防水、防渗，又可挡土、承重；既可用于大型深基础工程，也可用于小型的基础工程；既可作为临时建筑物，也可作为永久建筑物。

对于现浇钢筋混凝土壁板式地下连续墙，其施工工艺过程通常如图 2-26 所示。其中修筑导墙、泥浆制备与处理、深槽挖掘、钢筋笼制备与吊装以及混凝土浇筑是地下连续墙施工中主要的工序。

2.4.1 地下连续墙施工准备

地下连续墙施工准备主要包括：建造导墙和施工平台及泥浆系统。

1. 导墙和施工平台建造

导墙是临时施工措施方式，地下连续墙成槽前先要构筑导墙，导墙是建造地下连续墙必不可少的临时构造物，在施工期间，导墙经常承受钢筋笼、浇注混凝土用的导管、钻机等静、动荷载的作用，因而必须认真设计和施工，才能进行地下连续墙的正式施工。导墙施工完后，要在其建造施工平台，便于施工操作。

图 2-26　现浇钢筋混凝土壁板式地下连续墙的施工工艺过程

（1）导墙的作用：

1）控制地下连续墙施工精度。导墙与地下墙中心相一致，规定了沟槽的位置走向，可作为量测挖槽标高、垂直度的基准，导墙顶面又作为机架式挖土机械导向钢轨的架设定位。

2）挡土作用。由于地表土层受地面超载影响，容易塌陷，导墙起到挡土作用。为防止导墙在侧向土压力作用下产生位移，一般应在导墙内侧每隔 1～2m 架设上下两道木支撑（规格多为 50mm×100mm 和 100mm×100mm）。

3）重物支承台。在吊放钢筋笼、下设导管、接头孔拔管、处理孔内事故及埋设观测仪器等作业中，导墙起定位与支承的作用。

4）维持稳定液面的作用。导墙可存蓄泥浆，稳定槽内泥浆液面。泥浆液面应始终保持在导墙面以下 200mm，并高于地下水位 1.0m，以稳定槽壁。

此外，导墙还可保护槽孔口，防止泥浆漏失和雨水、废浆等地面水流入槽内和保持泥浆压力等作用。

（2）导墙的结构形式。

导墙的结构形式和断面尺寸根据地质条件、施工方法、施工荷载、槽孔深度和施工工期等因素确定。

导墙墙顶的高程要考虑地下水位和洪水的影响，一般应高于施工期的地下水位 2m。导墙高度一般为 1.5～2.0m，其顶部应高出地面 5～10cm。槽口宽度，当采用冲击钻机造孔时宜大于设计墙厚 10～15cm；当采用抓斗、液压铣等造孔机械时，宜大于设计墙厚 5～10cm。

连续墙施工宜采用钢筋混凝土导墙或混凝土导墙；当墙深较小、造孔难度不大时，也可采用其他材料的导墙。

图 2-27 所示为各种形式的现浇钢筋混凝土导墙。形式（a）、（b）断面最简单，适用于表层土质良好（如密实的黏性土等）和导墙上荷载较小的情况。形式（c）、（d）为应用较多的两种，适用于表层土为杂填土、软黏土等承载能力较弱的土层。形式（e）适用于作用在导墙上的荷载很大的情况，可根据荷载的大小计算确定其伸出部分的长度。形式（f）适用于邻近建筑物的情况，有相邻建筑物的一侧应适当加强。当地下水位很高而又不采用井点降水时，为确保导墙内泥浆液面高于地下水位 1m 以上，可采用形式（g）的导墙，在导墙周边填土。

（3）导墙施工。

现浇钢筋混凝土导墙的施工流程为：平整场地→测量定位→挖槽及处理弃土→绑扎钢

图 2-27　各种形式的现浇钢筋混凝土导墙

筋→支模板→浇筑混凝土→拆模并设置横撑→导墙外侧土的回填。

导墙一次浇筑的长度应不小于 20m，各段之间宜采用斜面搭接的方式连接，且接缝位置尽量设在槽段中部。导墙的内墙面应平行于地下连续墙轴线，对轴线距离的最大允许偏差为 ±10mm；墙面应垂直、顶面应水平，全长范围内的高差应小于 ±10mm，局部高差应小于 5mm。导墙的基底应和土面密贴，以防槽内泥浆渗入导墙后面。导墙后应回填黏土，并夯密实，以免槽内泥浆冲刷掏空。

导墙的混凝土强度等级多为 C20，配筋通常为 $(\phi12\sim\phi14)@200$，水平钢筋必须连接起来，使导墙成为整体，浇筑时要注意捣实质量。

现浇钢筋混凝土导墙拆模以后，应沿其纵向每隔 1m 左右加设上、下两道木支撑，将两片导墙支撑起来，在导墙的混凝土达到设计强度并加好支撑之前，禁止任何重型机械和运输设备在旁边行驶，以防导墙受压变形。

（4）施工平台。

施工平台由钻机工作平台、倒浆平台、排浆沟等组成。要求平坦、坚固、稳定，应尽可能修筑在原地基上。若必须修筑在填土地基上，则应保证填筑质量。填筑的施工平台地基若为砂砾石，则其密度应不小于 1.9g/cm³；若为黏土地基，则其干密度应大于 1.5g/cm³，否则应进行分层振动碾压法或振冲法加固处理。

　　根据造孔和混凝土浇筑工艺的要求，施工平台可以布置在导墙的一侧或两侧。平台宽度取决于钻孔机械类型和布置方式、施工方法、泥浆系统和混凝土浇筑系统布置等，一般宽度为 15～20m。施工平台高程应略低于导墙墙顶，而且能顺畅排水、排浆、排渣。钻机平台向外应有 0.2%～0.5% 的坡度；倒浆平台向外应有 2%～3% 的坡度。

　　当采用冲击钻机单独造孔时，钻机可布置于连续墙的一侧，垂直于连续墙轴线。此时在钻机工作平台上需要平行于连续墙轴线设置轻轨，以便钻机沿连续墙轴线方向移动，在槽孔的另一侧设置倒浆平台、排浆沟、场内交通运输道路等。倒浆平台一般宜用 15～20cm 厚的浆砌块石筑成，并以厚 5～10cm 的混凝土板保护，其宽度不宜小于 3.5m。

　　当采用钻抓法造孔时，抓斗一般与钻机对面布置。由于抓斗主机需要在倒浆平台上行走，所以倒浆平台的宽度需要适当增加，护面的混凝土板和垫石层也需要适当加厚。

　　2. 泥浆系统

　　泥浆系统由制浆站、供浆管路和泥浆回收净化设施等组成。

　　制浆站主要包括黏土料场、配料平台、制浆平台、储浆池、试验室、送浆管路、供水管路等设施。制浆站的位置应尽量靠近连续墙施工现场，并应尽量设置在地势较高的位置，以便于自流供浆。制浆站场地应尽量开阔、平坦，以便于运输、存储土料。

　　配料平台的面积与制浆平台的面积相同，由泥浆搅拌机的类型和数量确定。储浆池应布置在制浆平台的旁边，其容量应能满足 1～2d 造孔施工的用浆量。此外还应有一个浆池专门储存清孔置换泥浆，该池的容积应不小于最大槽孔容积。

　　泥浆的输送应尽量利用地形高差自流供浆。无条件时须在制浆站安装送浆泵并铺设 ϕ100～150mm 的供浆管路向施工平台送浆。

2.4.2　造孔

　　开挖槽段是地下连续墙施工中的重要环节，约占工期的一半，挖槽精度又决定了墙体制作精度，所以是决定施工进度和质量的关键工序。

　　1. 槽段长度的确定

　　地下连续墙一般需要分成若干个单元墙段逐个施工。浇筑单元墙段前须在地基中钻挖槽形孔，简称槽孔。挖槽是按一个个单元槽段进行挖掘。当采用两序间隔法施工时，可按图 2-28 所示划分槽段。其中先施工的为一期槽孔，其余为二期槽孔。

图 2-28　两序间隔施工法
1、2、3、4、5—槽孔编号；
Ⅰ、Ⅱ—槽孔施工序号

　　槽孔长度划分的基本要求是尽量减少墙段接头，有利于快速、均衡和安全施工。最大槽段长度一般不超过 10m，工程上槽段一般取 6～8m。

　　2. 钻孔机械

　　地下连续墙施工挖槽机械是在地面操作，穿过泥浆向地下深处开挖一条预定断面槽深的工程机械。由于地质条件不同，断面深度不同，技术要求不同，应根据不同要求选择合适的挖槽机械。挖槽机械，按其工作原理分为挖斗式、冲击式和回转式。

　　(1) 挖斗式挖槽机。

　　挖斗式挖槽机是用其斗齿切削土体，切削下的土体收容在斗体内，从沟槽内提出地面开斗卸土，然后又返回沟槽内挖土，如此重复的循环作业进行挖槽。这是一种构造最简单的挖槽机械。目前在施工中应用较多的是蚌式抓斗机（吊索式或导杆式）和钻抓斗式挖槽机。

1）蚌式抓斗机。

蚌式抓斗主要用于开挖墙厚 450～1200mm，深 50m，土的标贯值≤50 的地下连续墙。蚌式抓斗通常以钢索操作斗体上下和开闭，即索式抓斗。用导杆使抓斗上下，并通过液压开闭斗体，即导杆式抓斗。

索式蚌式抓斗分中心提拉式与斗体推压式两类。我国目前使用的索式中心提拉式导板抓斗如图 2 - 29 所示。它主要由斗体、提杆、斗脑、导杆及上下滑轮组和钢索等组成。由钢索操纵开斗、抓土、闭斗和提升弃土。导板的作用是导向，可提高挖槽精度，又可增大抓斗重量和提高挖槽效率，导板长度根据需要而定，长导板可提高沟槽的垂直精度。

2）钻抓斗式挖槽机。

蚌式抓斗机适用于较松软的土质，土壤的 N 值超过 30 则挖掘速度会急剧下降。对于较硬的土层宜用钻抓法，即预钻导孔，每挖一斗需提出地面卸土，施工深度不宜超过 50m。

钻抓式挖槽机将索式导板抓斗与导向钻机组合成钻抓式挖槽机，对较硬土层挖掘效率较好。我国用的钻抓式挖槽机如图 2 - 30 所示。它施工时先用潜水电钻，根据抓斗的开斗宽度钻两个导孔，孔径与墙厚相同，在抓斗两侧形成垂直自由面，然后用抓斗抓除两导孔间的土体，挖土时不需靠斗体自重切入土中，只需闭斗挖掘即可。

图 2 - 29　索式中心
提拉式导板抓斗

1—导向块；2—导板；3—撑管；
4—导向辊；5—斗脑；6—上滑
轮组；7—下滑轮组；8—提杆；
9—滑轮座；10—斗体；
11—斗耳；12—斗齿

图 2 - 30　钻抓式成槽机

1—电钻吊臂；2—钻杆；3—潜水电钻；4—泥浆管及电缆；5—钳制台；6—转盘；
7—吊臂滑轮；8—机架立柱；9—导板抓斗；10—出土上滑槽；11—出土下滑槽架；
12—轨道；13—卷扬机；14—控制箱

钻抓式挖槽机挖槽时，采用两孔一抓施工工艺。导孔位置必须准确垂直，以保证槽段质量。地下连续墙用钻抓成槽机施工时的工艺布置如图 2 - 31 所示。

图 2-31　地下连续墙用钻抓成槽机施工时的工艺布置

1—导板抓斗；2—机架；3—出土滑槽；4—翻斗车；5—潜水电钻；6、7—吸泥泵；8—泥浆池；

9—泥浆沉淀池；10—泥浆搅拌机；11—螺旋输送机；12—膨润土；13—接头管顶升架；

14—油泵车；15—混凝土浇灌机；16—混凝土吊斗；17—混凝土导管

（2）冲击式挖槽机。

冲击式挖槽机包括钻头冲击式和凿刨式两类，多用于嵌岩的地下连续墙施工，如图 2-32 所示，它依靠钻头的冲击力破碎地基土，不但对一般土层适用，对卵石、砾石、岩层等地层亦适用。另外，钻头的上下运动受重力作用能保持垂直，所以挖槽精度亦可保证。钻头有各种形式，视工作需要选择。

图 2-32　ICOS 冲击钻机

1—机架；2—卷扬机；3—钻头；
4—钻杆；5—中间输浆管；
6—输浆软管；7—导向套管；
8—泥浆循环泵；9—振动筛
电动机；10—振动筛；11—泥
浆槽；12—泥浆搅拌机

冲击式挖槽机排土方式主要采用反循环方式。它是泥浆经导管流入槽内，携带土渣一起被吸入钻头，通过钻杆和管道排出地面，经泥水分离装置排除土渣后再把泥浆补充到挖槽内。由于钻杆的断面积较小，所以此法泥浆的上升速度快，可以把较大块的土渣携出，而且土渣亦不会堆积在挖槽工作面上。

（3）多头钻回转式挖槽机。

多头钻（图 2-33）是采用动力下放，泥浆反循环排渣，电子测斜纠偏和自动控制给进成槽的机械，适用于黏性土、砂土、砂砾层及淤泥软土等土层，震动噪声较小，效率高，对周围建筑影响小。

多头钻成槽机属无杆钻机，一般由组合多头钻机（4～5 台潜水钻组成）、机架和底座组成。钻头采取对称布置正反向回转，使扭矩相互抵消，旋转切削土体成槽。掘削的泥土混在泥浆中，以反循环方式排出槽外，一次下钻形成有效长 1.3～2m 的圆形掘削单元。排泥采用专用潜水砂石泵或空气吸泥机，不断将吸泥管内泥浆排出。下钻时应使吊索处于张力状态，保持钻机头适当压力，引导机头垂直成槽。下钻速度取决于泥渣排出能力和土质硬度，应注意下钻速度均匀。一般采用吸力泵排泥，下钻速度 9.6m/h，采用空气吸泥法及砂石泵排泥，下钻速度 5m/h。

图 2-33 SF 型多头钻的钻头

1—钻头；2—铡刀；3—导板；4—齿轮箱；5—减速箱；6—潜水钻机；

7—纠偏装置；8—高压进气管；9—泥浆管；10—电缆结头

多头钻挖槽时，待钻机就位和机头中心对准挖掘段中心后，将密封液储油器加压至 0.1～0.15MPa，并随机头下放深度的增加而逐步加压。然后将机头放入槽内，当先导钻头刚接触槽底即起动钻头旋转，钻头的正常工作电流约 40A，最大工作电流应在 75A 以内。如工作电流出现升高现象时，应立即停钻检查。在每次提钻后或下钻前均应检查润滑油和密封液是否符合设计要求。

3. 造孔

(1) 钻劈法成槽。

目前，我国许多连续墙工程由于地层中含有较多的卵石和漂石，需仍采用钢绳冲击钻机和钻劈法造孔成槽。成槽方法是先钻凿主孔，后劈打副孔；劈打副孔时在相邻的两个主孔中

图 2-34　钻劈法
钻进槽孔示意图

1—主孔；2—副孔；3—冲击
钻机；4—钻头；5—接砂斗

放置接砂斗接出大部分劈落的钻渣（图 2-34）。

由于在劈打副孔时有部分（或全部）钻渣落入主孔内，因此需要重复钻凿主孔，此作业称作"打回填"。当采用常规冲击钻机造孔时，钻凿主孔和打回填都是用抽砂筒出渣的。当采用冲击反循环钻机造孔时，主要用砂石泵抽吸出渣，有时也要用抽砂筒出渣（如开孔时）。钻劈法施工的副孔在连续墙轴线方向上的长度，黏性土地层为 $1.0 \sim 1.25d$（d 为主孔直径，即槽孔宽度），砂壤土和砂卵石地层为 $1.2 \sim 1.5d$。

由于钻头是圆形的，在主、副孔钻完之后，其间会留下一些残余部分，称作"小墙"。这需要找准位置，从上至下把它们清除干净（俗称"打小墙"）。至此就可以形成一个完整的、宽和深满足要求的槽孔。

钢绳冲击钻机在钻进软弱地层时要"轻打勤放"，即采用小冲程（$500 \sim 800mm$）、高频次（45 次/min）、勤放少放钢绳的钻进方法。对于坚硬地层，可采用加重平底十字钻头，高冲程（$1000mm$）、低频次（40 次/min）的重打法，配合采用高密度泥浆或向孔内投放黏土球，以及勤抽砂等综合办法，以加大钻头的冲击力和泥浆的悬浮力，并使钻头能经常冲击到地层的新鲜层面。

（2）钻抓法成槽。

钻抓法成槽用冲击钻机钻凿主孔（也称导孔），抓斗抓取副孔，可以两钻一抓，也可以三钻两抓、四钻三抓形成长度不同的槽孔。这种方法能充分发挥两种机械的优势；冲击钻机的凿岩能力较强，可钻进不同地层，先钻主孔为抓斗开路；抓斗抓取副孔的效率较高，所形成的孔壁较平整。抓斗在副孔施工中遇到坚硬地层时，可随时换上冲击钻机或重凿克服。此法一般比单用冲击钻机成槽提高工效 $1 \sim 3$ 倍，地层适用性也较广。主孔的导向作用能有效地防止抓斗造孔时发生偏斜。两钻一抓的主、副孔划分和成槽工艺如图 2-35 所示。应注意副孔长度一定要小于抓斗的最大开度，一般要求不大于抓斗最大开度的 2/3，否则可能出现漏抓的部位，而且抓取困难。当地层为黏土或砂土层时，主孔宜采用回转钻机钻进，以提高钻进工效。

图 2-35　钻抓法
成槽工艺图

1—用冲击钻机钻凿主孔；
2—用抓斗挖掘副孔；3—抓斗

（3）其他成槽方法。

某些工程中还采用液压铣槽机、射水成槽机、链斗式挖槽机、锯槽机等成槽施工方法。液压铣槽机成槽用双轮液压铣槽机成槽，一般是先铣两个主孔，再铣中间的副孔形成一期槽孔。需要时一期槽孔也可以一钻成槽。二期槽孔为一钻成槽，以便于两期墙段搭接，其槽长比铣槽机的长度小 $2 \times 0.20m$，如图 2-36 所示。

4．孔底淤积的清理

槽孔钻掘完成后，泥浆中的钻渣都将沉淀在槽底，这些钻渣必须在混凝土浇筑前清理干净。方法主要有抽筒出渣法、泵吸排渣法、气举排渣法等。孔深 50m 内泵吸反循环排渣效率优于气举排渣法；孔深超过 50m 时，气举排渣法优于泵吸反循环法。但孔深 10m 以内，

图 2-36　液压铣槽机造孔成槽示意图

(a) 铣掘主孔；(b) 铣掘副孔；(c) 一期槽孔完成；(d) 铣掘二期槽孔

气举排渣法效果很差，不宜采用。

(1) 泵吸排渣法。

用设置在地面的砂石泵通过排渣管将孔底的泥渣吸出 [图 2-37 (a)]，经泥浆净化系统除去粒径 $65\mu m$ 以上颗粒，再返回到槽内使用。该方法效率高，效果好，节约泥浆。冲击反循环钻机本身已配备有适宜的砂石泵。

当孔深较小或槽孔内已下设钢筋笼时，可用立式潜水砂石泵进行清孔换浆。潜水砂石泵上装有潜水电机，清孔时须先连接上长度超过孔深的电缆和排渣软管，然后下设到孔底 [图 2-37 (b)]，将混有钻渣的泥浆抽出孔外。

另外，多头钻机、液压铣槽机上均配置有潜水砂石泵，其清渣方式也属于潜水泵排渣法。

(2) 气举排渣法。

压缩空气从风管进入混合器，在排渣管内形成一种密度小于管外泥浆的液气混合物，在内外液体压力差和压缩空气动能的联合作用下沿着排渣管上升，从而使孔内泥浆携带孔底沉渣跟随上升、排出孔外 (图 2-38)。排渣管底端距沉渣面宜为 $0.2\sim0.3m$。

图 2-37　泵吸排渣和潜水泵排渣示意图

(a) 泵吸排渣法；(b) 潜水泵排渣法

1—接合器；2—砂石泵；3—导管；4—潜水砂石泵；5—软管

图 2-38　气举法排渣示意图

清除孔底沉渣的工作，不仅应在清孔、换浆时进行，有时由于下设钢筋笼时间过长或其他原因，会造成孔底淤积大量增加，此时则应当在浇筑混凝土前再进行孔底淤积的复测，必要时再次清孔。

2.4.3　混凝土施工

1. 混凝土浇筑

槽孔混凝土浇筑是连续墙施工的关键工序，采用泥浆下直升导管法浇筑。施工方法与灌注桩混凝土浇筑相同。

当槽孔为平底时，各根导管应同时开浇；当槽孔底部有坡度或台阶时，开浇的顺序为先深后浅。开浇成功后应迅速加大导管的埋深，至埋深不小于 2.0m 时，及时拆卸顶部的短管，尽早使管底通畅。

槽孔浇筑过程中要注意保持混凝土面均匀上升，各处的高差应控制在 0.5m 以内。混凝土面高差过大会造成混凝土混浆、墙段接缝夹泥、导管偏斜等多种不利后果。宜尽量加快混凝土浇筑，一般槽内混凝土面上升速度不宜小于 2m/h。

在浇筑过程中，导管不能作横向运动，导管横向运动会把沉渣和泥浆混入混凝土内。不能使混凝土溢出料斗，流入导沟，否则会使泥浆质量恶化，反过来又会给混凝土的浇筑带来不良影响。应随时掌握混凝土的浇筑量、混凝土上升高度和导管埋入深度，防止导管下口暴露在泥浆内，造成泥浆涌入导管。要随时用测锤量测混凝土面的高程，应量测三点取其平均值。测量混凝土面用的测锤的形状和重量要适当，一般可采用上底直径 30mm、下底直径 50mm、高 100mm 的钢制测锤。

混凝土顶面存在一层浮浆层，需要凿去，为此混凝土需要超浇 300~500mm，以便将设计标高以上的浮浆层用风镐打去。

2. 墙段连接

连续墙一般由各单元墙段连接而成，墙段间的接缝是连续墙的薄弱环节。如果连接不好，就有可能产生集中渗漏，降低防渗效果。对墙段连接的基本要求是接触紧密、渗径较长和整体性较好。

地下连续墙的接头形式很多，总的来说地下连续墙的接头分为两大类：施工接头和结构接头。施工接头是浇筑地下连续墙时在墙的纵向连接两相邻单元墙段的接头；结构接头是已竣工的地下连续墙在水平向与其他构件（地下连续墙内部结构的梁、柱、墙、板等）相连接的接头。

按施工方法不同，墙段连接施工主要采用钻凿法、接头管（箱）法。

（1）钻凿法。

钻凿法即施工二期墙段时在一期墙段两端套打一钻的连接方法，其接缝呈半圆弧形，一般要求接头处的墙厚不小于设计墙厚（图 2-39）。为了避免对已浇筑墙体造成不利影响，一般要求接头孔在槽孔浇筑结束后 24h 开钻；为了便于开孔，可提前形成一个 2~3m 深的导向坑。

钻凿法的优点是结构简单，施工简便，对地层和孔深的适应性较强，造价较低；其缺点是只适用于有冲击钻机参加施工的情况；墙体材料的设计抗压强度不宜超过 15MPa；接头处的刚度较低、需重复钻凿接头孔、费工费时、浪费墙体材料，特别是孔形、孔斜不易控制。

（2）接头管法。

常用的施工接头为接头管（又称锁口管）接头。这是当前地下连续墙应用最多的一种接

图 2-39　钻凿法墙段连接施工程序图

(a) 一序墙段浇完；(b) 二序墙段成槽；(c) 打接头孔；(d) 二序墙段浇完

头。接头管法所形成的墙段接缝形式与钻凿法相同，都是半圆弧形，只是施工方法不同。

施工程序是：在浇筑一期槽孔前，在槽孔的两端下设接头管，开浇一定时间后，逐步拔出接头管而形成接头孔，然后将该接头孔作为相邻二期槽孔的端孔（图 2-40）。

图 2-40　拔管法接头施工示意图

(a) 在槽孔中下设接头管；(b) 下设钢筋笼；(c) 浇筑混凝土；(d) 拔出接头管

施工时，一个单元槽段挖好后，在槽段的端部用吊车放入接头管，然后吊放钢筋笼并浇筑混凝土，待混凝土浇筑后强度达到 0.05～0.20MPa（一般在混凝土浇筑开始后 3～5h，视气温而定）开始提拔接头管，提拔接头管可用液压顶升架或吊车。开始时约每隔 20～30min 提拔一次，每次上拔 30～100cm，上拔速度应与混凝土浇筑速度、混凝土强度增长速度相适应，一般为 2～4m/h，应在混凝土浇筑结束后 8h 以内将接头管全部拔出。

接头管法避免了重复钻凿接头孔所造成的工时和材料浪费，并具有接触面光滑、接缝紧密（缝宽可以控制在 1mm 以下）、孔斜易控制、搭接厚度有保证等优点，但要有专门的设备，施工工艺较为复杂，特别是在连续墙深度较大的情况下。接头管法一般用于墙深小于 60m，墙厚小于 1.2m 的情况。

接头管管底应设置既能防止混凝土进入管内，又能便于泥浆进出的活门，该活门应能自动启闭。常用的方法是：通过管顶滑轮反向，用逐段连接的小钢丝绳和略重于活门的配重自动控制下开式活门；浇筑时在配重作用下活门关闭，混凝土不能进入管内；拔管时管内泥浆的压力超过配重和钢丝绳向上的提拉力，活门开启，管内泥浆流出。也可用弹簧或弹性胶带牵拉的活门。

当孔深、孔径较小时，一般是槽孔浇完后再拔管，以吊车作为主要拔管设备，液压拔管机备用。当孔深、孔径较大时，就必须用液压拔管机拔管，而且需要边浇边拔。直径

600mm 以下的接头管一般采用无缝钢管制作，单销或双销连接，30t 以上汽车吊或 100t 级双缸液压拔管机起拔。直径 800～1200mm 的接头管一般用厚 12～16mm 的钢板卷制，多根短销或门式卡块连接，200～350t 级四缸液压拔管机起拔。拔管机与接头管之间有顶托和抱紧两种传力方式。抱紧方式的机械化程度高，操作简便，较为先进，但拔管机需增加一套夹紧装置；顶托方式的拔管机结构简单，但接头管上每隔 0.5～1.0m 需开孔（口）穿销（梁），加工和操作均较烦琐。直径较大的接头管管内应焊接纵、横筋板予以加强。

拔管过程中必须随时注意观察拔管阻力、管内泥浆面的变化情况及管底活门的启闭情况，随机应变，及时调整拔管时间和拔管速度。当拔管时底门开启，拔管后管内浆面下降，说明已脱管的部分成孔正常，否则说明管底混凝土跟进，不能正常成孔。这时应检查底门是否能正常开启，如活门无问题，说明拔管时间过早，应延长混凝土的脱管龄期，暂停拔管。当压力表反映的拔管阻力过小时，应暂停拔管或降低拔管速度；当成孔正常但拔管阻力过大时，应适当加快拔管速度。

在拔管施工的最后阶段应注意及时向管内注满泥浆，并适当降低拔管速度，最后一节管在孔内应停留较长的时间，以防止孔口坍塌。接头管提出之前，应测量实际成孔深度，并做记录。

2.5 冬 期 与 雨 期 施 工

2.5.1 冬期施工措施

1. 地基处理

强夯施工技术参数应根据加固要求与地质条件在场地内经试夯确定，试夯应按现行行业标准《建筑地基处理技术规范》（JGJ 79—2012）的规定进行。

强夯施工时，不应将冻结土或回填的冻土块夯人地基的持力层，回填土的质量应符合规范规定。

黏性土或粉土地基的强夯，宜在被夯土层表面铺设粗颗粒材料，并应及时清除粘结于锤底的土料。

2. 桩基础

冻土地基可采用干作业钻孔桩、挖孔灌往桩等或沉管灌注桩、预制桩等施工。

桩基施工时，当冻土层厚度超过 500mm，冻土层宜采用钻孔机引孔，引孔直径不宜大于桩径 20mm。

钻孔机的钻头宜选用锥形钻头并镶焊合金刀片。钻进冻土时应加大钻杆对土层的压力，并应防止摆动和偏位。钻成的桩孔应及时覆盖保护。

振动沉管成孔时，应制定保证相邻桩身混凝土质量的施工顺序口拔管时。应及时清除管壁上的水泥浆和泥土。当成孔施工有间歇时，宜将桩管埋入桩孔中进行保温。

灌注桩的混凝土施工应符合下列规定：

（1）混凝土材料的加热、搅拌、运输、浇筑应按规定进行；混凝土浇筑温度应根据热工计算确定，且不得低于 5℃；

（2）地基土冻深范围内的和露出地面的桩身混凝土养护，应按规定进行；

（3）在冻胀性地基土上施工时，应采取防止或减小桩身与冻土之间产生切向冻胀力的防护措施。

预制桩施工应符合下列规定：

(1) 施工前桩表面应保持干燥与清洁；

(2) 起吊前、钢丝绳索与桩机的夹具应采取防滑措施；

(3) 沉桩施工应连续进行，施工完成后应采用保温材料覆盖于桩头上进行保温；

(4) 接桩可采用焊接或机械连接，焊接和防腐要求应符合规定；

(5) 起吊、运输与堆放应符合规定。

桩基静荷载试验前，应将试桩周围的冻土融化或挖除。试验期间，应对试桩周围地表土和锚桩横梁支座进行保温。

3. 基坑支护

基坑支护冬期施工宜选用排桩和土钉墙的方法。

采用液压高频锤法施工的工程或钢管排桩基坑支护工程，除应考虑对周边建筑物、构筑物和地下管道的振动影响外，尚应符合下列规定：

(1) 当在冻土上施工时。应采用钻机在冻土层内引孔，引孔的直径应大于型钢或钢管的最大边缘尺寸。

(2) 型钢或钢管的焊接应按规定进行。

钢筋混凝土灌注桩的排桩施工应符合下列规定：

1) 基坑土方开挖应待桩身混凝土达到设计强度时方可进行；

2) 基坑土方开挖时，排桩上部自由端外侧的基土应进行保温；

3) 排桩上部的冠梁钢筋混凝土施工应按有关规定进行；

4) 桩身混凝土上可选用掺防冻剂混凝土进行。

锚杆施工应符合下列规定：

1) 锚杆注浆的水泥浆配制宜掺入适量的防冻剂；

2) 锚杆体钢筋端头与锚板的焊接应符合相关规定；

3) 预应力锚杆张拉应待锚杆水泥浆体达到设计强度后方可进行。

土钉施工应符合规定，严寒地区土钉墙混凝土面板施工应符合下列规定：

1) 面板下宜铺设 60～100mm 厚聚苯乙烯泡沫板；

2) 浇筑后的混凝土应按相关规定立即进行保温养护。

2.5.2　雨期施工措施

要防止雨水浸泡基坑后造成塌方、桩基塌孔，槽底淤泥等，因而需采取以下措施：

(1) 雨期施工的工作面不宜过大，应逐段逐片地分期施工。

(2) 雨期施工前，应对施工场地原有排水系统进行检查、疏通或加固，必要时应增加排水措施，保证水流畅通。在傍山沿河地区施工，还应采取必要的防洪措施。

(3) 深基础坑边要设挡水埂，防止地面水流入，基坑内设集水井并配足水泵。坡道部分应设置临时挡水措施（草袋挡水）。

(4) 基坑挖完后应立即浇筑好混凝土垫层，防止雨水泡槽。

(5) 深基础护坡桩距既有建筑物较近者，应随时测定位移情况。

(6) 钻孔灌注桩应做到当天钻孔当天灌注混凝土，基底四周要挖排水沟。

(7) 深基础工程雨后应将模板及钢筋上淤泥积水清除掉。

（8）箱形基础大体积混凝土施工应采用综合措施，如掺外加剂、使用粉煤灰替代部分水泥用量、选择合理砂率、加强水封养护等。防止混凝土雨期施工坍落度偏大而影响混凝土质量。

2.6 施 工 安 全 措 施

施工安全措施包括：

（1）基坑开挖前，应先检查了解地质、水文、道路、附近建筑物、民房等状况，做好记录，开挖过程经常观测变化情况，发现异常，立即采取应急措施。

由于降水、土方开挖等因素，影响邻近建筑物、构筑物和管线的使用安全时，应事先采取有效措施，如加固、改迁等，特别是各种压力管道要有防裂措施，以确保安全。

（2）基础开挖，须布置地面和坑内排水系统，防止雨水对土坡、坑壁冲刷而造成坍方。

（3）作业前要全面检查开挖的机械、电气设备是否符合安全要求，严禁带"病"运行，基坑现场排水、降水、集水措施是否落实。

（4）作业中应坚持由上而下分层开挖，先放坡，先支护，后开挖的原则，不准碰损边坡或碰撞支撑系统或护壁桩，防止坍塌，未支护前不准超挖。

（5）坑边一般不宜堆放重物，如坑边确须堆放重物，边坡坡度和板桩墙的设计须考虑其影响；基坑开挖后，坑边的施工荷载严禁超过设计规定的荷载值。

（6）基础工程在施工全过程中，对降水、板桩墙、地下连续墙等位移，要定期观察测试，并做好记录。对于较重要和较危险的原有建筑物、构筑物和管线也要定期观察记录。

（7）基础施工时，在安全、劳动保护、防水、防火、爆破作业和环境保护等方面，应按有关规定执行。上下深坑要有可靠的、数量足够的安全通道。

（8）对于无桩基或无锚钢筋的箱形基础、水池等，设计应提出抗浮稳定要求，施工时，切实做好降水和暴雨期的排水工作，在停止降水，或估计暴雨时坑内会出现积水时，必须采取有效措施，以满足抗浮稳定要求。

（9）基坑抽水用潜水泵和电源电线应绝缘良好，接线正确，符合三相五线制和"一机一闸，一漏一箱"要求，抽水时坑内作业人员应返回地面，不得有人在坑内边抽水边作业，移动泵机必须先拉闸切断电源。

（10）汽车运土，装载机铲土时，应有人指挥，遵守现场交通标志和指令，严禁在基坑周边行走运载车辆。

（11）基坑开挖过程，应按设计要求，及时配合做好锚杆拉固工作。

（12）基坑开挖到设计标高后，坑底应及时满封闭，及时进行基础施工，防止基坑暴露时间过长。

（13）开挖过程，如需石方爆破，应制定包括药量计算的专项安全作业方案，报公安部门审批后才准施爆，并严格按有关爆破器材规定运输、领用、存放和管理（包括遵守爆破作业安全规程）。

（14）夜间作业应配有足够照明，基坑内应采用 36V 以下安全电压。

（15）深基坑内应有通风、防尘、防毒和防火措施。

（16）作业人员必须沿斜桥道上下基坑。

复 习 思 考 题

1. 地基加固有哪些方法？

2. 试述强夯法的夯实方法。

3. 试述钢筋混凝土预制桩的制作、起吊、运输、堆放等环节的主要工艺要求。

4. 试述钢筋混凝土预制桩的施工过程及质量要求。

5. 打桩易出现哪些问题？分析其出现原因，如何避免？

6. 试述泥浆护壁成孔灌注桩的施工过程及注意事项。泥浆是由什么成分组成的，它起的什么作用？

7. 试述人工挖孔灌注桩的特点和工艺流程。

8. 试述沉管灌注桩的施工过程，以及施工中易出现的质量问题和其处理方法。

9. 试述地下连续墙的施工过程。

10. 地基与基础工程冬雨期措施有哪些？

11. 地基与基础工程安全施工措施有哪些？

第3章 砌体工程施工

3.1 脚手架工程

3.1.1 脚手架的基本要求与分类

脚手架是指在施工现场为安全防护、工人操作和解决楼层水平运输而搭设的支架，系施工临时设施，也是施工作业中必不可少的工具和手段。脚手架工程对施工人员的操作安全、工程质量、工程成本、施工进度以及邻近建筑物和场地影响都很大，在工程建造中占有相当重要的地位。

1. 脚手架的基本要求

（1）要有足够的宽度（一般为1.5～2.0m）、步架高度（砌筑脚手架为1.2～1.4m，装饰脚手架为1.6～1.8m），且能够满足工人操作、材料堆置以及运输方便的要求。

（2）应具有稳定的结构和足够的承载力，能确保在各种荷载和气候条件下，不超过允许变形、不倾倒、不摇晃，并有可靠的防护设施，以确保在架设、使用和拆除过程中的安全可靠性。

（3）应与楼层作业面高度相统一，并与垂直运输设施（如施工电梯、井字架等）相适应，以确保材料由垂直运输转入楼层水平运输的需要。

（4）搭拆简单，易于搬运，能够多次周转使用。

（5）应考虑多层作业、交叉流水作业和多工种平行作业的需要，减少重复搭拆次数。

2. 脚手架的分类

脚手架的种类很多。按构造形式分为多立杆式（也称杆件组合式）、框架组合式（如门式）、格构件组合式（如桥式）和台架等；按支固方式分为落地式、悬挑式、悬吊式（吊篮）等；按搭拆和移动方式为人工装拆脚手架、附着升降脚手架、整体提升脚手架、水平移动脚手架和升降桥架；按用途分为主体结构脚手架、装修脚手架和支撑脚手架等；按搭设位置分为外脚手架和里脚手架；按使用材料分为木、竹和金属脚手架。本节仅介绍几种常用的脚手架。

3.1.2 多立杆式脚手架

多立杆式脚手架主要由立杆（又称立柱）、纵向水平杆（即大横杆）、横向水平杆（即小横杆）、底座、支撑及脚手板构成受力骨架和作业层，再加上安全防护设施而组成。常用的有扣件式钢管脚手架（扣件式节点）和碗扣式钢管脚手架（碗扣式节点）两种。

1. 扣件式钢管脚手架

扣件式钢管脚手架的组成（图3-1），它具有承载能力大、装拆方便、搭设高度大、周转次数多、摊销费用低等优点，是目前使用最普遍的周转材料之一。

（1）扣件式钢管脚手架主要组成部件及其作用。

1）钢管。

脚手架钢管其质量应符合《碳素结构钢》（GB/T 700—2006）中Q235—A级钢的规定，其尺寸应按表3-1采用。钢管宜采用 $\phi48\times3.5$ 的钢管，每根质量不应大于25kg。

图3-1 扣件式钢管脚手架的组成

1—垫板；2—底座；3—外立柱；4—内立柱；5—纵向水平杆；6—横向水平杆；7—纵向扫地杆；8—横向
扫地杆；9—横向斜撑；10—剪刀撑；11—抛撑；12—旋转扣件；13—直角扣件；14—水平斜撑；
15—挡脚板；16—防护栏杆；17—连墙固定件；18—柱距；19—排距；20—步距

表 3 - 1　　　　　　　　　　　　**脚手架钢管尺寸**　　　　　　　　　　单位：mm

截 面 尺 寸		最 大 长 度	
外径 ϕ	壁厚 t	横向水平杆	其他杆
48	3.5	2200	4000~6500
51	3.0		

　　根据钢管在脚手架中的位置和作用不同，钢管可分为立杆、大横杆、小横杆、连墙杆、剪刀撑、水平斜拉杆等，其作用分别为：

　　①立杆。平行于建筑物并垂直于地面，将脚手架荷载传递给底座。

　　②大横杆。平行于建筑物并在纵向水平连接各立杆，承受荷载、传递荷载给立杆。

　　③小横杆。垂直于建筑物并在横向连接内、外大横杆，承受荷载、传递荷载给大横杆。

　　④剪刀撑。设在脚手架外侧面并与墙面平行的十字交叉斜杆，可增强脚手架的纵向刚度。

　　⑤连墙杆。连接脚手架与建筑物，承受并传递荷载，且可防止脚手架横向失稳。

　　⑥水平斜拉杆。设在有连墙杆的脚手架内、外立柱间的步架平面内的"之"字形斜杆，可增强脚手架的横向刚度。

⑦纵向水平扫地杆。采用直角扣件固定在距底座上皮不大于 200mm 处的立杆上，起约束立杆底端在纵向发生位移的作用。

⑧横向水平扫地杆。采用直角扣件固定在紧靠纵向扫地杆下方的立杆上的横向水平杆，起约束立杆底端在横向发生位移的作用。

2）扣件。

扣件是钢管与钢管之间的连接件，其基本形式有三种，如图 3-2 所示。

①旋转扣件（回转扣）。用于两根呈任意角度交叉钢管的连接。

②直角扣件（十字扣）。用于两根呈垂直交叉钢管的连接。

③对接扣件（一字扣）。用于两根钢管的对接连接。

(a)　　　　　　　(b)　　　　　　　(c)

图 3-2　扣件形式

(a) 直角扣件；(b) 旋转扣件；(c) 对接扣件

3）脚手板。

脚手板是提供施工作业条件并承受和传递荷载给水平杆的板件，可用竹、木等材料制成。脚手板若设于非操作层起安全防护作用。

4）底座。

设在立杆下端，承受并传递立杆荷载给地基（图 3-3）。

图 3-3　脚手架底座

5）安全网。

保证施工安全和减少灰尘、噪声、光污染，包括立网和平网两部分。

（2）扣件式钢管脚手架的构造。

扣件式钢管脚手架的基本构造形式有单排架和双排架两种构架形式（图 3-4）。

单排架和双排架一般用于外墙砌筑与装饰。

图 3-4 扣件式钢管脚手架构造形式

(a) 正立面图；(b) 侧立面图（双排）；(c) 侧立面图（单排）

1) 立杆。

横距为 1.0～1.50m，纵距为 1.20～2.0m，每根立杆均应设置标准底座。由标准底座底面向上 200mm 处，必须设置纵、横向扫地杆，用直角扣件与立杆连接固定。立杆接长除顶层可以采用搭接外，其余各层必须采用对接扣件连接。立杆的对接、搭接应满足下列要求：

①立杆上的对接扣件应交错布置，两相邻立杆的接头应错开一步，其错开的垂直距离不应小于 500mm，且与相近的纵向水平杆距离应小于 1/3 步距。

②对接扣件距主节点（立杆，大、小横杆三者的交点）的距离不应大于 1/3 步距。

③立杆的搭接长度不应小于 1m，用不少于两个旋转扣件固定，端部扣件盖板的边沿至杆端距离不应小于 100mm。

2) 大横杆。

大横杆要设置水平，长度不应小于 2 跨，大横杆与立杆要用直角扣件扣紧，且不能隔步设置或遗漏。两大横杆的接头必须采用对接扣件连接。接头位置距立杆轴心线的距离不宜大于跨度的 1/3，同一步架中内外两根纵向水平杆的对接接头应尽量错开一跨，上下相邻两根纵向水平杆的对接接头也应尽量错开一跨，错开的水平距离不应小于 500mm。

3) 小横杆。

小横杆设置在立杆与大横杆的相交处，用直角扣件与大横杆扣紧，且应贴近立杆布置，小横杆距离立杆轴心线的距离不应大于 150mm；当为单排脚手架时，小横杆的一端与大横杆连接，另一端插入墙内长度不小于 180mm，当双排脚手架时，小横杆的两端应用直角扣件固定在大横杆上。

4) 支撑。

支撑有剪刀撑（又称十字撑）和横向支撑（又称横向斜拉杆、之字撑）。剪刀撑设置在脚手架外侧面、与外墙面平行的十字交叉斜杆，可增强脚手架的纵向刚度，横向支撑是设置在脚手架内、外排立杆之间的、呈之字形的斜杆，可增强脚手架的横向刚度。双排脚手架应设剪刀撑与横向支撑，单排脚手架应设剪刀撑。

剪刀撑的设置应符合下列要求：

①高度 24m 以下的单、双排脚手架，均应在外侧立面的两端各设置一道剪刀撑，由底至顶连续设置；中间每道剪刀撑的净距不应大于 15m。

②高度 24m 以上的双排脚手架应在外侧立面整个长度和高度上连续设置剪刀撑。

③每道剪刀撑跨越立杆的根数宜在 5～7 根之间，与地面的倾角宜在 45°～60°之间。

④剪刀撑的连接除顶层可采用搭接外，其余各接头必须采用对接扣件连接。搭接长度不小于 1m，用不少于两个旋转扣件连接。

⑤剪刀撑的斜杆应用旋转扣件固定在与之相交的小横杆的伸出端或立杆上，旋转扣件中心线距主节点的距离不应大于 150mm。

横向支撑的设置应符合下列要求：

①横向支撑的每一道斜杆应在 1～2 步内，由底至顶呈"之"字形连续布置，两端用旋转扣件固定在立杆上或小横杆上。

②"一"字形、开口形双排脚手架的两端均必须设置横向支撑，中间每隔 6 跨设置一道。

③24m 以下的封闭形双排脚手架可不设横向支撑，24m 以上者除两端应设置横向支撑外，中间应每隔 6 跨设置一道。

5）连墙件。

连墙件（又称连墙杆）是连接脚手架与建筑物的部件。既要承受、传递风荷载，又要防止脚手架横向失稳或倾覆。

连墙件的布置形式、间距大小对脚手架的承载能力有很大影响，它不仅可以防止脚手架的倾覆，而且还可加强立杆的刚度和稳定性。连墙件的布置间距可参考表 3-2。

表 3-2　　　　　　　　　　　　　连墙件布置最大间距　　　　　　　　　　　　　单位：m

脚手架高度 H		竖向间距	水平间距
双排	≤50	≤6（3 步）	≤6（3 跨）
	>50	≤4（2 步）	≤6（3 跨）
单排	≤24	≤6（3 步）	≤6（3 跨）

连墙件根据传力性能、构造形式的不同，可分为刚性连墙件和柔性连墙件。通常采用刚性连墙件，使脚手架与建筑物连接可靠。24m 以上的双排脚手架必须采用刚性连墙件与墙体连接，如图 3-5 所示；当脚手架高度在 24m 以下时，也可采用柔性连墙件（如用铅丝或 $\phi6$ 钢筋），这时必须配备顶撑顶在混凝土梁、柱等结构部位，以防止向内倾倒，如图 3-6 所示。

（3）扣件式钢管脚手架的搭设与拆除。

1）扣件式钢管脚手架的搭设。

脚手架的搭设要求钢管的规格相同，地基平整夯实；对高层建筑物脚手架的基础要进行验算，脚手架地基的四周应排水畅通，立杆底端要设底座或垫木，垫板长度不小于 2 跨，木垫板不小于 50mm 厚，也可用槽钢。

通常，脚手架的搭设顺序为：放置纵向水平扫地杆→逐根树立立杆（随即与扫地杆扣紧）→安装横向水平扫地杆（随即与立杆或纵向水平扫地杆扣紧）→安装第一步纵向水平杆（随即与各立杆扣紧）→安装第一步横向水平杆→安装第二步纵向水平杆→安装第二步横向水平杆→加设临时斜撑杆（上端与第二步纵向水平杆扣紧，在装设两道连墙杆后可拆除）→安装第三、四步纵横向水平杆→安装连墙杆、接长立杆，加设剪刀撑→铺设脚手板→挂安全网→（向上安装重复步骤）。

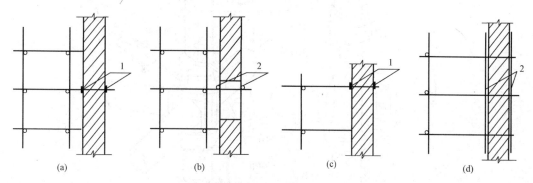

图 3-5 刚性连墙件固定

（a）、（b）双排剖面；（c）、（d）单排剖面

1—扣件；2—短钢管

开始搭设第一节立杆时，每 6 跨应暂设一根抛撑；当搭设至设有连墙件的构造点时，应立即设置连墙件与墙体连接，当装设两道连墙件后抛撑便可拆除；双排脚手架的小横杆靠墙一端应离开墙体装饰面至少 100mm，杆件相交的伸出端长度不小于 100mm，以防止杆件滑脱；扣件规格必须与钢管外径相一致，扣件螺栓拧紧，扭力矩为 40～65N·m；除操作层的脚手板外，宜每隔 1.2m 高满铺一层脚手板，在脚手架全高或高层脚手架

图 3-6 柔性连墙件固定

（a）双排剖面；（b）单排剖面

1—8 号铁丝与墙内埋设的钢筋环拉住；

2—顶墙横杆；3—短钢管；4—木楔

的每个高度区段内，铺板层不多于 6 层，作业层不超过 3 层，或者根据设计搭设。

对于单排架的搭设应在墙体上留脚手架眼，但在墙体下列部位不允许留脚手架眼：砖过梁上与过梁两端成 60°角的三角形范围内及过梁净跨度 1/2 的高度范围内；宽度小于 1m 的窗间墙；梁或梁垫下及其两侧各 500mm 的范围内；砖砌体的门窗洞口两侧 200mm 和墙转角处 450mm 的范围内；其他砌体的门窗洞口两侧 300mm 和转角处 600mm 的范围内；独立柱或附墙砖柱；设计上不允许留脚手眼的部位。

2）扣件式脚手架的拆除。

扣件式脚手架的拆除应按由上而下，后搭者先拆，先搭者后拆的顺序进行。严禁上下同时拆除，以及先将整层连墙件或数层连墙件拆除后再拆其余杆件；如果采用分段拆除，其高差不应大于 2 步架；当拆除至最后一节立杆时，应先搭设临时抛撑加固后，再拆除连墙件；

拆下的材料应及时分类集中运至地面，严禁抛扔。

2. 碗扣式钢管脚手架

碗扣式钢管脚手架的核心部件是碗口接头，它是由焊在立杆上的下碗扣、可滑动的上碗扣、上碗扣的限位销和焊在横杆上的接头组成，如图 3-7 所示。

图 3-7　碗扣接头
(a) 连接前；(b) 连接后

连接时，只需将横杆插入下碗扣内，将上碗扣沿限位销扣下，顺时针旋转，靠近上碗扣螺旋面使之与限位销顶紧，从而将横杆和立杆牢固地连接在一起，形成框架结构，碗扣式接头可同时连接 4 根横杆，横杆可以相互垂直也可以偏转成一定的角度，位置随需要确定。该脚手架具有多功能、高功效、承载力大、安全可靠、便于管理、易改造等优点。

(1) 碗扣式钢脚手架的构配件及用途。

碗扣式钢脚手架的构配件按其用途可分为主要构件、辅助构件和专用构件三类。

1) 主构件。

①立杆。由一定长度 $\phi 48mm \times 3.5mm$ 钢管上每隔 600mm 安装碗扣接头，并在其顶端焊接立杆焊接管制成。用作脚手架的垂直承力杆。

②顶杆。即顶部立杆，在顶端设有立杆的连接管，以便在顶端插入托撑。用作支撑架（柱）、物料提升架等顶端的垂直承力杆。

③横杆。由一定长度的 $\phi 48mm \times 3.5mm$ 钢管两端焊接横杆接头制成，用于立杆横向连接管，或框架水平承力杆。

④单横杆。仅在 $\phi 48mm \times 3.5mm$ 钢管一端焊接横杆接头，用作单排脚手架横向水平杆。

⑤斜杆。用于增强脚手架的稳定性，提高脚手架的承载力。

⑥底座。由 $150mm \times 150mm \times 8mm$ 的钢板在中心焊接连接杆制成，安装在立杆的底部，用作防止立杆下沉并将上部荷载分散传递给地基的构件。

2) 辅助构件，指用于作业面及附壁拉结等的杆部件。

①间横杆。为满足普通钢或木脚手板的需要而专设的杆件，可搭设于主架横杆之间的任意部位，用以减小支承间距和支撑挑头脚手板。

②架梯。由钢踏步板焊在槽钢上制成，两端带有挂钩，可牢固地挂在横杆上，用于作业人员上下脚手架的通道。

③连墙撑。该构件为脚手架与墙体结构间的连接件，用以加强脚手架抵抗风载及其他永久性水平荷载的能力，提高其稳定性，防止倒塌。

3）专用构件，指用作专门用途的杆部件。

①悬挑架。由挑杆和撑杆用碗扣接头固定在楼层内支承架上构成。用于其上搭设悬挑脚手架，可直接从楼内挑出，不需在墙体结构设预埋件。

②提升滑轮。用于提升小物料而设计的杆部件，由吊柱、吊架和滑轮等组成。吊柱可插入宽挑梁的垂直杆中固定，与宽挑梁配套使用。

（2）搭设要点。

1）组装顺序。

组装顺序为：底座→立杆→横杆→斜杆→接头锁紧→脚手板→上层立杆→立杆连接→横杆。

2）注意事项。

①立杆、横杆的设置。一般地，双排外脚手架立杆的横向间距取 1.2m，横杆的步距取 1.8m，立杆的纵向间距根据建筑物结构及作用荷载等具体要求确定，常选用 1.2m、1.8m、2.4m 三种尺寸。

②直角交叉。对一般方形建筑物的外脚手架，在拐角处两直角交叉的排架要连在一起，以增加脚手架的整体稳定性。

③斜杆的设置。斜杆用于增强脚手架稳定性，可装成节点斜杆，也可装成非节点斜杆。一般情况下斜杆应尽量设置在脚手架的节点上，对于高度在 30m 以下的脚手架，可根据荷载情况，设置斜杆的框架面积为整架立面面积的 1/5～1/2；对于高度在 30m 以上的高层脚手架，设置斜杆的框架面积不小于整架面积的 1/2。在拐角边缘及端部必须设置斜杆，中间可均匀间隔布置。

④连墙撑的设置。连墙撑是脚手架与建筑物之间的连接件，用于提高脚手架的横向稳定性，承受偏心荷载和水平荷载等。一般情况下，对于高度在 30m 以下的脚手架，可 4 跨 3 步设置一个（约 40m²），对于高层及重载脚手架，则要适当加密；50m 以下的脚手架至少应 3 跨 3 步布置一个（约 25m²）；50m 以上的脚手架至少应 3 跨 2 步布置一个（约 20m²）。连墙撑尽量连接在横杆层碗扣接头内，同脚手架、墙体保持垂直，并随建筑物及架子的升高及时设置，尽量采用梅花形布置方式。

3.1.3 其他脚手架

1. 门式钢管脚手架

门式钢管脚手架是 20 世纪 80 年代初由国外引进的一种多功能型脚手架，它由门架及配件组成。门式钢管脚手架结构设计合理，受力性能好，承载能力高，装拆方便，安全可靠，是目前国际上应用较为广泛的一种脚手架。

（1）门式钢管脚手架主要组成部件。

门式脚手架由门架、剪刀撑（交叉拉杆）、水平梁架（平行架）、挂扣式脚手板、连接棒和锁臂等构成基本单元（图 3-8）。将基本单元相互连接起来并增设梯型架、栏杆等部件即构成整片脚手架。门式脚手架的组成部件如图 3-9～图 3-11 所示。

图 3-8　门式脚手架的基本单元

1—门架；2—平板；3—螺旋基脚；4—剪刀撑；
5—连接棒；6—水平梁架；7—锁臂

图 3-9　门式脚手架主要部件
(a) 门架；(b) 水平梁架；(c) 剪刀撑

图 3-10　底座、托座、脚手板

图 3-11　连接棒和锁臂
(a) 连接棒；(b) 锁臂

（2）门式钢管脚手架的搭设与拆除。

1）搭设。

门式脚手架的搭设顺序为：铺放垫木（垫板）→拉线放底座→自一端立门架，并随即装剪刀撑→装水平梁架（或脚手板）→装梯子→装通长大横杆→装连墙件→装连接棒→装上一步门架→装锁臂→重复以上步骤，逐层向上安装→装长剪刀撑→装设顶部栏杆。

2）拆除。

拆除脚手架时，应自上而下进行，各部件拆除的顺序与安装顺序相反，不允许将拆除的部件从高空抛下，而应将拆下的部件收集分类后，用垂直吊运机具运至地面，集中堆放保管。

2．悬吊式脚手架

悬吊式脚手架也称吊篮，主要用于建筑外墙施工和装修。它是将架子（吊篮）的悬挂点固定在建筑物顶部悬挑出来的结构上，通过设在每个架子上的简易提升机械和钢丝绳，使吊篮升降，以满足施工要求。具有节约大量钢管材料、节省劳力、缩短工期、操作方便灵活、技术经济效益好等优点。吊篮可分为两大类，一类是手动吊篮，利用手扳葫芦进行升降；一类是电动吊篮，利用电动卷扬机进行升降。

（1）手动吊篮的基本组成。

手动吊篮由支承设施（建筑物顶部悬挑梁或桁架）、吊篮绳（钢丝绳或钢筋链杆）、安全绳、手扳葫芦（或倒链）和吊架组成（图3-12）。

图3-12 双层作业的手动提升式吊篮示意图

（2）支设要求。

1）吊篮内侧与建筑物间隙为0.1～0.2m，两个吊篮之间的间隙不得大于0.2m，吊篮的最大长度不宜超过8.0m，宽度为0.8～1.0m，高度不宜超过两层。吊篮外侧端部防护栏杆高1.5m，每边栏杆间距不大于0.5m，挡脚板不低于0.18m。吊篮内侧必须于0.6m和1.2m处各设防护栏杆一道，挡脚板不低于0.18m。吊篮顶部必须设防护棚，外侧面与两端面用密目网封严。

2）吊篮的立杆（或单元片）纵向间距不得大于2m。通常支承脚手板的横向水平杆间距不宜大于1m，脚手板必须与横向水平杆绑牢或卡牢，不允许有松动或探头板。

3）吊篮架体的外侧面和两端面应加设剪刀撑或斜撑杆卡牢。

4）吊篮内侧两端应装有可伸缩的护墙轮等装置，使吊篮在工作时能靠紧建筑物，以减少架体晃动。同时，超过一层架高的吊篮架要设爬梯，每层架的上下人孔要有盖板。

5）悬挂吊篮的挑梁，必须按设计规定与建筑结构固定牢靠，挑梁挑出长度应保证悬挂吊篮的钢丝绳（或钢筋链杆）垂直地面。挑梁之间应用纵向水平杆连接成整体，以保证挑梁结构的稳定。

6）吊篮绳若用钢筋链杆，其直径不小于 16mm，每节链杆长 800mm，每 5～10 根链杆应相互连成一组，使用时用卡环将各组连接至需要的长度。安全绳均采用直径不小于 13mm 的钢丝绳通长到底布置。

7）挑梁与吊篮吊绳连接端应有防止滑脱的保护装置。

（3）操作方法。

先在地面上用倒链组装好吊篮架体，并在屋顶挑梁上挂好承重钢丝绳和安全绳，然后将承重钢丝绳穿过手扳葫芦的导绳孔向吊钩方向穿入、压紧，往复扳动前进手柄，即可提升吊篮；往复扳动倒退手柄即可下落。但不可同时扳动上下手柄。如果采用钢筋链杆作承重吊杆，则先把安全绳与钢筋链杆挂在已固定好的屋顶挑梁上，然后把倒链挂在钢筋链杆的链环上，下部吊住吊篮，利用倒链升降。因为倒链行程有限，因此在升降过程中，要多次人工倒替倒链，如此接力升降。

3. 附着升降式脚手架

附着升降式脚手架，是指仅需搭设一定高度并附着于工程结构上，依靠自身的升降设备和装置，随工程结构施工逐层爬升，并能实现下降作业的外脚手架。这种脚手架适用于现浇钢筋混凝土结构的高层建筑。

附着升降脚手架按爬升构造方式分为导轨式、主套架式、悬挑式、吊拉式（互爬式）等（图 3-13）。其中主套架式、吊拉式采用分段升降方式；悬挑式、轨道式既可采用分段升降，亦可采用整体升降。无论采用哪一种附着升降式脚手架，其技术关键是：与建筑物有牢固的固定措施，升降过程均有可靠的防倾覆措施，设有安全防坠落装置和措施，具有升降过程中的同步控制措施。

附着升降脚手架主要由架体结构、附着支撑、升降装置、安全装置等组成，如图 3-14 所示。

（1）架体结构。

架体常用桁架作为底部的承力装置，桁架两端支承于横向刚架或托架上，横向刚架又通过与其连接的附墙支座固定于建筑物上。架体本身一般均采用扣件式钢管搭设，架高不应大于楼层高度的 5 倍，架宽不宜超过 1.2m，分段单元脚手架长度不应超过 8m。主要构件有立杆、纵横向水平杆、斜杆、剪刀撑、脚手板、梯子、扶手等。脚手架的外侧设密目式安全网进行全封闭，每步架设防护栏杆及挡脚板，底部满铺一层固定脚手板。整个架体的作用是提供操作平台、物料搬运、材料堆放、操作人员通行和安全防护等。

（2）爬升机构。

爬升机构是实现架体升降、导向、防坠、固定提升设备、连接吊点和架体通过横向刚架与附墙支座的连接等，它的作用主要是进行可靠的附墙和保证将架体上的恒载与施工活荷载安全、迅速、准确的传递到建筑结构上。

（3）动力及控制设备。

提升用的动力设备主要有：手拉葫芦、环链式电动葫芦、液压千斤顶、螺杆升降机、提升机、卷扬机等。目前采用电动葫芦者居多，原因是因其使用方便、省力、易控。当动力设备采用电控系统时，一般均采用电缆将动力设备与控制柜相连，并用控制柜进行动力设备控制；当动力设备采用液压系统控制时，一般则采用液压管路与动力设备和液压控制台相连，

图 3-13 附着升降脚手架示意图
（a）导轨式；（b）主套架式；（c）悬挑式；（d）吊拉式

然后液压控制台再与液压管路相连，并通过液压控制台对动力设备进行控制；总之，动力设备的作用是为架体实现升降提供动力的。

（4）安全装置。

1）导向装置。作用是保持架体前后、左右对水平方向位移的约束，限定架体只能沿垂直方向运动，并防止架体在升降过程中晃动、倾覆和水平向错动。

图 3-14　附着升降脚手架立面、剖面图

2）防坠装置。作用是在动力装置本身的制动装置失效、起重钢丝绳或吊链突然断裂和梯吊梁掉落等情况发生时，能在瞬间准确、迅速锁住架体，防止其下坠造成伤亡事故发生。

3）同步提升控制装置。作用是使架体在升降过程中，控制各提升点保持在同一水平位置上，以便防止架体本身与附墙支座的附墙固定螺栓产生次应力和超载而发生伤亡。

4. 悬挑脚手架

悬挑式外脚手架，是利用建筑结构外边缘向外伸出的悬挑结构来支承外脚手架，将脚手架的荷载全部或部分传递给建筑结构。悬挑脚手架的关键是悬挑支承结构，它必须有足够的强度、刚度和稳定性，并能将脚手架的荷载传递给建筑结构。

（1）适用范围。

在高层建筑施工中，遇到以下三种情况时，可采用悬挑式外脚手架。

1）±0.000 以下结构工程回填土不能及时回填，而主体结构工程必须立即进行，否则将影响工期。

2）高层建筑主体结构四周为裙房，脚手架不能直接支承在地面上。

3）超高层建筑施工，脚手架搭设高度超过了架子的容许搭设高度，因此将整个脚手架按容许搭设高度分成若干段，每段脚手架支承在由建筑结构向外悬挑的结构上。

（2）悬挑支承结构。

悬挑支承结构主要有以下两类：

1）用型钢作梁挑出，端头加钢丝绳（或用钢筋花篮螺栓拉杆）斜拉，组成悬挑支承结构。由于悬出端支承杆件是斜拉索（或拉杆），又简称为斜拉式，如图 3-15（a）、（b）所示。斜拉式悬挑外脚手架悬出端支承杆件是斜拉索（或拉杆），其承载能力由拉杆的强度控制，因此断面较小，能节省钢材，且自重轻。

图 3-15　悬挑支撑结构的结构形式

（a）、（b）斜拉式；（c）下撑式

2）用型钢焊接的三角桁架作为悬挑支承结构，悬出端的支承杆件是三角斜撑压杆，又称为下撑式，如图 3-15（c）所示。下撑式悬挑外脚手架，悬出端支承杆件是斜撑受压杆杆，其承载能力由压杆稳定性控制，因此断面较大，钢材用量较多。

（3）构造及搭设要点。

1）斜拉式支承结构可在楼板上预埋钢筋环，外伸钢梁（工字钢、槽钢等）插入钢筋环内固定；或钢梁一端埋置在墙体结构的混凝土内。外伸钢梁另一端加钢丝绳斜拉，钢丝绳固定到预埋在建筑物内的吊环上。

2）下撑式支承结构可将钢梁一端埋置在墙体结构的混凝土内，另一端利用钢管或角钢制作的斜杆连接，斜杆下端焊接到混凝土结构中的预埋钢板上（图 3-16）。当结构中钢筋过密，挑梁无法埋入时，可采用预埋件，将挑梁与预埋件焊接。预埋件的锚固筋要采用锚塞焊，并由计算确定。

3）根据结构情况和工地条件采用其他可靠的形式与结构连接。

图 3-16　三角桁架式挑架

1—型钢挑架；2—圆钢管斜杆；3—埋入结构内的钢挑梁端部穿以钢筋增加锚固；4—预埋件；5—纵向钢梁；6—压板；7—槽钢横梁；8—脚手架立柱

4）当支承结构的纵向间距与上部脚手架立杆的纵向间距相同时，立杆可直接支承在悬挑的支承结构上；当支承结构的纵向间距大于上部脚手架立杆的纵向间距时，则立杆应支承在设置于两个支承结构之间的两根纵向钢梁上。

5）上部脚手架立杆与支承结构应有可靠的定位连接措施，以确保上部架体的稳定。通常在挑梁或纵向钢梁上焊接 150～200mm、外径 ϕ40mm 的短钢管，将立杆套在短钢管上顶紧固定，并同时在立杆下部设置扫地杆。

6）悬挑支承结构以上部分的脚手架搭设方法与一般外脚手架相同，并按要求设置连墙杆。悬挑脚手架的高度（或分段的高度）不得超过 25m。

悬挑脚手架的外侧立面一般均应采用密目网（或其他围护材料）全封闭围护，以确保架上人员操作安全和避免物件坠落。

7）新设计组装或加工的定型脚手架段，在使用前应进行不低于 1.5 倍使用施工荷载的静载试验和起吊试验，试验合格（未发现焊缝开裂、结构变形等情况）后方能投入使用。

8）塔式起重机应具有满足整体吊升（降）悬挑脚手架段的起吊能力。

9）必须设置可靠的人员上下的安全通道（出入口）。

10）使用中应经常检查脚手架段和悬挑支承结构的工作情况。当发现异常时及时停止作业，进行检查和处理。

3.2　垂直运输设施

垂直运输设施指担负垂直运送材料和施工人员上下的机械设备和设施。在砌筑工程中不仅要运输大量的砖（或砌块）、砂浆，而且还要运输脚手架、脚手板和各种预制构件；不仅有垂直运输，而且有地面和楼面的水平运输。其中垂直运输是影响砌筑工程施工速度的重要因素。

目前砌筑工程采用的垂直运输设施有井架、龙门架、塔式起重机和建筑施工电梯等，本节重点介绍塔式起重机和建筑施工电梯。

3.2.1　塔吊

塔式起重机是起重臂安装在塔身顶部且可作 360°回转的起重机。它具有较高的起重高度、工作幅度和起重能力，速度快、生产效率高，且机械运转安全可靠，使用和装拆方便等优点，因此，广泛地用于多层和高层的工业与民用建筑的结构安装。塔式起重机按起重能力可分为轻型塔式起重机，起重量为 0.5～3t，一般用于 6 层以下的民用建筑施工；中型塔式起重机，起重量为 3～15t，适用于一般工业建筑与民用建筑施工；重型塔式起重机，起重量为 20～40t，一般用于重工业厂房的施工和高炉等设备的吊装。

由于塔式起重机具有提升、回转和水平运输的功能，且生产效率高，在吊运长、大、重的物料时有明显的优势，故在可能条件下宜优先采用。

塔式起重机的布置应保证其起重高度与起重量满足工程的需求，同时起重臂的工作范围应尽可能地覆盖整个建筑，以使材料运输切实到位。此外，主材料的堆放、搅拌站的出料口等均应尽可能地布置在起重机工作半径之内。

塔式起重机一般分为轨道（行走）式、爬升式、附着式、固定式等几种，如图 3-17 所示。

图 3-17　各种类型的塔式起重机

(a) 固定式；(b) 附着式；(c) 行走式；(d) 内爬式

1. 固定式塔式起重机

固定式塔式起重机的底架安装在独立的混凝土基础上，塔身不与建筑物拉结。这种起重机适用于安装大容量的油罐、冷却塔等特殊构筑物。

2. 轨道（行走）式塔式起重机

轨道（行走）式塔式起重机是一种能在轨道上行驶的起重机。它能负荷在直线和弧形轨道上行走，能同时完成垂直和水平运输，使用安全，生产效率高。轨道式塔式起重机分为上回转式（塔顶回转）和下回转式（塔身回转）两类。但需要铺设轨道，且装拆和转移不便，台班费用较高。

3. 附着式塔式起重机

附着式塔式起重机是固定在建筑物近旁混凝土基础上的起重机械，为上回转、小车变幅或俯仰变幅起重机械。塔身由标准节组成，相互间用螺栓连接，它可以借助顶升系统随着建筑施工进度而自行向上接高。为了减少塔身的计算高度，规定每隔 20m 左右将塔身与建筑物用锚固装置联结起来，以保证塔身的刚度和稳定。一般高度为 70～100m，特点是适合狭窄工地施工。

(1) 附着式塔式起重机基础。

附着式塔式起重机底部应设钢筋混凝土基础，其构造做法有整体式和分块式两种。采用整体式混凝土基础时，塔式起重机通过专用塔身基础节和预埋地脚螺栓固定在混凝土基础上，如图 3-18 所示；采用分块式混凝土基础时，塔身结构固定在行走架上，而行走架的四个支座则通过垫板支在四个混凝土基础上，如图 3-19 所示。基础尺寸应根据地基承载力和防止塔吊倾覆的需要确定。

图 3-18　整体式混凝土基础

在高层建筑深基础施工阶段，如需在基坑边附近构筑附着式塔式起重机基础时，可采用灌柱桩承台式钢筋混凝土基础。在高层建筑综合体施工阶段，如需在地下室顶板或裙房屋顶楼板上安装附着式塔式起重机时，应对安装塔吊处的楼板结构进行验算和加固，并在楼板下面加设支撑（至少连续两层）以保证安全。

图 3-19　分块式混凝土基础

1—钢筋混凝土基础；2—塔式起重机底座；3—支腿；4—紧固螺母；

5—垫圈；6—钢套；7—钢板调整片（上下各一）

（2）附着式塔式起重机的锚固。

附着式塔式起重机在塔身高度超过限定自由高度时，即应加设附着装置与建筑结构拉结。一般说来，设置 2～3 道锚固即可满足施工需要。第一道锚固装置在距塔式起重机基础表面 30～40m 处，自第一道锚固装置向上，每隔 16～20m 设一道锚固装置。在进行超高层建筑施工时，不必设置过多的锚固装置，可将下部锚固装置抽换到上部使用。

附着装置由锚固环和附着杆组成。锚固环由两块钢板或型钢组焊成的"U"形梁拼装而成。锚固环宜设置在塔身标准节对接处或有水平腹杆的断面处，塔身节主弦杆应视需要加以补强。锚固环必须箍紧塔身结构，不得松脱。附着杆由型钢、无缝钢管组成，也可以是型钢组焊的桁架结构。安装和固定附着杆时，必须用经纬仪对塔身结构的垂直度进行检查。如发现塔身偏斜时，可通过调节螺母来调整附着杆的长度，以消除垂直偏差。锚固装置应尽可能保持水平，附着杆件最大倾角不得大于 10°。附着装置如图 3-20（a）所示。

固定在建筑物上的锚固支座，可套装在柱子上或埋设在现浇混凝土墙板里，锚固点应紧靠楼板，其距离以不大于 20cm 为宜。墙板或柱子混凝土强度应提高一级，并应增加配筋。在墙板上设锚固支座时，应通过临时支撑与相邻墙板相连，以增强墙板刚度。

（3）附着式塔式起重机的顶升接高。

附着式塔式起重机可借助塔身上端的顶升机构，随着建筑施工进度而自行向上接高。自升液压顶升机构主要由顶升套架、长行程液压千斤顶、顶升横梁及定位销组成。液压千斤顶装在塔身上部结构的底端承座上，活塞杆通过顶升横梁支承在塔身顶部。需要接高时，利用塔顶的行程液压千斤顶，将塔顶上部结构（起重臂等）顶高，用定位销固定；千斤顶回油，推入标准节，用螺栓与下面的塔身联成整体，每次可接高 2.5m。QT4-10 型附着式塔式起

图 3 - 20　附着装置

(a) 锚固环；(b) 附着装置设置

1—塔身；2—锚固环；3—螺旋千斤顶；4—耳环

重机顶升过程如下：

1) 将标准节吊到摆渡小车上，并将过渡节与塔身标准节的螺栓松开，准备顶升 [图 3 - 21 (a)]。

2) 开动液压千斤顶，将塔式起重机上部结构包括顶升套架向上升到超过一个标准节的高度，然后用定位销将套架固定。塔式起重机上部结构的重量通过定位销传递到塔身 [图 3 - 21 (b)]。

3) 液压千斤顶回缩，形成引进空间，此时将装有标准节的摆渡小车推入引进空间内 [图 3 - 21 (c)]。

4) 利用液压千斤顶将待接高的标准节稍微提起，退出摆渡小车，然后将其平稳地落在下面的塔身上，并用螺栓加以连接 [图 3 - 21 (d)]。

5) 再用液压千斤顶稍微向上顶起，拔出定位销，下降过度节，使之与已接高的塔身联成整体 [图 3 - 21 (e)]。

4. 塔式起重机的选用

塔式起重机的选用要综合考虑建筑物的高度；建筑物的结构类型；构件的尺寸和重量；施工进度、施工流水段的划分和工程量；现场的平面布置和周围环境条件等各种情况。同时要兼顾装、拆塔式起重机的场地和建筑结构满足塔架锚固、爬升的要求。

首先，根据施工对象确定所要求的参数，包括幅度（又称回转半径）起重量、起重力矩和吊钩高度等；然后根据塔式起重机的技术性能，选定塔式起重机的型号。

其次，根据施工进度、施工流水段的划分及工程量和所需吊次、现场的平面布置，确定塔式起重机的配量台数、安装位置及轨道基础的走向等。

图 3-21 QT4-10 型附着式塔式起重机顶升过程示意图

（a）准备状态；（b）顶升塔顶；（c）推入塔身标准节；（d）安装塔身标准节；（e）塔顶与塔身联成整体

1—摆渡小车；2—标准节；3—承座；4—液压千斤顶；5—顶升横梁；6—顶升套架；7—定位销；8—过渡节

根据施工经验，16 层及其以下的高层建筑采用轨道式塔式起重机最为经济；25 层以上的高层建筑，宜选用附着式塔式起重机或内爬式塔式起重机。

选用塔式起重机时，应注意以下事项：

（1）在确定塔式起重机形式及高度时，应考虑塔身锚固点与建筑物相对应的位置以及塔式起重机平衡臂是否影响臂架正常回转等问题。

（2）在多台塔式起重机作业条件下，应处理好相邻塔式起重机塔身高度差，以防止两塔碰撞，应使彼此工作互不干扰。

（3）在考虑塔式起重机安装的同时，应考虑塔式起重机的顶升、接高、锚固以及完工后的落塔、拆运等事项。如起重臂和平衡臂是否落在建筑物上、辅机停车位置及作业条件、场内运输道路有无阻碍等。

（4）在考虑塔式起重机安装时，应保证顶升套架的安装位置（即塔架引进平台或引进轨道应与臂架同向）及锚固环的安装位置正确无误。

（5）应注意外脚手架的支撑形式与挑出建筑物的距离，以免与下回转塔式起重机转台尾部回转时发生矛盾。

3.2.2 施工电梯

施工电梯又称外用施工电梯，是一种安装于建筑物外部，供运送施工人员和建筑器材用的垂直提升机械。采用施工电梯运送施工人员上下楼层，可节省工时，减轻工人体力消耗，提高劳动生产率。因此，施工电梯被认为是高层建筑施工不可缺少的关键设备之一。

1. 施工电梯的分类

施工电梯一般分为齿轮齿条驱动电梯和绳轮驱动电梯两类。

（1）齿轮齿条驱动施工电梯。

齿轮齿条驱动施工电梯由塔架（又称立柱，包括基础节、标准节、塔顶天轮架节）吊厢、地面停机站、驱动机组、安全装置、电控柜站、门机电联锁盒、电缆、电缆接受筒、平衡重、安装小吊杆等组成，如图 3-22 所示。塔架由钢管焊接格构式矩形断面标准节组成，标准节之间采用套柱螺栓连接。其特点是：刚度好，安装迅速；电机、减速机、驱动齿轮、控制柜等均装设在吊厢内，检查维修保养方便；采用高效能的锥鼓式限速装置，当吊厢下降速度超过 0.65m/s 时，吊厢会自动制动，从而保证不发生坠落事故；可与建筑物拉结，并随建筑物施工进度而自升接高，升运高度可达 100～150m。

齿轮齿条驱动施工电梯按吊厢数量分为单吊厢式和双吊厢式，吊厢尺寸一般为 3m×1.3m×2.7m；按承载能力分为两级，一级载重量为 1000kg 或乘员 11～12 人，另一级载重量为 2000kg 或乘员 24 人。

（2）绳轮驱动施工电梯。

绳轮驱动施工电梯是近年来开发的新产品，由三角形断面钢管塔架、底座、单吊厢、卷扬机、绳轮系统及安全装置等组成，如图 3-23 所示。其特点是结构轻巧，构造简单，用钢量少，造价低，能自升接高。吊厢平面尺寸为 2.5m×1.3m，可载货 1000kg 或乘员 8～10人。因此，绳轮驱动施工电梯在高层建筑施工中应用逐渐扩大。

图 3-22　齿轮齿条驱动施工电梯
1—外笼；2—导轨架；3—对重；4—吊厢；
5—电缆导向装置；6—锥鼓限速器；
7—传动系统；8—吊杆；9—天轮

图 3-23　绳轮驱动施工电梯（SFD-1000 型）
1—盛线筒；2—底座；3—减震器；4—电器厢；
5—卷扬机；6—引线器；7—电缆；8—安全机构；
9—限速机构；10—吊厢；11—驾驶室；12—围栏；
13—立柱；14—连接螺栓；15—柱顶

2. 施工电梯的选择

高层建筑外用施工电梯的机型选择，应根据建筑体型、建筑面积、运输总重、工期要求、造价等确定。从节约施工机械费用出发，对 20 层以下的高层建筑工程，宜使用绳轮驱动施工电梯；25 层特别 30 层以上的高层建筑应选用齿轮齿条驱动施工电梯。根据施工经验，一台单吊厢式齿轮齿条驱动施工电梯的服务面积约为 20 000～40 000m²，参考此数据可为高层建筑工地配置施工电梯，并尽可能选用双吊厢式。

3.3 砌 体 材 料

3.3.1 砌块材料

1. 砖

砌筑用砖分为实心砖和空心砖两种。普通砖的规格为 240mm×115mm×53mm，根据使用材料和制作方法的不同砖又分为烧结普通砖、烧结多孔砖、烧结空心砖、蒸压灰砂空心砖、蒸压粉煤灰砖等。

（1）烧结普通砖。

烧结普通砖为实心砖，是以黏土、页岩、煤矸石或粉煤灰为主要原料，经压制、焙烧而成。按原料不同，可分为烧结黏土砖、烧结页岩砖、烧结煤矸石砖和烧结粉煤灰砖。

烧结普通砖的外形为直角六面体，其公称尺寸为：长 240mm、宽 115mm、高 53mm。根据抗压强度分为 MU30、MU25、MU20、MU15、MU10 五个强度等级。

（2）烧结多孔砖。

烧结多孔砖使用的原料与生产工艺与烧结普通砖基本相同，其孔洞率不小于 25%。砖的外形为直角六面体，其长度、宽度及高度尺寸（mm）应符合 240、190、180 和 175、140、115、90 的要求，型号有 KM1、KP1 和 KP2 三种（图 3-24）。

根据抗压强度分为 MU30、MU25、MU20、MU15、MU10 五个强度等级。

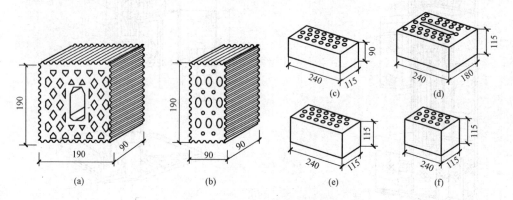

图 3-24 几种多孔砖的规格和孔洞形式
(a) KM1 型；(b) KM1 型配砖；(c) KP1 型；
(d) KP2 型；(e)、(f) KP2 型配砖

（3）烧结空心砖。

烧结空心砖的烧制、外形、尺寸要求与烧结多孔砖一致，在与砂浆的接合面上应设有增加结合力的深度 1mm 以上的凹线槽。

根据抗压强度分为 MU5、MU3、MU2 三个强度等级。

（4）蒸压灰砂空心砖。

蒸压灰砂空心砖以石英砂和石灰为主要原料，压制成型，经压力釜蒸汽养护而制成的孔洞率大于 15% 的空心砖。

其外形规格与烧结普通砖一致，根据抗压强度分为 MU25、MU20、MU15、MU10、

MU7.5 五个强度等级。

（5）蒸压粉煤灰砖。

蒸压粉煤灰砖以粉煤灰为主要原料，掺配适量的石灰、石膏或其他碱性激发剂，再加入一定数量的炉渣作为骨料蒸压制成的砖。

其外形规格与烧结普通砖一致，根据抗压强度、抗折强度分为 MU20、MU15、MU10、MU7.5 四个强度等级。

2. 石料

砌筑用石料有毛石和料石两类。所选石材应质地坚实，无风化剥落和裂纹。用于清水墙、柱表面的石材，应色泽均匀。石材表面的泥垢、水锈等杂质，砌筑前应清除干净，以利于砂浆和块石粘结。毛石分为乱毛石和平毛石。乱毛石是指形状不规则的石块；平毛石是指形状不规则，但有两个平面大致平行的石块。毛石应呈块状，其中部厚度不宜小于 150mm。料石按其加工面的平整程度分为细料石、粗料石和毛料石三种。料石的宽度、厚度均不宜小于 200mm，长度不宜大于厚度的 4 倍。根据抗压强度分为 MU100、MU80、MU60、MU50、MU40、MU30、MU20、MU15、MU10 九个强度等级。

3. 砌块

砌块一般以混凝土或工业废料作原料制成实心或空心的块材。它具有自重轻、机械化和工业化程度高、施工速度快、生产工艺和施工方法简单且可大量利用工业废料等优点，因此，用砌块代替普通黏土砖是墙体改革的重要途径。

砌块按形状分有实心砌块和空心砌块两种。按制作原料分为粉煤灰、加气混凝土、混凝土、硅酸盐、石膏砌块等数种。按规格来分有小型砌块、中型砌块和大型砌块。砌块高度在115~380mm 的称小型砌块；高度在 380~980mm 的称中型砌块；高度大于 980mm 的大型砌块。常用的有普通混凝土小型空心砌块、轻集料混凝土小型空心砌块、蒸压加气混凝土砌块、粉煤灰砌块。

（1）普通混凝土小型空心砌块。

普通混凝土小型空心砌块以水泥、砂、碎石或卵石加水预制而成。其主规格尺寸为390mm×190mm×190mm，有两个方形孔，空心率不小于 25%。

根据抗压强度分为 MU20、MU15、MU10、MU7.5、MU5、MU3.5 六个强度等级。

（2）轻集料混凝土小型空心砌块。

轻集料混凝土小型空心砌块以水泥、砂、轻集料加水预制而成。其主规格尺寸为 390mm×190mm×190mm。按其孔的排数分为：单排孔、双排孔、三排孔和四排孔等四类。

根据抗压强度分为 MU10、MU7.5、MU5、MU3.5、MU2.5、MU1.5 六个强度等级。

（3）蒸压加气混凝土砌块。

蒸压加气混凝土砌块以水泥、矿渣、砂、石灰等为主要原料，加入发气剂，经搅拌成型、蒸压养护而成的实心砌块。其主规格尺寸为 600mm×250mm×250mm。

根据抗压强度分为 A10、A7.5、A5、A3.5、A2.5、A2、A1 七个强度等级。

（4）粉煤灰砌块。

粉煤灰砌块以粉煤灰、石灰、石膏和轻集料为原料，加水搅拌，振动成型，蒸汽养护而成的密实砌块。其主规格尺寸为 880mm×380mm×240mm、880mm×430mm×240mm。砌块端面应加灌浆槽，坐浆面宜设抗剪槽。

根据抗压强度分为 MU13、MU10 两个强度等级。

3.3.2　砌筑砂浆

砂浆是由胶结材料、细骨料及水组成的混合物。按照胶结材料的不同，砂浆可分为水泥砂浆（水泥、砂、水）、混合砂浆（水泥、砂、石灰膏、水）、石灰砂浆（石灰膏、砂、水）、石灰黏土砂浆（石灰膏、黏土、砂、水）、黏土砂浆（黏土、水）。石灰砂浆、石灰黏土砂浆、黏土砂浆强度较低，只用于临时设施的砌筑。建筑工程常用砌筑砂浆为水泥砂浆、混合砂浆。其强度等级宜用 M20、M15、M10、M7.5、M5、M2.5。一般水泥砂浆用于潮湿环境和强度要求较高的砌体；石灰砂浆主要用于砌筑干燥环境中以及强度要求不高的砌体；混合砂浆主要用于地面以上强度要求较高的砌体。

砌筑砂浆使用的水泥品种及标号，应根据砌体部位和所处环境来选择。水泥在进场使用前，应分批对其强度、安定性进行复验（检验批应以同一生产厂家、同一编号为一批）。

水泥储存时应保持干燥。当在使用中对水泥质量有怀疑或水泥出厂超过三个月（快硬硅酸盐水泥超过一个月）时，应复查试验，并按其结果使用。不同品种的水泥，不得混合使用。

生石灰熟化成石灰膏时，应用孔径不大于 3mm×3mm 的网过滤，熟化时间不得少于 7d；磨细生石灰粉的熟化时间不得小于 2d。沉淀池中储存的石灰膏，应采取防止干燥、冻结和污染的措施，脱水硬化后的石灰膏严禁使用。

细骨料宜采用中砂并过筛，不得含有害杂物，其含泥量应满足下列要求：对水泥砂浆和强度等级不小于 M5 的水泥混合砂浆，不应超过 5%；对强度等级小于 M5 的水泥混合砂浆，不应超过 10%。

凡在砂浆中掺入有机塑化剂、早强剂、缓凝剂、防冻剂等，应经试验和试配符合要求后，方可使用。拌制砂浆用水，水质应符合国家现行标准。

砌筑砂浆应通过试配确定配合比，各组分材料应采用重量计量。

砌筑砂浆应采用砂浆搅拌机进行拌制。自投料完算起，搅拌时间应符合下列规定：水泥砂浆和混合砂浆不得小于 2min；掺用外加剂的砂浆不得少于 3min；掺用有机塑化剂的砂浆，应为 3～5min。

为便于操作，砌筑砂浆应有较好的和易性，即良好的流动性（稠度）和保水性。和易性好的砂浆能保证砌体灰缝饱满、均匀、密实，并能提高砌体强度。砌筑砂浆的稠度见表 3-3。

表 3-3　　　　　　　　　　　　　砌 筑 砂 浆 的 稠 度

砌体种类	砂浆稠度/mm	砌体种类	砂浆稠度/mm
烧结普通砖砌体	70～90	普通混凝土小型空心砌块砌体	50～70
轻集料混凝土小型空心砌块砌体	60～90	加气混凝土小型空心砌块砌体	50～70
烧结多孔砖、空心砖砌体	60～80	石砌体	30～50

掺用外加剂时，应先将外加剂按规定浓度溶于水中，在拌和水时投入外加剂溶液，外加剂不得直接投入拌制的砂浆中。

施工中当采用水泥砂浆代替水泥混合砂浆时，应重新确定砂浆强度等级。

砂浆应随拌随用，水泥砂浆和水泥混合砂浆应分别在 3h 和 4h 内使用完毕；当施工期间最高气温超过 30℃时，应分别在拌成后 2h 和 3h 内使用完毕。对掺用缓凝剂的砂浆，其使用时间可根据具体情况延长。

对所用的砂浆应作强度检验。制作试块的砂浆，应在现场取样，每一楼层或 250m³ 砌体中的各种强度等级的砂浆，每台搅拌机应至少检查一次，每次至少留一组试块（每组 6 块），其标准养护 28d 的抗压强度应满足设计要求。

3.4　砖 砌 体 施 工

3.4.1　砖砌体施工的基本要求

砌体工程所用的材料应有产品的合格证书、产品性能检测报告。块材、水泥、钢筋、外加剂等尚应有材料的主要性能的进场复验报告。严禁使用国家明令淘汰的材料。

砖砌体的组砌要求：上下错缝，内外搭接，以保证砌体的整体性；同时组砌要有规律，少砍砖，以提高砌筑效率，节约材料。实心砖墙常用的厚度有半砖、一砖、一砖半、两砖等。依其组砌形式不同，最常见的有以下几种：一顺一丁、三顺一丁、梅花丁、全丁式等，如图 3-25 所示。

(a)　　　　　　　　　　(b)　　　　　　　　　　(c)

图 3-25　砖墙的组砌形式
(a) 一顺一丁；(b) 三顺一丁；(c) 梅花丁

一顺一丁的砌法是一皮中全部顺砖与一皮中全部丁砖相互交替砌成，上下皮间的竖缝相互错开 1/4 砖。砌体中无任何通缝，而且丁砖数量较多，能增强横向拉结力。这种组砌方式，砌筑效率高，墙面整体性好，墙面容易控制平直，多用于一砖厚墙体的砌筑。但当砖的规格参差不齐时，砖的竖缝就难以整齐。

三顺一丁的砌法是三皮中全部顺砖与一皮中全部丁砖间隔砌成。上下皮顺砖间的竖缝错开 1/2 砖长；上下皮顺砖与丁砖间竖缝错开 1/4 砖长。这种砌法由于顺砖较多，砌筑效率较高，但三皮顺砖内部纵向有通缝，整体性较差，一般使用较少。宜用于一砖半以上的墙体的砌筑或挡土墙的砌筑。

梅花丁有称沙包式、十字式。梅花丁的砌法是每皮中丁砖与顺砖相隔，上皮丁砖中坐于下皮顺砖，上下皮间相互错开 1/4 砖长。这种砌法内外竖缝每皮都能错开，故整体性好，灰缝整齐，而且墙面比较美观，但砌筑效率较低。砌筑清水墙或当砖的规格不一致时，采用这种砌法较好。

　　全丁砌筑法就是全部用丁砖砌筑，上下皮竖缝相互错开 1/4 砖长，此法仅用于圆弧形砌体，如水池、烟囱、水塔等。

　　为了使砖墙的转角处各皮间竖缝相互错开，必须在外角处砌七分头砖（3/4 砖长）。当采用一顺一丁组砌时，七分头的顺面方向依次砌顺砖，丁面方向依次砌丁砖 [图 3 - 26 (a)]。

　　砖墙的丁字接头处，应分皮相互砌通，内角相交处竖缝应错开 1/4 砖长，并在横墙端头处加砌七分头砖 [图 3 - 26 (b)]。

　　砖墙的十字接头处，应分皮相互砌通，交角处的竖缝应错开 1/4 砖长 [图 3 - 26 (c)]。

图 3 - 26　砖墙交接处组砌
(a) 一砖墙转角（一顺一丁）；(b) 一砖墙丁字交接处（一顺一丁）；
(c) 一砖墙十字交接处（一顺一丁）

　　常温下砌砖，对普通砖、空心砖含水率宜在 10%～15%，一般应提前 1d 浇水润湿，避免砖吸收砂浆中过多的水分而影响粘结力，并可除去砖面上的粉末。但浇水过多会产生砌体走样或滑动。灰砂砖、粉煤灰砖适量浇水，其含水率控制在 5%～8% 为宜。

　　在墙上留置临时施工洞口，其侧边离交接处墙面不应小于 500mm，洞口净宽度不应超过 1m。临时施工洞口应做好补砌。

　　不得在下列墙体或部位设置脚手眼：半砖厚墙；过梁上与过梁成 60°角的三角形范围及过梁净跨度 1/2 的高度范围内；宽度小于 1m 的窗间墙；墙体门窗洞口两侧 200mm 和转角处 450mm 范围内；梁或梁垫下及其左右 500mm 范围内。施工脚手眼补砌时，灰缝应填满砂浆，不得用干砖填塞。

　　设计要求的洞口、管道、沟槽应于砌筑时正确留出或预埋，未经设计同意，不得打凿墙体和在墙体上开凿水平沟槽。宽度超过 300mm 的洞口上部，应设置过梁。

　　砖墙每日砌筑高度不得超过 1.8m。砖墙分段砌筑时，分段位置宜设在变形缝、构造柱或门窗洞口处；相邻工作段的砌筑高度不得超过一个楼层高度，也不宜大于 4m。尚未施工楼板或屋面的墙或柱，当可能遇到大风时，其允许自由高度不得超过表 3 - 4 的规定。如超过表3-4中的限值时，必须采用临时支撑等有效措施。

表 3-4 墙和柱的允许自由高度 单位：m

墙（柱）厚/mm	砌体密度＞1600kg/m³ 风载/(kN/m²)			砌体密度 1300～1600kg/m³ 风载/(kN/m²)		
	0.3 （约7级风）	0.4 （约8级风）	0.5 （约9级风）	0.3 （约7级风）	0.4 （约8级风）	0.5 （约9级风）
190				1.4	1.1	0.7
240	2.8	2.1	1.4	2.2	1.7	1.1
370	5.2	3.9	2.6	4.2	3.2	2.1
490	8.6	6.5	4.3	7.0	5.2	3.5
620	14.0	10.5	7.0	11.4	8.6	5.7

注 1. 本表适用于施工处相对标高（H）在10m范围内的情况。如10m＜H≤15m，15m＜H≤20m时，表中的允许自由高度应分别乘以 0.9、0.8 的系数；如 H＞20m时，应通过抗倾覆验算确定其允许自由高度。

　　2. 当所砌筑的墙有横墙或其他结构与其连接，而且间距小于表列限值的 2 倍时，砌筑高度可不受本表的限制。

3.4.2 施工前的准备

1. 砖的准备

砖要按规定的数量、品种、强度等级及时组织进场，按砖的强度等级、外观、几何尺寸进行验收，并应检查出厂合格证。常温施工时，黏土砖应在砌筑前1～2d浇水湿润，以浸入砖内深度 15～20mm 为宜。

2. 砂浆准备

主要是做好配制砂浆所用原材料的准备。若采用混合砂浆，则应提前两周将石灰膏淋制好，待使用时再进行拌制。

3. 其他准备

（1）检查校核轴线和标高。在允许偏差范围内，砌体的轴线和标高的偏差，可在基础顶面或楼板面上予以校正。

（2）砌筑前，组织机械进场和进行安装。

（3）准备好脚手架，搭好搅拌棚，安设搅拌机，接水，接电，试车。

（4）制备并安设好皮数杆。

3.4.3 砖砌体的施工工艺

砖砌体的施工工艺为：抄平、放线、摆砖、立皮数杆、盘角及挂线、砌筑、勾缝与清理等。

1. 抄平放线（也称抄平弹线）

（1）抄平。

砌墙前应在基础防潮层或楼层上定出各层标高，并用水泥砂浆或 C10 细石混凝土找平，使各段墙底标高符合设计要求。

（2）放线。

根据龙门板或轴线控制桩上的标志轴线，利用经纬仪和墨线弹出基础或墙体的轴线、边线及门窗洞口位置线。二层以上墙体轴线可以用经纬仪或垂球将轴线引测上去。

基础放线是保证墙体平面位置的关键工序，是体现定位测量精度的主要环节，稍有疏忽就会造成错位。所以，在放线过程中要充分重视以下环节：

1) 龙门板在挖槽的过程中易被碰动。因此，在投线前要对控制桩、龙门板进行复查，避免问题的发生。

2) 对于偏中基础，要注意偏中的方向。

3) 附墙垛、烟囱、温度缝、洞口等特殊部位要标清楚，防止遗忘。

2. 摆砖

摆砖也称摆底，是在弹好线的基础顶面上按选定的组砌方式先用砖试摆，目的在于核对所弹出的墨线在门窗洞口、墙垛等处是否符合砖模数，以便借助灰缝调整，使砖的排列和砖缝宽度均匀合理。摆砖时，山墙摆丁砖，檐墙摆顺砖，即"山丁檐跑"。

3. 立皮数杆

皮数杆一般是用 50mm×70mm 的方木做成，上面划有砖的皮数、灰缝厚度、门窗、楼板、圈梁、过梁、屋架等构件的位置及建筑物各种预留洞口和加筋的高度，作为墙体砌筑时竖向尺寸的控制标志。

划皮数杆时应从 ±0.000 开始。从 ±0.000 向下到基础垫层以上为基础部分皮数杆，±0.000 以上为墙身皮数杆。楼房如每层高度相同时划到二层楼地面标高为止，平房划到前后檐口为止。划完后在杆上以每五皮砖为级数，标上砖的皮数，如 5、10、15 等，并标明各种构件和洞口的标高位置及其大致图例（图 3-27）。

皮数杆一般设置在墙的转角，内外墙交接处、楼梯间及墙面变化较多的部位；如墙面过长时，应每隔 10～15m 立一根。立皮数杆时可用水准仪测定标高，使各皮数杆立在同一标高上。在砌筑前，应检查皮数杆上 ±0.000 与抄平桩上的 ±0.000 是否符合，所立部位、数量是否符合，检查合格后方可进行施工。

4. 盘角及挂线

墙体砌砖时，应根据皮数杆先在转角及交接处砌 3～5 皮砖，并保证其垂直平整，称为盘角。然后再在其间拉准线，依准线逐皮砌筑中间部分。盘角主要是根据皮数杆控制标高，依靠线锤、托线板等使之垂直。中间部分墙身主要依靠准线使之灰缝平直，一般"三七"墙以内应单面挂线，"三七"墙以上应双面挂线。

3.000　表示一层楼标高

45

表示钢筋混凝土过梁
表示窗上框

35

表示窗下框

15

5

±0.000

图 3-27　皮数杆

5. 砌筑、勾缝

（1）砌筑。

砖的砌筑宜采用"三一"砌法。"三一"砌法，又称为大铲砌筑法，即一铲灰、一块砖、一挤揉，并随手将挤出的砂浆刮平。这种砌法灰缝容易饱满，粘结力强，能保证砌筑质量。

除"三一砌筑法"外也可采用铺浆法等。当采用铺浆法砌筑时，铺浆长度不宜超过 750mm，施工期间气温超过 30℃，铺浆长度不宜超过 500mm。

（2）勾缝。

勾缝是砌清水墙的最后一道工序，可以用砂浆随砌随勾缝，称为原浆勾缝；也可砌完墙后再用 1∶1.5 水泥砂浆或加色砂浆勾缝，称为加浆勾缝。勾缝具有保护墙面和增加墙面美观的作用，为了确保勾缝质量，勾缝前应清除墙面粘结的砂浆和杂物，并洒水湿润，在砌完墙后，应划出 10mm 深的灰槽，灰缝可勾成凹、平、斜或凸形状。勾缝完毕还应清扫墙面。

6. 楼层轴线的引测

为了保证各层墙身轴线的重合和施工方便，在弹墙身线时，应根据龙门板上标注的轴线位置将轴线引测到房屋的外墙基上。二层以上各层墙的轴线，可用经纬仪或垂球引测到楼层上去，同时还需根据图上轴线尺寸用钢尺进行校核。

(1) 首层墙体轴线引测方法。

基础砌完后，根据控制桩将主墙体的轴线，利用经纬仪引到基础墙身上，如图 3-28 所示，并用墨线弹出墙体轴线，标出轴线号或"中"字形式，即确定了上部砖墙的轴线位置。同时，用水准仪在基础露出自然地坪的墙身上，抄出 -0.100m 或 -0.150m 标高线，并在墙的四周都弹出墨线来，作为以后砌上部墙体时控制标高的依据。

(2) 二层以上墙体轴线引测方法。

首层楼板安装完毕、抄平之后，即可进行二层的放线工作。

1) 先在各横墙的轴线中，选取在长墙中间部位的某道轴线，如图 3-29 所示，取④轴线作为横墙中的主轴线。根据基础墙①轴线，向④轴线量出尺寸，量准确后在④轴立墙上标出轴线位置。以后每层均以此④轴立线为放线的主轴线。

同样，在山墙上选取纵墙中一条在山墙中部的轴线，如图 3-29 中的ⓒ轴，在ⓒ轴墙根部标出立线，作为以上各层放纵墙线的主轴线。

图 3-28 首层墙体轴线

图 3-29 二层以上墙体轴线引测

2) 两条轴线选定之后，将经纬仪支架在选定的墙体轴线前，一般离开所测高度 10m 左右，用望远镜照准该轴线，在楼层操作人员的配合下，在楼板边棱上确定该墙体轴线的位置，并作好标记，如图 3-30 所示。依次可在楼层板确定④、ⓒ轴的端点位置，确定互相垂直的一对主轴线。

3) 在楼层上定出了互相垂直的一对主轴线之后，其他各道墙的轴线就可以根据图纸的尺寸，以主轴线为基准线，利用钢尺及小线在楼层上进行放线。

如果没有经纬仪，可采用垂球法，如图 3-31 所示。

图 3-30　经纬仪测墙体轴线

图 3-31　楼层轴线引测（垂球法）

7. 各层标高的控制

基础砌完之后，除要把主墙体的轴线，由龙门桩或龙门板上引到基础墙上外，还要在基础墙上抄出一条－0.100m 或－0.150m 标高的水平线。楼层各层标高除立皮数杆控制外，亦可用在室内弹出的水平线控制。

当砖墙砌起一步架高后，应随即用水准仪在墙内进行抄平，并弹出离室内地面高 500mm 的线，在首层即为 0.5m 标高线（现场称为 50 线），在以上各层即为该层标高加 0.5m 的标高线。这道水平线是用来控制层高及放置门、窗过梁高度的依据，也是室内装饰施工时做地面标高，墙裙、踢脚线、窗台及其他有关的装饰标高的依据。

当二层墙砌到一步架高后，随即用钢尺在楼梯间处，把底层的 0.5m 标高线引入到上层，就得到二层 0.5m 标高线。如层高为 3.3m，那么从底层 0.5m 标高线往上量 3.3m 划一铅笔痕，随后用水准仪及标尺从这点抄平，把楼层的全部 0.5m 标高线弹出。

3.4.4　砖砌体的质量要求

1. 基本要求

砖砌体的质量应符合《砌体工程施工质量验收规范》（GB 50202—2002）的要求，做到横平竖直、砂浆饱满、上下错缝、内外搭接、接槎牢固。

（1）横平竖直。

横平，即要求每一皮砖必须在同一水平面上，每块砖必须摆平。为此，首先应将基础或楼面抄平，砌筑时严格按皮数杆层层挂准线，每块砖按准线砌平。

竖直，即要求砌体表面轮廓垂直平整，且竖向灰缝垂直对齐。因而在砌筑过程中要随时用线锤和托线板进行检查，作到"三皮一吊、五皮一靠"，以保证砌筑质量。

（2）砂浆饱满。

砂浆饱满度对砌体强度影响较大。水平灰缝和竖缝的厚度一般规定为 10mm±2mm，要求水平灰缝的砂浆饱满度不得小于 80%，竖向灰缝宜采用挤浆或加浆方法，使其砂浆饱满。

（3）上下错缝、内外搭接。

为保证砌体的强度和稳定性，砌体应按一定的组砌形式进行砌筑，错缝及搭接长度一般不少于 60mm，并避免墙面和内缝中出现连续的竖向通缝。

（4）接槎牢固。

砖墙的转角处和交接处一般应同时砌筑，以保证墙体的整体性和砌体结构的抗震性能。如不能同时砌筑，应按规定留槎并做好接槎处理，通常应将留置的临时间断做成斜槎。实心墙的斜槎长度不应小于墙高度的 2/3，接槎时必须将接槎处的表面清理干净，浇水湿润，填实砂浆并保持灰缝垂直；如临时间断处留斜槎确有困难时，非抗震设防及抗震设防烈度为 6 度、7 度地区，除转角处外也可留直槎，但必须做成凸槎，并加设拉结筋。拉结筋的数量为每 120mm 墙厚放置一根 $\phi6$ 的钢筋，间距沿墙高不得超过 500mm，埋入长度从墙的留槎处算起，每边均不得少于 500mm（对抗震设防烈度为 6 度、7 度地区，不得小于 1000mm），末端应有 90°弯钩，如图 3 - 32 所示。

图 3 - 32　留槎
(a) 斜槎；(b) 直槎

2. 砖砌体的有关规定

（1）砂浆的配合比应采用重量比，石灰膏或其他塑化剂的掺量应适量，微沫剂的掺量（按 100％纯度计）应通过试验确定。

（2）限定砂浆的使用时间。水泥砂浆在 3h 内用完，混合砂浆在 4h 内用完。如气温超过 30℃适用时间均应减少 1h。

（3）普通黏土砖在砌筑前应浇水润湿，含水率宜为 10％～15％，灰砂砖和粉煤灰砖可不必润砖。

（4）砖砌体的尺寸和位置允许偏差，应符合表 3 - 5 的规定。

表 3 - 5　　　　　　　砖砌体的尺寸和位置的允许偏差

项次	项　　目			允许偏差/mm			检 验 方 法
				基础	墙	柱	
1	轴线位置偏移			10	10	10	用经纬仪和尺检查或用其他测量仪器检查
2	基础顶面和楼面标高			±15	±15	±15	用水平仪和尺检查
3	垂直度	每层		—	5	5	用 2m 托线板检查
		全高	≤10m	—	10	10	用经纬仪、吊线和尺检查，或用其他测量仪器检查
			>10m	—	20	20	
4	表面平整度	清水墙、柱		—	5	5	用 2m 靠尺和楔形塞尺检查
		混水墙、柱		—	8	8	
5	门窗洞口高、宽（后塞口）			—	±5	—	用尺检查

项次	项 目		允许偏差/mm			检 验 方 法
			基础	墙	柱	
6	水平灰缝厚度（10皮砖累计）		—	±8	—	与皮数杆比较，用尺检查
7	外墙上下窗口偏移		—	20	—	以底层窗口为准，用经纬仪或吊线检查
8	水平灰缝平直度	清水墙	—	7	—	拉10m线和尺检查
		混水墙	—	10	—	
9	清水墙游丁走缝		—	20	—	吊线和尺检查，以每层第一皮砖为准

3. 钢筋混凝土构造柱

（1）混凝土构造柱的主要构造措施。

通常，构造柱的截面尺寸为 240mm×180mm 或 240mm×240mm。竖向受力钢筋采用 4 根直径为 12mm 的 I 级钢筋，箍筋直径 4～6mm，其间距不大于 250mm，且在柱上下端适当加密。

砖墙与构造柱应沿墙高每隔 500mm 设置 2ϕ6 的水平拉结钢筋，两边伸入墙内不宜小于 1m；若外墙为一砖半墙，则水平拉结钢筋应用 3 根。

砖墙与构造柱相接处，应砌成马牙槎，从每层柱脚开始，先退后进；每个马牙槎沿高度方向的尺寸不宜超过 300mm（或 5 皮砖高）；每个马牙槎退进应不小于 60mm。

构造柱必须与圈梁连接。其根部可与基础圈梁连接，无基础圈梁时，可增设厚度不小于 120mm 的混凝土底脚，深度从室外地坪以下不应小于 500mm。

（2）钢筋混凝土构造柱施工要点。

1）构造柱的施工顺序为：绑扎钢筋、砌砖墙、支模板、浇筑混凝土。必须在该层构造柱混凝土浇筑完毕后，才能进行上一层的施工。

2）构造柱的竖向受力钢筋伸入基础圈梁或混凝土底脚内的锚固长度，以及绑扎搭接长度，均不应小于 35 倍钢筋直径。接头区段内的箍筋间距不应大于 200mm。钢筋混凝土保护层厚度一般为 20mm。

3）砌砖墙时，当马牙槎齿深为 120mm 时，其上口可采用第一皮先进 60mm，往上再进 120mm 的方法，以保证浇筑混凝土时上角密实。

4）构造柱的模板，必须与所在砖墙面严密贴紧，以防漏浆。

5）浇筑构造柱的混凝土坍落度一般为 50～70mm。振捣宜采用插入式振动器分层捣实，振捣棒应避免直接触碰钢筋和砖墙；严禁通过砖墙传振，以免砖墙变形和灰缝开裂。

3.5 砌 块 施 工

用砌块代替普通黏土砖作为墙体材料是墙体改革的重要途径。目前工程中多采用中小型砌块。中型砌块施工，是采用各种吊装机械及夹具将砌块安装在设计位置，一般要按建筑物的平面尺寸及预先设计的砌块排列图逐块按次序吊装、就位、固定。小型砌块施工，与传统的砖砌体砌筑工艺相似，也是手工砌筑，但在形状、构造上有一定的差异。

3.5.1　砌块安装前的准备工作

1. 编制砌块排列图

砌块砌筑前，应根据施工图纸的平面、立面尺寸，并结合砌块的规格，先绘制砌块排列图，砌块排列图如图 3-33 所示。绘制砌块排列图时在立面图上按比例绘出纵横墙，标出楼板、大梁、过梁、楼梯、孔洞等位置，在纵横墙上绘出水平灰缝线，然后以主规格为主、其他型号为辅，按墙体错缝搭砌的原则和竖缝大小进行排列。在墙体上大量使用的主要规格砌块，称为主规格砌块；与它相搭配使用的砌块，称为副规格砌块。小型砌块施工时，也可不绘制砌块排列图，但必须根据砌块尺寸和灰缝厚度计算皮数和排数，以保证砌体尺寸符合设计要求。

图 3-33　砌块排列图

若设计无具体规定，砌块应按下列原则排列：

(1) 尽量多用主规格的砌块或整块砌块，减少非主规格砌块的规格与数量。

(2) 砌筑应符合错缝搭接的原则，搭接长度不得小于砌块高的 1/3，且不应小于 150mm。当搭接长度不足时，应在水平灰缝内设置 $2\phi^b4$ 的钢筋网片予以加强，网片两端离该垂直缝的距离不得小于 300mm。

(3) 外墙转角处及纵横交接处，应用砌块相互搭接，如不能相互搭接，则每两皮应设置一道拉结钢筋网片。

(4) 水平灰缝一般为 10～20mm，有配筋的水平灰缝为 20～25mm。竖缝宽度为 15～20mm，当竖缝宽度大于 40mm 时应用与砌块同强度的细石混凝土填实，当竖缝宽度大于 100mm 时，应用黏土砖镶砌。

(5) 当楼层高度不是砌块（包括水平灰缝）的整数倍时，用黏土砖镶砌。

(6) 对于空心砌块，上下皮砌块的壁、肋、孔均应垂直对齐，以提高砌体的承载能力。

2. 砌块的堆放

砌块的堆放位置应在施工总平面图上周密安排，应尽量减少二次搬运，使场内运输路线最短，以便于砌筑时起吊。堆放场地应平整夯实，使砌块堆放平稳，并做好排水工作；砌块不宜直接堆放在地面上，应堆在草袋、煤渣垫层或其他垫层上，以免砌块底面玷污。砌块的规格、数量必须配套，不同类型分别堆放。

3. 砌块的吊装方案

砌块墙的施工特点是砌块数量多，吊次也相应的多，但砌块的重量不很大。砌块安装方案与所选用的机械设备有关，通常采用的吊装方案有两种：一是以塔式起重机进行砌块、砂浆的运输，以及楼板等构件的吊装，由台灵架吊装砌块。如工程量大，组织两栋房屋对翻流水等可采用这种方案；二是以井架进行材料的垂直运输，杠杆车进行楼板吊装，所有预制构件及材料的水平运输则用砌块车和劳动车，台灵架负责砌块的吊装。

除应准备好砌块垂直、水平运输和吊装的机械外，还要准备安装砌块的专用夹具和有关工具。

3.5.2　砌块施工工艺

砌块施工时需弹墙身线和立皮数杆，并按事先划分的施工段和砌块排列图逐皮安装。其安装顺序是先外后内、先远后进、先下后上。砌块砌筑时应从转角处或定位砌块处开始，并校正其垂直度，然后按砌块排列图内外墙同时砌筑并且错缝搭砌。

每个楼层砌筑完成后应复核标高，如有偏差则应找平校正。铺灰和灌浆完成后，吊装上一皮砌块时，不允许碰撞或撬动已安装好的砌块。如相邻砌体不能同时砌筑时，应留阶梯型斜槎，不允许留直槎。

砌块施工的主要工序：铺灰、吊砌块就位、校正、灌缝和镶砖等。

（1）铺灰。采用稠度良好（50~70mm）的水泥砂浆，铺3~5m长的水平缝。夏季及寒冷季节应适当缩短，铺灰应均匀平整。

（2）砌块安装就位。采用摩擦式夹具，按砌块排列图将所需砌块吊装就位。砌块就位应对准位置徐徐下落，使夹具中心尽可能与墙中心线在同一垂直面上，砌块光面在同一侧，垂直落于砂浆层上，待砌块安放稳妥后，才可松开夹具。

（3）校正。用线锤和托线板检查垂直度，用拉准线的方法检查水平度。用撬棍、楔块调整偏差。

（4）灌缝。采用砂浆灌竖缝，两侧用夹板夹住砌块，超过30mm宽的竖缝采用不低于C20的细石混凝土灌缝，收水后进行嵌缝，即原浆勾缝。以后，一般不应再撬动砌块，以防破坏砂浆的粘结力。

（5）镶砖。当砌块间出现较大竖缝或过梁找平时，应镶砖。采用MU10级以上的红砖，最后一皮用丁砖镶砌。镶砖工作必须在砌砖校正后即刻进行，镶砖时应注意使砖的竖缝灌密实。

3.5.3　混凝土小砌块砌体施工

混凝土小砌块包括普通混凝土小型空心砌块和轻骨料混凝土小型空心砌块。

施工时所用的小砌块的产品龄期不应小于28d。普通混凝土小砌块饱和吸水率低、吸水速度迟缓，一般可不浇水，天气炎热时，可适当洒水湿润。

轻骨料混凝土小砌块的吸水率较大，宜提前浇水湿润。底层室内地面以下或防潮层以下的砌体，应采用强度等级不低于C20的混凝土灌实小砌块的孔洞。

小砌块墙体应对孔错缝搭砌，搭接长度不应小于90mm。墙体的个别部位不能满足上述要求时，应在灰缝中设置拉结钢筋或钢筋网片，但竖向通缝仍不得超过两皮小砌块。

浇灌芯柱的混凝土，宜选用专用的小砌块灌孔混凝土，当采用普通混凝土时，其坍落度不应小于90mm。砌筑砂浆强度大于1MPa时，方可浇灌芯柱混凝土。浇灌时清除孔洞内的砂浆等杂物，并用水冲洗；先注入适量与芯柱混凝土相同的去石水泥砂浆，再浇灌混凝土。

小砌块墙体转角处和纵横交接处应同时砌筑。临时间断处应砌成斜槎，斜槎水平投影长度不应小于高度的2/3。

小砌块砌体的灰缝应横平竖直，水平灰缝厚度和竖向灰缝宽度宜为10mm，但不应大于

12mm，也不应小于 8mm。砌体水平灰缝的砂浆饱满度，应按净面积计算不得低于 90%；竖向灰缝饱满度不得小于 80%，竖缝凹槽部位应用砌筑砂浆填实；不得出现瞎缝、透明缝。

3.5.4　蒸压加气混凝土砌块砌体施工

加气混凝土砌块可砌成单层墙或双层墙体。单层墙是将加气混凝土砌块立砌，墙厚为砌块的宽度。双层墙是将加气混凝土砌块立砌两层，中间夹以空气层，两层砌块间，每隔 500mm 墙高在水平灰缝中放置 $\phi4 \sim \phi6$ 的钢筋扒钉，扒钉间距为 600mm，空气层厚度约 70~80mm。

承重加气混凝土砌块墙的外墙转角处、墙体交接处，均应沿墙高 1m 左右，在水平灰缝中放置拉结钢筋，拉结钢筋为 $\phi6$，钢筋伸入墙内不少于 1000mm。

加气混凝土砌块砌筑前，应根据建筑物的平面、立面图绘制砌块排列图。在墙体转角处设置皮数杆，皮数杆上画出砌块皮数及砌块高度，并拉准线砌筑。

加气混凝土砌块墙的上下皮砌块的竖向灰缝应相互错开，相互错开长度宜为 300mm，并且不小于 150mm。

加气混凝土砌块墙的灰缝应横平竖直，砂浆饱满，水平灰缝砂浆饱满度不应小于 90%；竖向灰缝砂浆饱满度不应小于 80%。水平灰缝厚度宜为 15mm；竖向灰缝宽度宜为 20mm。

加气混凝土砌块墙的转角处，应使纵横墙的砌块相互搭砌，隔皮砌块露端面。加气混凝土砌块墙的 T 形交接处，应使横墙砌块隔皮露端面，并坐中于纵墙砌块，砌块的塔砌如图 3-34 所示。

3.5.5　粉煤灰砌块砌体施工

粉煤灰砌块墙砌筑前，应按设计图绘制砌块排列图，并在墙体转角处设置皮数杆。粉煤灰砌块的砌筑面应适量浇水。

粉煤灰砌块的砌筑方法可采用"铺灰灌浆法"。先在墙顶上摊铺砂浆，然后将砌块按砌筑位置摆放到砂浆层上，并与前一块砌块靠拢，留出不大于 20mm 的空隙。待砌完一皮砌块后，在空隙两旁装上夹板或塞上泡沫塑料条，在砌块的灌浆槽内灌砂浆，直至灌满。等到砂浆开始硬化不流淌时，即可卸掉夹板或取出泡沫塑料条。粉煤灰砌块砌筑如图 3-35 所示。

　　　　(a)　　　　　　　　　　(b)

图 3-34　加气混凝土砌块搭砌　　　　图 3-35　粉煤灰砌块砌筑
(a) 转角处；(b) T 字交接处图　　　　1—灌浆；2—泡沫塑料条

粉煤灰砌块上下皮的垂直灰缝应相互错开，错开长度应不小于砌块长度的 1/3。其灰缝厚度、砂浆饱满度及转角、交接处的要求同加气混凝土砌块。

粉煤灰砌块墙砌到接近上层楼板底时，因最上一皮不能灌浆，可改用烧结普通砖斜砌挤紧。

砌筑粉煤灰砌块外墙时，不得留脚手眼。每一楼层内的砌块墙应连续砌完，尽量不留接槎。如必须留槎时应留成斜槎，或在门窗洞口侧边间断。

3.5.6 石砌体施工

1. 毛石基础施工

砌筑毛石基础所用毛石应质地坚硬、无裂纹，尺寸在 200～400mm，强度等级一般为 MU20 以上。所用水泥砂浆为 M2.5～M5 级，稠度 50～70mm，灰缝厚度一般为 20～30mm。不宜采用混合砂浆。

基础砌筑前，应校核毛石基础放线尺寸。

砌筑毛石基础的第一皮石块应座浆，选较大而平整的石块将大面向下，分皮卧砌，上下错缝，内外搭砌；每皮厚度约 300mm，搭接不小于 80mm，不得出现通缝。毛石基础扩大部分，如做成阶梯形，上级阶梯的石块应至少压砌下级阶梯的 1/2，每阶内至少砌两皮，扩大部分每边比墙宽出 100mm。为增加整体稳定性，应大、中、小毛石搭配使用，并按规定设置拉结石，拉结石长度应超过墙厚的 2/3。毛石砌到室内地坪以下 50mm，应设置防潮层，一般用 1∶2.5 的水泥砂浆加适量防水剂铺设，厚度为 20mm。毛石基础每日砌筑高度为 1.2m。

2. 石墙施工

（1）毛石墙施工。

首先应在基础顶面根据设计要求抄平放线、立皮杆、拉准线，然后进行墙体施工。砌筑第一层石块时，应大面向下，其余各层应利用自然形状相互搭接紧密，面石应选择至少具有一面平整的毛石砌筑，较大空隙用碎石填塞。墙体砌筑每层高 300～400mm，中间隔 1m 左右应砌与墙同宽的拉结石，上、下层间的拉结石位置应错开。施工时，上下层应相互错缝，内外搭接，不得采用外面侧立石块，中间填心的砌筑方法。每日砌筑高度不应超过 1.2m，分段砌筑时所留踏步槎高度不超过一个步架。

（2）料石墙施工。

料石墙的砌筑应用铺浆法，竖缝中应填满砂浆并插捣至溢出为止。上下皮应错缝搭接，转角处或交接处应用石块相互搭砌，如确有困难时，应在每楼层范围内至少设置钢筋网或拉结筋两道。

（3）石墙勾缝。

石墙的勾缝形式多采用平缝或凸缝。勾缝前先将灰缝刮深 20～30mm，墙面喷水湿润，并修整。勾缝宜用 1∶1 水泥砂浆，或用青灰和白灰浆掺加麻刀勾缝。勾缝线条必须均匀一致，深浅相同。

3.6 墙体节能工程施工

3.6.1 膨胀聚苯薄抹灰外墙外保温体系

1. EPS 外墙保温施工工艺流程

EPS 外墙保温施工工艺流程为：基层检查、处理→配专用粘结剂→预粘翻包网格布→

粘聚苯保温板→钻孔及安装固定件→保温板面打磨、找平→配聚合物砂浆→抹底层聚合物砂浆→埋粘网格布→抹面层聚合物砂浆→验收。

2. 施工工艺

(1) 弹控制线。根据建筑立面设计和外墙外保温技术要求，在墙面弹出外门窗水平、垂直控制线及伸缩缝线、装饰缝线等。

(2) 挂基准线。在建筑外墙大角（阴阳角）及其他必要处挂垂直基准钢线，每个楼层适当位置挂水平线，用以控制聚苯板的垂直度和平整度。

(3) 配制专用粘结剂。①根据专用粘结剂的使用说明书提供的掺配比例配制，专人负责，严格计量，机械搅拌，确保搅拌均匀。②拌和好的粘结剂在静停 5min 后再搅拌方可使用。③粘结剂必须随拌随用，拌和好的粘结剂应保证在 1h 内用完。

(4) 预粘翻包网格布。凡在聚苯板侧边外露处（如伸缩缝、门窗洞口处），都应做网格布翻包处理。

(5) 粘贴聚苯板。①外保温用聚苯板标准尺寸为 600mm×900mm、600mm×1200mm两种，非标准尺寸或局部不规则处可现场裁切，但必须注意切口与板面垂直。②阴阳角处必须相互错茬搭接粘贴。③门窗洞口四角不可出现直缝，必须用整块聚苯板裁切出刀把状，且小边宽度≥200mm。④粘贴方法采用点粘法，且必须保证粘接面积不小于 30%。⑤聚苯板抹完专用粘接剂后必须迅速粘贴到墙面上，避免粘结剂结皮而失去粘结性。⑥粘贴聚苯板时应轻柔、均匀挤压聚苯板，并用 2m 靠尺和拖线板检查板面平整度和垂直度。粘贴时注意清除板边溢出的粘结剂，使板与板间不留缝。

(6) 安装固定件。①固定件安装应至少在粘完板的 24h 后再进行。②固定件长度为板厚+50mm。③用电锤在聚苯板表面向内打孔，孔径视固定件直径而定，进墙深度不小于60mm，拧入固定件，钉头和压盘应略低于板面。

(7) 板面打磨、找平。对板面接缝高低较大的区域用粗砂纸打磨找平，打磨时动作要轻，并以圆周运动打磨。

(8) 配制聚合物砂浆。（方法及要求同配制专用粘结剂）。

(9) 抹聚合物砂浆。聚合物砂浆分底层和面层两次抹灰。在聚苯板面抹底层砂浆，厚度为 2～2.5mm。同时将翻包网格布压入砂浆中。门窗洞口的加强网格布也应随即压入砂浆中。贴网格布：将网格布紧绷后贴于底层抹底砂浆上，用抹子由中间向四周把网格布压入砂浆的表层，要平整压实，严禁网格布褶皱。网格布不得压入过深，表面必须暴露在底层砂浆之外。网格布上下搭接宽度不小于 80mm，左右搭接宽度不小于 100mm。网格布粘贴完后，在表面抹一层 0.5～1mm 面层聚合物砂浆。

3.6.2 外贴式聚苯板外墙外保温系统

1. 构造做法及施工顺序

(1) 聚苯板涂料饰面系统。

聚苯板涂料饰面系统基本构造如图 3-36 所示。施工程序为：清理基层墙体→胶粘剂粘贴、塑料膨胀锚栓固定聚苯板→抹聚合物抗裂砂浆中夹入耐碱纤玻纤网→柔性耐水腻子→涂料饰面。

(2) 聚苯板复合 ZL 胶粉聚苯颗粒涂料饰面系统。

聚苯板复合 ZL 胶粉聚苯颗粒涂料饰面系统基本构造如图 3-37 所示。施工程序为：清理基层墙体→胶粘剂粘贴、塑料膨胀锚栓固定聚苯板→抹胶粉聚苯颗粒资料 20mm 厚→抹聚合物抗裂砂浆中夹入耐碱玻纤网→刮柔性耐水腻子→涂料饰面。

图 3-36　聚苯板涂料饰面系统

图 3-37　聚苯板复合 ZL 胶粉聚苯颗粒涂料饰面系统

（3）聚苯板复合 ZL 胶粉聚苯颗粒面砖饰面系统。

聚苯板复合 ZL 胶粉聚苯颗粒面砖饰面系统基本构造如图 3-38 所示。施工程序为：清理基层墙体→胶粘剂粘贴聚苯板→抹 ZL 胶粉聚苯颗粒保温浆料→抹第一遍聚合物抗裂砂浆→塑料膨胀锚栓固定热镀锌钢丝网→抹第二遍聚合物抗裂砂浆→粘贴面砖。

图 3-38　聚苯板复合 ZL 胶粉
聚苯颗粒面砖饰面系统

2. 施工准备及材料配制

（1）聚苯板外墙保温系统施工主要施工工具有不锈钢抹子、槽抹子、搓抹子、角抹子、700～1000r/min 电动搅拌器（或可调速电钻加配搅拌器）、专用锯齿抹子以及粘有大于 20 粒度的粗砂纸的不锈钢打磨抹子。此外尚需配电热丝切割器、冲击钻、靠尺、刷子、多用刀、灰浆托板、拉线、墨斗、空所压缩机、开槽器、皮尺、毛辊等一般施工工具以及操作人员必需的劳保用品等。

（2）基层墙体表面应清洁、无油污、脱模剂等妨碍粘结的附着物。凸起、空鼓和疏松部位应剔除并找平。找平层应与墙体粘结牢固（应有可靠粘结力或界面处理措施），不得有脱层、空鼓、裂缝，面层不得有粉化、起皮、爆灰等现象。

（3）聚苯板的切割采用电热丝切割器割成型，标准板尺寸一般为 1200mm×600mm，对角误差为 ±1.6mm，非标准板用整板按实际需要尺寸加工，尺寸允许偏差为 ±1.6mm，大小面应互相垂直。

（4）胶粘剂的配制应严格按规定的配比和制作工艺现场进行，除规定外严禁添加任何添加剂。

（5）双组分胶粘剂，配制胶粘剂用的树脂乳液开罐后，一般有离析现象，应在掺加水泥前，用专用电动搅拌器将其充分搅拌至均匀，然后再加入一定比例水泥继续搅拌至充分均匀并静置 5min 后，视其和易性，加入适量的水再进行搅拌，直至达到的所需的粘稠度。

（6）单组分胶粘剂将干粉胶粘剂直接加入适量水，用专用电动搅拌器搅拌均匀，达到所需的粘稠度。

（7）每次配制的胶粘剂不宜过多，应视不同环境温度控制在 2h 内用完，或按产品说明书中规定的时间内用完。

（8）聚苯板保温层应采用粘锚结合方案，当采用 EPS 板时，其锚栓数量为：对高层建筑标高 20m 以下时不宜少于 3 个/m²；20～50m 不宜少于 4 个/m²；50m 以上时不宜少于 6 个/m²。当采用 XSP 板时，可参照图 3-39 进行布置锚栓，锚栓长度应保证进入基层墙体内 50mm，锚栓长度应保证进入基层墙体内 50mm，锚栓固定件在阳角、檐口下、孔洞边缘四周应加密，其间距不应大于 300mm，距基层边缘不小于 80mm。

图 3-39 XPS 板排列锚固口布置图

（9）饰面层为面砖时，应在底部第一排以及每层标高保温板的每板端下方增设不锈角钢托架，间距小于等于 1200mm，角钢托架长 150mm，宽度由保温层厚度确定，每个托架由两个经防腐处理的膨胀螺栓与基层墙体固定，具体做法如图 3-40 所示。

（10）洞口四角的聚苯板应采用整块聚苯板切割成型，不得拼接。拼接缝距四角距离应大于 200mm，且须有锚固措施，并应在洞口处增贴耐碱玻纤玻纤网，如图 3-41～图 3-43 所示。

图 3-40 不锈角钢托架布置图

图 3-41 洞口 EPS 板排版及锚固示意图

图 3-42 洞口 XPS 板排版及锚固

图 3-43　门窗洞口网格布加强

3. 施工操作要点

（1）根据建筑物体型和立面设计要求，进行聚苯板排板设计，特别应做好门窗洞口的排版设计。在经过整下处理的基层墙面上，用墨线弹出距散水标高 20mm 的水平线和保温层变形缝宽度线，排出聚苯板粘结位置。所有细部构造应按标准图或施工图的节点大样进行处理。

（2）粘贴聚苯板前，应按平整度和垂直度要求挂线（基层平整度偏差不宜超过 3mm，垂直度偏差不应超过 10mm）；应首先进行系统起端和终端的翻包或包边施工。

（3）聚苯板贴宜采用点框粘贴方法如图 3-44 所示。先用抹子沿保温板背面四周抹上胶粘剂，其宽度为 50mm，如采用标准板时在板中还要均匀布置 8 个粘结饼，每个饼的粘结直径不小于 120mm，胶厚 6～8mm，中心距 200mm，当采用非标准板时，板面中部粘结饼一般为 4～6 个。胶粘剂粘结面积与保温板面积比：当外表为涂料饰面时不得小于 40％，当为面砖饰面时不得小于 45％。

（4）胶粘剂应涂抹在聚苯板上，不应涂在基层上，涂胶点应按面积均布，板的侧边和得涂胶（需翻包标准网时除外），抹完胶粘剂后应立即就位粘贴。

（5）聚苯板粘贴时，应先轻柔滑动就位，再采用 2m 靠尺进行压平操作，不得局部用力按压，聚苯板对头缝应挤紧，并与相邻板齐平，胶粘剂的压实厚度宜控制在 3～6mm，贴好后应立即刮除板缝和板侧残留的粘结剂，聚苯板板间缝隙不应大于 2mm，板间高差不得大于 1mm，否则须用砂纸或专用打磨机具打磨平整；为了减少对头缝热桥影响，宜将聚苯板四周边裁成企口，然后按上述方法进行粘贴。

（6）聚苯板应由勒角部位开始，自下而上，沿水平方向铺设粘贴，竖缝应逐行缝 1/2 板长，在墙角处应交错互锁咬口连接，并保证墙角垂直度，如图 3-45 所示。

（7）门窗洞口角部应用整块板切割成 L 形进行粘贴，板间接缝距四角的距离不应小于 200mm；门窗口内壁面贴聚苯板，其厚度应视门窗框与洞口间隙大小而定，一般不宜小于 30mm。

（8）锚栓在聚苯板粘贴 24h 后开始安装，按设计要求的位置用冲击钻钻孔，孔径 φ10，

用 $\phi 10$ 聚乙烯胀塞，其有效锚固长度不小于 50mm，并确保牢固可靠。

图 3-44 保温板点框粘贴法

图 3-45 聚苯板转角板示意图

（9）塑料锚栓的钉帽与聚苯板表面齐平或略拧入些，确保膨胀栓钉尾部回拧使其与基层墙体充分锚固。

（10）聚苯板贴完后，应至少静默 24h，才可用金刚砂搓子将板缝不平处磨平，然后将聚苯板面打磨一遍，并将板面清理干净。

（11）标准网的铺设：先用抹子在聚苯板表面均匀涂抹一道厚度 1.5～2.0mm 聚合物抗裂砂浆（底层），面积略大于一块玻纤网范围，立即将耐碱玻纤玻纤网压入抗裂砂浆中，压出抗裂砂浆表面应平整，直至把整片墙面做完，待胶浆干硬至可碰触量，再抹第二遍，聚合物水泥抗裂砂浆（面层），厚度为 1.0～1.2mm，直至全部覆盖玻纤网，使玻纤网约处于两道抗裂砂浆中的中间位置，表面应平整。

（12）加强网铺设同标准网铺设，但加强网应采用对接。

（13）玻纤网铺设应自上而下，先从外墙转角处沿外墙一圈一圈铺设，当遇到门窗洞口时，要在洞口周边和四周，铺设加强网。

（14）首层墙面及其他可能遭受冲击的部位，应加铺一层加强玻纤网，二层及二层以上如无特殊要求（门窗洞口除外）应铺标准网；勒角以下部位宜增设钢丝网采用厚层抹灰。

（15）标准网接缝为搭接，搭接长度不应少于 100mm，转角处标准网应是连续的，从每边双向绕角后包墙的宽度（即搭接长度）不应小于 200mm。加强玻纤网铺设完毕后，至少静默养护 24h 方可进行下道工序，在寒冷和潮湿的气候条件下，可适当处长养护时间，养护避免雨水渗透和冲刷。

（16）标准网在下列终端应进行翻包处理：

1）门窗洞口、管道或其他设备穿墙洞处；

2）勒角、阴阳台、雨篷等系统的尽端部位；

3）变形缝等需终止系统的部位；

4）女儿墙顶部。

（17）翻包标准网施工应按下列步骤进行：

1）裁剪窄幅标准网，长度由需翻包的墙体部位尺寸而定。

2）在基层墙体上所有洞口周边及保温系统起、终端处、涂抹宽 100mm，厚 2～3mm 的胶粘剂。

3）将窄幅标准网的一端压入胶粘剂内 10mm，其余甩出备用，并保持清洁。

4）将聚苯板背面抹好胶粘剂，将其压在墙上，然后用抹子轻轻拍击，使其与墙面粘贴牢固。

5）将翻包部位的聚苯板的正面和侧面，均涂抹上聚合物抗裂砂浆，将预先甩出的窄幅标准网沿板厚翻包，并压入抗裂砂浆内。当需要铺高加强网时，则应先铺设加强网，再将翻包标准压在加强网之上。

（18）主体结构变形缝、保温层的伸缩缝和饰面层的分格缝的施工应符合下列要求：

1）主体结构缝，应按标准图或设计图纸进行施工，其金属调节片，应在保温层粘贴前按设计要求安装就位，并与基层墙体牢固固定，做好防锈处理。缝外侧需采用橡胶密封条或采用密封膏的应留出嵌缝背衬及密封膏的深度，无密封条或密封膏的应与保温板面平齐。

2）保温层的伸缩缝，应按标准图或设计图纸进行施工，缝内应填塞比缝宽大于 1.3 倍的嵌缝衬条（如软聚乙烯泡沫塑料条），并分两次勾填密封膏，密封膏应凹进保温层外表面 5mm；当在饰面层施工完毕后，再勾填密封膏时，应事前用胶带保护墙面，确保墙面免受污染。

3）饰面层分格缝，按设计要求进行分格，槽深小于等于 8mm，槽宽 10～12mm，抹聚合物抗裂砂浆时，应先处理槽缝部位，在槽口加贴一层标准玻纤网，并伸出槽口两边 10mm；分格缝亦可采用塑料分隔条进行施工。

（19）装饰线条安装应按下列步骤进行：

1）装饰线条应采用与墙体保温材料性能相同的聚苯板。

2）装饰线条凸出墙面时，可采用两种安装方式：一种是在保温用聚苯板粘贴完毕后，按设计要求用墨线在聚苯板面弹出装饰线具体位置，将装饰线条用胶粘剂粘贴在设计位置上，表面用聚合物抗裂砂浆铺贴标准网，并留出大于等于 100mm 的搭接长度，如图 3-46 所示；另一种是将凸出装饰线按设计要求先用胶粘剂粘贴在基层墙面上，然后再用胶粘剂粘贴装饰线上下保温用聚苯板，如图 3-47 所示。

图 3-46 装饰件做法（一）

图 3-47 装饰件做法（二）

3）装饰线条凹进墙面时，应在粘贴完毕的保温聚苯板上，按设计要求用墨线弹出装饰线具体位置，用开槽器按图纸要求将聚苯板切出凹线或图案，凹槽处聚苯板的实际厚度不得小于20mm，然后压入标准网。墙面粘贴的标准网与凹槽周边甩出的网布需搭接。

4）装饰线条凸出墙面保温板的厚度不得大于250mm，且应采取安全锚固措施。

5）装饰件的铺网时，饰件应在大面积网外装贴，再加附加网，附加网与大面积网应有一定的搭接宽度。

（20）饰面层施工应符合下列要求：

1）施工前，应首先检查聚合物抗裂砂浆是否有抹子抹痕，耐碱玻纤网是否全部嵌入，然后修补抗裂砂浆缺陷和凹凸不平处，并用细砂纸打磨一遍；

2）待聚合物抗裂砂浆表干后，即可进行柔性耐水腻子施工，用镘刀或刮板批刮，待第一遍柔性腻子表干后，再刮第二遍柔性腻子，压实磨光成活，待柔性腻子完全干固后，即可进行与保温系统配套的涂料施工；

3）采用涂料饰面系统，应采用高弹性防水耐擦洗外墙涂料，并按《建筑装饰工程施工及验收规范》JGJ73规定进行施工；

4）采用面砖饰面系统，应增设热镀锌钢丝网和锚栓固定，并按《外墙饰面砖工程施工及验收规程》JGJ126规定进行施工；

5）当采用模塑或挤塑聚苯板复合ZL胶粉聚苯颗粒浆料饰面系统时，仅需在聚苯板粘结和用塑料膨胀锚栓固定并清除表面污物后，增抹一层厚15mmZL胶粉聚苯颗粒浆料作为保温找平层，然后再做饰面层施工即可；

6）当采用模塑胶或挤塑聚苯板复合ZL胶粉聚苯板复合ZL胶粉聚苯颗粒面砖饰面系统时，则在聚苯板粘结牢固，并清除表面污物后，增抹一层厚15mmZL胶粉聚苯颗粒浆料作为保温找平层，然后第一遍厚3～4mm聚合物抗裂砂浆，并用塑料膨胀锚栓将热镀锌钢丝网固定，再抹第二遍厚5～6mm聚合物抗裂砂浆，最后用专用粘结砂浆粘贴面砖。

3.6.3 大模内置无网保温系统

1. 构造做法及施工顺序

（1）大模内置无网聚苯板保温系统（涂料饰面）。

大模内置无网聚苯板保温系统（涂料饰面）基本构造如图3-48所示。施工程序为：绑扎外墙钢筋骨架、验收→聚苯板内外表面喷涂界面砂浆→置入聚苯板、用塑料锚栓或塑料卡钉固定在钢筋骨架上→安装大模板→浇筑混凝土→拆除大模板→抹聚合物抗裂砂浆中夹入耐碱玻纤玻纤网→刮柔性耐水腻子→涂料饰面。

（2）大模内置无网聚苯板复合ZL胶粉聚苯颗粒浆料外保温系统（涂料饰面）。

大模内置无网聚苯板复合ZL胶粉聚苯颗粒浆料外保温系统（涂料饰面）基本构造如图3-49所示。仅在拆除大模板后增加抹20mm厚ZL胶粉聚苯颗粒浆料保温找平层，其余皆与前述相同。

（3）大模内置无网聚苯板复合ZL胶粉聚苯颗粒浆料外保温系统（面砖饰面）。

大模内置无网聚苯板复合ZL胶粉聚苯颗粒浆料外保温系统（面砖饰面）基本构造参照图3-49所示。施工程序为：以前工序同（1）→拆除大模板→抹ZL胶粉聚苯颗粒浆料抹第一遍厚聚合物抗裂砂浆→φ0.9热镀锌钢丝网用塑料锚栓与基层墙体固定→抹第二遍聚合物抗裂砂浆→专用粘结砂浆粘贴面砖。

　　注：拆除大模板前的所有工序皆与1相同。

图 3-48　大模内置无网
聚苯板保温系统（涂料饰面）

图 3-49　大模内置无网聚苯板复合 ZL 胶粉
聚苯颗粒浆料外保温系统（涂料饰面）

　　2. 施工准备及材料配制

　　（1）施工用主要工具及设备有不锈钢抹子、槽抹子、搓抹子、角抹子、700～1000r/min 电动搅拌器（或可调速电钻加配搅拌器）、专用锯齿抹子以及粘有大于 20 粒度的粗砂纸的不锈钢打磨抹子。此外尚需配电热丝切割器、冲击钻、靠尺、刷子、多用刀、灰浆托板、拉线、墨斗、空所压缩机、开槽器、皮尺、毛辊等一般施工工具以及操作人员必需的劳保用品等。

　　（2）聚苯板宽度宜为 1200mm，高度宜为建筑物高度，即与大模板同高；大小面互相垂直，对角误差为 ±1.6mm，聚苯板单面开矩形（燕尾）槽，聚苯板两侧边应裁成企口。

　　（3）高层建筑，对于 EPS 板其塑料锚栓数量为：楼高 20m 以下不应少于 3 个/m²；20～30m 不应少于 4 个/m²；50m 以上时不应少于 6 个/m²；对于 XPS 板可参照图 3-42 布置塑料锚栓，锚栓长度为保温层厚度加 80mm。

　　（4）外墙体钢筋安装绑扎完毕，预验合格，水电等专业预埋预留完成，预验合格。

　　（5）墙体大模板位置、控制线及控制各大角垂直线均设置完毕并预验合格。

　　（6）用于控制钢筋保护层水泥砂浆垫块已按要求绑扎完毕（每平方米保温板面不得少于 3 块）。

　　（7）聚苯板已开好单面矩形（燕尾）槽，并在内外表面喷涂界面砂浆；大模板对拉螺栓穿孔，聚苯板锚栓穿孔。

　　（8）加工好浇筑混凝土和振捣时保护聚苯板所用的门形镀锌铁皮保护套，高度视实际情况而定，宽度为保温板厚＋大模板厚，材料为镀锌铁皮。

　　3. 施工操作要求

　　（1）根据弹好的墨线安装保温板，保温板凹槽面朝里，平面朝外，先安装阴阳角保温构件，再安装大面积保温板；安装时板缝不能留在门窗四角，将分块进行标记。

　　（2）安装前保温板两侧企口处均匀涂刷胶粘剂，保证将保温板竖缝之间相互粘结在一起。

　　（3）在安装好的保温板面上弹线，标出锚栓位置，用电烙铁或其他工具在锚栓定位处穿孔，然后在孔内塞入胀管，其尾部与墙体钢筋绑扎以固定保温板。

(4) 用 100mm 宽、10mm 厚保温板，满涂胶粘剂填补门窗洞口两边齿槽缝隙的凹槽处，以免在浇注混凝土时在该处跑浆（冬期施工时，保温板上可不开洞口，待全部保温板安装完毕后，再切割出洞口）。

(5) 安装钢制大模板，应在保温板外侧根部采取可靠的定位措施，以防模板压损保温板。大模板就位后，穿螺栓紧固校正，连接必须严密、牢固，以防出现错台或露浆现象。

(6) 浇注混凝土前，应在保温板和大模板上部扣上"门"形镀锌铁皮保护套，将保温板和大模板一同扣住。大模板吊环处，可在保护套上侧开口将吊环放在开口内。

(7) 浇注混凝土应确保混凝土振捣密实，门窗洞口处浇灌混凝土时应沿洞口两边同时下料，使两侧浇灌高度大体一致。严禁振捣棒紧靠保温板。

(8) 拆除模板后应及时修整墙面混凝土边角和板面余浆。

(9) 穿墙套管拆除后，应以干硬性砂浆堵塞孔洞。保温板孔洞部位须用 ZL 胶粉聚苯颗粒浆料堵塞，并深入墙内大于 50mm。

(10) 抹面层聚合物抗裂砂浆前，应先清理保温层面层污物，板面、门窗洞口保温板如有缺损应采用 ZL 胶粉聚苯颗粒浆料或聚苯板进行修补，不平之处应进行打磨。

(11) 抹聚合物抗裂砂浆标准网和加强网的铺设，门窗洞口的处理，玻纤网翻包，沉降缝、抗震缝、伸缩缝、分格缝的处理，装饰线条的安装以及柔性防水腻子和涂料施工皆与装饰工程施工相同。

(12) 采用大模内置无网聚苯板复合 ZL 胶粉聚苯颗粒浆料外保温系统（涂料饰面和面砖饰面）拆除大模板前皆与本节 1～11 相同，拆除大模板后，对于涂料饰面，增加抹 20mm 胶粉聚苯颗粒浆料保温找平层；对于面砖饰面，应先用塑料锚栓固定设热镀锌钢丝网，再抹 20mm 胶粉聚苯颗粒保温浆料找平层，其余施工方法皆与本节 7～11 规定相同。

3.6.4　外墙保温砂浆施工

外墙保温砂浆是将无机保温砂浆、弹性腻子（粗灰腻子、细灰腻子）与保温涂料（含抗碱防水底漆）或与面砖和勾缝剂按照一定的方式复合在一起，设置于建筑物墙体表面，对建筑物起保温隔热、装饰和保护作用的体系称无机保温隔热系统。保温砂浆由下列材料组成：

无机空心体：为中空的球体或不规则体，里面封闭不流动的空气或氮气，形成阻断热传导的物质；

对流阻断体：填充无机空心体之间的孔隙，防止其间的空气出现对流，提高隔热效果；

少量硅酸盐：提高无机保温砂浆层硬度；

无机粘结剂：改善无机保温砂浆层和基层的粘结效果，提高无机保温砂浆层本身的强度；

助剂：改善无机保温砂浆的储存性能、施工性能、保水性能等。

1. 基层墙体准备

(1) 施工前清除墙面浮灰、油污、隔离剂及墙角杂物，保证施工作业面干净，混凝土墙面上因有不同的隔离剂，需做适当的界面处理。其他墙面只要剔除突出墙面大于 10mm 的异物保证干净即可，不需特殊处理。

(2) 基层墙面、外墙四角、洞口等处的表面平整及垂直度应满足有关施工验收规范的要求。

（3）按垂直、水平方向在墙角、阳台栏板等处弹好厚度控制线。

（4）按厚度控制线，用膨胀玻化微珠保温防火砂浆作标准厚度灰饼，冲筋，间隔适度。

2. 施工工艺

（1）工艺流程。

面饰涂料工艺流程：基层墙面清理（混凝土墙面界面处理）→测量垂直度、套方、弹控制线→做灰饼、冲筋、做口→抹保温砂浆→弹分格线、开分格槽、嵌贴滴水槽→抹抗裂砂浆→刮柔性耐水腻子→面层装饰涂料。

面饰瓷砖工艺流程：基层墙面清理（混凝土墙面界面处理）→测量垂直度、套方、弹控制线→做灰饼、冲筋、做口→抹保温砂浆→铺设低碳镀锌钢丝网→打锚固钉固定在主体墙体上→抹聚合物罩面砂浆→用专用瓷砖粘结砂浆粘贴瓷砖→瓷砖勾缝处理。

（2）作业条件。结构工程全部完工，并经有关部门验收合格；门窗框与墙体联结处的缝隙按规范规定嵌塞；施工墙面的灰尘、污垢和油渍应清理干净；脚手架搭设完成并验收合格。横竖杆与墙面、墙角的间距应保证满足保温层厚度和满足施工要求；施工环境温度不低于 5℃，严禁雨天施工。

3. 施工方法

（1）当窗框安装完毕后将窗框四周分层填塞密实，保温层包裹窗框尺寸控制在 10mm。

（2）在清理干净的墙面上，用配好的保温料浆压抹第一层（厚度不低于 10mm），使料浆均匀密实将墙面覆盖，稍待干燥后按设计要求抹至规定厚度，并且大杠搓平，门窗、洞口、垂直度平整度均达到了规范质量要求后，再在表面进行收平压实。

（3）抹灰厚度大于 25mm 时，可分二次抹涂，待第一次抹浆硬化后（24h）即可进行第二次抹浆，抹涂方法与普通砂浆相同。

（4）对于外饰涂料的墙体，待保温砂浆硬化后在其表面涂刮抗裂砂浆罩面，涂刮厚度为1～2mm，使其具有很好的防渗抗裂性能。同时对后续装饰工程形成很好的界面层，增强装饰装修效果。

（5）对于外贴瓷砖的墙体，待保温砂浆硬化后在其表面涂刮上 3mm 聚合物抹面抗裂砂浆，铺设低碳镀锌钢丝网，打上锚固钉，固定在主体墙壁上，再涂刮上 2mm 的聚合物抗裂砂浆，然后待其干燥后用专用的瓷砖粘结砂浆粘贴瓷砖。

（6）首层外保温的阳角，须用专用金属护角或网格布护角处理。其余各层阴角、阳角以及门窗洞口角各部用玻纤网格布搭接增强，网格布翻包尺寸 150～200mm。

（7）色带。设计要求用色带来体现立面效果时，在保温砂浆施工完毕后，弹出色带控制线，用壁纸刀开出设定的凹槽，深度约为 10mm，处理时应做工精细，保证色带内表面和侧面的平整和光滑。聚合物抹面抗裂砂浆施工时，色带和大面同时进行，色带部位用专用小型工具，作出阴阳角，并保证平整和顺直。

（8）滴水槽。根据设计要求弹出滴水槽控制线，然后用壁纸刀沿控制线划开设定的凹槽，用聚合物抹面抗裂砂浆填满凹槽，并与聚合物抹面抗裂砂浆粘结牢固，然后将挤出的抗裂砂浆清理掉，确保粘结牢固。滴水槽的位置应处于同一水平面上，并距窗口外边缘距离相等。

（9）外装饰。保温砂浆属于柔性涂层，所以严禁在其表面进行刚性涂层施工。其外装饰可按照设计要求进行施工。

（10）料装饰、贴瓷砖、干挂石材等，但与其配套使用的涂料必须是弹性涂料和柔性耐水腻子，专用面砖粘结砂浆等，以保证工程质量和施工效果。

3.7 冬期与雨期施工

3.7.1 冬期施工措施

1. 一般规定

冬期施工所用材料应符合下列规定：

（1）砖、砌块在砌筑前，应清除表面污物、冰雪等，不得使用遭水浸和受冻后表面结冰、污染的砖或砌块。

（2）砌筑砂浆宜采用普通硅酸盐水泥配制，不得使用无水泥拌制的砂浆。

（3）现场拌制砂浆所用砂中不得含有直径大于 10mm 的冻结块或冰块。

（4）石灰膏、电石渣膏等材料应有保温措施，遭冻结时应经融化后方可使用。

（5）砂浆拌和水温不宜超过 80℃，砂加热温度不宜超过 40℃，且水泥不得与 80℃以上热水直接接触；砂浆稠度宜较常温适当增大，且不得二次加水调整砂浆和易性。

砌筑间歇期间，宜及时在砌体表面进行保护性覆盖。砌体面层不得留有砂浆。继续砌筑前，应将砌体表面清理干净。

砌体工程宜选用外加剂法进行施工，对绝缘、装饰等有特殊要求的工程，应采用其他方法。

施工日记中应记录大气温度。暖棚内温度、砌筑时砂浆温度、外加剂掺量等有关资料。

砂浆试块的留置。除应按常温规定要求外。尚应增设一组与砌体同条件养护的试块，用于检验转入常温 28d 的强度。如有特殊需要、可另外增加相应龄期的同条件试块。

2. 外加剂法

采用外加剂法配制砂浆时，可采用氯盐或亚硝酸盐等外加剂。氯盐应以氯化钠为主，当气温低于−15℃时，可与氯化钙复合使用。氯盐掺量可按表 3-6 选用。

表 3-6　　　　　　　　　　　氯　盐　掺　量

氯盐及砌体材料种类		日最低气温/℃			
		≥−10	−11～−15	−16～−20	−21～−25
单掺氯化钠/%	砖，砌块	3	5	7	—
	石材	4	7	10	—
复掺/%	氯化钠	砖，砌块	—	—	5	7
	氯化钙		—	—	2	3

注　氯盐以无水盐计，掺量为占拌和水质量百分比。

砌筑施工时，砂浆温度不应低于 5℃。

当设计无要求，月最低气温等于或低于−15℃时，砌体砂浆强度等级应较常温施工提高一级。

氯盐砂浆中复掺引气型外加剂时。应在氯盐砂浆搅拌的后期掺入。

采用氯盐砂浆时，应对砌体中配置的钢筋及钢预埋件进行防腐处理。

砌体采用氯盐砂浆施工，每日砌筑高度不宜超过 1.2m；墙体留置的洞口，距交接墙处不应小于 500mm。

下列情况不得采用掺氯盐的砂浆砌筑砌体：

（1）对装饰工程有特殊要求的建筑物；

（2）使用环境湿度大于 80％的建筑物；

（3）配筋、钢埋件无可靠防腐处理措施的砌体；

（4）接近高压电线的建筑物（如变电所、发电站等）；

（5）经常处于地下水位变化范围内，以及在地下未设防水层的结构。

3. 暖棚法

暖棚法适用于地下工程、基础工程以及工期紧迫的砌体结构。

暖棚法施工时，暖棚内的最低温度不应低于 5℃。

砌体在暖棚内的养护时间应根据暖棚内的温度确定，并应符合表 3-7 的规定。

表 3-7　　　　　　　　　　　　暖棚法施工时的砌体养护时间

暖棚内温度/℃	5	10	15	20
养护时间/d	≥6	≥5	≥4	≥3

3.7.2　雨期施工措施

具体措施有：

（1）砌筑用砖在雨期必须集中堆放，不宜浇水。砌墙时要求干湿砖合理搭配，湿度过大的砖不可上墙。雨期施工每日砌筑高度不宜超过 1.2m。

（2）雨期遇大雨必须停工。砌砖收工时应在砖墙顶盖一层干砖，避免大雨冲刷灰浆。大雨过后受雨冲刷过的新砌墙体应翻砌最上面两皮砖。

（3）稳定性较差的窗间墙、独立砖柱，应加设临时支撑或及时浇筑圈梁，以增加其稳定性。

（4）砌体施工时，内、外墙尽量同时砌筑，并注意转角及丁字墙间的连接要同时跟上。遇台风时，应在与风向相反的方向加设临时支撑，以保证墙体的稳定。

（5）雨后继续施工，须复核已完工砌体的垂直度和标高。

3.8　施 工 安 全 措 施

3.8.1　脚手架安全作业措施

1. 脚手架的搭设

（1）脚手架搭设安装前应先对基础等架体承重部分进行验收；搭设安装后应进行分段验收，特殊脚手架须由企业技术部门会同安全、施工管理部门验收合格后才能使用。验收要定量与定性相结合，验收合格后应在脚手架上悬挂合格牌，且在脚手架上明示使用单位、监护管理单位和负责人。施工阶段转换时，对脚手架重新实施验收手续。

（2）施工层应连续三步铺设脚手板，脚手板必须满铺且固定。

（3）施工层脚手架部分与建筑物之间实施密闭，当脚手架与建筑物之间的距离大于

20cm 时，还应自上而下做到 4 步一隔离。

（4）操作层必须设置 1.2m 高的栏杆和 180mm 高的挡脚板，挡脚板应与立杆固定，并有一定的机械强度。

（5）架体外侧必须用密目式安全网封闭，网体与操作层不应有大于 10mm 的缝隙；网间不应有大于 25mm 的缝隙。

（6）钢管脚手架必须有良好的接地装置，接地电阻不大于 4Ω，雷电季节应按规范设置避雷装置。

（7）从事架体搭设作业人员应是专业架子工，且取得劳动部门核发的特殊工种操作证。架子工应定期进行体检，凡患有不适合高处作业病症的不准上岗作业。架子工工作时必须戴好安全帽、安全带和穿防滑鞋。

2. 脚手架的运用

（1）操作人员上下脚手架必须有安全可靠的斜道或挂梯，斜道坡度走人时取不大于 1：3，运料时取不大于 1：4，坡面应每 30cm 设一防滑条，防滑条不能使用无防滑作用的竹条等材料。在构造上，当架高小于 6m 时可采用一字形斜道，当架高大于 6m 时应采用之字形斜道；斜道的杆件应单独设置。挂梯可用钢筋预制，其位置不应在脚手架通道的中间，也不应垂直贯通。

（2）脚手架通常应每月进行一次专项检查。脚手架的各种杆件、拉结及安全防护设施不能随意拆除，如确需拆除，应事先办理拆除申请手续。有关拆除加固方案应经工程技术负责人和原脚手架工程安全技术措施审批人书面同意后方可实施。

（3）严禁在脚手架上堆放钢模板、木料及施工多余的物料等，以确保脚手架畅通和防止超荷载。

（4）遇 6 级以上大风或大雾、雨、雪等恶劣天气时应暂停脚手架作业。

3. 脚手架的拆除

（1）脚手架的搭设与拆除前，均应由单位工程负责人召集有关人员进行书面交底。

（2）脚手架拆除时应划分作业区，周围设绳绑围栏或竖立警戒标志；地面应设专人指挥，禁止非作业人员入内。

（3）拆除时要统一指挥、上下呼应、动作协调，当解开与另一人有关的结扣时，应先通知对方，以防坠落。

（4）拆除时严禁撞碰脚手架附近电源线，以防止事故发生。

（5）拆除时不能撞碰门窗、玻璃、水落管、房檐瓦片、地下明沟等。

（6）在拆架过程中，不能中途换人，如必须换人时，应将拆除情况交代清楚后方可离开。

（7）拆除顺序应遵守由上而下，先塔后拆、后搭先拆的原则。先拆栏杆、脚手架、剪刀撑、斜撑，再拆小横杠、大横杆、立杆等，并按一步一清原则依次进行，严禁上下同时进行拆除作业。

（8）拆脚手架的高处作业人员应戴安全帽、系安全带、扎裹脚、穿软底鞋才允许上架作业。

（9）拆立杆时，要先抱住立杆再拆开后两个扣，拆除大横杆、斜撑、剪刀撑时，应先拆中间扣，然后托住中间，再解端头扣。

(10) 连墙杆应随拆除进度逐层拆除，拆抛撑前，应用临时支撑柱，然后才能拆抛撑。

(11) 大片架子拆除后所预留的斜道、上料平台、通道、小飞跳等，应在大片架子拆除前先进行加固，以便拆除后确保其完整、安全和稳定。

(12) 拆除烟囱、水塔外架时，禁止架料碰断缆风绳，同时拆至缆风绳处方可解除该处缆风绳，不能提前解除。

(13) 拆下的材料应用绳索拴住，利用滑轮徐徐放下，严禁抛掷。运至地面的材料应按指定地点，随拆随运，分类堆放。钢类最好放置室内，堆放在室外应加以遮盖。对扣件、螺栓等零星小构件应用柴油清洗干净装箱、袋分类存放室内以备再用。弯曲变形的钢构件应调直，损坏的及时修复并刷漆以备再用，不能修复的应集中报废处理。

3.8.2 砌体工程施工安全措施

具体安全措施如下：

(1) 根据工程实际及所需用机械设备等情况采取可行的安全防护措施：吊放砌块前应检查吊索及钢丝绳的安全可靠程度，不灵活或性能不符合要求的严禁使用；堆放在楼层上的砌块重量，不得超过楼板允许承载力；所使用的机械设备必须安全可靠、性能良好，同时设有限位保险装置；机械设备用电必须符合"三相五线制"及三级保护的规定；操作人员必须戴好安全帽，佩戴劳动保护用品等；作业层周围必须进行封闭维护，同时设置防护栏及张挂安全网；楼层内的预留孔洞、电梯口、楼梯口等，必须进行防护，采取栏杆搭设的方法进行围护，预留洞口采取加盖的方法进行围护。

(2) 砌体中的落地灰及碎砌块应及时清理成堆，装车或装袋运输，严禁从楼上或架子上抛下。

(3) 吊装砌块和构件时应注意重心位置，禁止用起重拔杆托运砌块，不得起吊有破裂、脱落、危险的砌块。起重拔杆回转时，严禁将砌块停留在操作人员上空或在空中整修、加工砌块。吊装较长构件时应加稳绳。

(4) 安装砌块时，不准站在墙上操作和在墙上设置受力支撑、缆绳等，在施工过程中，对稳定性较差的窗间墙、独立柱应加稳定支撑。

(5) 当遇到下列情况时，应停止吊装工作：

1) 因刮风，使砌块和构件在空中摆动不能停稳时；

2) 噪声过大，不能听清楚指挥信号时；

3) 起吊设备、索具、夹具有不安全因素而没有排除时；

4) 大雾天气或照明不足时。

复 习 思 考 题

1. 脚手架的基本要求有哪些？

2. 扣件式钢管脚手架由哪些部件组成？安全要求有哪些？

3. 脚手架有哪些形式？适用于哪些场合？

4. 附着式塔式起重机如何锚固？

5. 塔式起重机如何选用？

6. 砌筑砂浆使用时应注意哪些问题？

7. 砖砌体如何组织施工?

8. 砌块安装前的准备工作有哪些?

9. 简述砌块施工工艺。

10. 砌体工程冬雨期施工措施有哪些?

11. 砌体工程安全施工措施有哪些?

第4章　钢筋混凝土工程施工

4.1　模 板 工 程 施 工

4.1.1　模板基本要求及分类

1. 模板概念

模板与其支撑体系组成模板系统。模板系统是一个临时架设的结构体系，其中模板是新浇混凝土成型的模具，它与混凝土直接接触式混凝土构件具有所要求的形状、尺寸和表面质量；支撑体系是指支撑模板，承受模板、构件及施工中各种荷载，并使模板保持所要求的空间位置的临时结构。

2. 模板的基本要求

模板结构对钢筋混凝土工程的施工质量、施工安全和工程成本有着重要的影响，因此模板结构必须符合下列要求：

（1）模板的刚度、强度及稳定性，能够承受新浇混凝土的侧压力和重力及施工所产生的荷载。

（2）构造简单，便于绑扎钢筋、浇混凝土及养护等工艺要求。

（3）保证构件的各部分的尺寸，形状。

（4）模板接缝严密，不漏浆。

（5）合理选材。

3. 模板的分类

按结构类型分为基础模板、柱模板、楼梯模板、楼板模板、墙模板、壳模板和烟囱模板等多种。

按模板材料分有木模板、钢木模板、胶合板模板、钢竹模板、钢模板、塑料模板、玻璃钢模板、铝合金模板等。

按模板受力条件分有承重模板和侧面模板。承重模板主要承受混凝土重量和施工中的垂直荷载；侧面模板主要承受新浇混凝土的侧压力。侧面模板按其支承受力方式，又分为简支模板、悬臂模板和半悬臂模板。

按施工方法分类，有现场装拆式模板、固定式模板和移动式模板。现场装拆式模板是按照设计要求的结构形状、尺寸及空间位置在现场组装，当混凝土达到拆模强度后即拆除模板。现场装拆式模板多用定型模板和工具式支撑。固定式模板多用于制作预制构件，是按构件的形状、尺寸于现场或预制厂制作，涂刷隔离剂，浇筑混凝土，当混凝土达到规定的强度后即脱模、清理模板，再重新涂刷隔离剂，继续制作下一批构件。各种胎模（土胎模、砖胎模、混凝土胎模）即属于固定式模板。移动式模板是随着混凝土的浇筑，模板可沿垂直方向或水平方向移动，如烟囱、水塔、墙柱混凝土浇筑采用的滑升模板、爬升模板、提升模板、大模板、高层建筑楼板采用的飞模、筒壳混凝土浇筑采用的水平移动式模板等。

4.1.2　模板构造

1. 木模板

木模板的基本元件是拼板，它由板条和拼条（木方）组成，如图 4 - 1 所示。板条厚 25～50mm，宽度不宜超过 200mm，以保证在干缩时，缝隙均匀，浇水后缝隙要严密且板条不翘曲，但梁底板的板条宽度不受限制，以免漏浆。拼条截面尺寸为 25mm×35mm～50m× 50mm，拼条间距根据施工荷载大小及板条的厚度而定，一般取 400～500mm。图 4 - 2 和图 4 - 3所示，分别为阶梯形基础和楼梯模板。

图 4 - 1　拼板的构造

（a）一般拼板；（b）梁侧板的拼板

1—板条；2—拼条

图 4 - 2　阶梯形基础模板

1—拼板；2—斜撑；3—木桩；4—铁丝

图 4 - 3　楼梯模板

1—支柱（顶撑）；2—木楔；3—垫板；4—平台梁底板；5—侧板；6—夹板；7—托木；8—杠木；
9—木楞；10—平台底板；11—梯基板；12—斜木楞；13—楼梯底板；14—斜向顶撑；
15—外帮板；16—横挡木；17—反三角板；18—踏步侧板；19—拉杆；20—木桩

2. 胶合板模板

混凝土模板用的胶合板有木胶合板和竹胶合板。

模板用的胶合板通常由 5、7、9、11 层等奇数层单板经热压固化而胶合成形，一般采用竹胶模板。相邻层的纹理方向相互垂直，通常最外层表板的纹理方向和胶合板板面的长向平行，因此，整张胶合板的长向为强方向，短向为弱方向，使用时必须加以注意。模板用木胶合板的幅面尺寸，一般宽度为 1200mm 左右，长度为 2400mm 左右，厚约 12～18mm。适用于高层建筑中的水平模板、剪力墙、垂直墙板。

胶合板用作楼板模板时，常规的支模方法是用 $\phi48$mm×3.5mm 脚手钢管搭设排架，排架上铺放间距为 400mm 左右的 50mm×100mm 或 60mm×80mm 木方（俗称 68 方木），作为面板下的楞木。木胶合板常用厚度为 12mm、18mm，木方的间距随胶合板厚度作调整。这种支模方法简单易行，现已在施工现场大面积采用。

胶合板用作墙模板时，常规的支模方法是胶合板面板外侧的内楞用 50mm×100mm 或 60mm×80mm 木方，外楞用 $\phi48$mm×3.5mm 脚手钢管，内外模用"3"形卡及穿墙螺栓拉结。

胶合板用作混凝土模板具有以下优点：

1）板幅大，自重轻，板面平整。既可减少安装工作量，节省现场人工费用，又可减少混凝土外露表面的装饰及磨去接缝的费用。

2）承载能力大，特别是经表面处理后耐磨性好，能多次重复使用。

3）材质轻，厚 18mm 的木胶合板，单位面积重量为 50kg，模板的运输、堆放、使用和管理等都较为方便。

4）保温性能好，能防止温度变化过快，冬期施工有助于混凝土的保温。

5）锯截方便，易加工成各种形状的模板。

6）便于按工程的需要弯曲成型，用作曲面模板。

7）用于清水混凝土模板，最为理想。

（1）木胶合板。

木胶合板从材种分类可分为软木胶合板（材种为马尾松、黄花松、落叶松、红松等）及硬木胶合板（材种为锻木、桦木、水曲柳、黄杨木、泡桐木等）。从耐水性能划分，胶合板分为四类：

Ⅰ类——具有高耐水性，耐沸水性良好，所用胶粘剂为酚醛树脂胶粘剂（PF），主要用于室外；

Ⅱ类——耐水防潮胶合板，所用胶粘剂为三聚氰胺改性脲醛树脂胶粘剂（MUF），可用于高潮湿条件和室外；

Ⅲ类——防潮胶合板，胶粘剂为脲醛树脂胶粘剂（OF），用于室内；

Ⅳ类——不耐水，不耐潮，用血粉或豆粉粘合，近年已停产。

混凝土模板用的木胶合板属具有高耐气候、耐水性的Ⅰ类胶合板，胶粘剂为酚醛树脂胶，主要用克隆、阿必东、柳安、桦木、马尾松、云南松、落叶松等树种加工。

模板用的木胶合板通常由 5、7、9、11 层等奇数层单板经热压固化而胶合成型。相邻层的纹理方向相互垂直，通常最外层表板的纹理方向和胶合板板面的长向平行，因此，整张胶合板的长向为强方向，短向为弱方向，使用时必须注意。

模板用木胶合板的规格尺寸，见表 4-1。

模板用胶合板的胶粘剂主要是酚醛树脂。此类胶粘剂胶合强度高，耐水、耐热、耐腐蚀等性能良好，其突出的是耐沸水性能及耐久性优异。也有采用经化学改性的酚醛树脂胶。

表 4 - 1　　　　　　　　　　　模板用木胶合板规格尺寸

厚度/mm	层数	宽度/mm	长度/mm
12	至少 5 层	915	1830
15	至少 7 层	1220	1830
18		915	2135
		1220	2440

评定胶合性能的指标主要有两项：

胶合强度——为初期胶合性能，指的是单板经胶合后完全粘牢，有足够的强度；

胶合耐久性——为长期胶合性能，指的是经过一定时期，仍保持胶合良好。

上述两项指标可通过胶合强度试验、沸水浸渍试验来判定。

施工单位在购买混凝土模板用胶合板时，首先要判别是否属于Ⅰ类胶合板，即判别该批胶合板是否采用了酚醛树脂胶或其他性能相当的胶粘剂。如果受试验条件限制，不能做胶合强度试验时，可以用沸水煮小块试件快速简单判别。方法是从胶合板上锯截下 20mm 见方的小块，放在沸水中煮 0.5～1h。用酚醛树脂作为胶粘剂的试件煮后不会脱胶，而用酚醛树脂作为胶粘剂的试件煮后会脱胶。

木胶合板的承载能力与胶合板的厚度、静弯曲强度以及弹性模量有关，表 4 - 2 为我国林业部规定的《混凝土模板用胶合板》（GB/T 17656—2008）标准。

表 4 - 2　　　　　　　模板用胶合板纵向弯曲强度和弹性模量指标

树种	弹性模量/(N/mm²)	静弯曲强度/(N/mm²)
柳安	3.5×10^3	25
马尾松、云南松、落叶松	4.0×10^3	30
桦木、克隆、阿必东	4.5×10^3	35

由于生产胶合板的树种及产地各异，胶合板的力学性能也不稳定，表 4 - 2 中的数值，仅作指导生产厂用，不作使用单位对胶合板的考核指标。

使用注意事项：

1）必须选用经过板面处理的胶合板。

2）未经板面处理的胶合板（亦称白坯板或素板），在使用前应对板面进行处理。处理的方法为冷涂刷涂料，把常温下固化的涂料胶涂刷在胶合板表面，构成保护膜。

3）经表面处理的胶合板，施工现场使用中，一般要求脱模后立即清洗板面浮浆，堆放整齐；模板拆除时，严禁抛扔，以免损伤板面处理层；胶合板边角应涂有封边胶，故应及时清除水泥浆。为了保护模板边角的封边胶，最好在支模时在模板拼缝处粘贴防水胶带或水泥纸袋，加以保护，防止漏浆；胶合板板面尽量不钻孔洞。遇有预留孔洞，可用普通木板拼补。现场应备有修补材料，以便对损伤的面板及时进行修补。使用前必须涂刷脱模剂。

（2）竹胶合板。

我国竹材资源丰富，且竹材具有生长快、生产周期短（一般 2～3 年成材）的特点。另外，一般竹材顺纹抗拉强度为 18N/mm²，为松木的 2.5 倍，红松的 1.5 倍；横纹抗压强度为 6～8N/mm²，是杉木的 1.5 倍，红松的 2.5 倍；静弯曲强度为 15～16N/mm²。因此，在我国木材资源短缺的情况下，以竹材为原料，制作混凝土模板用竹胶合板，具有收缩率小、膨胀率和吸水率低，以及承载能力大的特点，是一种具有发展前途的新型建筑模板。

1）构造。

混凝土模板用竹胶合板，其面板与芯板所用材料既有不同，又有相同。不同的是指芯板将竹子劈成竹条（称竹帘单板），宽 14～17mm，厚 3～5mm，在软化池中进行高温软化处理后，作烤青、烤黄、去竹衣及干燥等进一步处理。竹帘的编织可用人工或编织机编织。而面板通常为编席单板，做法是将竹子劈成篾，由编工编成竹席。表面板采用薄木胶合板。这样既可利用竹材资源，又可兼有木胶合板的表面平整度。

图 4-4　竹胶合板断面示意
1—竹席或薄木片面板；
2—竹帘芯板；3—胶粘剂

另外，也有采用竹编席作面板的，这种板材表面平整度较差，且胶粘剂用量较多。竹胶合板断面构造，如图 4-4 所示。

为了提高竹胶合板的耐水性、耐磨性和耐碱性，经试验证明，竹胶合板表面进行环氧树脂涂面的耐碱性较好，进行瓷釉涂料涂面的综合效果最佳。

2）规格和性能。国家标准《竹编胶合板》（GB/T 13123—2003）规定竹胶合板的规格见表 4-3、表 4-4。

表 4-3　　　　　　　　　　　　竹胶合板长、宽规格

长度/mm	宽度/mm	长度/mm	宽度/mm
1830	915	2440	1220
2000	1000	3000	1500
2135	915	—	—

表 4-4　　　　　　　　　　　　竹胶合板厚度与层数对应关系

层数	厚度/mm	层数	厚度/mm
2	1.4～2.5	14	11.0～11.8
3	2.4～3.5	15	11.8～12.5
4	3.4～4.5	16	12.5～13.0
5	4.5～5.0	17	13.0～14.0
6	5.0～5.5	18	14.0～14.5
7	5.5～6.0	19	14.5～15.3
8	6.0～6.5	20	15.5～16.2
9	6.0～7.5	21	16.5～17.2
10	7.5～8.2	22	17.5～18.0
11	8.2～9.0	23	18.0～19.5
12	9.0～9.8	24	19.5～20.0
13	9.0～10.8		

混凝土模板用竹胶合板的厚度常为 9mm、12mm、15mm。

由于各地所产竹材的材质不同，同时又与胶粘剂的胶种、胶层厚度、涂胶均匀程度以及

热固化压力等生产工艺有关，因此，竹胶合板的物理力学性能差异较大，其弹性模量变化范围为（2~10）×10³N/mm²。一般认为，密度大的竹胶合板，相应的静弯曲强度和弹性模量值也高。

表 4-5 为浙江、四川、湖南生产的竹胶合板的物理力学性能。图 4-5 为采用胶合板面板的墙体模板示意图。

表 4-5 竹胶合板的物理力学性能

产地	胶粘剂	密度/(g/cm³)	弹性模量/(N/mm²)	静曲强度/(N/mm²)
浙江			7.6×10³	80.6
四川	酚醛树脂胶	0.86	10.4×10³	80
湖南		0.91	11.1×10³	105

3. 木塑模板

木塑模板是代替钢模板和竹木胶板的新型模板。具有重量轻，抗冲击强度大，拼装方便，周转率高，表面光洁，不吸湿，不霉变，耐酸碱，不开裂，板幅大，接缝少，可锯，可钉，可加工成任何长度等诸多优点。可反复回收利用，价格远远低于目前建筑业使用的竹木模板，且具有优良的阻燃性能，离火自熄，无烟，无任何毒气，是新一代安全绿色环保节能型产品。

图 4-5 采用胶合板面板的
墙体模板
1—胶合板；2—立挡；3—横挡；
4—斜撑；5—撑头；6—穿墙螺栓

木塑，即木塑复合材料，是近年蓬勃兴起的一类新型复合材料，指利用聚乙烯、聚丙烯和聚氯乙烯等，代替通常的树脂胶粘剂，与超过 35%~70% 以上的木粉、稻壳、秸秆等废植物纤维混合成新的木质材料，再经挤压、模压、注射成型等塑料加工工艺，生产出的板材或型材。

木塑模板与主流模板的性能比较，具有以下优点：

（1）防水、防潮。根本解决了木质产品对潮湿和多水环境中吸水受潮后容易腐烂、膨胀变形的问题，可以使用到传统木制品不能应用的环境中。

（2）防虫、防白蚁，有效杜绝虫类骚扰，延长使用寿命。

（3）多姿多彩，可供选择的颜色众多。既具有天然木质感和木质纹理，又可以根据自己的个性来定制需要的颜色。

（4）可塑性强，能非常简单的实现个性化造型，充分体现个性风格。

（5）高环保性、无污染、无公害、可循环利用。产品不含苯物质，甲醛含量为 0.2，低于 EO 级标准，为欧洲定级环保标准，可循环利用大大节约了木材使用量，适合可持续发展的国策，造福社会。

（6）高防火性。能有效阻燃，防火等级达到 B1 级，遇火自熄，不产生任何有毒气体。

（7）可加工性好，可订、可刨、可锯、可钻、表面可上漆。

（8）安装简单，施工便捷，不需要繁杂的施工工艺，节省安装时间和费用。

（9）不龟裂，不膨胀，不变形，无需维修与养护，便于清洁，节省后期维修和保养费用。

（10）吸声效果好，节能性好，使室内节能高达 30％以上。

4. 定型组合钢模板

定型组合钢模板通过各种连接件和支承件可组合成多种尺寸和几何形状，以适应各种类型建筑物中钢筋混凝土梁、柱、板、基础等施工所需要的模板，也可用其拼成大模板、滑模、筒模和台模等。施工时可在现场直接组装，也可预拼装成大块模板或构件模板用起重机吊运安装。定型组合钢模板的安装工效比木模高；组装灵活，通用性强；拆装方便，周转次数多，每套钢模可重复使用 50～100 次以上；加工精度高，浇筑的混凝土质量好；成型后的混凝土尺寸准确，棱角齐整，表面光滑，可以节省装修用工。

定型组合钢模板系列包括钢模板、连接件、支承件 3 部分。其中，钢模板包括平面钢模板和拐角模板；连接件有 U 形卡、L 形插销、钩头螺栓、紧固螺栓、蝶形扣件等；支承件有圆钢管、薄壁矩形钢管、内卷边槽钢、单管伸缩支撑等。

（1）钢模板。

模板采用 Q235 钢材制成，钢板厚度 2.5mm，对于≥400mm 宽面钢模板的钢板厚度应采用 2.75mm 或 3.0mm 钢板。主要包括平面模板（P）、阴角模板（E）、阳角模板（Y）、连接角模（J），如图 4 - 6 所示，此外还有一些异形模板。

图 4 - 6　钢模板类型图

（a）平面模板；（b）阳角模板；（c）阴角模板；（d）连接角模
1—中纵肋；2—中横肋；3—面板；4—横肋；5—插销孔；
6—纵肋；7—凸棱；8—凸鼓；9—U 形卡孔；10—钉子孔

单块钢模板由面板、边框和加劲肋焊接而成。边框和加劲肋上面按一定距离（如150mm）钻孔，可利用 U 形卡和 L 形插销等拼装成大块模板。

钢模板的宽度以 50mm 进级，长度以 150mm 进级，其规格和型号已做到标准化、系列化。如型号为 P3015 的钢模板，P 表示平面模板，3015 表示宽×长为 300mm×1500mm。

又如型号为 Y1015 的钢模板，Y 表示阳角模板，1015 表示宽×长为 100mm×1500mm。如拼装时出现不足模数的空隙时，用镶嵌木条补缺，用钉子或螺栓将木条与板块边框上的孔洞连接。

（2）连接件。

1）U 形卡。它用于钢模板之间的连接与锁定，使钢模板拼装密合。U 形卡安装间距一般不大于 300mm，即每隔一孔卡插一个，安装方向一顺一到相互交错，如图 4-7 所示。

2）L 形插销。它插入模板两端边框的插销孔内，用于增强钢模板纵向拼接的刚度和保证接头处板面平整，如图 4-7、图 4-8 所示。

3）钩头螺栓。用于钢模板与内、外钢楞之间的连接固定，使之成为整体，安装间距一般不大于 600mm，长度应与采用的钢楞尺寸相适应。

4）对拉螺栓。用来保持模板与模板之间的设计厚度并承受混凝土侧压力及水平荷载，使模板不致变形，见表 4-6。

5）紧固螺栓。用于紧固钢模板内外钢楞，增强组合模板的整体刚度，长度与采用的钢楞尺寸相适应。

6）扣件。用于将钢模板与钢楞紧固，与其他的配件一起将钢模板拼装成整体。按钢楞的不同形状尺寸，分别采用碟形扣件和"3"型扣件，其规格分为大、小两种。扣件容许荷载见表 4-7。

图 4-7　定型组合钢模板系列/mm

1—平面钢模板；2—拐角钢模板；3—薄壁矩形钢管；4—内卷边槽钢；5—U 形卡；6—L 形插销；7—钩头螺栓；8—蝶形扣件

表 4-6　　　　　　　　　　对拉螺栓的规格和性能

螺栓直径/mm	螺纹内径/mm	净面积/mm²	容许拉力/kN
M12	10.11	76	12.90
M14	11.84	105	17.80
M16	13.84	144	24.50
T12	9.50	71	12.05
T14	11.50	104	17.65
T16	13.50	143	24.27
T18	15.50	189	32.08
T20	17.50	241	40.91

项　　　　目	型　　号	容 许 荷 载
碟形扣件	26 型	26
	18 型	18
3 形扣件	26 型	26
	12 型	12

表 4-7　　　　　　　　　　　　扣 件 容 许 荷 载　　　　　　　　　单位：kN

图 4-8　钢模板连接件

（a）L 形卡连接件；（b）L 形插销连接；（c）钩头螺栓连接；（d）紧固螺栓连接；（e）对拉螺栓连接

1—圆钢管钢楞；2—"3"形扣件；3—钩头螺栓；4—内卷边槽钢楞；5—蝶形扣件；

6—紧固螺栓；7—对拉螺栓；8—塑料套管；9—螺母

（3）支承件。

配件的支承件包括钢楞、柱箍、梁卡具、圈梁卡、钢管架、斜撑、组合支柱、钢管脚手支架、平面可调桁架和曲面可变桁架等，如图 4-9～图 4-12 所示。

图 4-9　钢支架（一）

（a）钢管支架；（b）调节螺杆钢管支架；（c）组合钢支架和钢管井架

1—顶板；2—插管；3—套管；4—转盘；5—螺杆；6—底板；7—插销；8—转动手柄

图 4-9　钢支架（二）

（d）扣件式钢管和门形脚手架支架

图 4-10　斜撑

1—底座；2—顶撑；3—钢管斜撑；4—花篮螺丝；5—螺母；6—旋杆；7—销钉

（a）

（b）

图 4-11　钢杵架

（a）整楹式；（b）组合式

5. 大模板

大模板是进行现浇剪力墙结构施工的一种工具式模板，一般配以相应的起重吊装机械，通过合理的施工组织安排，以机械化施工方式在现场浇筑混凝土竖向（主要是墙、壁）结构构件。

大模板以建筑物的开间、进深、层高为标准化的基础，以大模板为主要手段，以现浇混凝土墙体为主导工序，组织进行有节奏的均衡施工。为此，也要求建筑和结构设计能做到标

图 4-12　梁卡具

1—调节杆；2—三脚架；3—底座；4—螺栓

准化，以使模板能做到周转通用。

大模板构造。大模板由板面结构、支撑系统和操作平台以及附件组成，如图 4-13 所示。

（1）面板材料。

板面是直接与混凝土接触的部分，要求表面平整，加工精密，有一定刚度，能多次重复使用。可作面板的材料很多，有钢板、木（竹）胶合板以及化学合成材料面板等，常用的为前两种。

1）整块钢面板。一般用 4～6mm（以 6mm 为宜）钢板拼焊而成。这种面板具有良好的强度和刚度，能承受较大的混凝土侧压力及其他施工荷载，重复利用率高，一般周转次数在 200 次以上。另外，由于钢板面平整光洁，耐磨性好，易于清理，这些均有利于提高混凝土表面的质量。缺点是耗钢量大，重量大（40kg/m²），易生锈，不保温，损坏后不易修复。

图 4-13　大模板构造示意图

1—面板；2—水平加劲肋；3—支撑桁架；4—竖楞；5—调整水平度的螺旋千斤顶；
6—调整垂直度的螺旋千斤顶；7—栏杆；8—脚手板；9—穿墙螺栓；10—固定卡具

　　2）组合式钢模板组拼成面板。这种面板主要采用 55 型组合钢模板组拼，虽然亦具有一定的强度和刚度，耐磨及自重较整块钢板面要轻（35kg/m²），能做到一模多用等优点，但拼缝较多，整体性差，周转使用次数不如整块钢板面多，在墙面质量要求不严的情况下可以采用。采用中型组合钢模板拼制而成的大模板，拼缝较少。

3) 胶合板面板。木胶合板：模板用木胶合板属于具有耐候、耐水的 I 类胶合板，其胶粘剂为酚醛树脂胶，主要用柳安、桦木、马尾松、落叶松、云南松等树种加工而成。通常由 5、7 层单板经热压固化而胶合成型。相邻层纹理方向相互垂直，通常最外层表板的纹理方向和胶合板板面的长向平行，因此整张胶合板的长向为强方向，短向为弱方向，使用时必须加以注意。

(2) 构造类型。

1) 内墙模板。模板的尺寸一般相当于每面墙的大小，这种模板由于无拼接接缝，浇筑的墙面平整。内墙模板主要有整体式大模板（图 4-14）、拼装式大模板（图 4-15）、组合式大模板（图 4-16）三种。

2) 外墙模板。全现浇剪力墙混凝土结构的外墙模板结构与组合式大模板基本相同，但有所区别。除其宽度要按外墙开间设计外，还要解决以下几个问题：

图 4-14 钢制平模构造

一是门窗洞口的设置：这个问题的习惯做法是：将门窗洞口部位的骨架取掉，按门窗洞口尺寸，在模板骨架作一边框，并与模板焊接为一体（图 4-17）。门、窗洞口的开洞，宜在内侧大模板上进行，以便于捣固混凝土时进行观察。另一种作法是：在外墙内侧大模板上，将门、窗洞口部位的板面取掉，同样做一个型钢边框，并采取以下两种方法支设门、窗洞口模板。

图 4-15 拼装式大模板

图 4 - 16　组合大模板板面系统构造

1—面板；2—底横肋（横龙骨）；3、4、5—横肋（横龙骨）；6、7—竖肋（竖龙骨）；8、9、22、23、24—小肋
（扁钢竖肋）；10、17—拼缝扁钢；11、15—角龙骨；12—吊环；13—上卡板；14—顶横龙骨；
16—撑板钢管；18—螺母；19—垫圈；20—沉头螺丝；21—地脚螺丝

二是外墙采用装饰混凝土时，要选用适当的衬模：装饰混凝土是利用混凝土浇筑时的塑性，依靠衬模形成有花饰线条和纹理质感的装饰图案，是一种新的饰面技术。它的成本低，耐久性好，能把结构与装修结合起来施工，如图 4 - 18 所示。

其次是保证外墙上下层不错台、不漏浆和相邻模板平顺问题：为了解决外墙竖线条上下层不顺直的问题，防止上、下楼层错台和漏浆，要在外墙外侧大模板的上端固定一条宽175mm、厚 30mm、长度与模板宽度相同的硬塑料板；在其下部固定一条宽 145mm、厚30mm 的硬塑料板。

然后是外墙大角的处理：外墙大角处相邻的大模板，采取在边框上钻连接销孔，将 1 根80×80 的角模固定在一侧大模板上。两侧模板安装后，用"U"形卡与另一侧模板连接固定，如图 4 - 19 所示。

最后的问题是外墙外侧大模板的支设：一般采用外支安装平台方法。安装平台由三角挂架、平台板、安全护身栏和安全网所组成。是安放外墙大模板、进行施工操作和安全防护的重要设施。在有阳台的地方，外墙大模板安装在阳台上。

3）电梯井模板。用于高层建筑的电梯井模板，其井壁外围模板可以采用大模板，内侧模板可采用筒形模板（筒形提模）。

图 4-17　外墙大模板（窗洞口）

图 4-18　全现浇装饰混凝土外墙模板

1—上口水平装饰线模位置；2—下口水平装饰线模位置；
3—30mm 角钢竖线条模

图 4-19　大角部位模板固定示意

6. 爬升模板

爬升模板（即爬模），是一种适用于现浇钢筋混凝土竖直或倾斜结构施工的模板工艺，如墙体、桥梁、塔柱等，如图 4-20 所示。

爬升模板由大模板、爬升支架和爬升设备三部分组成。

（1）大模板。

面板一般用组合式钢模板组拼或薄钢板，也可用木（竹）胶合板。横肋用 [6.3 槽钢。

竖向大肋用 [8 或 [10 槽钢。横、竖肋的间距按计算确定。

模板的高度一般为建筑标准层层高加 100～300mm（属于模板与下层已浇筑墙体的搭接高度，用于模板下端的定位和固定）。模板下端需加橡胶衬垫，以防止漏浆。

模板的宽度，可根据一片墙的宽度和施工段的划分确定，其分块要求要与爬升设备能力相适应。

模板的吊点，根据爬升模板的工艺要求，应设置两套吊点。一套吊点（一般为两个吊环）用于制作和吊运，在制作时焊在横肋或竖肋上；另一套吊点用于模板爬升，设在每个爬架位置，要求与爬架吊点位置相对应，一般在模板拼装时进行安装和焊接。

模板上的附属装置包括爬升装置、外附脚手和悬挂脚手和校正螺栓支撑三部分。

当大模板采用多块模板拼接时，为了防止在模板爬升过程中模板拼接处产生弯曲和剪切应力，应在拼接节点处采用规格相同的短型钢跨越拼接缝，以保证竖向和水平方向传递内力的连接性。

（2）爬升支架。

图 4-20　爬升模板
1—爬架；2—螺栓；3—预留
爬架孔；4—爬模；5—爬架
千斤顶；6—爬模千斤顶；
7—爬杆；8—模板挑横梁；
9—爬架挑横梁；10—脱模
千斤顶

爬升支架由支承架、附墙架（底座）以及吊模扁担、爬升爬架的千斤顶架（或吊环）等组成。

爬升支架是承重结构，主要依靠附墙架（底座）固定在下层已有一定强度的钢筋混凝土墙体上，并随着施工层的上升而升高。主要起到悬挂模板、爬升模板和固定模板的作用。因此，要具有一定的强度、刚度和稳定性。

爬升支架的构造，应满足以下要求：

1）爬升支架顶端高度，一般要超出上一层楼层高度 0.8～1.0m，以保证模板能爬升到待施工层位置的高度。

2）爬升支架的总高度（包括附墙架），一般应为 3～3.5 个楼层高度，其中附墙架应设置在待拆模板层的下一层。

3）为了便于运输和装拆，爬升支架应采取分段（标准节）组合，用法兰盘连接为宜。为了便于操作人员在支承架内上下，支承架的尺寸不应小于 650mm×650mm，且附墙架（底座）底部应设有操作平台，周围应设置防护设施。

4）附墙架（底座）与墙体的连接应采用不少于 4 只附墙连接螺栓，螺栓的间距和位置尽可能与模板的穿墙螺栓孔相符，以便于该孔作为附墙架的固定连接孔。

附墙架的位置如果在窗口处，亦可利用窗台作支承。

5）为了确保模板紧贴墙面，爬升支架的支承部分要离开墙面 0.4～0.5m，使模板在拆模、爬升和安装时有一定的活动余地。

6）吊模扁担、千斤顶架（或吊环）的位置，要与模板上的相应装置处在同一竖线上，以提高模板的安装精度，使模板或爬升支架能竖直向上爬升。

（3）爬升设备。

爬升设备是爬升模板的动力，可以因地制宜地选用。常用的爬升设备有电动葫芦、捯链、单作用液压千斤顶等，其起重能力一般要求为计算值的两倍以上。

1）捯链：又称环链手拉葫芦。选用捯链时，还要使其起升高度比实际需要起升高度大0.5～1m，以便于模板或爬升支架爬升到就位高度时，尚有一定长度的起重捯链可以摆动，便于就位和校正固定。

2）单作用液压千斤顶及其他系统。

①千斤顶。可采用穿心式千斤顶。

千斤顶的底盘与模板或爬升支架的连接底座，用 4 只 M14～MI6 螺栓固定。插入千斤顶内的爬杆上端，用螺钉与挑架固定，安装后的千斤顶和爬杆应呈垂直状态，其中：

a. 爬升模板用的千斤顶连接底座，安装在模板背面的竖向大肋上，爬杆上端与爬升支架上挑架固定，当模板爬升就位时，从千斤顶顶部到爬杆上端固定位置的间距不应小于 1m。

b. 爬升支架用的千斤顶连接底座，安装在爬升支架中部的挑梁上，爬杆上端与模板上挑架固定，当爬升支架爬升就位时，从千斤顶到爬杆上端固定位置的间距不应小于 1m。

②爬杆。爬杆采用 Q235 钢，其直径为 $\phi25mm$（按千斤顶规格选用），长度根据楼层层高或模板一次要求升高的高度决定，一般爬升模板用的爬杆长度为 4～5m。

7. 滑模

滑升模板是一种工具式模板，最适合于现场浇筑高耸的圆形、矩形、筒壁结构。如筒仓、储煤塔、竖井等。近年来，滑升模板施工技术有了进一步的发展，不但适用于浇筑高耸的变截面结构，如烟囱、双曲线冷却塔，而且应用于剪力墙、筒体结构等高层建筑的施工。

滑升模板施工的特点，是在建筑物或构筑物底部，沿其墙、柱、梁等构件的周边组装高1.2m 左右的模板，随着在模板内不断浇筑混凝土和不断向上绑扎钢筋的同时，利用一套提升设备，将模板装置不断向上提升，使混凝土连续成型，直到需要浇筑的高度为止。

用滑升模板可以节约大量的模板和脚手架，节省劳动力，施工速度快，工程费用低，结构整体性好；但模板一次投资多，耗钢量大，对建筑的立面和造型有一定的限制。

滑动模板（简称滑模），是在混凝土连续浇筑过程中，可使模板面紧贴混凝土面滑动的模板。采用滑模施工要比常规施工节约木材（包括模板和脚手板等）70%左右；采用滑模施工可以节约劳动力 30%～50%；采用滑模施工要比常规施工的工期短，速度快，可以缩短施工周期 30%～50%；滑模施工的结构整体性好，抗震效果明显，适用于高层或超高层抗震建筑物和高耸构筑物施工；滑模施工的设备便于加工、安装、运输。

（1）滑板系统装置的组成部分。

1）模板系统。模板系统包括提升架、围圈、模板及加固、连接配件。

2）施工平台系统。施工平台系统包括工作平台、外圈走道、内外吊脚手架。

3）提升系统。提升系统包括千斤顶、油管、分油器、针形阀、控制台、支承杆及测量控制装置。滑模构造如图 4-21 所示。

（2）主要部件构造及作用。

1）提升架。提升架是整个滑模系统的主要受力部分。各项荷载集中传至提升架，最后通过装设在提升架上的千斤顶传至支承杆上。提升架由横梁、立柱、牛腿及外挑架组成。各

图 4-21　滑模构造示意图（单位：mm）

部分尺寸及杆件断面应通盘考虑经计算确定。

2）围圈。围圈是模板系统的横向连接部分，将模板按工程平面形状组合为整体。围圈也是受力部件，它既承受混凝土侧压力产生的水平推力，又承受模板的重量、滑动时产生的摩阻力等竖向力。在有些滑模系统的设计中，也将施工平台支撑在围圈上。围圈架设在提升架的牛腿上，各种荷载将最终传至提升架上。围圈一般用型钢制作。

3）模板。模板是混凝土成型的模具，要求板面平整，尺寸准确，刚度适中。模板高度一般为 90～120cm，宽度为 50cm，但根据需要也可加工成小于 50cm 的异形模板。模板通常用钢材制作，也有用其他材料制作的，如钢木组合模板，是用硬质塑料板或玻璃钢等材料作为面板的有机材料复合模板。

4）施工平台与吊脚手架。施工平台是滑模施工中各工种的作业面及材料、工具的存放场所。施工平台应视建筑物的平面形状、开门大小、操作要求及荷载情况设计。施工平台必须有可靠的强度及必要的刚度，确保施工安全，防止平台变形导致模板倾斜。如果跨度较大，在平台下应设置承托桁架。

吊脚手架用于对已滑出的混凝土结构进行处理或修补，要求沿结构内外两侧周围布置。吊脚手架的高度一般为 1.8m，可以设双层或 3 层。吊脚手架要有可靠的安全设备及防护设施。

5）提升设备。提升设备由液压千斤顶、液压控制台、油路及支承杆组成。支承杆可用直径为 25mm 的光圆钢筋做支承杆，每根支承杆长度以 3.5～5m 为宜。支承杆的接头可用螺栓连接（支承杆两头工加工成阴阳螺纹）或现场用小坡口焊接连接。若回收重复使用，则需要在提升架横梁下附设支承杆套管。如有条件并经设计部门同意，则该支承杆钢筋可以直接打在混凝土中以代替部分结构配筋，可利用 50%～60%。

　　滑升模板是由模板系统、操作平台系统和提升机具系统三部分组成。模板系统包括模板、围圈和提升架等，它的作用主要是成型混凝土。操作平台系统包括操作平台、辅助平台和外吊脚手架等，是施工操作的场所。提升机具系统包括支承杆、千斤顶和提升操纵装置等，是滑升的动力。这三部分通过提升架连成整体，构成整套滑升模板装置，如图 4 - 22 所示。

图 4 - 22　滑升模板组成示意图

1—支承杆；2—提升架；3—液压千斤顶；4—围圈；5—围圈支托；
6—模板；7—操作平台；8—平台桁架；9—栏杆；10—外排三脚架；
11—外吊脚手；12—内吊脚手；13—混凝土墙体

　　滑升模板装置的全部荷载是通过提升架传递给千斤顶，再由千斤顶传递给支承杆承受。

　　千斤顶是使滑升模板装置沿支承杆向上滑升的主要设备，形式很多，目前常用的是 HQ-30 型液压千斤顶，主要由活塞、缸筒、底座、上卡头、下卡头和排油弹簧等部件组成（图 4 - 23）。它是一种穿心式单作用液压千斤顶，支承杆从千斤顶的中心通过，千斤顶只能沿支承杆向上爬升，不能下降。起重量为 30kN，工作行程为 30mm。

　　施工时，用螺栓将千斤顶固定在提升架的横梁上，支承杆插入千斤顶的中心孔内。由于千斤顶的上、下卡头中分别有 7 个小钢球，在卡内呈环状排列，支承在 7 个斜孔内的卡头小弹簧上，当支承杆插入时，即被上、下卡头的钢珠夹紧。当需要提升时，开动油泵，将油液从千斤顶的进油口压入油缸，在活塞与缸盖间加压，这时油液下压活塞，上压缸盖。由于活塞与上卡头是连成一体的，当活塞受油压作用被下压时，也即上卡头受到一下压力的作用，

图 4-23　HQ30 液压千斤顶

1—底座；2—缸筒；3—缸盖；4—活塞；
5—上卡头；6—排油弹簧；7—行程调整帽；
8—油嘴；9—行程指示杆；10—钢球；
11—卡头小弹簧；12—下卡头

产生下滑趋势，此时卡头内钢球在支承杆摩擦力作用下便沿斜孔向上滚动，使 7 颗钢球所组成的圆周缩小，从而夹紧支承杆，使上卡头与支承杆锁紧，不能向下运动，因此活塞也不能向下运动。与此同时缸盖受到油液上压力的作用，使下卡头受到一向上的力的作用，须向上运动，因而使下卡头内的钢球在支承杆摩擦力作用下压缩卡头小弹簧，沿斜孔向下滚动，使 7 颗钢球所组成的圆周扩大，下卡头与支承杆松脱，从而缸盖、缸筒、底座和下卡头在油压力作用下能向上运动，相应地带动提升架等整个滑升模板装置上升，一直上升到下卡头顶紧时为止，这样千斤顶便上升了一个工作行程。这时排油弹簧呈压缩状态，上卡头锁住支承杆，承受滑升模板装置的全部荷载。回油时，油液压力被解除，在排油弹簧和模板装置荷载作用下，下卡头又由于小钢球的作用与支承杆锁紧，接替并支承上卡头所承受的荷载，因而缸筒和底座不能下降。上卡头则由于排油弹簧的作用于支承杆松脱，并与活塞一起被推举向上运动，直到活塞与缸盖顶紧为止，与此同时，油缸内的油液便被排回油箱。这时千斤顶便完成一次上升循环。一个工作循环中千斤顶只上升一次，行程约 30mm。回油时，千斤顶不上升，也不下降。通过不断地进油重复工作循环，千斤顶也就沿着支承杆向上爬升，模板也便被带着不断向上滑升。

液压千斤顶的进油、回油是由油泵、油箱、电动机、换向阀、溢流阀等集中安装在一起的液压控制台操纵进行的。液压控制台放在操作平台上，随滑升模板装置一起同时上升。

8. 早拆模板

早拆模板原理是基于短跨支撑、早期拆模思想，利用柱头、立柱和可调支座组成竖向支撑，支撑于上下层楼板之间，使原设计的楼板跨度处于短跨（立柱间距＜2m）受力状态，在楼板混凝土的强度达到规定标准强度的 50%（常温下 3～4d）时即可拆除梁、板模板及部分支撑，柱头、立柱及可调支座仍保持支撑状态。当混凝土强度增大到足以在全跨条件下承受自重和施工荷载时，再拆去全部竖向支撑。

(1) SP-70 早拆模板的组成。

SP-70 早拆模板可用于现浇楼（顶）板结构的模板。由于支撑系统装有早拆柱头，可以实现早期拆除模板、后期拆除支撑（又称早拆模板、后拆支撑），从而加快了模板的周转。这种模板亦可用于墙、梁模板。

SP-70 模板由模板块、支撑系统、拉杆系统、附件和辅助零件组成。

(2) SP-70 早拆模板的构造。

1) SP-70 的模板块：模板块由平面模板块、角模、角铁和镶边件组成。

2) SP-70 的支撑系统：支撑系统由早拆柱头、主梁、次梁、支柱、横撑、斜撑、调节螺栓组成（图 4-24）。

早拆柱头是用于支撑模板梁的支拆装置，其承载力约为 35.3kN。按照现行《混凝土结构工程施工质量验收规范》（GB 50204—2002），当跨度小于 2m 的现浇结构，其拆模强度可大于或等于混凝土设计强度 50％的规定，在常温条件下，当楼板混凝土浇筑 3～4d 后，即可用锤子敲击柱头的支承板，使梁托下落 115mm。此时便可先拆除模板梁及模板，而柱顶板仍然支顶着现浇楼板。直到混凝土强度达到规范要求拆模强度为止。早期拆模的原理如图 4-25 所示。

图 4-24　支撑系统示意图
1—底脚螺栓；2—支柱；3—早拆柱头；
4—主梁；5—水平支撑；6—现浇楼板；
7—梅花接头；8—斜撑

3）拉杆系统：是用于墙体模板的定位工具，由拉杆、母螺栓、模板块挡片、翼形螺母组成。

4）附件：用于非标准部位或不符合模数的边角部位，主要有悬臂梁或预制拼条等。

5）辅助零件：有镶嵌槽钢、楔板、钢卡和悬挂撑架等。

(a)　　　　(b)

图 4-25　早拆模板原理
1—模板主梁；2—现浇楼板

9. 台模

台模是浇筑钢筋混凝土楼板的一种大型工具式模板。在施工中可以整体脱模和转运，利用起重机从浇筑完的楼板下吊出，转移至上一楼层，中途不再落地，所以亦称"飞模"。台模按其支架结构类型分为立柱式台模、桁架式台模、悬架式台模等。

台模适用于各种结构的现浇混凝土适用于小开间、小进深的现浇楼板，单座台模面板的面积小至 2m²，大至 60m² 以上。台模整体性好，混凝土表面容易平整、施工进度快。台模由台面、支架（支柱）、支腿、调节装置、行走轮等组成。台面是直接接触混凝土的部件，表面应平整光滑，具有较高的强度和刚度。目前常用的面板有钢板、胶合板、铝合金板、工程塑料板及木板等，如图 4-26所示。

图 4-26　台模
1—支腿；2—可伸缩的横梁；
3—檩条；4—面板；5—斜撑；6—滚轮

10. 隧道模

隧道模是将楼板和墙体一次支模的一种工具式模板，相当于将台模和大模板组合起来，如图 4-27 所示。隧道模有断面呈Ⅱ字形的整体式隧道模和断面呈Γ形的双拼式隧道模两种。整体式隧道模自重大、移动困难，目前已很少应用；双拼式隧道模应用较广泛，特别在内浇外挂和内浇外砌的高、多层建筑中应用较多。

图 4-27　隧道模

双拼式隧道模由两个半隧道模和一道独立的插入模板组成。在两个半隧道模之间加一道独立的模板，用其宽度的变化，使隧道模适应于不同的开间；在不拆除中间模板的情况下，半隧道模可提早拆除，增加周转次数。半隧道模的竖向墙模板和水平楼板模板间用斜撑连接。在半隧道模下部设行走装置，在模板长方向，沿墙模板设两个行走轮，在近设置两个千斤顶，模板就位后，这两个千斤顶将模板顶起，使行走轮离开楼板，施工荷载全部由千斤顶承担。脱模时，松动两个千斤顶，半隧道模在自重作用下，下降脱模，行走轮落到楼板上。半隧道模脱模后，用专用吊架吊出，吊升至上一楼层。将吊架从半隧道模的一端插入墙模板与斜撑之间，吊钩慢慢起钩，将半隧道模托起，托挂在吊架上，吊到上一楼层。

11. 压型钢板模板

在多高层钢结构或钢筋混凝土结构中，楼层多采用组合楼盖，其中组合楼板结构就是压型钢板与混凝土通过各种不同的剪力连接形式组合在一起形成的。压形钢板作为组合楼盖施工中的混凝土模板，其主要优点：薄钢板经压折后，具有良好的结构受力性能，既可部分地或全部地起组合楼板中受拉钢筋作用，又可仅作为浇筑混凝土的永久性模板；特别是楼层较高，又有钢梁时，采用压型钢板模板，楼板浇筑混凝土独立地进行，不影响钢结构施工，上下楼层间无制约关系；不需满堂支撑，无支模和拆模的烦琐作业，施工进度显著加快。但压型钢板模板本身的造价高于组合钢模板，消耗钢材较多。

（1）压型钢板模板类型。

1）组合板的压型钢板。

既是模板又用作现浇楼板底面受拉钢筋。压型钢板，不但在施工阶段承受施工荷载和现浇层钢筋和混凝土的自重，而且在楼板使用阶段还承受使用荷载，从而构成楼板结构受力的组成部分。

此种压型钢板，主要用在钢结构房屋的现浇钢筋混凝土有梁式密肋楼板工程。

2）非组合板的压型钢板。

只作模板作用。即压型钢板在施工阶段，只承受施工荷载和现浇层的钢筋混凝土自重，而在楼板使用阶段不承受使用荷载，只构成楼板结构非受力的组成部分。

此种模板，一般用在钢结构或钢筋混凝土结构房屋的有梁式或无梁式的现浇密肋楼板工程。

（2）压型钢模板的材料与规格。

1）压型钢板材料。

①压型钢板一般采用 0.75～1.6mm 厚的 Q235 薄钢板冷轧制而成。用于组合板的压型钢板，其净厚度（不包括镀锌层或饰面层的厚度）不小于 0.75mm。

②用于组合板和非组合板的压型钢板，均应采用镀锌钢板。用作组合板的压型钢板，其镀锌厚度尚应满足在使用期间不致锈蚀的要求。

③压型钢板与钢梁采用栓钉连接的栓钉钢材，一般与其连接的钢梁材质相同。

2）压型钢板规格。

单向受力压型钢板，其截面一般为梯波形，其规格一般为：板厚 0.75～1.6mm，最厚达 3.2mm；板宽 610～760mm，最宽达 1200mm；板肋高 35～120mm，最高达 160mm，肋宽 52～100mm；板的跨度从 1500～4000mm，最经济的跨度为 2000～3000mm，最大跨度达 12 000mm。板的重量 9.6～38kg/m²。

双向受力压型钢模壳，一般由 0.75～1mm Q235 薄钢板冷轧制成方盒状的壳体，其规格根据楼板结构设计确定。

用于组合板的压型钢板，浇筑混凝土的槽（肋）平均宽度不应小于 50mm。当在槽内设置栓钉时，压型钢板的总高度不应超过 80mm。

压型钢板的截面和跨度尺寸，要根据楼板结构设计确定。

12. 模壳

模壳是用于钢筋混凝土现浇密肋楼板的一种工具式模板。由于密肋楼板是由薄板和间距较小的单向或双向密肋组成（图 4 - 28），因而，使用木模和组合式模板组拼成比较小的密肋梁模板难度较大，且不经济。

(a)

(b)

图 4 - 28　密肋楼板

（a）双向；（b）单向

采用塑料或玻璃钢按密肋楼板的规格尺寸加工成需要的模壳，具有一次成型多次周转使用的特点。目前我国的模壳，主要采用玻璃纤维增强塑料和聚丙烯塑料制成，配置以钢支柱（或门架）、钢（或木）龙骨、角钢（或木支撑）等支撑系统，使模板施工的工业化程度大大提高。

13. 台模

台模由一块等于房间开间面积的大模板和其下的支架及调整装置组成。它的外形像一张桌子，所以称为台模，也称桌模。施工时，利用塔式起重机将台模整体吊装就位。拆模后，又由塔式起重机将整个台模在空中直接吊运到下一个施工位置，因此又称飞模。

台模主要由平台板、支撑系统（包括梁、支架、支撑、支腿等）和其他配件（如升降和行走机构等）组成。适用于大开间、大柱网、大进深的现浇钢筋混凝土楼盖施工，尤其适用于现浇板柱结构（无柱帽）楼盖的施工。

图 4 - 29　立柱式飞模之钢管组合式飞模
（a）侧视图；（b）平面图

台模的规格尺寸，主要根据建筑物结构的开间（柱网）和进深尺寸以及起重机械的吊运能力来确定，一般按开间（柱网）乘以进深尺寸设置一台或多台。

采用飞模用于现浇钢筋混凝土楼盖的施工，楼盖模板一次组装重复使用，从而减少了逐层组装、支拆模板的工序，简化了模板支拆工艺，节约了模板支拆用工，加快了施工进度；由于模板在施工过程中不再落地，从而可以减少临时堆放模板的场地。

常用的几种台模包括：立柱式台模（图 4 - 29）、桁架式台模（图 4 - 30）、悬架式台模等三种。

4.1.3 脱模剂

无论是新配制的模板，还是已用并清除了污、锈待用的模板，在使用前必须涂刷脱模剂。因此，脱模剂是混凝土模板不可缺少的辅助材料。

1. 脱模剂的分类

混凝土模板所用脱模剂大致可分为油类、水类和树脂类三种。

（1）油类脱模剂。

1）机柴油。

用机油和柴油按 3∶7（体积比）配制而成。

2）乳化机油。

先将乳化机油加热至 50～60℃，将磷质酸压碎倒入已加热的乳化机油中搅拌使其溶解，再将 60～80℃的水倒入，继续搅拌至乳白色为止，然后加入磷酸和苛性钾溶液，继续搅拌均匀。

图 4 - 30　竹铝桁架式台模
1—吊点；2—面板；3—铝龙骨（格栅）；4—底座；
5—可调钢支腿；6—铝合金桁架；7—操作平台

3）妥尔油。

用妥尔油∶煤油∶锭子油＝1∶7.5∶1.5 配制（体积比）。

4）机油皂化油。

用机油∶皂化油∶水＝1∶1∶6（体积比）混合，用蒸汽拌成乳化剂。

（2）水性脱模剂。

主要是海藻酸钠。其配制方法是∶海藻酸钠∶滑石粉∶洗衣粉∶水＝1∶13.3∶1∶53.3（重量比）配合而成。先将海藻酸钠浸泡 2～3d，再加滑石粉、洗衣粉和水搅拌均匀即可使用，刷涂、喷涂均可。

（3）树脂类脱模剂。

为长效脱模剂，刷一次可用 6 次，如成膜好可用到 10 次。

甲基硅树脂用乙醇作固化剂，重量配合比为 1000∶（3～5）。气温低或涂刷速度快时，可以多掺一些乙醇；反之，要少掺。

2. 脱模剂使用注意事项

（1）油类脱模剂虽涂刷方便，脱模效果也好，但对结构构件表面有一定污染，影响装饰装修，因此应慎用。其中乳化机油，使用时按乳化机油∶水＝1∶5 调配（体积比），搅拌均匀后涂刷，效果较好。

（2）油类脱模剂可以在低温和负温时使用。

（3）甲基硅树脂成膜固化后，透明、坚硬、耐磨、耐热和耐水性能都很好。涂在钢模面上，不仅起隔离作用，也能起防锈、保护作用。该材料无毒，喷、刷均可。

配制时容器工具要干净，无锈蚀，不得混入杂质。工具用毕后，应用酒精洗刷干净晾干。由于加入了乙醇易固化，不宜多配。故应根据用量配制，用多少配多少。当出现变稠或结胶现象时，应停止使用。甲基硅树脂与光、热、空气等物质接触时会加速聚合，应储存在避光、阴凉的地方，每次用过后，必须将盖子盖严，防止潮气进入，储存期不宜超过三个月。

在首次涂刷甲基硅树脂脱模剂前，应将板面彻底擦洗干净，打磨出金属光泽，擦去浮锈，然后用棉纱沾酒精擦洗。板面处理越干净，则成模越牢固，周转使用次数越多。采用甲基硅树脂脱模剂，模板表面不准刷防锈漆。当钢模重刷脱模剂时，要趁拆模后板面潮湿，用扁铲、棕刷、棉丝将浮渣清理干净，否则，干涸后清理就比较困难。

（4）涂刷脱模剂可以采用喷涂或刷涂，操作要迅速。结膜后，不要回刷，以免起胶。涂层要薄而均匀，太厚反而容易剥落。

常用的木拼板模板和定型组合钢模板，在其经验适用范围内一般不需进行设计验算，但对重要结构的模板、特殊形式的模板或超出经验适用范围的一般模板，应进行设计或验算，以确保工程质量和施工安全，防止浪费。

4.1.4　模板设计

1. 模板设计的原则

模板设计的主要原则如下∶

（1）实用性。

应保证混凝土结构的质量，要求接缝严密、不漏浆，保证构件的形状尺寸和相互位置正确，且要求构造简单、支拆方便，便于钢筋的绑扎与安装，有利于混凝土的浇筑及养护。

柱、梁墙、板的各种模板面的交接部分，应采用连接简便、结构牢固的专用模板。

（2）安全性。

保证有足够的承载能力、刚度和稳定性，并能可靠地承受施工中所产生的各种荷载，在施工过程中，不变形、不破坏、不倒塌。

（3）经济性。

针对工程结构具体情况，因地制宜，就地取材，在确保工期的前提下，尽量减少一次性投入，增加模板周转率，减少支拆用工。为了加快模板的周转使用，降低模板工程成本，宜选择以下措施：

1）采取分层分段流水作业，尽可能采取小流水段施工；

2）竖向结构与横向结构分开施工；

3）充分利用有一定强度的混凝土结构，支承上部模板结构；

4）采取预装配措施，使模板做到整体装拆；

5）水平结构模板宜采用"先拆模板（面板），后拆支撑"的"早拆体系"，充分利用各种钢管脚手架作模板支撑。

2. 模板设计的内容

模板和支架系统的设计应根据结构形式、荷载大小、地基土类别、施工设备和材料供应等条件进行。施工设计应包括以下内容：

（1）模板选材、选型。

（2）绘制配板设计图、连接件和支承系统布置图，以及细部结构、异形模板和特殊部位详图。

（3）根据结构构造型式和施工条件，对模板和支承系统等进行力学验算。

（4）制定模板及配件的周转使用计划，编制模板和配件的规格、品种与数量明细表。

（5）制定模板安装及拆模工艺，以及技术安全措施。

各项设计的内容和详尽程度，可根据工程的具体情况和施工条件确定。

3. 模板设计的荷载和计算规定

（1）荷载标准值。

1）模板及其支架自重。

模板及其支架自重标准值应根据模板设计图确定。肋形楼板及无梁楼板模板的自重标准值可按表 4-8 采用。

表 4-8　　　　　　　　模板及支架自重标准值　　　　　　　　单位：kN/m^2

模板构件名称	木模板	定型组合钢模板	钢框胶合板模板
平板的模板及小楞	0.30	0.50	0.40
楼板模板（其中包括梁的模板）	0.50	0.75	0.60
楼板模板及其支架（楼层高度为 4m 以下）	0.75	1.1	0.95

2）新浇筑混凝土自重。

对普通混凝土可采用 $24kN/m^3$，对其他混凝土可根据实际密度确定。

3）钢筋自重。

根据设计图纸确定。对一般梁板结构每立方米钢筋混凝土的钢筋自重标准值为楼板 1.1kN，框架梁 1.5kN。

4）施工人员及施工设备荷载为：

①计算模板及直接支承模板的小楞时，对均布活荷载取 2.5kN/m²，另应以集中荷载 2.5kN 再进行验算，比较两者所得的弯矩值，按其中较大者采用。

②计算直接支承小楞结构构件时，均布活荷载取 1.5kN/m²。

③计算支架立柱及其他支承结构构件时，均布活荷载取 1.0kN/m²。大型浇筑设备如上料平台、混凝土输送泵等按实际情况计算；混凝土堆集料高度超过 100mm 以上者按实际高度计算；模板单块宽度小于 150mm 时，集中荷载可分布在相邻的两块板上。

5）振捣混凝土时产生的荷载。

振捣混凝土时产生的荷载标准值对水平面模板可采用 2.0kN/m²，对垂直面模板可采用 4.0kN/m²（作用范围在新浇筑混凝土侧面压力的有效压头高度之内）。

6）新浇筑混凝土对模板侧面的压力。

新浇筑混凝土对模板侧面压力标准值影响的因素很多，如混凝土密度、凝结时间、混凝土的坍落度和掺缓凝剂等。采用内部振动器、浇筑速度在 6m/h 以下的普通混凝土及轻骨料混凝土，其新浇筑的混凝土作用于模板的最大侧压力标准值，可按以下两式计算，并取两式中的较小值

$$F = 0.22\gamma_c t_0 \beta_1 \beta_2 V^{\frac{1}{2}} \tag{4-1}$$
$$F = \gamma_c H \tag{4-2}$$

式中　F——新浇筑混凝土对模板的最大侧压力标准值，kN/m²；

r_c——混凝土的重力密度，kN/m³；

t_0——新浇筑混凝土的初凝时间，h，可按实测确定，当缺乏试验资料时，可采用 $t_0 = 200/(T+15)$ 计算（T 为混凝土的温度，以℃为单位）；

V——混凝土的浇筑速度，m/h；

H——混凝土侧压力计算位置处至新浇筑顶面的总高度，m；

β_1——外加剂影响修正系数，不掺外加剂时取 1.0，掺具有缓凝作用的外加剂时取 1.2；

β_2——混凝土坍落度影响修正系数，当坍落度小于 30mm 时取 0.85，50～90mm 时取 1.0，110～150mm 时取 1.15。

7）倾倒混凝土时产生的荷载。

对垂直面模板产生的水平荷载可按表 4-9 采用。

表 4-9　　　　　　倾倒混凝土时产生的水平荷载标准值　　　　单位：kN/m²

向模板内供料方法	水平荷载	向模板内供料方法	水平荷载
溜槽、串筒或导管	2	容量为 0.2～0.8m³ 的运输器具	4
容量小于 0.2m³ 的运输器具	2	容量大于 0.8m³ 的运输器具	6

8）风荷载标准值。

对风压较大地区及受风荷载作用易倾倒的模板，须考虑风荷载作用下的抗倾倒稳定性。

其标准值按式（4-3）计算。

$$W_k = 0.80_z \mu_s \mu_z w_0 \tag{4-3}$$

式中　W_k——风荷载标准值，kN/m^2；

β_z——高度 z 处的风振系数；

μ_s——风荷载体型系数；

μ_z——风压高度变化系数；

w_0——基本风压，kN/m^2。

β_z、μ_s、μ_z、w_0 的取值均按《建筑结构荷载规范》（GB 50009—2012）的规定采用。

（2）荷载设计值。

计算模板及其支架时的荷载设计值，应采用荷载标准值乘以相应的荷载分项系数求得，荷载分项系数应按表 4-10 采用。

表 4-10　　　　　　　　　　模板及支架荷载分项系数

项次	荷　载　类　别	γ_i
1	模板及支架自重	1.2
2	新浇筑混凝土自重	
3	钢筋自重	
4	施工人员及施工设备荷载	1.4
5	振捣混凝土时产生的荷载	
6	新浇筑混凝土对模板侧面的压力	1.2
7	倾倒混凝土时产生的荷载	1.4
8	风荷载	1.4

（3）计算规定。

1）荷载折减（调整）系数。

模板工程属于临时性结构，由于我国目前还没有临时性工程的设计规范，所以只能按正式结构设计规范执行，设计时可根据规范中规定的安全等级为第三级的结构来考虑。

①钢模板及其支架的设计应符合现行国家标准《钢结构设计规范》（GB 50017—2003）的规定，其截面塑性发展系数取 1.0；其荷载设计值可乘以系数 0.85 予以折减。

②采用冷弯薄壁型钢应符合现行国家标准《冷弯薄壁型钢结构技术规范》（GB 50018—2002）的规定，其荷载设计值不应折减。

③木模板及其支撑的设计应符合现行国家标准《木结构设计规范》（GB 50005—2003）的规定，当木材含水率小于 25％时，其荷载设计值可乘以系数 0.9 予以折减。

④在风荷载作用下验算模板及其支架的稳定性时，其基本风压值可乘以 0.8 系数予以折减。

2）荷载组合。

计算模板和支架时，应根据表 4-11 的规定进行荷载组合。

表 4 - 11　　　　　　　　　　　计算模板及支架的荷载组合

构件模板组成	参与组合的荷载项	
	计算承载能力	验算刚度
平板和薄壳的模板及其支架	1，2，3，4	1，2，3
梁和拱模板的底板及支架	1，2，3，5	1，2，3
梁、拱、柱（边长≤300mm）、墙（厚≤100mm）的侧面模板	5，6	6
厚大结构、柱（边长＞300mm）、墙（厚＞100mm）的侧面模板	6，7	6

为了便于计算，模板结构设计计算时可做适当简化，即所有荷载可假定为均匀荷载。单元宽度面板、内楞和外楞、小楞和大楞或桁架均可视为梁，支撑跨度等于或多于两跨的可视为连续梁，并视实际情况可分别简化为简支梁、悬臂梁、两跨或三跨连续梁。

3）刚度要求。

模板结构除必须保证足够的承载能力外，还应保证有足够的刚度，因此应验算模板及其支架的挠度，其最大变形值不得超过下列允许值：

①对结构表面外露（不做装修）的模板，为模板构件计算跨度的 1/400。

②对结构表面隐蔽（做装修）的模板，为模板构件计算跨度的 1/250。

③支架的压缩变形值或弹性挠度为相应的结构计算跨度的 1/1000。

④根据《组合钢模板技术规范》（GB 50214—2001）规定：

a. 模板结构允许挠度按表 4 - 12 的规定执行。

表 4 - 12　　　　　　　　　　模 板 结 构 允 许 挠 度　　　　　　　　　单位：mm

部件名称	容许挠度	部件名称	容许挠度
钢模板的面板	1.5	柱箍	$b/500$
单块钢模板	1.5	桁架	$L/1000$
钢楞	$L/500$	支承系统累计	4.0

注　L 为计算跨度，b 为柱宽。

b. 当验算模板及支架在自重和风荷载作用下的抗倾覆稳定性时，其抗倾覆系数不小于 1.15。

⑤根据《钢框胶合板模板技术规程》（JGJ 96—2011）规定：

a. 模板面板各跨的挠度计算值不宜大于模板相应跨度的 1/300，且不宜大于 1mm。

b. 钢楞各跨的挠度计算值不宜大于钢楞相应跨度的 1/1000，且不宜大于 1mm。

支架的立柱或桁架应保持稳定，并用撑拉杆件固定。

为防止模板及其支架在风荷载作用下倾倒，应从构造上采取有效措施，如在相互垂直的两个方向加水平斜拉杆、缆风绳、地锚等。当验算模板及支架在自重和风荷载作用下的抗倾倒稳定性时，应符合有关的专门规定。

4. 配板设计

（1）配板设计和支承系统的设计应遵守以下几个原则：

1）要保证构件的形状尺寸及相互位置的正确。

2）要使模板具有足够的强度、刚度和稳定性，能够承受新浇混凝土的重量和侧压力，以及各种施工荷载。

3）力求构造简单，装拆方便，不妨碍钢筋绑扎，保证混凝土浇筑时不漏浆。柱、梁、墙、板的各种模板面的交接部分，应采用连接简便、结构牢固的专用模板。

4）配制的模板，应优先选用通用、大块模板，使其种类和块数最小，木模镶拼量最少。设置对拉螺栓的模板，为了减少钢模板的钻孔损耗，可在螺栓部位改用 55mm×100mm 刨光方木代替，或应使钻孔的模板能多次周转使用。

5）相邻钢模板的边肋，都应用 U 形卡插卡牢固，U 形卡的间距不应大于 300mm，端头接缝上的卡孔，也应插上 U 形卡或 L 形插销。

6）模板长向拼接宜采用错开布置，以增加模板的整体刚度。

7）模板的支撑系统应根据模板的荷载和部件的刚度进行布置。具体方法如下：

①内钢楞应与钢模板的长度方向相垂直，直接承受钢模板传递的荷载；外钢楞应与内钢楞互相垂直，承受内钢楞传来的荷载，用以加强钢模板结构的整体刚度，其规格不得小于内钢楞。

②内钢楞悬挑部分的端部挠度应与跨中挠度大致相同，悬挑长度不宜大于 400mm，支柱应着力在外钢楞上。

③一般柱、梁模板，宜采用柱箍和梁卡具作支撑件。断面较大的柱、梁，宜用对拉螺栓和钢楞及拉杆。

④模板端缝齐平布置时，一般每块钢模板应有两处钢楞支撑。错开布置时，其间距可不受端缝位置的限制。

⑤在同一工程中，可多次使用的预组装模板，宜采用模板与支撑系统连成整体的模架。

⑥支承系统应经过设计计算，保证具有足够的强度和稳定性。当支柱或其节间的长细比大于 110 时，应按临界荷载进行核算，安全系数可取 3～3.5。

⑦对于连续形式或排架形式的支柱，应适当配置水平撑与剪刀撑，以保证其稳定性。

8）模板的配板设计应绘制配板图，标出钢模板的位置、规格、型号和数量。预组装大模板，应标绘出其分界线。预埋件和预留孔洞的位置，应在配板图上标明，并注明固定方法。

（2）配板步骤。

1）根据施工组织设计对施工区段的划分、施工工期和流水段的安排，首先明确需要配制模板的层段数量。

2）根据工程情况和现场施工条件，决定模板的组装方法。

3）根据已确定配模的层段数量，按照施工图纸中墙、板、梁、柱等构件尺寸，进行模板组配设计。

4）明确支撑系统的布置、连接和固定方法。

5）进行夹箍和支撑件等的设计计算和选配工作。

6）确定预埋件的固定方法、管线埋设方法以及特殊部位（如预留孔洞等）的处理方法。

7）根据所需钢模板、连接件、支撑及架设工具等列出统计表，以便备料。

4.1.5　模板施工

1．一般结构模板

（1）基础模板。

基础的特点是高度不大而体积较大，基础模板一般利用地基或基槽（坑）进行支撑。如土质良好，基础的最下一级可不用模板，直接原槽浇筑。安装时，要保证上下模板不发生相对位移，如为杯形基础，则还要在其中放入杯口模板，如图 4-31 所示。

图 4-31　独立柱基础组合钢模板
1—扁钢连接件；2—T 形连接件；3—角钢三角撑

（2）柱模板。

柱的特点是断面尺寸不大但比较高。柱模板的构造和安装主要考虑保证垂直度及抵抗新浇混凝土的侧压力，同时，也要便于浇筑混凝土、清理垃圾等。

1）木模板的柱模板构造与安装。木模板的柱模板由两块内拼板夹在两块外拼板之内组成，如图 4-32 所示。也可用短横板代替外拼板钉在内拼板上。柱模板底部开有清理孔，沿高度每隔 2m 开有浇筑孔。柱底部一般有一钉在底部混凝土上的木框，用来固定柱模板的位置。为承受混凝土的侧压力，拼板外要设柱箍，柱箍可为木制、钢制或钢木制。柱箍间距与混凝土侧压力大小、拼板的厚度有关，由于柱模板底部所受侧压力较大，因而柱模板下部柱箍较密。柱模板顶部根据需要开有与梁模板连接的缺口。

在安装柱模板前，应先绑扎好钢筋，测出标高并标在钢筋上，同时在已浇筑的基础顶面或楼面上固定好柱模底部的木框，在内外拼板上弹出中心线，根据柱边线及木框，竖立模板，用支撑临时固定，经校正检查无误后再用斜撑固定。在同一条轴线上的柱，应先校正两端的柱模板，再从两端柱模板上口中心线拉一条铁丝来校正中间柱模板。柱模之间用水平撑和剪刀撑相互拉结。

2）组合钢模板的柱模板构造与安装。组合钢模板也由四块拼板围成，四角由连接角模连接，每块拼板由若干块钢模板组成。

采用组合钢模板的柱模板可在现场拼装，也可在场外预拼装。现场拼装时，先装最下一圈，然后逐圈而上直至柱顶。钢模板拼装完经垂直度校正后，便可装设柱箍，并用水平及斜向拉杆（斜撑）保持模板的稳定。场外预拼装时，在场外设置一钢模板拼装平台，将柱模板按配置图预拼成四片，然后运至现场安装就位，用连接角模连接成整体，最后装上柱箍。

图 4 - 32　柱模板

(a) 拼板柱模板；(b) 短横板柱模板

1—内拼板；2—外拼板；3—柱箍；4—梁缺口；
5—清理孔；6—木框；7—盖板；8—接紧螺栓；
9—拼条；10—三角木条；11—浇筑孔；12—短横

（3）梁模板。

梁的特点是跨度大而宽度不大，梁底一般是架空的。梁模板的模板，可采用木模板、定型组合钢模板等。

1）木模板的梁模板构造与安装。木模板的梁模板，一般由底模、侧模、夹木及支架系统组成。混凝土对梁侧模板有侧压力，对梁底模板有垂直压力，因此梁模板及其支架必须能承受这些荷载而不致发生超过规范允许的过大变形。为承受垂直荷载，在梁底模板下，每隔一定间距（800～1200mm）用顶撑（琵琶撑）顶住。顶撑可以用圆木、方木或钢管制成。顶撑底要加垫一对木楔块调整标高。为使顶撑传下来的集中荷载均匀地传给地面，在顶撑底加铺垫板。多层结构施工中，应使上、下层的顶撑在同一竖向直线上。为承受混凝土侧压力，侧模板底部用夹木固定，上部由斜撑和水平拉条固定。

单梁的侧模板一般拆除较早，因此侧模板应包在底模板的外面。柱的模板也可较早拆除，所以梁的模板不应伸到柱模板的缺口内，同样次梁模板也不应伸到主梁模板的缺口内。

梁模板安装时，下层楼板应达到足够的强度或具有足够的顶撑支撑。安装顺序是：沿梁模板下方楼地面上铺垫板，在柱模缺口处钉衬口档，把底板搁置在衬口档上，接着立靠近柱或墙的顶撑，再将梁等分，立中间部分顶撑，顶撑底部打入木楔，并检查、调整标高，接着把侧模板放上，两头钉于衬口档上，在梁侧模板底外侧钉夹木，再钉斜撑、水平拉条。有主次梁时，要待主梁模板安装并校正好后才能进行次梁模板安装。梁模板安装后要再拉中线检查，复核各梁模板的中心线位置是否正确。

2）定型组合钢模板的梁模板构造与安装。定型组合钢模板的梁模板，也由三片模板组成，底模板及两侧模板用连接角模连接，梁侧模板顶部则用阴角模板与楼板模板相接。为了抵抗浇筑混凝土时的侧压力，并保持一定的梁宽，两侧模板之间应根据需要设置对拉螺栓。整个模板用支架支承，支架应支设在垫板上，垫板厚 5mm，长度至少要能支承 3 个支架。垫板下的地基必须平整坚实。

组合钢模板的梁模板，一般在钢模板拼装台上按配板图拼成三片，用钢楞加固后运往现场安装。安装底模板前，应先立好支架，调整好支架顶的标高，再将梁底模板安装在支架顶上，最后安装梁侧模板。组合钢模板的梁模板也可以采用整体安装的方法，即在钢模拼装平台上，将三片钢模用钢楞、对拉螺栓等加固稳定后，放入钢筋，运往施工现场用起重机吊装就位。

如梁的跨度等于或大于 4m，应使梁模板起拱，以防止新浇混凝土的荷载使跨中模板下挠。如设计无规定时，木模板起拱高度宜为全跨长度的 1.5/1000～3/1000；钢模板起拱高度宜为全跨长度的 1/1000～3/1000。

（4）楼板模板。

楼板的面积大而厚度比较薄，侧向压力小。楼板模板及其支架系统，主要承受钢筋、模板、混凝土的自重荷载及其施工荷载，保证模板不变形。

1）木模板的楼板模板构造与安装。如图 4-33 所示，木楼板模板的底模板铺设在楞木上，楞木搁置在梁侧模板外的托木上，若楞木面不平，可以加木楔调平。当楞木的跨度较大时，中间应加设立柱，立柱上钉通长杠木。楼板底模板应垂直于楞木方向铺钉。当底模板采用定型模板时，应适当调整楞木间距来配合定型模板的规格。

在主、次梁模板安装完毕后，才可以安装托木、楞木及楼板底模。

图 4-33　有梁楼板木模板

1—楼板模板；2—梁侧模板；3—楞木；4—托木；5—杠木；
6—夹木；7—短撑木；8—立柱；9—顶撑

2）定型组合钢模板的楼板模板构造与安装。组合钢模板的楼板模板由平面钢模板拼装而成，其周边用阴角模板与梁或墙模板相连接。楼板模板用钢楞及支架支承，为了减少支架用量，扩大板下施工空间，宜用伸缩式桁架支承，如图 4-34 所示。

组合钢模板楼板模板的安装：先安装梁模板支承架、钢楞或桁架，再安装楼板模板。楼板模板的安装可以散拼，即按配板图在已安装好的支架上逐块拼装。也可以整体安装。

（5）楼梯模板。

楼梯模板的构造与楼板模板相似，不同点是楼梯模板要倾斜支设，且要能形成踏步。

图 4-34　伸缩式桁架支承

1—梁模板；2—楼板模板；3—对拉螺栓；
4—伸缩式桁架；5—门型支架

图 4-3 所示的是一种楼梯模板（木模板），安装时，在楼梯间的墙上按设计标高画出楼梯段、楼梯踏步及平台梁、平台板的位置。先立平台梁、平台板的模板（同楼板模板的安

装），然后在楼梯基础侧板上钉托木，楼梯模板的斜楞钉在基础梁和平台梁侧模板外的托木上。在斜楞上面铺钉楼梯底模板。下面设杠木和斜向顶撑，斜向顶撑间距 1～1.2m，用拉杆拉结。再沿楼梯边立外帮板，用外帮板上的横挡木、斜撑和固定夹木将外帮板钉固在夹木上。再在靠墙的一面把反三角板立起，反三角板的两端可钉于平台梁和梯基的侧模板上，然后在反三角板与外帮板之间逐块钉上踏步侧板，踏步侧板的一头钉在外帮板的木档上，另一头钉在反三角板上的三角木块（或小木条）侧面上。如果梯段较宽，应在梯段中间再加反三角板，以免发生踏步侧板凸肚现象。为了确保梯板符合要求的厚度，在踏步侧板下面可以垫若干小木块，在浇筑混凝土时随时取出。

在楼梯段模板放线时，要注意每层楼梯第一步与最后一个踏步的高度，常因疏忽了楼地面面层厚度的不同，而造成高低不同的现象，影响使用。

（6）墙模板。

一般结构的墙模板由两片模板组成，每片模板由若干块平面模板拼成。这些平面模板可以竖拼也可以横拼，外面用竖横钢楞（木模板可用木楞）加固，并用斜撑保持稳定，用对拉螺栓（或钢拉杆）以抵抗混凝土的侧压力和保持两片模板之间的间距（墙厚）。

墙模板的安装，首先沿边线抹水泥砂浆作好安装墙模板的基底处理，然后按配板图由一端向另一端，由下向上逐层拼装。钢模板也可先拼装成整块后再安装。

墙的钢筋可以在模板安装前绑扎，也可以在安装好一边的模板后再绑扎钢筋，最后安装另一边模板。

2. 模板的拆除

模板的拆除日期取决于混凝土的强度、各个模板的用途、结构的性质、混凝土硬化时的气温等。及时拆模可提高模板的周转率，也可为其他工种施工创造条件。但过早拆模，混凝土会因强度不足，或受到外力作用而变形甚至断裂，造成重大质量事故。

（1）侧模板。

侧模板拆除时的混凝土强度应能保证其表面及棱角不因拆除模板而受损坏。

（2）底模板及支架。

底模板及支架拆除时的混凝土强度应符合设计要求；当无设计要求时，混凝土强度应符合表 4-13 所示的规定。

表 4-13 底模拆除时的混凝土强度要求

构件类型	构件跨度/m	达到设计抗压强度标准值的百分率/%
板	≤2	≥50
	>2, 8≤	≥75
	>8	≥100
梁、拱、壳	≤8	≥75
	>8	≥100
悬臂构件	—	≥100

（3）拆模顺序。

一般是先支后拆，后支先拆，先拆除侧模板，后拆除底模板。重大复杂模板的拆除，事先应制定拆模方案。对于肋形楼板的拆模顺序，首先拆除柱模板，然后拆除楼板底模板、梁侧模板，最后拆除梁底模板。

多层楼板模板支架的拆除，应按下列要求进行：上层楼板正在浇筑混凝土时，下一层楼板的模板支撑不得拆除，再下一层楼板模板的支架仅可拆除一部分；跨度≥4m 的梁均应保留支架，其间距不得大于 3m。

（4）拆模注意事项。

模板拆除时，不应对楼层形成冲击荷载。拆模时应尽量避免混凝土表面或模板受到损坏。拆除的模板和支撑应及时清理、修整，按尺寸和种类分别堆放，以便下次使用。若定型组合钢模板背面油漆脱落，应补刷防锈漆。已拆除模板和支架的结构，应在混凝土达到设计强度指标后，才允许承受全部使用荷载。当承受施工荷载产生的效应比使用荷载更为不利时，必须经过核算，并加设临时支撑。

4.2　钢筋工程施工

钢筋进场应按现行规范要求进行外观检查和分批进行力学性能试验。入库的钢筋要合理储存以防锈蚀。钢筋使用时先应识读工程图纸、计算钢筋下料长度和编制配筋表。

4.2.1　钢筋施工基本要求

1. 严格控制进入施工现场的钢筋和焊接材料的质量

钢筋进场时，应有质量证明书，应根据现行的国家规范标准的相关规定，按其规格、批次抽取试件作力学性能检验和物理检验，检验结果必须符合有关规范标准的规定；焊条、焊剂等焊接材料应有产品合格证及使用说明书，存放时，应分类、分牌号、分批次，并采取有效防腐、防潮措施；使用前应检查焊接材料的质量，若受潮时，按有关规定或说明书要求进行烘焙；使用中回收的焊剂应清除熔渣等杂物，并应与新焊剂混合均匀后使用。

从事钢筋焊接施工的焊工必须持有钢筋焊接考试合格证，并按照合格证规定的范围上岗操作。操作前，技术人员应做好技术交底工作，焊工必须熟悉图纸及被焊工件的材质、堆焊部位、操作要领及质量标准等有关技术要求。

2. 切实加强对钢筋焊接质量检验及验收的控制

（1）焊前的准备工作直接影响焊接质量，为防止焊接接头产生夹渣、气孔等质量缺陷，焊接区域的钢筋表面须清除铁锈、油污、溶渣等杂物；对影响接头成型的端部弯折、劈裂等应予矫正或切除。

（2）在工程开工前或每批钢筋正式焊接之前，无论采用何种焊接工艺，均需采用与施工现场相同条件进行工艺焊接试验，了解钢筋焊接性能，选择最佳焊接参数，掌握担负生产的焊工的技术水平；每种牌号、每种规格至少做一组试验；试验结果若不满足要求时，应改进工艺，调整参数，直至合格为止；接头试件的力学性能需经具备相应检测资质机构检测，其外观质量及力学性能结果应符合钢筋焊接质量检验与验收的要求；采用的焊接工艺参数应包括设备型号、焊材、电流、焊工编号等，并做好记录，以备查考。

（3）焊接材料应符合国家现行标准的规定，其型号应根据设计要求确定，若设计无规定，应参照《钢筋焊接及验收规程》（JGJ 18—2012）的规定执行；电渣压力焊可采用 HJ431 焊剂；氧气、乙炔及液化石油气的质量及纯度应符合国家现行标准的有关规定。

（4）焊机应经常维护保养和定期维修，并形成维修保养记录，确保设备正常使用。施焊时，随时注意观察电源电压、电流的波动情况，根据波动情况，及时采取措施，确保电压、电流值、通电时间等符合工艺焊接试验参数要求。

（5）各种焊接工艺适应范围、焊接注意事项、焊接质量应符合 JGJ18 的要求。特别要注意上下（或左右）两钢筋轴线应在同一直线上，搭接焊时，焊接端钢筋应先预弯。接头处的弯折角不得大于 3°，接头处的轴线偏移不得大于钢筋直径的 0.1 倍，且不得大于 2mm。电渣压力焊只适用于竖向钢筋的连接，施工单位不得将竖向焊接的钢筋放置于梁、板构件中用作水平钢筋，当竖向钢筋采用电渣压力焊时，钢筋直径不宜小于 14mm。

（6）焊接接头和焊接制品应按检验批及时进行质量检验和验收，检验内容包括外观检查和力学性能检测。各种焊接工艺均需进行工艺焊接试验和相应检测，力学性能检测应在钢筋工程中按检验批的划分，随机抽取检测试样，试样长度按《钢筋焊接接头试验方法标准》（JGJ/T 27—2001）标准执行。检测报告应包括工程名称、取样部位；批号、批量；钢筋牌号、规格；焊接方法；焊工姓名及考试合格证编号；施工单位；力学性能试验结果等内容。

3. 大力推广运用钢筋直螺纹连接技术

钢筋机械连接技术已相当成熟，目前大量采用的是滚轧直螺纹连接技术，相对于钢筋焊接工艺，具有节约资源、施工方便、连接速度快，且不受气候条件影响，钢筋机械连接性能可靠等优越特点。直径大于 16mm（含 16mm）的钢筋宜采用机械连接技术；直径大于 28mm 的钢筋，或细晶粒工艺钢筋与余热处理的钢筋由于焊接工艺要求高，要求采用直螺纹连接技术。钢筋采用机械接头时，除按规定进行型式检验外，连接前，应对不同厂家的进场钢筋均应进行接头工艺检验；验收时，应根据《钢筋机械连接技术规程》（JGJ 107—2010）的规定，按验收批从结构中抽取相应数量的试件进行力学性能检验。

4.2.2　钢筋的验收与配料

1. 钢筋的验收与储存

（1）钢筋的验收。钢筋进场应具有出厂证明书或试验报告单，每捆（盘）钢筋应有标牌，同时应按有关标准和规定进行外观检查和分批进行力学性能试验。钢筋在使用时，如发现脆断、焊接性能不良或机械性能显著不正常等，则应进行钢筋化学成分检验。

（2）钢筋的储存。钢筋进场后，必须严格按批分等级、牌号、直径、长度挂牌存放，不得混淆。钢筋应尽量堆入仓库或料棚内。条件不具备时，应选择地势较高，土质坚硬的场地存放。堆放时，钢筋下部应垫高，离地至少 20cm 高，以防钢筋锈蚀。在堆场周围应挖排水沟，以利泄水。

2. 钢筋的配料计算

钢筋的配料是指识读工程图纸、计算钢筋下料长度和编制配筋表。

（1）钢筋下料长度。

1）钢筋长度。施工图（钢筋图）中所指的钢筋长度是钢筋外缘至外缘之间的长度，即外包尺寸。

2）混凝土保护层厚度。混凝土保护层厚度是指受力钢筋外缘至混凝土表面的距离，其作用是保护钢筋在混凝土中不被锈蚀。混凝土的保护层厚度，一般用水泥砂浆垫块或塑料卡垫在钢筋与模板之间来控制。塑料卡的形状有塑料垫块和塑料环圈两种。塑料垫块用于水平构件，塑料环圈用于垂直构件。

3）钢筋接头增加值。由于钢筋直条的供货长度一般为 6～10m，而有的钢筋混凝土结构的尺寸很大，需要对钢筋进行接长。钢筋接头增加值见表 4-14～表 4-16。

表 4-14　　　　　　　　　　　　纵向受拉钢筋的最小搭接长度

钢 筋 类 型		混 凝 土 强 度 等 级			
		C15	C20～C25	C30～C35	≥C40
光圆钢筋	HPB300 级	45d	35d	30d	25d
带肋钢筋	HRB400 级、RRB400 级	—	55d	40d	35d

注　1. 两根直径不同钢筋的搭接长度，以较细钢筋直径计算。d 为钢筋直径，后同。
　　2. 本表适用于纵向受拉钢筋的绑扎搭接接头面积百分率不大于 25% 时。当纵向受拉钢筋搭接接头面积百分率大于 25%，但不大于 50% 时，其最小搭接长度应按表中的数值乘以系数 1.2 取用；当接头面积百分率大于 50% 时，应按表中的数值乘以系数 1.35 取用。
　　3. 当符合下列条件时，纵向受拉钢筋的最小搭拉长度应根据上述要求确定后，按下列规定进行修正：
　　　（1）当带肋钢筋的直径大于 25mm 时，其最小搭接长度应按相应数值乘以系数 1.1 取用；
　　　（2）对环氧树脂涂层的带肋钢筋；其最小搭接长度应按相应数值乘以 1.25 使用；
　　　（3）当在混凝土凝固过程中受力钢筋易受扰动时（如滑模施工），其最小搭接长度应按相应数值乘以系数 1.1 取用；
　　　（4）对末端采用机械锚固措施的带肋钢筋，其最小搭接长度可按相应数值乘以系数 0.7 取用；
　　　（5）当带肋钢筋的混凝土保护层厚度大于搭接钢筋直径的 3 倍且配有箍筋时，其最小搭接长度可按相应数值乘以 0.8 取用；
　　　（6）对有抗震设防要求的结构构件，其受力钢筋的最小搭接长度对一、二级抗震等级应按相应数值乘以系数 1.05 采用；对三级抗震等级应按相应数值乘以系数 1.05 采用。在任何情况下，受拉钢筋的搭接长度不应小于 300mm。
　　4. 纵向压力钢筋搭接时，其最小搭接长度应根据上述规定确定相应数值后，乘以系数的 0.7 取用，在任何情况下，受压钢筋的搭接长度不应小于 200mm。

表 4-15　　　　　　　　　　　　钢筋对焊长度损失值　　　　　　　　　　单位：mm

钢筋直径	<16	16～25	>25
损失值	20	25	30

表 4-16　　　　　　　　　　　　钢筋搭接焊最小搭接长度

焊接类型	HPB300 级光圆钢筋	HRB400 带肋钢筋
双面焊	4d	5d
单面焊	8d	10d

4）钢筋弯折量度差。钢筋有弯曲时，在弯曲处的内侧发生收缩，外皮却出现延伸，而中心线则保持原有尺寸。钢筋长度的度量方法系指外包尺寸，因此钢筋弯曲以后，存在一个量度差值，在计算下料长度时必须加以扣除。

以弯起钢筋弯折 90° 的情况为例，由图 4-35 可知量度差值发生在弯曲部位。其弯折量度差值为

$$A'C' + B'C - ACB = 2\left(\frac{D}{2} + d_0\right) - \frac{1}{4}\pi(D + d_0) \tag{4-4}$$

图 4-35　90°弯折量度差图

弯起钢筋弯折处的弯曲直径 D 不宜小于钢筋直径 d_0 的 5 倍。将 $D=5d_0$ 代入上式，得到 90°弯折量度差值为 $2.29d_0$。

同理可计算出不同弯折角度时的量度差值。为简便下料计算，可分别取其近似值如下：30°弯折时，量度差值取 $0.3d_0$；45°弯折时取 $0.5d_0$；60°弯折时取 $0.85d_0$；90°弯折时取 $2d_0$；135°弯折时取 $3d_0$。

5) 末端弯钩增长值。弯钩形式最常用的有半圆弯钩、直弯钩和斜弯钩。受力钢筋的弯钩和弯折应符合下列要求：

①HPB300 钢筋末端应作 180°弯钩，其弯弧内直径不应小于钢筋直径的 2.5 倍，弯钩的弯后平直部分长度不应小于钢筋直径的 3 倍。

②当设计要求钢筋末端需作 135°弯钩时，HRB400 钢筋的弯弧内直径不应小于钢筋直径的 4 倍，弯钩的弯后平直部分长度应符合设计要求。

③钢筋作不大于 90°的弯折时，弯折处的弯弧内直径不应小于钢筋直径的 5 倍。

钢筋混凝土施工及验收规范规定，HPB300 钢筋末端应作 180°弯钩，其弯弧内直径不应小于钢筋直径的 2.5 倍，弯钩的弯后平直部分长度不应小于钢筋直径的 3 倍。

当弯 180°时，弯钩部分的中心线（含平直段）长为

$$AF = \widehat{ABC} + CF = \frac{\pi}{2}(D+d_0) + CF \tag{4-5}$$

当 $D=2.5d_0$，平直段长度 $CF=3d_0$ 时

$$AF = \frac{\pi}{2}(2.5d_0+d_0) + 3d_0 = 8.5d_0 \tag{4-6}$$

因钢筋外包尺寸量至 E 点，所以弯钩增长值为

$$EF = AF - AE = AF - \left(\frac{D}{2}+d_0\right) = 8.5d_0 - \left(\frac{2.5d_0}{2}+d_0\right) = 6.25d_0 \tag{4-7}$$

钢筋 180°弯钩增长值如图 4-36 所示。

6) 钢箍下料长度调整值。箍筋用 HPB300 光圆钢筋或冷拔低碳钢丝制作时，其末端需做弯钩。弯钩形式，对有抗震要求和受扭的结构，应做 135°/135°弯钩；无抗震要求的结构，可做 90°/90° 或 90°/180°弯钩。箍筋下料长度可用外包尺寸或内包尺寸两种计算方法。为简化计算，一般将箍筋弯钩加长值和弯折量度差值合并成一项箍筋调整值，见表 4-17。

图 4-36　钢筋 180°弯钩增长值

计算时先按外包或内包尺寸计算出箍筋的周长，再加上箍筋调整值即为箍筋下料长度。

表 4 - 17 箍筋下料长度调整值

箍筋量度方法	箍筋直径/mm			
	4~5	6	8	10~12
量外包尺寸	40	50	60	70
量内包尺寸	80	100	120	150~170

7）钢筋下料长度的计算。钢筋下料长度按下列方法进行计算

直线钢筋下料长度＝构件长度－保护层厚度＋弯钩增长值

弯起钢筋下料长度＝直段长度＋斜段长度－弯折量度差值＋弯钩增长值

箍筋下料长度＝直段长度＋弯钩增长值－弯折量度差值

（2）钢筋配料。

钢筋配料是钢筋加工中的一项重要工作，合理地配料能使钢筋得到最大限度的利用，并使钢筋的安装和绑扎工作简单化。钢筋配料是依据钢筋表合理安排同规格、同品种的下料，使钢筋的出厂规格长度能够得以充分利用，或库存各种规格和长度的钢筋得以充分利用。

1）归整相同规格和材质的钢筋。下料长度计算完毕后，把相同规格和材质的钢筋进行归整和组合，同时根据现有钢筋的长度和能够及是时采购到的钢筋的长度进行合理组合加工。

2）合理利用钢筋的接头位置。对有接头的配料，在满足构件中接头的对焊或搭接长度，接头错开的前提下，必须根据钢筋原材料的长度来考虑接头的布置。要充分考虑原材料被截下来的一段长度的合理使用，如果能够使一根钢筋正好分成几段钢筋的下料长度，则是最佳方案。但往往难以做到，所以在配料时，要尽量地使用被截下的一段能够长一些，这样才不致使余料成为废料，使钢筋能得到充分利用。

3）钢筋配料应注意的事项。配料计算时，要考虑钢筋的形状和尺寸在满足设计要求的前提下，要有利于加工安装；配料时，要考虑施工需要的附加钢筋。如板双层钢筋中保证上层钢筋位置的撑脚、墩墙双层钢筋中固定钢筋间距的撑铁、柱钢筋骨架增加四面斜撑等。

根据钢筋下料长度计算结果和配料选择后，汇总编制钢筋配单。在钢筋配料单中必须反映出工程部位、构件名称、钢筋编号、钢筋简图及尺寸、钢筋直径、钢号、数量、下料长度、钢筋重量等。列入加工计划的配料单，将每一编号的钢筋制作一块料牌（图 4 - 37）作为钢筋加工的依据，并在安装中作为区别各工程部位、构件和各种编号钢筋的标志。钢筋配料单和料牌应严格校核，必须准确无误，以免返工浪费。

正面

反面

图 4 - 37 钢筋料牌

【例 4 - 1】　某教学楼第一层楼的 KL1，共计 5 根，如图 4 - 38 和图 4 - 39 所示，梁混凝土保护层厚度 25mm，抗震等级为三级，C35 混凝土，柱截面尺寸 500mm×500mm，请对其进行钢筋下料计算，并填写钢筋下料单。

图 4 - 38　教学楼第一层楼的 KL1 配筋图

图 4 - 39　KL1 钢筋布置示意图

（1）根据 11G101-1 图集，查得有关计算数据：

C30 混凝土，三级抗震，普通钢筋（$d \leqslant 25$）时，$l_{aE}=31d$。

1）钢筋在端支座的锚固。

纵筋弯锚或直锚判断：因为支座宽（500−25）≤锚固长度（31×18）＝558，所以钢筋在端支座均需弯锚（注：这里是考察的是 Φ 18 的受扭钢筋，Φ 25 的钢筋必然也需要弯锚）。弯锚部分长度：

Φ 25 钢筋弯锚部分长度　$0.4l_{aE}=0.4×31×25=310$mm；$15d=15×25=375$mm；

Φ 18 钢筋弯锚部分长度　$0.4l_{aE}=0.4×31×18=223$mm；$15d=15×18=270$mm。

注：$0.4l_{aE}$ 表示钢筋弯锚时进入柱中水平段锚固长度值，$15d$ 表示在柱中竖直段钢筋的锚固长度值。

2）钢筋在中间支座的锚固（仅⑦、⑧钢筋）。

因为，$l_{aE}=31×25=775$mm，$0.5h_c+5d=0.5×500+5×25=375$mm，所以，⑦、⑧钢筋在中间支座处的锚固长度取较大值 775mm。

（2）量度差（纵向钢筋的弯折角度为 90°，依据平法图集构造要求，框架主筋的弯曲半径 $R=4d$）。

Φ 25 钢筋量度差　$2.931d=2.931×25=73$mm；

Φ 18 钢筋量度差　$2.931d=2.931×18=53$mm。

（3）各编号钢筋下料长度计算如下：

①号筋下料长度＝梁全长－左端柱宽－右端柱宽＋2×0.4l_{aE}＋2×15d－2×量度差值

　　　　＝（6000＋5000＋6000）－500－500＋2×310＋2×375－2×73

　　　　＝17 224mm

②号筋下料长度＝L_{n1}/3＋0.4l_{aE}＋15d－量度差值

　　　　＝（6000－500）/3＋310＋375－73

　　　　＝2445mm

③号钢筋下料长度＝2×L_{nmax}（L_{n1}、L_{n2}）/3＋中间柱宽

　　　　＝2×（6000－500）/3＋500

　　　　＝4167mm

式中　L_{nmax}——支座左右两跨净跨较大值；

　　　L_{n1}——支座左跨净跨值；

　　　L_{n2}——支座右跨净跨值。

④号筋下料长度＝L_{n1}/4＋0.4l_{aE}＋15d－量度差值

　　　　＝（6000－500）/4＋310＋375－73

　　　　＝2060mm

⑤号筋下料长度＝2×L_{nmax}（L_{n1}、L_{n2}）/4＋中间柱宽

　　　　＝2×（6000－500）/4＋500

　　　　＝3250mm

⑥号筋下料长度＝梁全长－左端柱宽－右端柱宽＋2×0.4l_{aE}＋2×15d－2×量度差值

　　　　＝（6000＋5000＋6000）－500－500＋2×223＋2×270－2×53

　　　　＝16 880mm

⑦号筋下料长度＝端支座锚固值＋L_{n2}＋中间支座锚固值

　　　　＝775＋（5000－500）＋775

　　　　＝6050mm

⑧号筋下料长度＝L_{n1}＋0.4l_{aE}＋15d＋中间支座锚固值－量度差值

　　　　＝（6000－500）＋310＋375＋775－73

　　　　＝6887mm

⑨号筋下料长度＝2×梁高＋2×梁宽－8×保护层厚度＋28.27×箍筋直径

　　　　＝2×600＋2×250－8×25＋28.272×10

　　　　＝2083mm

（4）箍筋数量计算如下：

加密区长度　900mm（取1.5h与500mm的大值：1.5×600＝900mm＞500mm）；

每个加密区箍筋数量＝（900－50）/100＋1＝10个；

边跨非加密区箍筋数量＝（6000－500－900－900）/200－1＝18个；

中跨非加密区箍筋数量＝（5000－500－900－900）/200－1＝13个；

每根梁箍筋总数量＝10×6＋18×2＋13＝109个。

编制钢筋下料表见表4-18。

表 4 - 18　　　　　　　　　　　　　钢 筋 下 料 表

构件	钢筋	简图	直径/mm	钢筋级别	下料长度/mm	单位根数	合计根数	质量/kg
KL1梁 共5根	①		25	Φ	17 224	2	10	490.0
	②		25	Φ	2445	4	20	188.3
	③		25	Φ	4167	4	20	321.0
	④		25	Φ	2060	4	20	158.7
	⑤		25	Φ	3250	4	20	250.3
	⑥		18	Φ	16 880	4	20	594.4
	⑦		25	Φ	6050	2	10	233.0
	⑧		25	Φ	6887	8	40	1061.0
	⑨		10	Φ	2083	109	545	700.0

3. 钢筋代换

钢筋加工时，由于工地现有钢筋的种类、钢号和直径与设计不符，应根据不影响使用条件下进行代换。不同种类的钢筋，按抗拉设计值相等的原则进行代换；相同种类和级别的钢筋，按截面相等的原则进行代换。钢筋代换必须征得工程监理的同意。

4.2.3　钢筋的冷加工

1. 钢筋冷拉

钢筋冷拉是在常温下对钢筋进行强力拉伸，拉应力超过屈服点的某一限值，使钢筋产生塑性变形，以提高强度、节约钢材。

图 4 - 40　钢筋拉伸曲线

（1）钢筋冷拉原理。

如图 4 - 40 所示，$oabcde$ 为热轧钢筋的拉伸特性曲线（"应力—应变"图）。冷拉时，拉应力超过屈服点 b 达到 c 点，然后卸荷。由于钢筋已产生塑性变形，卸荷过程中应力—应变沿 co_1 降至 o_1 点。如再立即重新拉伸，"应力—应变"图将为 o_1cde，并在 c 点附近出现新的屈服点。这个屈服点，明显高于冷拉前的屈服点，这种现象称为"变形硬化"。其原因是冷拉过程中钢筋内部晶面滑移，晶格变化，内部组织发生变化，因而钢筋的强度得以提高。

钢筋冷拉后，屈服强度提高，塑性降低，弹性模量也有所降低。钢筋冷拉后有内应力存在，内应力将促使钢筋晶体组织自行调整。这种晶体组织调整的过程称为"时效"。冷拉时效后，钢筋的拉伸特性曲线改变为 $o_1c'd'e'$。冷拉 HPB300、HRB400 钢筋的时效过程在常温下需 $15\sim20d$（称自然时效）才能完成；但在 100℃ 温度下，只需 2h 即可完成（称人工时效）。因而，加速时效可利用蒸汽、电热等手段进行人工时效。冷拉 HRB400、RRB400 钢筋在自然条件下一般达不到时效的效果，宜采用人工时效，一般通电加热至 150～200℃，保持 20min 左右即可。

（2）冷拉控制。

钢筋冷拉控制可以用控制冷拉应力或冷拉率的方法。冷拉应力或冷拉率应符合表 4-19 中的规定。冷拉后检查钢筋的冷拉率，如超过表中规定的数值，则应进行钢筋力学性能试验。用做预应力混凝土结构的预应力筋，宜采用冷拉应力来控制。钢筋冷拉以冷拉率控制时，其控制值必须由试验确定。

表 4-19　　　　　　　　　　　　冷拉控制应力及最大冷拉率

项　次	钢筋级别		冷拉控制应力/(N/mm²)	最大冷拉率/%
1	HPB300	$d\leqslant 12$	420	4
2	HRB400	$d=8\sim 40$	540	5
3	RRB400	$d=10\sim 28$	700	4

对同炉批钢筋，试件不宜少于 4 个，每个试件都按表 4-20 规定的冷拉应力值在万能试验机上测定相应的冷拉率，取平均值作为该炉批钢筋的实际冷拉率。如钢筋强度偏高，平均冷拉率低于 1% 时，仍按 1% 进行冷拉。

表 4-20　　　　　　　　　　测定冷拉率时钢筋的冷拉应力

钢筋级别	钢筋直径/mm	冷拉应力/(N/mm²)
HPB300	≤12	420
HRB400	8～40	540
RRB400	10～28	700

不同炉批的钢筋，不宜用控制冷拉率的方法进行钢筋冷拉。多根连接的钢筋，用控制冷拉应力的方法进行冷拉时，其控制应力和每根的冷拉率均应符合表 4-11 中的规定；当用控制冷拉率的方法进行冷拉时，冷拉率可按总长计，但拉后每根钢筋的冷拉率不得超过表 4-11 中的规定。钢筋冷拉速度不宜过快，一般以每秒拉长 5mm 或每秒增加 5N/mm² 拉应力为宜。

当预应力筋需几段对焊而成时，冷拉应在焊接后进行，以免因焊接而降低冷拉所获得的强度。

冷拉钢筋应分批进行验收。每批应由同级别、同直径的钢筋组成。冷拉钢筋的验收包括外观检查和力学性能检查。外观检查包括钢筋表面不得有裂纹和局部缩颈。若钢筋作为预应力筋使用，则应逐根检查。力学试验方法同热轧钢筋。

（3）冷拉设备。

冷拉设备由拉力设备、承力结构、测量设备和钢筋夹具等部分组成，如图 4-41 所示。拉力设备为卷扬机和滑轮组，多用 3～5t 的慢速卷扬机。承力结构可采用地锚，冷拉力大时可采用钢筋混凝土拉槽。回程装置可用荷重架回程或卷扬机滑轮组回程。测量设备常用液压千斤顶或电子秤。

（4）钢筋冷拉计算。

钢筋的冷拉计算包括冷拉力、拉长值、弹性回缩值和冷拉设备选择计算。

图 4-41　冷拉设备

1—卷扬机；2—滑轮组；3—冷拉小车；4—夹具；5—被冷拉的钢筋；6—地锚；7—防护壁；
8—标尺；9—回程荷重架；10—回程滑轮组；11—传力架；12—冷拉槽；13—液压千斤顶

冷拉力 N_{con} 计算：冷拉力计算的作用，一是确定按控制应力冷拉时的油压表读数；二是作为选择卷扬机的依据。

冷拉力为

$$N_{con} = A_s \sigma_{con} \qquad (4-8)$$

式中　A_s——钢筋冷拉前截面积；

　　　σ_{con}——冷拉时控制应力。

计算拉长值 ΔL 为

$$\Delta L = L \delta \qquad (4-9)$$

式中　L——冷拉前钢筋的长度；

　　　δ——钢筋的冷拉率。

计算钢筋弹性回缩值 ΔL_1 为

$$\Delta L_1 = (L + \Delta L)\delta_1 \qquad (4-10)$$

式中　δ_1——钢筋弹性回缩率（一般在为 0.3% 左右）。

则钢筋冷拉完毕后的实际长度为

$$L' = L + \Delta L - \Delta L_1 \qquad (4-11)$$

冷拉设备计算：冷拉设备主要选择卷扬机，计算确定冷拉时油压表的读数。

$$P = \frac{N_{con}}{F} \qquad (4-12)$$

式中　N_{con}——钢筋按控制应力计算求得的冷拉力，N；

　　　F——千斤顶活塞缸面积，mm^2；

　　　P——油压表的读数，N/mm^2。

冷拉用的卷扬机选择，主要取决于引入卷扬机牵引索的拉力（即卷扬机的吨位数）。为了选用小吨位卷扬机，冷拉时一般采用滑轮车组。

2. 钢筋的冷拔

钢筋冷拔是将直径 8mm 以下的热轧钢筋在常温下强力拉拔使其通过特制的钨合金拔丝模孔，如图 4-42 所示，钢筋轴向被拉伸，径向被压缩，使钢筋产生较大的塑性变形，其抗拉强度可提高 50%～90%，塑性降低，硬度提高。

钢筋的冷拔主要是用来生产冷拔低碳钢丝，冷拔低碳钢丝分甲、乙两级，甲级钢丝主要用作预应力筋，乙级钢丝用作钢丝网、箍筋和构造筋等。

图 4-42　钢筋冷拔示意图

冷拔低碳钢丝经数次反复冷拔而成。钢筋截面应逐步缩小，否则冷拔次数过少，每次压缩量过大，易使钢丝拔断，钢丝模孔损耗也大。

影响冷拔钢丝质量的主要因素有原材料的质量和冷拔总压缩率。冷拔总压缩率 β，为由盘条钢筋拔至成品钢丝的横截面总缩减率，可按下式计算：

$$\beta = \frac{d_0^2 - d^2}{d_0^2} \times 100\% \qquad (4-13)$$

式中　d_0——原料钢筋直径，mm；

　　　d——成品钢筋直径，mm。

冷拔总压缩率越大，钢丝强度提高越多，其塑性降低也较多，因此必须控制总压缩率，一般前道钢丝与后道钢丝的直径之比为 1：0.87。

4.2.4　钢筋的加工

1. 钢筋的除锈

钢筋由于保管不善或存放时间过久，就会受潮生锈。在生锈初期，钢筋表面呈黄褐色，称水锈或色锈，这种水锈除在焊点附近必须清除外，一般可不处理；但是当钢筋锈蚀进一步发展，钢筋表面已形成一层锈皮，受锤击或碰撞可见其剥落，这种铁锈不能很好地和混凝土粘结，影响钢筋和混凝土的握裹力，并且在混凝土中继续发展，需要清除。

2. 钢筋调直

钢筋在使用前必须经过调直，否则会影响钢筋受力，甚至会使混凝土提前产生裂缝，如未调直直接下料，会影响钢筋的下料长度，并影响后续工序的质量。

钢筋的机械调直可用钢筋调直机、弯筋机、卷扬机等调直。钢筋调直机用于圆钢筋的调直和切断，并可清除其表面的氧化皮和污迹。目前常用的钢筋调直机有 GT16/4、GT3/8（图 4-43）、GT6/12、GT10/16。此外还有一种数控钢筋调直切断机，利用光电管进行调直、输送、切断、除锈等功能的自动控制。

数控钢筋调直切断机是在原有调直机的基础上应用电子控制仪，准确控制钢丝断料长度，并自动计数。该机的工作原理，如图 4-44 所示。在该机摩擦轮（周长 100mm）的同轴上装有一个穿孔光电盘（分为 100 等份），光电盘的一侧装有一只小灯泡，另一侧装有一只光电管。当钢筋通过摩擦轮带动光电盘时，灯泡光线通过每个小孔照射光电管，就被光电管接收而产生脉冲讯号（每次讯号为钢筋长 1mm），控制仪长度部位数字上立即示出相应读数。当信号积累到给定数字（即钢丝调直到所指定长度）时，控制仪立即发出指令，使切断装置切断钢丝。与此同时长度部位数字回到

图 4-43　GT3/8 型钢筋调直机

零，根数部位数字示出根数，这样连续作业，当根数信号积累至给定数字时，即自动切断电源，停止运转。

钢筋数控调直切断机已在有些构件厂采用，断料精度高（偏差仅约 1～2mm），并实现了钢丝调直切断自动化。采用此机时，要求钢丝表面光洁，截面均匀，以免钢丝移动时速度不匀，影响切断长度的精确性。

图 4-44　数控钢筋调直切断机工作简图
1—调直装置；2—牵引轮；3—钢筋；4—上刀口；
5—下刀口；6—光电盘；7—压轮；
8—摩擦轮；9—灯泡；10—光电管

3. 钢筋切断

钢筋切断有人工剪断、机械切断、氧气切割等三种方法。直径大于 40mm 的钢筋一般用氧气切割。

钢筋切断机是用来把钢筋原材料或已调直的钢筋切断，其主要类型有机械式、液压式和手持式钢筋切断机。机械式钢筋切断机有偏心轴立式、凸轮式和曲柄连杆式等形式，如图 4-45 和图 4-46 所示。

图 4-45　GQ40 型钢筋切断机

图 4-46　DYQ32B 电动液压切断机

4. 钢筋弯曲成型

将已切断、配好的钢筋，弯曲成所规定的形状尺寸是钢筋加工的一道主要工序。钢筋弯曲成型要求加工的钢筋形状正确，平面上没有翘曲不平的现象，便于绑扎安装。

（1）钢筋弯钩和弯折的有关规定。

1）受力钢筋。

①HPB300 级钢筋末端应作 180°弯钩，其弯弧内直径不应小于钢筋直径的 2.5 倍，弯钩的弯后平直部分长度不应小于钢筋直径的 3 倍，如图 4-47 所示。

②当设计要求钢筋末端需作 135°弯钩时（图 4-48），HRB400 级钢筋的弯弧内直径 D 不应小于钢筋直径的 4 倍，弯钩的弯后平直部分长度应符合设计要求。

③钢筋作不大于 90°的弯折时，弯折处的弯弧内直径不应小于钢筋直径的 5 倍。

2）箍筋。除焊接封闭环式箍筋外，箍筋的末端应作弯钩。弯钩形式应符合设计要求；当设计无具体要求时，应符合下列规定：

①箍筋弯钩的弯弧内直径除应满足上述要求外，尚应不小于受力钢筋的直径。

②箍筋弯钩的弯折角度：对于一般结构，不应小于 90°；对有抗震等要求的结构应为

135°，如图 4 - 48 所示。

图 4 - 47　受力钢筋弯折
(a) 90°/90°；(b) 135°/135°

图 4 - 48　箍筋示意
(a) 90°；(b) 135°

③箍筋弯后的平直部分长度：对于一般结构，不宜小于箍筋直径的 5 倍；对有抗震等要求的结构，不应小于箍筋直径的 10 倍。

（2）钢筋弯曲设备。

钢筋弯曲成型有手工和机械弯曲成型两种方法。钢筋弯曲机有机械钢筋弯曲机、液压钢筋弯曲机和钢筋弯箍机等几种型式。机械式钢筋弯曲机按工作原理分为齿轮式及涡轮涡杆式钢筋弯曲机两种。

图 4 - 49 所示为四头弯筋机，是由一台电动机通过三级变速带动圆盘，再通过圆盘上的偏心绞带动连杆与齿条，使四个工作盘转动。每个工作盘上装有心轴与成型轴，但与钢筋弯曲机不同的是：工作盘不停地往复运动，且转动角度一定（事先可调整）。四头弯筋机主要技术参数是：电机功率为 3kW，转速为 960r/min，工作盘反复动作次数为 31r/min。该机可弯曲 $\phi 4 \sim \phi 12$ 钢筋，弯曲角度在 0°～180°范围内变动。该机主要是用来弯制钢箍；其工效比手工操作提高约 7 倍，加工质量稳定，弯折角度偏差小。

图 4 - 49　四头弯筋机

1—电动机；2—偏心圆盘；3—偏心铰；
4—连杆；5—齿条；6—滑道；7—正
齿轮；8—工作盘；9—成型轴；
10—心轴；11—挡铁

（3）弯曲成型工艺。

1）划线。钢筋弯曲前，对形状复杂的钢筋（如弯起钢筋），根据钢筋料牌上标明的尺寸，用石笔将各弯曲点位置划出。划线时应注意以下几点：

①根据不同的弯曲角度扣除弯曲调整值，其扣法是从相邻两段长度中各扣一半。

②钢筋端部带半圆弯钩时，该段长度划线时增加 $0.5d$（d 为钢筋直径）。

③划线工作宜从钢筋中线开始向两边进行；两边不对称的钢筋，也可从钢筋一端开始划线，如划到另一端有出入时，则应重新调整。

【例 4 - 2】　某工程有一根 $\phi 20$ 的弯起钢筋，其所需的形状和尺寸如图 4 - 50 所示。
划线方法如下：

第一步，在钢筋中心线上划第一道线；

第二步，取中段 $4000/2 - 0.5d/2 = 1995$mm，划第二道线；

第三步，取斜段 $635 - 2 \times 0.5d/2 = 625$mm，划第三道线；

第四步，取直段 $850-0.5d/2+0.5d=855$mm，划第四道线。

上述划线方法仅供参考。第一根钢筋成型后应与设计尺寸校对一遍，完全符合后再成批生产。

2）钢筋弯曲成型。钢筋在弯曲机上成型时（图4-51），心轴直径应是钢筋直径的2.5～5.0倍，成型轴宜加偏心轴套，以便适应不同直径的钢筋弯曲需要。弯曲细钢筋时，为了使弯弧一侧的钢筋保持平直，挡铁轴宜做成可变挡架或固定挡架（加铁板调整）。

图4-50　弯起钢筋的划线（单位：mm）

(a) 弯起钢筋的形状和尺寸；(b) 钢筋划线

图4-51　钢筋弯曲成型

(a) 工作简图；(b) 可变挡架构造

1—工作盘；2—心轴；3—成型轴；
4—可变挡架；5—插座；6—钢筋

钢筋弯曲点线和心轴的关系，如图4-52所示。由于成型轴和心轴在同时转动，就会带动钢筋向前滑移。因此，钢筋弯90°时，弯曲点线约与心轴内边缘齐；弯180°时，弯曲点线距心轴内边缘为1.0～1.5d（钢筋硬时取大值）。

图4-52　弯曲点线与心轴关系

(a) 弯90°；(b) 弯180°

1—工作盘；2—心轴；3—成型轴；4—固定挡铁；5—钢筋；6—弯曲点线

4.2.5　钢筋的连接

钢筋的连接方式有绑扎连接、焊接和机械连接。

1. 钢筋绑扎连接

钢筋的接长、钢筋骨架或钢筋网的成型应优先采用焊接或机械连接，如不能采用焊接（如缺乏电焊机或焊机功率不够）或骨架过大过重不便于运输安装时，可采用绑扎的方法。钢筋绑扎一般采用20～22号铁丝，铁丝过硬时，可经退火处理。绑扎时应注意钢筋位置是否准确，绑扎是否牢固，搭接长度及绑扎点位置是否符合规范要求。板和墙的钢筋网，除靠近外围两行钢筋的相交点全部扎牢外，中间部分的相交点可相隔交错扎牢，但必须保证受力钢筋不发生位移。双向受力的钢筋，须全部扎牢；梁和挂的箍筋，除设计有特殊要求时，应与受力钢筋垂直设置。箍筋弯钩叠合处，应沿受力钢筋方向错开设置；柱中的竖向钢筋搭接时，角部钢筋的弯钩应与模板成 45°（多边形柱为模板内角的平分角，圆形柱应与模板切线垂直）；弯钩与模板的角度最小不得小于 15°。

当受力钢筋采用机械连接接头或焊接接头时，设置在同一构件内的接头宜相互错开。同一构件中相邻纵向受力钢筋的绑扎搭接接头宜相互错开。钢筋搭接处，应在中心和两端用铁丝扎牢。在受拉区域内，HPB300 级钢筋绑扎接头的末端应做弯钩。绑扎搭接接头中钢筋的横向净距不应小于钢筋直径，且不应小于 25mm，钢筋绑扎搭接接头连接区段的长度为 1.3L_i（L_i 为搭接长度），凡搭接接头中点位于该连接区段长度内的搭接接头均属于同一连接区段。同一连接区段内，纵向钢筋搭接接头面积百分率为该区段内有搭接接头的纵向受力钢筋截面面积与全部纵向受力钢筋截面面积的比值；同一连接区段内，纵向受拉钢筋搭接接头面积百分率应符合规范要求。

钢筋绑扎搭接长度按下列规定确定：

（1）纵向受力钢筋绑扎搭接接头面积百分率不大于 25% 时，其最小搭接长度应符合表 4-6 的规定。

（2）当纵向受拉钢筋搭接接头面积百分率大于 25%，但不大于 50% 时，其最小搭接长度应按表 4-6 中的数值乘以系数 1.2 取用；当接头面积百分率大于 50% 时，应按表 4-6 中的数值乘以系数 1.35 取用。

（3）纵向受拉钢筋的最小搭接长度根据前述要求确定后，在下列情况时还应进行修正：带肋钢筋的直径大于 25mm 时，其最小搭接长度应按相应数值乘以系数 1.1 取用；对环氧树脂涂层的带肋钢筋，其最小搭接长度应按相应数值乘以系数 1.25 取用；当在混凝土凝固过程中受力钢筋易受扰动时（如滑模施工），其最小搭接长度应按相应数值乘以系数 1.1 取用；对末端采用机械锚固措施的带肋钢筋，其最小搭接长度可按相应数值乘以系数 0.7 取用；当带肋钢筋的混凝土保护层厚度大于搭接钢筋直径的 3 倍且配有箍筋时，其最小搭接长度可按相应数值乘以系数 0.8 取用；对有抗震设防要求的结构构件，其受力钢筋的最小搭接长度对一、二级抗震等级应按相应数值乘以系数 1.15；对三级抗震等级应按相应数值乘以系数 1.05。

（4）纵向受压钢筋搭接时，其最小搭接长度应根据上面的规定确定相应数值后，乘以系数 0.7 取用。

（5）在任何情况下，受拉钢筋的搭接长度不应小于 300mm，受压钢筋的搭接长度不应小于 200mm。在梁、柱类构件的纵向受力钢筋搭接长度范围内，应按设计要求配置箍筋。

2. 钢筋机械连接

钢筋机械连接有挤压连接、锥螺纹连接和直螺纹连接。

（1）挤压连接。

钢筋挤压连接是把两根待接钢筋的端头先插入一个优质钢套筒内，然后用挤压连接设备沿径向或轴向挤压钢套筒，使之产生塑性变形，依靠变形后的钢套筒与被连接钢筋纵、横肋产生的机械咬合作用实现钢筋的连接。

挤压连接的优点是接头强度高，质量稳定可靠，安全，无明火，且不受气候影响，适应性强，可用于垂直、水平、倾斜、高空、水下等的钢筋连接，还特别适用于不可焊钢筋、进口钢筋的连接，近年来推广应用迅速。挤压连接的主要缺点是设备移动不便，连接速度较慢。挤压连接分径向挤压连接和轴向挤压连接。

径向挤压连接：径向挤压连接是采用挤压机和压模，沿套筒直径方向，从套筒中间依次向两端挤压套筒，把插在套筒里的两根钢筋紧固成一体，形成机械接头。它适用于地震区和非地震区的钢筋混凝土结构的钢筋连接施工，如图4-53所示。

图4-53　钢筋径向挤压连接原理图
1—钢套筒；2—被连接的钢筋

轴向挤压连接：轴向挤压连接是采用挤压和压模，沿钢筋轴线冷挤压金属套筒，把插入金属套筒里的两根待连接热轧钢筋紧固成一体，形成机械接头。它适用于按一、二级抗震设防的地震区和非地震区的钢筋混凝土结构工程的钢筋连接施工。

挤压连接的主要设备有超高压泵、半挤压机、挤压机、压模、手扳葫芦、划线尺、量规等。

（2）锥螺纹连接。

锥螺纹连接是将所连钢筋的对接端头，在钢筋套丝机上加工成与套筒匹配的锥螺纹，然后将带锥形内丝的套筒用扭力扳手按一定力矩值把两根钢筋连接起来，通过钢筋与套筒内丝扣的机械咬合达到连接的目的，如图4-54所示。

(a)

(b)

(c)

(d)

图4-54　钢筋锥套管螺纹连接
（a）两根直钢筋连接；（b）一根直钢筋与一根弯钢筋连接；
（c）在金属结构上接装钢筋；（d）在混凝土构件中插接钢筋

（3）直螺纹连接。

直螺纹连接是近年来开发的一种新的螺纹连接方式。它先把钢筋端部镦粗，然后再切削直螺纹，最后用套筒实行钢筋对接。由于镦粗段钢筋切削后的净截面仍大于钢筋原截面，即螺纹不削弱钢筋截面，从而确保接头强度大于母材强度。直螺纹不存在扭紧力矩对接头性能的影响，从而提高了连接的可靠性，也加快了施工速度。直螺纹接头比套筒挤压接头省钢70％，比锥螺纹接头省钢35％，技术经济效果显著，如图 4-55 所示。

3. 钢筋的焊接

钢筋常用的焊接方法有对焊、电弧焊、电渣压力焊、埋弧压力焊、电阻点焊和气压焊。

（1）钢筋对焊。

钢筋对焊应采用闪光对焊，具有成本低、质量好、工效高及适用范围广等特点。

图 4-55　钢筋直螺纹连接

闪光对焊的原理如图 4-56 所示。钢筋夹入对焊机的两电极中，闭合电源，然后使钢筋两端面轻微接触，这时即有电流通过（低电压，大电流），由于接触轻微，接触面很小，故接触电阻很大，因此接触点很快熔化，形成"金属过梁"。过梁进一步加热，产生金属蒸汽飞溅，形成闪光现象。钢筋加热到一定温度后，进行加压顶锻，使两根钢筋焊接在一起。闪光可防止接口处氧化，又可闪去接口中原有杂质和氧化膜，故可获得较好的焊接效果。

根据所用对焊机功率大小及钢筋品种、直径不同，闪光对焊又分为连续闪光焊、预热闪光焊、闪光—预热—闪光焊等不同工艺。

连续闪光焊：闭合电源，然后使两筋端面轻微接触，形成闪光。闪光一旦开始，徐徐移动钢筋，形成连续闪光过程。待钢筋烧化到一定长度后，以适当的压力迅速顶锻，使两根钢筋焊牢。

预热闪光焊：预热闪光焊是在连续闪光焊前增加一次预热过程，以扩大焊接热影响区。这种焊接工艺是，先闭合电源，然后使两钢筋端面交替地接触和分开，这时钢筋端面的间隙中即发出断续的闪光，而形成预热过程。当钢筋烧化到规定的预热量后，随即进行连续闪光和顶锻。

图 4-56　钢筋闪光对焊原理
1—焊接的钢筋；2—固定电极；3—可动电极；
4—机座；5—变压器；6—平动顶压机构；
7—固定支座；8—滑动支座

闪光—预热—闪光焊：在预热闪光焊前加一次闪光过程，目的是使不平整的钢筋端面烧化平整，使预热均匀。

（2）电弧焊。

电弧焊是利用电弧焊机使焊条与焊件之间产生高温电弧，熔化焊条和高温电弧范围内的焊件金属，凝固后形成焊缝或焊接接头。

使用电弧焊连接钢筋有三种焊接形式，即帮条焊、搭接焊和坡口焊，如图 4 - 57 所示。

图 4 - 57　钢筋电弧焊的接头形式

(a) 搭接焊接头；(b) 帮条焊接头；(c) 立焊的坡口焊接头；(d) 平焊的坡口焊接头

帮条焊与搭接焊的焊缝长度应符合图中的尺寸要求。图中不带括弧的数字用于 HPB300 级钢筋，括弧内数字用于 HRB400 级及以上的钢筋。

采用帮条时，帮条与被焊钢筋应同级别。当焊件为 HPB300 级级钢筋时，帮条总截面积不应小于被焊钢筋截面的 1.2 倍；对 HRB400 级及以上的钢筋则不应小于 1.5 倍。

当采用搭接焊时，钢筋的弯折角度，应能使两根钢筋的轴线在同一条直线上。

坡口焊可分为平焊和立焊，坡口焊焊缝短，可节约钢材和提高工效。

(3) 电渣压力焊。

电渣压力焊是利用电流通过渣池产生的电阻热将钢筋端部熔化，然后施加压力使钢筋焊接。这种方法比电弧焊容易掌握，工效高且成本低，工作条件也好，多用于现浇钢筋混凝土结构构件竖向钢筋的焊接接长。

钢筋电渣压力焊分手工操作和自动控制两种。采用自动电渣压力焊时，主要设备是自动电渣焊机。电渣焊构造如图 4 - 58 所示。

施焊前，将钢筋端部 120mm 范围内的锈渣除净，并用电极夹紧钢筋，在两根钢筋接头处放入导电剂，并在焊盒内装满焊剂。施焊时，接通电路使导电剂、钢筋端部及焊剂熔化，形成导电的渣池。待熔化量达到一定数值时断电并用力迅速顶锻，挤出焊件四周铁浆，使之饱满、均匀，无裂纹。

（4）埋弧压力焊。

埋弧压力焊主要用于钢筋与钢板的丁字接头焊接。其工作原理是：利用埋在焊接接头处的焊剂层下的高温电弧，溶化两焊件焊接接头处的金属，然后加压顶锻形成焊件焊合，如图 4-59 所示。这种焊接方法工艺简单，比电弧焊工效高，不用焊条，质量好，具有焊后钢板变形小，焊接点抗拉强度高的特点。

图 4-58 电渣焊构造示意图

1，2—钢筋；3—固定电极；4—活动电极；
5—药盒；6—导电剂；7—焊药；8—滑动架；
9—手柄；10—支架；11—固定架

图 4-59 埋弧压力焊示意图

1—钢筋；2—钢板；3—焊剂盒；
4—431 焊剂；5—电弧柱；6—弧焰

（5）电阻点焊。

电阻点焊主要用于钢筋的交叉连接，焊接钢筋网片、钢筋骨架等。其工作原理是：当钢筋交叉点焊时，接触点只有一点，接触处接触电阻较大，在接触的瞬间，电流产生的全部热量都集中在一点上，因而使金属受热而熔化，同时在电极加压下使焊点金属得到焊合。

常用的点焊机有单点点焊机、多点点焊机、悬挂式点焊机和手提式点焊机。

电阻点焊的焊点应进行外观检查和强度试验。热轧钢筋的焊点应进行抗剪试验。冷处理钢筋的焊点除进行抗剪试验外，还应进行拉伸试验。

（6）气压焊。

气压焊是利用氧气和乙炔，按一定的比例混合燃烧的火焰，将被焊钢筋两端加热，使其达到热塑状态，经施加适当压力，使其接合的固相焊接法。钢筋气压焊适用于 14～40mm 热轧钢筋，也能进行不同直径钢筋间的焊接，还可用于钢轨焊接。被焊材料有碳素钢、低合金钢、不锈钢和耐热合金等。钢筋气压焊设备轻便，可进行水平、垂直、倾斜等全方位焊接，具有节省钢材、施工费用低廉等优点。

钢筋气压焊接机由供气装置（氧气瓶、溶解乙炔瓶等）、多嘴环管加热器、加压器（油泵、顶压油缸等）、焊接夹具及压接器等组成，如图 4-60 和图 4-61 所示。

图 4-60 气压焊接设备示意图

1—乙炔；2—氧气；3—流量计；4—固定卡具；5—活动卡具；
6—压节器；7—加热器与焊炬；8—被焊接的钢筋；9—电动油泵

气压焊接钢筋是利用乙炔和氧气的混合气体燃烧的高温火焰对已有初始压力的两根钢筋端面接合处加热，使钢筋端部产生塑性变形，并促使钢筋端面的金属原子互相扩散，当钢筋加热到约 1250～1350℃（相当于钢材熔点的 0.8～0.9 倍，此时钢筋加热部位呈橘黄色，有白亮闪光出现）时进行加压顶锻，使钢筋内的原子得以再结晶而焊接在一起。

钢筋气压焊接属于热压焊。在焊接加热过程中，加热温度为钢材熔点的 0.8～0.9 倍，钢材未呈熔化液态，且加热时间较短，钢筋的热输入量较少，所以不会出现钢筋材质劣化倾向。

图 4-61　钢筋气压焊机

加热系统中的加热能源是氧气和乙炔。系统中的流量计用来控制氧气和乙炔的输入量，焊接不同直径的钢筋要求不同的流量。加热器用来将氧气和乙炔混合后，从喷火嘴喷出火焰加热钢筋，要求火焰能均匀加热钢筋，有足够的温度和功率并且安全可靠。

加压系统中的压力源为电动油泵（或手动油泵），使加压顶锻时压力平稳。压接器是气压焊的主要设备之一，要求它能准确、方便地将两根钢筋固定在同一轴线上，并将油泵产生的压力均匀地传递给钢筋达到焊接的目的。施工时压接器需反复装拆，要求它重量轻、构造简单和装拆方便。

气压焊接的钢筋要用砂轮切割机断料，不能用钢筋切断机切断，要求端面与钢筋轴线垂直。焊接前应打磨钢筋端面，清除氧化层和污物，使之现出金属光泽，并立即喷涂一薄层焊接活化剂保护端面不再被氧化。

钢筋加热前先对钢筋施加 30～40MPa 的初始压力，使钢筋端面贴合。当加热到缝隙密合后，上下摆动加热器适当增大钢筋加热范围，促使钢筋端面金属原子互相渗透也便于加压顶锻。加压顶锻的压应力约 34～40MPa，使焊接部位产生塑性变形。直径小于 22mm 的筋可以一次顶锻成型，大直径钢筋可以进行二次顶锻。

气压焊的接头，应按规定的方法检查外观质量和进行拉力试验。

4.2.6　钢筋的绑扎与安装

基面终验清理完毕或施工缝处理完毕养护一定时间，混凝土强度达到 2.5MPa 后，即进行钢筋的绑扎与安装作业。钢筋的安设方法有两种：一种是将钢筋骨架在加工厂制好，再运到现场安装，称为整装法；另一种是将加工好的散钢筋运到现场，再逐根安装，称为散装法。

1. 钢筋的绑扎接头

（1）钢筋绑扎要求：

1）钢筋的交叉点应用铁丝扎牢。

2）柱、梁的箍筋，除设计有特殊要求外，应与受力钢筋垂直；箍筋弯钩叠合处，应沿受力钢筋方向错开设置。

3）柱中竖向钢筋搭接时，角部钢筋的弯钩平面与模板面的夹角，矩形柱应为45°，多边形柱应为模板内角的平分角。

4）板、次梁与主梁交叉处，板的钢筋在上，次梁的钢筋居中，主梁的钢筋在下；当有圈梁或垫梁时，主梁的钢筋应放在圈梁上。主筋两端的搁置长度应保持均匀一致。

（2）钢筋绑扎接头。

同一构件中相邻纵向受力钢筋的绑扎搭接接头宜相互错开。

2. 钢筋的现场绑扎

（1）准备工作：

1）熟悉施工图纸。通过熟悉图纸，一方面校核钢筋加工中是否有遗漏或误差；另一方面也可以检查图纸中是否存在与实际情况不符的地方，以便及时改正。

2）核对钢筋加工配料单和料牌。在熟悉施工图纸的过程中，应核对钢筋加工配料单和料牌，并检查已加工成型的成品的规格、形状、数量、间距是否和图纸一致。

3）确定安装顺序。钢筋绑扎与安装的主要工作内容包括：放样划线、排筋绑扎、垫撑铁和保护层垫块、检查校正及固定预埋件等。为保证工程顺利进行，在熟悉图纸的基础上，要考虑钢筋绑扎安装顺序。板类构件排筋顺序一般先排受力钢筋后排分布钢筋；梁类构件一般先摆纵筋（摆放有焊接接头和绑扎接头的钢筋应符合规定），再排箍筋，最后固定。

4）做好材料、机具的准备。钢筋绑扎与安装的主要材料、机具包括钢筋钩、吊线垂球、木水平尺、麻线、长钢尺、钢卷尺、扎丝、垫保护层用的砂浆垫块或塑料卡、撬杆、绑扎架等。对于结构较大或形状较复杂的构件，为了固定钢筋还需一些钢筋支架、钢筋支撑。扎丝一般采用18～22号铁丝或镀锌铁丝，扎丝长度一般以钢筋钩拧2～3圈后，铁丝出头长度为20cm左右。

5）放线。放线要从中心点开始向两边量距放点，定出纵向钢筋的位置。水平筋的放线可放在纵向钢筋或模板上。

（2）钢筋的绑扎。

钢筋的绑扎应顺直均匀、位置正确。钢筋绑扎的操作方法有一面顺扣法、十字花扣法、反十字扣法、兜扣法、缠扣法、兜扣加缠法、套扣法等，较常用的是一面顺扣法。一面扣法的操作步骤是：首先将已切断的扎丝在中间折合成180°弯，然后将扎丝清理整齐。绑扎时，执在左手的扎丝应靠近钢筋绑扎点的底部，右手拿住钢筋钩，食指压在钩前部，用钩尖端钩住扎丝底扣处，并紧靠扎丝开口端，绕扎丝拧转两圈套半，在绑扎时扎丝扣伸出钢筋底部要短，并用钩尖将铁丝扣紧。为使绑扎后的钢筋骨架不变形，每个绑扎点进扎丝扣的方向要求交替变换90°。钢筋加工的形状、尺寸、钢筋安置位置应符合设计要求，其偏差应符合规定。

4.3　混凝土工程施工

4.3.1　施工准备

1. 施工缝处理

如果由于技术或施工组织上的原因，不能对混凝土结构一次连续浇筑完毕，而必须停歇较长的时间，其停歇时间已超过混凝土的初凝时间，致使混凝土已初凝；当继续浇混凝土时，形成了接缝，即为施工缝。

(1) 施工缝的留设位置。施工缝设置的原则，一般宜留在结构受力（剪力）较小且便于施工的部位；柱子的施工缝宜留在基础与柱子交接处的水平面上，或梁的下面，或吊车梁牛腿的下面、吊车梁的上面、无梁楼盖柱帽的下面，如图4-62所示；高度大于1m的钢筋混凝土梁的水平施工缝，应留在楼板底面下20～30mm处，当板下有梁托时，留在梁托下部；单向平板的施工缝，可留在平行于短边的任何位置处；对于有主次梁的楼板结构，宜顺着次梁方向浇筑，施工缝应留在次梁跨度的中间1/3范围内，如图4-63所示。

图4-62　柱子施工缝的位置

(a) 肋形楼板柱；(b) 无梁楼板柱；(c) 吊车梁柱

1—施工缝；2—梁；3—柱帽；4—吊车梁；5—屋架

图4-63　有梁板的施工缝位置

1—柱；2—主梁；3—次梁；4—板

(2) 施工缝的处理。施工缝处继续浇筑混凝土时，应待混凝土的抗压强度不小于1.2MPa方可进行；施工缝浇筑混凝土之前，应除去施工缝表面的水泥薄膜、松动石子和软弱的混凝土层，处理方法有风砂枪喷毛、高压水冲毛、风镐凿毛或人工凿毛，并加以充分湿润和冲洗干净，不得有积水；浇筑时，施工缝处宜先铺水泥浆（水泥∶水＝1∶0.4），或与混凝土成分相同的水泥砂浆一层，厚度为30～50mm，以保证接缝的质量；浇筑过程中，施工缝应细致捣实，使其紧密结合。

2. 仓面准备

浇筑仓面的准备工作，包括机具设备、劳动组合、照明、风水电供应、所需混凝土原材料的准备等，应事先安排就绪，仓面施工的脚手架、工作平台、安全网、安全标识等应检查是否牢固，电源开关、动力线路是否符合安全规定。

仓位的浇筑高程、上升速度、特殊部位的浇筑方法和质量要求等技术问题，须事先进行技术交底。

地基或施工缝处理完毕并养护一定时间，已浇好的混凝土强度达到 2.5MPa 后，即可在仓面进行放线，安装模板、钢筋和预埋件，架设脚手架等作业。

3. 模板、钢筋及预埋件检查

开仓浇筑前，必须按照设计图纸和施工规范的要求，对仓面安设的模板、钢筋及预埋件进行全面检查验收，签发合格证。

4.3.2　混凝土的拌制

混凝土拌制，是按照混凝土配合比设计要求，将其各组成材料（砂石、水泥、水、外加剂及掺和料等）拌和成均匀的混凝土料，以满足浇筑的需要。混凝土制备的过程包括储料、供料、配料和拌和。其中配料和拌和是主要生产环节，也是质量控制的关键，要求品种无误、配料准确、拌和充分。

1. 混凝土配料

（1）配料。配料是按设计要求，称量每次拌和混凝土的材料用量。配料的精度直接影响混凝土质量。混凝土配料要求采用重量配料法，即将砂、石、水泥、掺和料按重量计量，水和外加剂溶液按重量折算成体积计量，称量的允许偏差满足要求。设计配合比中的加水量根据水灰比计算确定，并以饱和面干状态的砂子为标准。由于水灰比对混凝土强度和耐久性影响极为重大，绝不能任意变更；施工采用的砂子，其含水量又往往较高，在配料时采用的加水量，应扣除砂子表面含水量及外加剂中的水量。

混凝土施工配置强度确定后，根据原材料的性能以及对混凝土的技术要求进行初步计算，得出初步配合比；再经实验室试拌调整，得出满足和易性、强度和耐久性要求的较经济合理的实验室配合比。实验室配合比是以干燥材料为基准的，而工地存放的砂、石骨料往往都含有一定的水分；所以，现场材料的实际称量应按工地砂、石的含水情况进行调整，调整后的配合比，称为施工配合比。

设混凝土实验室配合比为：水泥：砂子：石子$=1:x:y$，测得砂子的含水率为 ω_x，石子的含水率为 ω_y，则施工配合比应为：$1:x(1+\omega_x):y(1+\omega_y)$。

【例 4-3】 已知 C20 混凝土的试验室配合比为：$1:2.55:5.12$，水灰比为 0.65，经测定砂的含水率为 3%，石子的含水率为 1%，每 1m³ 混凝土的水泥用量为 310kg，则施工配合比为：$1:2.55(1+3\%):5.12(1+1\%)=1:2.63:5.17$（水灰比为 0.65）。

每 1m³ 混凝土材料用量为：

水泥　310kg

砂子　310×2.63=815.3kg

石子　310×5.17=1602.7kg

水　310×0.65-310×2.55×3%-310×5.12×1%=161.91kg

施工中混凝土往往采用现场搅拌，搅拌机每搅拌一次称为一盘。所以对于采用现场搅拌混凝土时，还必须根据工地现有搅拌机的出料容量确定每搅拌一盘混凝土的材料用量。

本例如采用 JZ250 型搅拌机，出料容量为 0.25m³，则每盘施工配料为：

水泥　310×0.25=77.5kg（取一袋半水泥，即 75kg）

砂子　815.3×(75/310)=197.25kg

石子　1602.7×(75/310)=387.75kg

　　水　161.91×(75/310)＝39.17kg

　　(2) 给料。给料是将混凝土各组分从料仓按要求供到称料料斗。给料设备的工作机构常与称量设备相连，当需要给料时，控制电路开通，进行给料。当计量达到要求时，即断电停止给料。常用的给料设备有皮带给料机、给料闸门、电磁振动给料机、叶轮给料机、螺旋给料机等。

　　(3) 称量。混凝土配料称量的设备，有简易称量（地磅）、电动磅秤、自动配料杠杆秤、电子秤、配水箱及定量水表。

　　2. 混凝土拌和

　　混凝土拌和的方法有人工拌和与机械拌和两种。用拌和机拌和混凝土较广泛，能提高拌和质量和生产率。拌和机械有自落式和强制式两种，见表 4 - 21。

表 4 - 21　　　　　　　　　　　混 凝 土 搅 拌 机 类 型

自 落 式			强 制 式			
鼓筒式	双锥式		立轴式			卧轴式 （单轴双轴）
	反转出料	倾翻出料	涡浆式	行星式		
				定盘式	盘转式	

　　自落式搅拌机是通过筒身旋转，带动搅拌叶片将物料提高，在重力作用下物料自由坠下，反复进行，互相穿插、翻拌、混合使混凝土各组分搅拌均匀的，图 4 - 64 所示为锥形反转出料搅拌机外形。它主要由上料装置、搅拌筒、传动机构、配水系统和电气控制系统等组成。

图 4 - 64　锥形反转出料机外形图

　　强制式混凝土搅拌机一般筒身固定，搅拌机片旋转，对物料施加剪切、挤压、翻滚、滑动、混合使混凝土各组分搅拌均匀，如图 4 - 65 所示。

　　搅拌机使用前应按照"十字作业法"（清洁、润滑、调整、紧固、防腐）的要求检查离合器、制动器、钢丝绳等各个系统和部位，是否机件齐全、机构灵活、运转正常，并按规定位置加注润滑油脂。进行空转检查，检查搅拌机旋转方向是否与机身箭头一致，空车运转是否达到要求值。在确认以上情况正常后，搅拌筒内加清水搅拌 3min 然后将水放出，再可投料搅拌。

　　开盘操作。在完成上述检查工作后，即可进行开盘搅拌，为不改变混凝土设计配合比，补偿粘附在筒壁、叶片上的砂浆，第一盘应减少石子约 30%，或多加水泥、砂各 15%。

　　正常运转。确定原材料投入搅拌筒内的先后顺序应综合考虑到能否保证混凝土的搅拌质量、提高混凝土的强度、减少机械的磨损与混凝土的粘罐现象，减少水泥飞扬，降低电耗以及提高生产率等多种因素。按原材料加入搅拌筒内的投料顺序的不同，普通混凝土的搅拌方

图 4-65　单卧轴强制式搅拌机

1—搅拌装置；2—上料架；3—料斗操纵手柄；4—料斗；5—水泵；6—底盘；

7—水箱；8—供水装置操纵手柄；9—车轮；10—传动装置

法可分为一次投料法、二次投料法和水泥裹砂法等。

一次投料法是目前最普遍采用的方法。它是将砂、石、水泥和水一起同时加入搅拌筒中进行搅拌。为了减少水泥的飞扬和水泥的粘罐现象，向搅拌机上料斗中投料宜先倒砂子（或石子）再倒水泥，然后倒入石子（或砂子），将水泥加在砂、石之间，最后由上料斗将干物料送入搅拌筒内，加水搅拌。

二次投料法又分为预拌水泥砂浆法和预拌水泥净浆法。预拌水泥砂浆法是先将水泥、砂和水加入搅拌筒内进行充分搅拌，成为均匀的水泥砂浆后，再加入石子搅拌成均匀的混凝土。国内一般是用强制式搅拌机拌制水泥砂浆约 1～1.5min。然后再加入石子搅拌约 1～1.5min。国外对这种工艺还设计了一种双层搅拌机（称为复式搅拌机），其上层搅拌机搅拌水泥砂浆，搅拌均匀后，再送入下层搅拌机与石子一起搅拌成混凝土。

预拌水泥净浆法是先将水泥和水充分搅拌成均匀的水泥净浆后，再加入砂和石搅拌成混凝土。国外曾设计一种搅拌水泥净浆的高速搅拌机，不仅能将水泥净浆搅拌均匀，而且对水泥还有活化作用。国内外的试验表明，二次投料法搅拌的混凝土与一次投料法相比较，混凝土的强度可提高 15%，在强度相同的情况下，可节约水泥 15%～20%。

水泥裹砂法又称 SEC 法，采用这种方法拌制的混凝土称为 SEC 混凝土或造壳混凝土。该法的搅拌程序是先加一定量的水使砂表面的含水量调到某一规定的数值后（一般为15%～25%），再加入石子并与湿砂拌匀，然后将全部水泥投入与砂石共同拌和使水泥在砂石表面形成一层低水灰比的水泥浆壳，最后将剩余的水和外加剂加入搅拌成混凝土。采用 SEC 法制备的混凝土与一次投料法相比较,强度可提高 20%~30%,混凝土不易产生离析和泌水现象,工作性好。

从原材料全部投入搅拌筒中时起到开始卸料时止,所经历的时间称为搅拌时间,为获得混合均匀、强度和工作性都能满足要求的混凝土所需的最低限度的搅拌时间称为最短搅拌时间。最短搅拌时间随搅拌机的类型与容量、骨料的品种、粒径及对混凝土的工作性要求等因素的不同而异。混凝土搅拌质量直接和搅拌时间有关,搅拌时间应满足表 4-22 中所示要求。

表 4-22　　　　　　　　　　混凝土搅拌的最短时间　　　　　　　　　　单位:s

混凝土坍落度/cm	搅拌机机型	搅拌机容量/L		
		<250	250~500	>500
≤3	强制式	60	90	120
	自落式	90	120	150
>3	强制式	60	60	90
	自落式	90	90	120

注 1. 当掺有外加剂时搅拌时间应适当延长;
　　2. 全轻混凝土宜采用强制式搅拌机,砂轻混凝土可采用自落式搅拌机,搅拌时间均应延长 60~90s;
　　3. 高强混凝土应采用强制式搅拌机搅拌,搅拌时间应适当延长。

混凝土拌和物的搅拌质量应经常检查,混凝土拌和物颜色均匀一致,无明显的砂粒、砂团及水泥团,石子完全被砂浆所包裹,说明其搅拌质量较好。

每班作业后应对搅拌机进行全面清洗,并在搅拌筒内放入清水及石子运转 10~15min 后放出,再用竹扫帚洗刷外壁。搅拌筒内不得有积水,以免筒壁及叶片生锈,如遇冰冻季节应放尽水箱及水泵中的存水,以防冻裂。

每天工作完毕后,搅拌机料斗应放至最低位置,不准悬于半空。电源必须切断,锁好电闸箱,保证各机构处于空位。

3. 混凝土搅拌站

在混凝土施工工地,通常把骨料堆场、水泥仓库、配料装置、拌和机及运输设备等,比较集中地布置,组成混凝土拌和站,或采用成套的混凝土工厂(拌和楼)来制备混凝土。

搅拌站根据其组成部分在竖向布置方式的不同分为单阶式和双阶式。在单阶式混凝土搅拌站中,原材料一次提升后经过储料斗,然后靠自重下落进入称量和搅拌工序。这种工艺流程,原材料从一道工序到下一道工序的时间短,效率高,自动化程度高,搅拌站占地面积小,适用于产量大的固定式大型混凝土搅拌站,如图 4-66 所示。

在双阶式混凝土搅拌站中,原材料经第一次提升后经过储料斗,下落经称量配料后,再经过第二次提升进入搅拌机,如图 4-67 所示。

4.3.3　混凝土的运输

混凝土运输是整个混凝土施工中的一个重要环节,对工程质量和施工进度影响较大。由于混凝土料拌和后不能久存,而且在运输过程中对外界的影响敏感,运输方法不当或疏忽大意,都会降低混凝土质量,甚至造成废品。

混凝土料在运输过程中应满足:运输设备应不吸水、不漏浆,运输过程中不发生混凝土

图 4-66　3×1.5m³ 自落式搅拌楼（单位：mm）

拌和物分离、严重泌水及过多降低坍落度；同时运输两种以上强度等级的混凝土时，应在运输设备上设置标志，以免混淆；尽量缩短运输时间、减少转运次数。运输时间不得超过表4-23中的规定。因故停歇过久，混凝土产生初凝时，应作废料处理。在任何情况下，严禁中途加水后运入仓内；运输道路基本平坦，避免拌和物振动、离析、分层；混凝土运输工具及浇筑地点，必要时应有遮盖或保温设施，以避免因日晒、雨淋、受冻而影响混凝土的质量；混凝土拌和物自由下落高度以不大于 2m 为宜，超过此界限时应采用缓降措施。

图 4-67　HZ20-1F750I 型混凝土搅拌站（单位：mm）

表 4-23　　　　　　　　　混凝土从搅拌机中卸出后到浇筑完毕的延续时间

混凝土强度等级	延续时间/min	
	气温＜25℃	气温≥25℃
低于及等于 C30	120	90
高于 C30	90	60

注　1. 掺用外加剂或采用快硬水泥拌制混凝土时，应按试验确定；

　　2. 轻骨料混凝土的运输、浇筑延续时间应适当缩短。

混凝土运输分地面水平运输、垂直运输和楼面水平运输等三种。地面运输时，短距离多用双轮手推车、机动翻斗车；长距离宜用自卸汽车、混凝土搅拌运输车。垂直运输可采用各种井架、龙门架和塔式起重机作为垂直运输工具。对于浇筑量大、浇筑速度比较稳定的大型设备基础和高层建筑，宜采用混凝土泵，也可采用自升式塔式起重机或爬升式塔式起重机运输。

1. 人工运输

人工运输混凝土常用手推车、架子车和斗车等。用手推车和架子车时，要求运输道路路面平整，随时清扫干净，防止混凝土在运输过程中受到强烈振动。道路的纵坡，一般要求水平，局部不宜大于 15%，一次爬高不宜超过 2～3m，运输距离不宜超过 200m。

2. 机动翻斗车

机动翻斗车是混凝土工程中使用较多的水平运输机械。它轻便灵活、转弯半径小、速度快且能自动卸料。车前装有容量为 476L 的翻斗，载重量约 1t，最高时速 20km/h。适用于短途运输混凝土或砂石料。

3. 混凝土搅拌运输车

混凝土搅拌运输车（图 4-68）是运送混凝土的专用设备。它的特点是在运量大、运距远的情况下，能保证混凝土的质量均匀，一般用于混凝土制备点（商品混凝土站）与浇筑点距离较远时使用。它的运送方式有两种：一是在 10km 范围内作短距离运送时，只作运输工具使用，即将拌和好的混凝土接送至浇筑点，在运输途中为防止混凝土分离，让搅拌筒只作低速搅动，使混凝土拌和物不致分离、凝结；二是在运距较长时，搅拌运输两者兼用，即先在混凝土拌和站将干料——砂、石、水泥按配比装入搅拌鼓筒内，并将水注入配水箱，开始只作干料运送，然后在到达距使用点 10～15min 路程时，启动搅拌筒回转，并向搅拌筒注入定量的水，这样在运输途中边运输边搅拌成混凝土拌和物，送至浇筑点卸出。

图 4-68　混凝土搅拌运输车外形图

（a）侧视；（b）后视

1—泵连接件；2—减速机总成；3—液压系统；4—机架；5—供水系统；

6—搅拌筒；7—操纵系统；8—进出料装置

4. 混凝土辅助运输设备

运输混凝土的辅助设备有吊罐、集料斗、溜槽、溜管等。用于混凝土装料、卸料和转运入仓，对于保证混凝土质量和运输工作顺利进行起着相当大的作用，如图 4-69 所示。

图 4-69　溜槽与串筒

（a）溜槽；（b）串筒；（c）振动串筒

1—溜槽；2—挡板；3—串筒；4—漏斗；5—节管；6—振动器

5. 混凝土泵

泵送混凝土是将混凝土拌和物从搅拌机出口通过管道连续不断地泵送到浇筑仓面的一种施工方法。工程上使用较多的是液压活塞式混凝土泵，它是通过液压缸的压力油推动活塞，再通过活塞杆推动混凝土缸中的工作活塞来进行压送混凝土。混凝土泵可同时完成水平运输和垂直运输工作。

　　泵送混凝土的设备主要由混凝土泵、输送管道和布料装置构成。混凝土泵有活塞泵、气压泵和挤压泵等几种类型，而以活塞泵应用较多。活塞泵又根据其构造原理不同分为机械式和液压式两种，常用液压式。混凝土泵分拖式（地泵）和泵车两种形式。图 4 - 70 为 HBT60 拖式混凝土泵示意图。它主要由混凝土泵送系统、液压操作系统、混凝土搅拌系统、油脂润滑系统、冷却和水泵清洗系统以及用来安装和支承上述系统的金属结构车架、车桥、支脚和导向轮等组成。

图 4 - 70　HBT60 拖式混凝土泵

1—料斗；2—集流阀组；3—油箱；4—操作盘；5—冷却器；6—电器柜；7—水泵；8—后支脚；9—车桥；
10—车架；11—排出量手轮；12—前支腿；13—导向轮

　　常用的液压柱塞泵如图 4 - 71 所示。它是利用柱塞的往复运动将混凝土吸入和排出。混凝土输送管有直管、弯管、锥形管和浇筑软管等，一般由合金钢、橡胶、塑料等材料制成，常用混凝土输送管的管径为 100～150mm。

　　泵送混凝土对原材料的要求有以下几点。

图 4 - 71　液压活塞式混凝土泵工作原理

1—混凝土缸；2—混凝土活塞；3—液压缸；4—液压活塞；
5—活塞杆；6—受料斗；7—吸入端水平片阀；8—排除端
竖直片阀；9—Y 形输送管；10—水箱；11—水管；
12—水洗用高压软管；13—水洗用法兰；
14—海绵球；15—清洗活塞

　　（1）粗骨料。碎石最大粒径与输送管内径之比不宜大于 1∶3；卵石不宜大于1∶2.5。

　　（2）砂。以天然砂为宜，砂率宜控制在 40%～50%，通过 0.315mm 筛孔的砂不少于 15%。

　　（3）水泥。最少水泥用量为 300kg/m³，坍落度宜为 80～180mm，混凝土内宜适量掺入外加剂。泵送轻骨料混凝土的原材料选用及配合比，应通过试验确定。

　　泵送混凝土施工中应注意的问题有以下几个：

　　（1）输送管的布置宜短直，尽量减少弯管数，转弯宜缓，管段接头要严密，少用锥形管。

　　（2）混凝土的供料应保证混凝土泵能

连续工作，不间断；正确选择骨料级配，严格控制配合比。

(3) 泵送前，为减少泵送阻力，应先用适量与混凝土内成分相同的水泥浆或水泥砂浆润滑输送管内壁。

(4) 泵送过程中，泵的受料斗内应充满混凝土，防止吸入空气形成阻塞。

(5) 防止停歇时间过长，若停歇时间超过 45min，应立即用压力或其他方法冲洗管内残留的混凝土。

(6) 泵送结束后，要及时清洗泵体和管道。

(7) 用混凝土泵浇筑的建筑物，要加强养护，防止龟裂。

4.3.4　混凝土的浇筑

混凝土成型就是将混凝土拌和料浇筑在符合设计尺寸要求的模板内，加以捣实，使其具有良好的密实性，达到设计强度的要求。混凝土成型过程包括浇筑与捣实，是混凝土工程施工的关键，将直接影响构件的质量和结构的整体性。因此，混凝土经浇筑捣实后应内实外光、尺寸准确、表面平整、钢筋及预埋件位置符合设计要求，新旧混凝土结合良好。

1. 浇筑前的准备工作

(1) 对模板及其支架进行检查，应确保标高、位置尺寸正确，强度、刚度、稳定性及严密性满足要求；模板中的垃圾、泥土和钢筋上的油污应加以清除；木模板应浇水润湿，但不允许留有积水。

(2) 对钢筋及预埋件应请工程监理人员共同检查钢筋的级别、直径、排放位置及保护层厚度是否符合设计和规范要求，并认真做好隐蔽工程记录。

(3) 准备和检查材料、机具等；注意天气预报，不宜在雨雪天气浇筑混凝土。

(4) 做好施工组织工作和技术、安全交底工作。

2. 浇筑工作的一般要求

(1) 混凝土应在初凝前浇筑，如混凝土在浇筑前有离析现象，须重新拌和后才能浇筑。

(2) 浇筑时，混凝土的自由倾落高度：对于素混凝土或少筋混凝土，由料斗进行浇筑时，不应超过 2m；对竖向结构（如柱、墙）浇筑混凝土的高度不超过 3m；对于配筋较密或不便捣实的结构，不宜超过 60cm，否则应采用串筒、溜槽和振动串筒下料，以防产生离析。

(3) 浇筑竖向结构混凝土前，底部应先浇入 50～100mm 厚与混凝土成分相同的水泥砂浆，以避免产生蜂窝麻面现象。

(4) 混凝土浇筑时的坍落度应符合设计要求。

(5) 为了使混凝土振捣密实，混凝土必须分层浇筑。

(6) 为保证混凝土的整体性，浇筑工作应连续进行。当由于技术上或施工组织上原因必须间歇时，其间歇时间应尽可能缩短，并应在前层混凝土凝结之前，将次层混凝土浇筑完毕。间歇的最长时间应按所用水泥品种及混凝土条件确定。

(7) 正确留置施工缝。施工缝位置应在混凝土浇筑之前确定，并宜留置在结构受剪力较小且便于施工的部位。柱应留水平缝，梁、板、墙应留垂直缝。

(8) 在混凝土浇筑过程中，应随时注意模板及其支架、钢筋、预埋件及预留孔洞的情况，当出现不正常的变形、位移时，应及时采取措施进行处理，以保证混凝土的施工质量。

（9）在混凝土浇筑过程中应及时认真填写施工记录。

3. 整体结构浇筑

为保证结构的整体性和混凝土浇筑工作的连续性，应在下一层混凝土初凝之前将上层混凝土浇筑完毕，因此，在编制浇筑施工方案时，首先应计算每小时需要浇筑的混凝土的数量 Q，即

$$Q = \frac{V}{t_1 - t_2} \tag{4-14}$$

式中　V——每个浇筑层中混凝土的体积，m^3；

　　　t_1——混凝土初凝时间，h；

　　　t_2——运输时间，h。

根据上式即可计算所需搅拌机、运输工具和振动器的数量。并据此拟定浇筑方案和组织施工。

（1）框架结构浇筑。框架结构的主要构件有基础、柱、梁、楼板等。其中框架梁、板、柱等构件是沿垂直方向重复出现的，因此，一般按结构层来分层施工。如果平面面积较大，还应分段进行（一般以伸缩缝划分施工段），以便各工序流水作业。混凝土的浇筑顺序是先浇捣柱子，在柱子浇捣完毕后，停歇 $1\sim1.5h$，使混凝土达到一定强度后，再浇捣梁和板。

柱宜在梁板模板安装后钢筋未绑扎前浇筑，以便利用梁板模板作横向支撑和柱浇筑操作平台用；一排柱子的浇筑顺序应从两端同时向中间推进，以防柱模板在横向推力下向一方倾斜；当柱子断面小于 $400mm\times400mm$，并有交叉箍筋时，可在柱模侧面每段不超过 $2m$ 的高度开口，插入斜溜槽分段浇筑；开始浇筑柱时，底部应先填 $50\sim100mm$ 厚与混凝土成分相同的水泥砂浆，以免底部产生蜂窝现象；随着柱子浇筑高度的上升，混凝土表面将积聚大量浆水，因此混凝土的水灰比和坍落度，亦应随浇筑高度上升予以递减。

在浇筑与柱连成整体的梁或板时，应在柱浇筑完毕后停歇 $1\sim1.5h$，使其获得初步沉实，排除泌水，而后再继续浇筑梁或板。肋形楼板的梁板应同时浇筑，其顺序是先根据梁高分层浇筑成阶梯形，当达到板底位置时即与板的混凝土一起浇筑；而且倾倒混凝土的方向应与浇筑方向相反；当梁的高度大于 $1m$ 时，可先单独浇梁，并在板底以下 $20\sim30mm$ 处留设水平施工缝。浇筑无梁楼盖时，在柱帽下 $50mm$ 处暂停，然后分层浇筑柱帽，下料应对准柱帽中心，待混凝土接近楼板底面时，再连同楼板一起浇筑。

此外，与墙体同时整浇的柱子，两侧浇筑高差不能太大，以防柱子中心移动。楼梯宜自下而上一次浇筑完成，当必须留置施工缝时，其位置应在楼梯长度中间 1/3 范围内。对于钢筋较密集处，可改用细石混凝土，并加强振捣以保证混凝土密实。应采取有效措施保证钢筋保护层厚度及钢筋位置和结构尺寸的准确，注意施工中不要踩倒负弯矩部分的钢筋。

（2）剪力墙浇筑。剪力墙浇筑除按一般规定进行外，还应注意门窗洞口应在两侧同时下料，浇筑高差不能太大，以免门窗洞口发生位移或变形。同时应先浇筑窗台下部，后浇筑窗间墙，以防窗台出现蜂窝孔洞。

（3）大体积混凝土浇筑。大体积混凝土是指厚度大于或等于 $1.5m$，长、宽较大，施工

时水化热引起混凝土内的最高温度与外界温度之差不低于 25℃ 的混凝土结构。一般多为工业建筑中的设备基础及高层建筑中厚大的桩基承台或基础底板等。特点是混凝土浇筑面和浇筑量大，整体性要求高，不能留施工缝，以及浇筑后水泥的水化热量大且聚集在构件内部，形成较大的内外温差，易造成混凝土表面产生收缩裂缝等。

为保证混凝土浇筑工作连续进行，不留施工缝，应在下一层混凝土初凝之前，将上一层混凝土浇筑完毕。要求混凝土按不小于下述的浇筑量进行浇筑

$$Q = \frac{FH}{T} \tag{4-15}$$

式中　Q——混凝土最小浇筑量，m^3/h；

　　　F——混凝土浇筑区的面积，m^2；

　　　H——浇筑层厚度，m；

　　　T——下层混凝土从开始浇筑到初凝所容许的时间间隔，h。

大体积钢筋混凝土结构的浇筑方案，一般分为全面分层、分段分层和斜面分层三种，如图 4-72 所示。全面分层，在整个结构内全面分层浇筑混凝土，要做到第一层全部浇筑完毕，在初凝前再回来浇筑第二层，如此逐层进行，直到浇筑完成。采用此方案，结构平面尺寸不宜过大，施工时从短边开始，沿长边进行。必要时亦可从中间向两端或从两端向中间同时进行。分段分层，混凝土从底层开始浇筑，进行一定距离后回来浇筑第二层，如此依次向前浇筑以上各层。每段的长度可根据混凝土浇筑到末端后，下层末端的混凝土还未初凝来确定。分段分层浇筑方案适用于厚度不太大而面积或长度较大的结构。斜面分层，适用于结构的长度大大超过厚度而混凝土的流动性又较大时。采用分层分段方案混凝土往往不能形成稳定的分层踏步，这时可采用斜面分层浇筑方案，即施工时将混凝土一次浇筑到顶，让混凝土自然地流淌，形成一定的斜面。这时混凝土的振捣工作应从浇筑层下端开始，逐渐上移，以保证混凝土施工质量。这种方案很适应混凝土泵送工艺，可免除混凝土输送管的反复拆装。

图 4-72　大体积混凝土浇筑方案
(a) 全面分层；(b) 分段分层；(c) 斜面分层
1—模板；2—新浇筑的混凝土

(4) 免振捣混凝土。免振捣混凝土又称自密实混凝土，它是通过外加剂（包括高性能减水剂、超塑化剂、稳定剂等）、超细矿物粉体等胶材料和粗细骨料的选择与搭配和配和比的精心设计，使混凝土拌和物屈服剪应力减小到适宜范围，同时又具有足够的塑性粘度，使骨料悬浮于水泥浆中，不出现离析和泌水等问题，在基本不用振捣的条件下通过自重实现自由流淌，充分填充模板内及钢筋之间的空间形成密实且均匀的结构。免振捣自密实混凝土的工作性能应达到：坍落度 250～270mm，扩展度 550～700mm，流过高差≤15mm。有研究表

明不经振捣的自密实混凝土可以在硬化后形成十分致密、渗透性很低的结构，且干缩率较同强度等级的普通混凝土小。

4. 混凝土浇筑工艺

(1) 铺料。开始浇筑前，要在老混凝土面上，先铺一层 2～3cm 厚的水泥砂浆（接缝砂浆）以保证新混凝土与基岩或老混凝土结合良好。砂浆的水灰比应较混凝土水灰比减少 0.03～0.05。混凝土的浇筑，应按一定厚度、次序、方向分层推进。

铺料厚度应根据拌和能力、运输距离、浇筑速度、气温及振捣器的性能等因素确定。一般情况下，浇筑层的允许最大厚度不应超过表 4 - 24 中规定的数值，如采用低流态混凝土及大型强力振捣设备时，其浇筑层厚度应根据试验确定。

表 4 - 24　　　　　　　　　　　混凝土浇筑层厚度

项　次	捣实混凝土的方法		浇筑层厚度/mm
1	插入式振捣		振捣器作用部分长度的 1.25 倍
2	表面振动		200
3	人工捣固	在基础、无筋混凝土或配筋稀疏的结构中	250
		在梁、墙板、柱结构中	200
		在配筋密列的结构中	150
4	轻骨料混凝土	插入式振捣器	300
5		表面振动（振动时须加荷）	200

(2) 平仓。平仓是把卸入仓内成堆的混凝土摊平到要求的均匀厚度。平仓不好会造成离析，使骨料架空，严重影响混凝土质量。

人工平仓。人工平仓用铁锹，平仓距离不超过 3m。只适用于在靠近模板和钢筋较密的地方，用人工平仓，使石子分布均匀；设备预埋件等空间狭小的二期混凝土。

振捣器平仓。振捣器平仓时应将振捣器斜插入混凝土料堆下部，使混凝土向操作者位置移动，然后一次一次地插向料堆上部，直至混凝土摊平到规定的厚度为止。如将振捣器垂直插入料堆顶部，平仓工效固然较高，但易造成粗骨料沿锥体四周下滑，砂浆则集中在中间形成砂浆窝，影响混凝土匀质性。经过振动摊平的混凝土表面可能已经泛出砂浆，但内部并未完全捣实，切不可将平仓和振捣合二为一，以免影响浇筑质量。

(3) 振捣。振捣是振动捣实的简称，它是保证混凝土浇筑质量的关键工序。振捣的目的是尽可能减少混凝土中的空隙，以清除混凝土内部的孔洞，并使混凝土与模板、钢筋及埋件紧密结合，从而保证混凝土的最大密实度，提高混凝土质量。

当结构钢筋较密，振捣器难于施工，或混凝土内有预埋件、观测设备，周围混凝土振捣力不宜过大时采用人工振捣。人工振捣要求混凝土拌和物坍落度大于 5cm，铺料层厚度小于 20cm。人工振捣工具有捣固锤、捣固杆和捣固铲。捣固锤主要用来捣固混凝土的表面；捣固铲用于插边，使砂浆与模板靠紧，防止表面出现麻面；捣固杆用于钢筋稠密的混凝土中，以使钢筋被水泥砂浆包裹，增加混凝土与钢筋之间的握裹力。人工振捣工效低，混凝土质量不易保证。

混凝土振捣主要采用振捣器进行，振捣器产生小振幅、高频率的振动，使混凝土在其振动的作用下，内摩擦力和粘结力大大降低，使干稠的混凝土获得了流动性，在重力的作用下骨料互相滑动而紧密排列，空隙由砂浆所填满，空气被排出，从而使混凝土密实，并填满模板内部空间，且与钢筋紧密结合。

混凝土振捣器的分类如图 4 - 73 所示。

一般工程均采用电动式振捣器。电动插入式振捣器又分为串激式振捣器、软轴振捣器和硬轴振捣器三种。插入式振捣器使用较多。

图 4 - 73　混凝土振捣器
(a) 内部振捣器；(b) 外部振捣器；
(c) 表面振捣器；(d) 振动台
1—模板；2—振捣器；3—振动台

混凝土振捣在平仓之后立即进行，此时混凝土流动性好，振捣容易，捣实质量好。振捣器的选用，对于素混凝土或钢筋稀疏的部位，宜用大直径的振捣棒；坍落度小的干硬性混凝土，宜选用高频和振幅较大的振捣器。振捣作业路线保持一致，并顺序依次进行，以防漏振。振捣棒尽可能垂直地插入混凝土中。如振捣棒较长或把手位置较高，垂直插入感到操作不便时，也可略带倾斜，但与水平面夹角不宜小于 45°，且每次倾斜方向应保持一致，否则下部混凝土将会发生漏振。这时作用轴线应平行，如不平行也会出现漏振点，如图 4 - 74 所示。

图 4 - 74　插入式振捣器操作示意图
(a) 直插法；(b) 斜插法；(c) 错误方法

振捣棒应快插、慢拔。插入过慢，上部混凝土先捣实，就会阻止下部混凝土中的空气和多余的水分向上逸出；拔得过快，周围混凝土来不及填铺振捣棒留下的孔洞，将在每一层混凝土的上半部留下只有砂浆而无骨料的砂浆柱，影响混凝土的强度。为使上下层混凝土振捣密实均匀，可将振捣棒上下抽动，抽动幅度为 5～10cm。振捣棒的插入深度，在振捣第一层混凝土时，以振捣器头部不碰到基岩或老混凝土面，但相距不超过 5cm 为宜；振捣上层混凝土时，则应插入下层混凝土 5cm 左右，使上下两层结合良好，如图 4 - 75 所示。在斜坡上浇筑混凝土时，振捣棒仍应垂直插入，并且应先振低处，再振高处，否则在振捣低处的混凝土时，已捣实的高处混凝土会自行向下流动，致使密实性受到破坏。软轴振捣棒插入深度为棒长的 3/4，过深软轴和振捣棒结合处容易损坏。

图 4-75　插入式振动器的插入深度/mm

1—新浇筑的混凝土；2—下层已振捣蛋尚未初凝的混凝土；
3—模板；R—有效作用半径；L—振捣棒长度

振捣棒在每一孔位的振捣时间，以混凝土不再显著下沉，水分和气泡不再逸出并开始泛浆为准。振捣时间和混凝土坍落度、石子类型及最大粒径、振捣器的性能等因素有关，一般为 20～30s。振捣时间过长，不但降低工效，且使砂浆上浮过多，石子集中下部，混凝土产生离析，严重时，整个浇筑层呈"千层饼"状态。

振捣器的插入间距控制在振捣器有效作用半径的 1.5 倍以内，实际操作时也可根据振捣后在混凝土表面留下的圆形泛浆区域能否在正方形排列（直线行列移动）的 4 个振捣孔径的中点，如图 4-76（a）中所示的 A、B、C、D 点，或三角形排列（交错行列移动）的 3 个振捣孔位的中点［如图 4-76（b）中所示的 A、B、C、D、E、F 点］相互衔接来判断。在模板边、预埋件周围、布置有钢筋的部位以及两罐（或两车）混凝土卸料的交界处，宜适当减少插入间距，以加强振捣，但不宜小于振捣棒有效作用半径的 1/2，并注意不能触及钢筋、模板及预埋件。为提高工效，振捣棒插入孔位尽可能呈三角形分布。

外部式振捣器的使用。使用外部式振捣器时，操作人员应穿绝缘胶鞋、戴绝缘手套，以防触电；平板式振捣器要保持拉绳干燥和绝缘，移动和转向时，应蹬踏平板两端，不得蹬踏电机。操作时可通过倒顺开关控制电机的旋转方向，使振捣器的电机旋转方向正转或反转从而使振捣器自动地向前或向后移动。沿铺料路线逐行进行振捣，两行之间要搭接 5cm 左

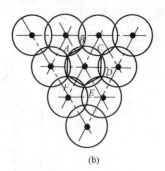

(a)　　　　　　　　　(b)

图 4-76　振捣孔位布置图

(a) 正方形分布；(b) 三角形分布

右，以防漏振。振捣时间仍以混凝土拌和物停止下沉、表面平整，往上返浆且已达到均匀状态并充满模壳时，表明已振实，可转移作业面。时间一般为 30s 左右。在转移作业面时，要注意电缆线勿被模板、钢筋露头等挂住，防止拉断或造成触电事故。振捣混凝土时，一般横向和竖向各振捣一遍即可，第一遍主要是密实，第二遍是使表面平整，其中第二遍是在已振捣密实的混凝土面上快速拖行。

附着式振捣器安装时应保证转轴水平或垂直，如图 4-77 所示。在一个模板上安装多台附着式振捣器同时进行作业时，各振捣器频率必须保持一致，相对安装的振捣器的位置应错开。振捣器所装置的构件模板，要坚固牢靠，构件的面积应与振捣器的额定振动板面积相适应。

混凝土振动台是一种强力振动成型机械装置，必须安装在牢固的基础上，地脚螺栓应有足够的强度并拧紧。在振捣作业中，必须安置牢固可靠的模板锁紧夹具，以保证模板和混凝

图 4-77　附着式振捣器的安装

1—模板面卡；2—模板；3—角撑；4—夹木方；5—附着式振动器；

6—斜撑；7—底横枋；8—纵向底枋

土与台面一起振动。

4.3.5　混凝土的养护

混凝土浇筑完毕后，在一个相当长的时间内，应保持其适当的温度和足够的湿度，以造成混凝土良好的硬化条件，这就是混凝土的养护工作。混凝土表面水分不断蒸发，如不设法防止水分损失，水化作用未能充分进行，混凝土的强度将受到影响，还可能产生干缩裂缝。因此混凝土养护的目的，一是创造有利条件，使水泥充分水化，加速混凝土的硬化；二是防止混凝土成型后因曝晒、风吹、干燥等自然因素影响，出现不正常的收缩、裂缝等现象。

混凝土的养护方法分为自然养护和热养护两类，见表 4-25。养护时间取决于当地气温、水泥品种和结构物的重要性。混凝土必须养护至其强度达到 $1.2 N/mm^2$ 以上，才准在上面行人和架设支架、安装模板，但不得冲击混凝土。

表 4-25　　　　　　　　　　　　　　混 凝 土 的 养 护

类　别	名　称	说　　明
自然养护	洒水（喷雾）养护	在混凝土面不断洒水（喷雾），保持其表面湿润
	覆盖浇水养护	在混凝土面覆盖湿麻袋、草袋、湿砂、锯末等，不断洒水保持其表面湿润
	围水养护	四周围成土坝，将水蓄在混凝土表面
	铺膜养护	在混凝土表面铺上薄膜，阻止水分蒸发
	喷膜养护	在混凝土表面喷上薄膜，阻止水分蒸发
热养护	蒸汽养护	利用热蒸气对混凝土进行湿热养护
	热水（热油）养护	将水或油加热，将构件搁置在其上养护
	电热养护	对模板加热或微波加热养护
	太阳能养护	利用各种罩、窑、集热箱等封闭装置对构件进行养护

4.4 冬期、高温与雨期施工

根据当地多年气象资料统计，当室外日平均气温连续 5 日稳定低于 5℃时，应采取冬期施工措施；当室外日平均气温连续 5 日稳定高于 5℃时，可解除冬期施工措施。当混凝土未达到受冻临界强度而气温骤降至 0℃以下时，应按冬期施工的要求采取应急防护措施。

当日平均气温达到 30℃及以上时，应按高温施工要求采取措施。

雨季和降雨期间，应按雨期施工要求采取措施。

4.4.1 冬期施工措施

冬期施工配制混凝土宜选用硅酸盐水泥或普通硅酸盐水泥。采用蒸汽养护时，宜选用矿渣硅酸盐水泥。用于冬期施工混凝土的粗、细骨料中，不得含有冰、雪冻块及其他易冻裂物质。冬期施工混凝土用外加剂应符合现行国家标准《混凝土外加剂应用技术规范》（GB 50119—2003）的有关规定。采用非加热养护方法时，混凝土中宜掺入引气剂、引气型减水剂或含有引气组分的外加剂，混凝土含气量宜控制在 3.0%～5.0%。冬期施工混凝土配合比应根据施工期间环境气温、原材料、养护方法、混凝土性能要求等经试验确定，并宜选择较小的水胶比和坍落度。

冬期施工混凝土搅拌前，原材料的预热应符合下列规定：

（1）宜加热拌和水。当仅加热拌和水不能满足热工计算要求时，可加热骨料。拌和水与骨料的加热温度可通过热工计算确定，加热温度不应超过表 4-26 的规定。

（2）水泥、外加剂、矿物掺和料不得直接加热，应事先储于暖棚内预热。

表 4-26 拌和水及骨料最高加热温度 单位：℃

水泥强度等级	拌和水	骨料	水泥强度等级	拌和水	骨料
42.5 以下	80	60	42.5、42.5R 及以上	60	40

冬期施工混凝土搅拌应符合下列规定：

（1）液体防冻剂使用前应搅拌均匀，由防冻剂溶液带入的水分应从混凝土拌和水中扣除。

（2）蒸汽法加热骨料时，应加大对骨料含水率测试频率，并应将由骨料带入的水分从混凝土拌和水中扣除。

（3）混凝土搅拌前应对搅拌机械进行保温或采用蒸汽进行加温，搅拌时间应比常温搅拌时间延长 30～60s。

（4）混凝土搅拌时应先投入骨料与拌和水，预拌后再投入胶凝材料与外加剂。胶凝材料、引气剂或含引气组分外加剂不得与 60℃以上热水直接接触。

混凝土拌和物的出机温度不宜低于 10℃，入模温度不应低于 5℃；对预拌混凝土或需远距离输送的混凝土，混凝土拌和物的出机温度可根据运输和输送距离经热工计算确定，但不宜低于 15℃。大体积混凝土的入模温度可根据实际情况适当降低。

混凝土运输、输送机具及泵管应采取保温措施。当采用泵送工艺浇筑时，应采用水泥浆或水泥砂浆对泵和泵管进行润滑、预热。混凝土运输、输送与浇筑过程中应进行测温，温度应满足热工计算的要求。

　　混凝土浇筑前，应清除地基、模板和钢筋上的冰雪和污垢，并应进行覆盖保温。

　　混凝土分层浇筑时，分层厚度不应小于 400mm。在被上一层混凝土覆盖前，已浇筑层的温度应满足热工计算要求，且不得低于 2℃。

　　采用加热方法养护现浇混凝土时，应考虑加热产生的温度应力对结构的影响，并应合理安排混凝土浇筑顺序与施工缝留置位置。

　　冬期浇筑的混凝土，其受冻临界强度应符合下列规定：

　　(1) 当采用蓄热法、暖棚法、加热法施工时，采用硅酸盐水泥、普通硅酸盐水泥配制的混凝土，不应低于设计混凝土强度等级值的 30%；采用矿渣硅酸盐水泥、粉煤灰硅酸盐水泥、火山灰质硅酸盐水泥、复合硅酸盐水泥配制的混凝土时，不应低于设计混凝土强度等级值的 40%。

　　(2) 当室外最低气温不低于 −15℃ 时，采用综合蓄热法、负温养护法施工的混凝土受冻临界强度不应低于 4.0MPa；当室外最低气温不低于 −30℃ 时，采用负温养护法施工的混凝土受冻临界强度不应低于 5.0MPa。

　　(3) 强度等级等于或高于 C50 的混凝土，不宜低于设计混凝土强度等级值的 30%。

　　(4) 对有抗冻耐久性要求的混凝土，不宜低于设计混凝土强度等级值的 70%。

　　混凝土结构工程冬期施工养护应符合下列规定：

　　(1) 当室外最低气温不低于 −15℃ 时，对地面以下的工程或表面系数不大于 $5m^{-1}$ 的结构，宜采用蓄热法养护，并应对结构易受冻部位加强保温措施。

　　(2) 当采用蓄热法不能满足要求时，对表面系数为 $5\sim15m^{-1}$ 的结构，可采用综合蓄热法养护。采用综合蓄热法养护时，混凝土中应掺加具有减水、引气性能的早强剂或早强型外加剂。

　　(3) 对不易保温养护，且对强度增长无具体要求的一般混凝土结构，可采用掺防冻剂的负温养护法进行施工。

　　(4) 当上述 3 款不能满足施工要求时，可采用暖棚法、蒸汽加热法、电加热法等方法，但应采取降低能耗的措施。

　　混凝土浇筑后，对裸露表面应采取防风、保湿、保温措施，对边、棱角及易受冻部位应加强保温。在混凝土养护和越冬期间，不得直接对负温混凝土表面浇水养护。

　　模板和保温层应在混凝土达到要求强度，且混凝土表面温度冷却到 5℃ 后再拆除。对墙、板等薄壁结构构件，宜延长模板拆除时间。当混凝土表面温度与环境温度之差大于 20℃ 时，拆模后的混凝土表面应立即进行保温覆盖。

　　混凝土强度未达到受冻临界强度和设计要求时，应继续进行养护。工程越冬期间，应编制越冬维护方案并进行保温维护。

　　混凝土工程冬期施工应加强对骨料含水率、防冻剂掺量的检查，以及原材料、入模温度、实体温度和强度的监测；应依据气温的变化，检查防冻剂掺量是否符合配合比与防冻剂说明书的规定，并应根据需要进行配合比的调整。

　　混凝土冬期施工期间，应按国家现行有关标准的规定对混凝土拌和水温度、外加剂溶液温度、骨料温度、混凝土出机温度、浇筑温度、入模温度以及养护期间混凝土内部和大气温度进行测量。

　　冬期施工混凝土强度试件的留置除应符合现行国家标准《混凝土结构工程施工质量验收

规范》（GB 50204—2002）的有关规定外，尚应增设与结构同条件养护试件，养护试件不应少于 2 组。同条件养护试件应在解冻后进行试验。

4.4.2 高温施工措施

高温施工时，对露天堆放的粗、细骨料应采取遮阳防晒等措施。必要时，可对粗骨料进行喷雾降温。

高温施工混凝土配合比设计除应符合规范规定外，尚应符合下列规定：

（1）应考虑原材料温度、环境温度、混凝土运输方式与时间对混凝土初凝时间、坍落度损失等性能指标的影响，根据环境温度、湿度、风力和采取温控措施的实际情况，对混凝土配合比进行调整。

（2）宜在近似现场运输条件、时间和预计混凝土浇筑作业最高气温的天气条件下，通过混凝土试拌和与试运输的工况试验后，调整并确定适合高温天气条件下施工的混凝土配合比。

（3）宜采用低水泥用量的原则，并可采用粉煤灰取代部分水泥。宜选用水化热较低的水泥。

（4）混凝土坍落度不宜小于 70mm。

混凝土的搅拌应符合下列规定：

（1）应对搅拌站料斗、储水器、皮带运输机、搅拌楼采取遮阳防晒措施。

（2）对原材料进行直接降温时，宜采用对水、粗骨料进行降温的方法。当对水直接降温时，可采用冷却装置冷却拌和用水，并应对水管及水箱加设遮阳和隔热设施，也可在水中加碎冰作为拌和用水的一部分。混凝土拌和时掺加的固体冰应确保在搅拌结束前融化，且在拌和用水中应扣除其重量。

（3）原材料入机温度不宜超过表 4 - 27 的规定。

（4）混凝土拌和物出机温度不宜大于 30℃。必要时，可采取掺加干冰等附加控温措施。

表 4 - 27　　　　　　　　　　　　　**原材料最高入机温度**　　　　　　　　　　　　单位：℃

原材料	入机温度	原材料	入机温度
水泥	60	水	25
骨料	30	粉煤灰等掺和料	60

混凝土宜采用白色涂装的混凝土搅拌运输车运输；对混凝土输送管应进行遮阳覆盖，并应洒水降温。

混凝土浇筑入模温度不应高于 35℃。

混凝土浇筑宜在早间或晚间进行，且宜连续浇筑。当水分蒸发速率大于 $1kg/(m^2 \cdot h)$ 时，应在施工作业面采取挡风、遮阳、喷雾等措施。

混凝土浇筑前，施工作业面宜采取遮阳措施，并应对模板、钢筋和施工机具采用洒水等降温措施，但浇筑时模板内不得有积水。

混凝土浇筑完成后，应及时进行保湿养护。侧模拆除前宜采用带模湿润养护。

4.4.3 雨期施工措施

雨期施工期间，对水泥和掺和料应采取防水和防潮措施，并应对粗、细骨料含水率实时监测，及时调整混凝土配合比。

应选用具有防雨水冲刷性能的模板脱模剂。

雨期施工期间,对混凝土搅拌、运输设备和浇筑作业面应采取防雨措施,并应加强施工机械检查维修及接地接零检测工作。

除采用防护措施外,小雨、中雨天气不宜进行混凝土露天浇筑,且不应开始大面积作业面的混凝土露天浇筑;大雨、暴雨天气不应进行混凝土露天浇筑。

雨后应检查地基面的沉降,并应对模板及支架进行检查。

应采取防止基槽或模板内积水的措施。基槽或模板内和混凝土浇筑分层面出现积水时,应在排水后再浇筑混凝土。

混凝土浇筑过程中,对因雨水冲刷致使水泥浆流失严重的部位,应采取补救措施后再继续施工。

在雨天进行钢筋焊接时,应采取挡雨等安全措施。

混凝土浇筑完毕后,应及时采取覆盖塑料薄膜等防雨措施。

台风来临前,应对尚未浇筑混凝土的模板及支架采取临时加固措施;台风结束后,应检查模板及支架,已验收合格的模板及支架应重新办理验收手续。

4.5　施 工 安 全 措 施

4.5.1　模板安全作业措施

1. 模板工程的一般要求

(1) 模板工程的施工方案必须经过上一级技术部门批准。

(2) 模板施工前现场负责人要认真审查施工组织与设计中关于模板的设计资料,模板设计的主要内容:

1) 绘制模板设计图,包括细部构造大样图和节点大样,注明所选材料的规格、尺寸和连接方法,绘制支撑系统的平面图和立面图,并注明间距及剪刀撑的设置。

2) 根据施工条件确定荷载,并按所有可能产生的荷载中最不利组合验算模板整体结构和支撑系统的强度、刚度和稳定性,并有相应的计算书。

3) 制定模板的制作、安装和拆除等施工程序、方法。应根据混凝土输送方法(泵送混凝土、人力挑送混凝土、在浇灌运输道上用手推翻斗车运送混凝土)制定模板工程的有针对性的安全措施。

(3) 模板施工前的准备工作。

1) 模板施工前,现场施工负责人应认真向有关工作人员进行安全交底;

2) 模板构件进场后,应认真检查构件和材料是否符合设计要求;

3) 做好模板垂直运输的安全施工准备工作,排除模板施工中现场的不安全因素。

(4) 支撑模板立柱宜采用钢材,材料的材质应符合有关的专门规定。当采用木材时,其树种可根据各地实际情况选用,立杆的有效尾径不得小于8cm,立杆要直顺,接头数量不得超过30%,且不应集中。

2. 模板的安装

(1) 基础及地下工程模板的安装,应先检查基坑土壁边坡的稳定情况,发现有塌方的危险时,必须采取加固安全措施后,才能开始作业。

（2）混凝土柱模板支模时，四周必须设牢固支撑或用钢筋、钢丝绳拉结牢固，避免柱模整体歪斜甚至倾倒。

（3）混凝土墙模板安装时，应从内、外墙角开始，向相互垂直的两个方向拼装，连接模板的 U 型卡要正反交替安装，同一道墙（梁）的两侧模板应同时组合，以便确保模板安装时的稳定。

（4）单梁或整体楼盖支模，应搭设牢固的操作平台，设防身栏。

（5）支圈梁模板需有操作平台，不允许在墙上操作。支阳台模板的操作地点要设护身栏、安全网。底层阳台支模立柱支撑在散水回填土上，一定要夯实并垫垫板，否则雨季下沉，冬季冻胀都可能造成事故。

（6）模板支撑不能固定在脚手架或门窗上，避免发生倒塌或模板位移。

（7）竖向模板和支架的立柱部分，当安装在基土上时应加设垫板，且基土必须坚实并有排水措施、对湿陷性黄土，还应有防水措施；对冻胀性土，必须有防冻融措施。

（8）当极少数立柱长度不足时，应采用相同材料加固接长，不得采用垫砖增高的方法。

（9）当支柱高度小于 4m 时，应设上下两道水平撑和垂直剪刀撑。以后支柱每增高 2m 再增加一道水平撑，水平撑之间还需增加一道剪刀撑。

（10）当楼层高度超过 10m 时，模板的支柱应选用长料，同一支柱的连接接头不宜超过 2 个。

（11）主梁及大跨度梁的立杆应由底到顶整体设置剪刀撑，与地面成 45°~60°夹角。设置间距不大于 5m，若跨度大于 5m 的应连接设置。

（12）各排立柱应用水平杆纵横拉接，每高 2m 拉接一次，使各排立柱杆形成一个整体，剪刀撑、水平杆的设置应符合设计要求。

（13）大模板立放易倾倒，应采取支撑、围系、绑箍等防倾倒措施，视具体情况而定。长期存放的大模板，应用拉杆连接绑牢。存放在楼层时，须在大模板横梁上挂钢丝绳或花篮螺栓钩在楼板吊钩或墙体钢筋上。没有支撑或自稳角不足的大模板，要存放在专用的堆放架上或卧倒平放，不应靠在其他模板或构件上。

（14）2m 以上高处支模或拆模要搭设脚手架，满铺架板，使操作人员有可靠的立足点，并应按高处作业、悬空和临边作业的要求采取防护措施。不准站在拉杆、支撑杆上操作，也不准在梁底模上行走操作。

（15）走道垫板应铺设平稳，垫板两端应用镀锌铁丝扎紧，或用压条扣紧，牢固不松动。

（16）作业面孔洞及临边必须设置牢固的盖板、防护栏杆、安全网或其他坠落的防护设施，具体要求应符合《建筑施工高处作业安全技术规范》（JGJ 80—1991）的有关规定。

（17）模板安全时，应先内后外，单面模板就位后，用工具将其支撑牢固。双面板就位后，用拉杆和螺栓固定，未就位和未固定前不得摘钩。

（18）里外角膜和临时悬挂的面板与大模板必须连接牢固，防止脱开和断裂坠落。

（19）支模应按规定的作业程序进行，模板未固定前不得进行下一道工序。严禁在连接件和支撑件上攀登上下，并严禁在上下同一垂直面安装、拆模板。

（20）支设高度在 3m 以上的柱模板，四周应设斜撑，并应设立操作平台，低于 3m 的可用马凳操作。

（21）支设悬挑型式的模板时，应有稳定的立足点。支设临空构建物模板时，应搭设支架。模板上有预留洞时，应在安装后将洞掩盖。混凝土板上拆模后形成的临边或洞口，应按规定进行防护。

（22）在架空输电线路下面安装和拆除组合钢模板时，吊机起重臂、吊物、钢丝绳、外脚手架和操作人员等与架空线路的最小安全距离应符合有关规范的要求。当不能满足最小安全距离要求时，要停电作业；不能停电时，应有隔离防护措施。

（23）楼层高度超过 4m 或二层及二层以上的建筑物，安装和拆除模板时，周围应设安全网或搭设脚手架和加设防护栏杆。在临街及交通要道地区，尚应设警示牌，并设专人维持安全，防止伤及行人。

（24）现浇多层房屋和构筑物，应采取分层分段支模方法，并应符合下列要求：

1）下层楼板混凝土强度达到 1.2MPa 以后，才能上料具。料具要分散堆放，不得过分集中。

2）下层楼板结构的强度要达到能承受上层模板、支撑系统和新浇筑混凝土的重量时，方可进行上层模板支撑、浇筑混凝土。否则下层楼板结构的支撑系统不能拆除，同时上层支架的立柱应对准下层支架的立柱，并铺设木垫板。

3）如采用悬吊模板、桁架支模方法，其支撑结构必须要有足够的强度和刚度。

（25）烟囱、水塔及其他高大特殊的构筑物模板工程，要进行专门设计，制定专项安全技术措施，并经主管安全技术部门审批。

3. 模板的运用

（1）浇灌楼层梁、柱混凝土，一般应设浇灌运输道。整体现浇楼面支底模后，浇捣楼面混凝土，不得在底模上用手推车或人力运输混凝土，应在底模上设置混凝土的走道垫板，防止底模松动。

（2）操作人员上下通行时，不许攀登模板或脚手架，不许在墙顶、独立梁及其他狭窄而无防护栏的模板面上行走。

（3）堆放在模板上的建筑材料要均匀，如集中堆放，荷载集中，则会导致模板变形，影响构件质量。

（4）模板工程作业高度在 2m 和 2m 以上时，应根据高空作业安全技术规范的要求进行操作和防护，在 4m 以上或二层及二层以上周围应设安全网和防护栏杆。

（5）各工种进行上下立体交叉作业时，不得在同一垂直方向上操作。下层作业的位置，必须处于依上层高度确定的可能坠落范围半径外。不符合以上条件时，应设置安全防护隔离层。

（6）模板工程应按楼层，用模板分项工程质量检验评定表和施工组织设计有关内容检查验收，班、组长和项目经理部施工负责人均应签字，手续齐全。验收内容包括模板分项工程质量检验评定表的保证项目、一般项目和允许偏差项目以及施工组织设计的有关内容。

（7）冬期施工，应对操作地点和人行交通的冰雪事先清除；雨期施工，对高耸结构的模板作业应安装避雷设施；五级以上大风天气，不宜进行大块模板的拼装和吊装作业。

（8）遇六级以上大风时，应暂停室外的高空作业。

4. 模板的拆除

（1）模板拆除前，现浇梁柱侧模的拆除，拆模时要确保梁、柱边角的完整，施工班组长应向项目经理部施工负责人口头报告，经同意后再拆除。

（2）工作前，应检查所使用的工具是否牢固，扳手等工具必须用绳链系挂在身上，工作时思想要集中，防止钉子扎脚和从空中滑落。

（3）现浇或预制梁、板、柱混凝土模板拆除前，应有 7d 和 28d 龄期强度报告，达到强度要求后，再拆除模板。

（4）各类模板拆除的顺序和方法，应根据模板设计的规定进行，如无具体规定，应按先支的后拆，先拆非承重的模板，后拆承重的模板和支架的顺序进行拆除。模板拆除应按区域逐块进行，定型钢模板拆除不得大面积撬落。拆除薄壳模板从结构中心向四周均匀放松，向周边对称进行。

（5）大模板拆除前，要用起重机垂直吊牢，然后再进行拆除。

（6）拆除模板一般采用长撬杠，严禁操作人员站在正拆除的模板下。在拆除楼板模板时，要注意防止整块模板掉下，尤其是定型模板做平台模板时，更要注意防止模板突然全部掉下伤人。

（7）严禁站在悬臂结构上面敲拆底模。严禁在同一垂直平面上操作。

（8）拆除较大跨度梁下支柱时，应先从跨中开始，分别向两端拆除。拆除多层楼板支柱时，应确认上部施工荷载不需要传递的情况下方可拆除下部支柱。

（9）当水平支撑超过二道以上时，应先拆除二道以上水平支撑，最下一道大横杆与立杆应同时拆除。

（10）拆模高处作业，应配置登高用具或搭设支架，必要时应戴安全带。

（11）拆模时必须设置警戒区域，并派人监护。拆模必须拆除干净彻底，不得留有悬空模板。

（12）拆模间歇时，应将已活动的模板、牵杠、支撑等运走或妥善堆放，防止因踏空、扶空而坠落。

（13）在混凝土墙体、平板上有预留洞时，应在模板拆除后，随即在墙洞上做好安全护栏，或将板的洞盖严。

（14）拆下的模板不准随意向下抛掷，应及时清理。临时堆放处离楼层边沿不应小于 1m，堆放高度不得超过 1m，楼层边口、通道、脚手架边缘严禁堆放任何拆下物件。

（15）拆模后模板或木方上的钉子，应及时拔除或敲平，防止钉子扎脚。

（16）模板拆除后，在清扫和涂刷隔离剂时，模板要临时固定好，板面相对停放之间应留出 50～60cm 宽的人行通道，模板上方要用拉杆固定。

（17）各种模板若露天存放，其下应垫高 30cm 以上，防止受潮。不论存放在室内或室外，应按不同的规格堆码整齐，用麻绳或镀锌铁丝系稳。模板堆放不得过高，以免倾倒。

（18）木模板堆放、安装场地附近严禁烟火，须在附近进行电、气焊时，应有可靠的防火措施。

4.5.2　钢筋安全作业措施

1. 钢筋制作安装安全要求

（1）钢筋加工机械应保证安全装置齐全有效。钢筋加工机械的安装必须坚实稳固，保持水平位置。固定式机械应有可靠的基础，移动式机械作业时应楔紧行走轮。

（2）钢筋加工场地应由专人看管，各种加工机械在作业人员下班后拉闸断电，非钢筋加工制作人员不得擅自进入钢筋加工场地。外作业应设置机棚，机棚应有堆放原料、半成品的场地。

（3）钢筋在运输和储存时，必须保留标牌，并按批分别堆放整齐，避免锈蚀和污染。钢筋堆放要分散、稳当、防止倾倒和塌落。

（4）现场人工断料，所用工具必须牢固，掌錾子和打锤要站成斜角，注意扔锤区域内的人和物体。切断小于 30cm 的短钢筋，应用钳子夹牢，禁止用手把扶，并在外侧设置防护箱笼罩或朝向无人区。

（5）钢筋冷拉时，冷拉卷扬机应设置防护挡板，没有挡板时，应将卷扬机与冷拉方向成 90°，并且应用封闭式导向滑轮。冷拉线两端必须装置防护设施。冷拉时严禁在冷拉线两端站人，或跨越、触动正在冷拉的钢筋。冷拉卷扬机前应设置防护挡板，没有挡板时，应将卷扬机与冷拉方向成 90°，并采用封闭式导向滑轮，操作时要站在防护挡板后，冷拉场地不准站人和通行。冷拉钢筋要上好夹具，人员离开后再发开车信号。发现滑动或其他问题时，要先行停车，放松钢筋后，才能重新进行操作。

（6）对从事钢筋挤压连接施工的各有关人员应经常进行安全教育，防止发生人身和设备安全事故。

（7）在高处进行挤压操作，必须遵守国家现行标准《建筑施工高处作业安全技术规范》（JGJ 80—1991）的规定。

（8）多人合运钢筋，起、落、转、停动作要一致，人工上下传送不得在同一直线上。

（9）起吊钢筋骨架时，下方禁止站人，待骨架降落至距安装标高 1m 以内放准靠近，就位支撑好后，方可摘钩。吊运短钢筋应使用吊笼，吊运超长钢筋应加横担，捆绑钢筋应使用钢丝绳千斤头，双条绑扎，禁止用单条千斤头或绳索绑吊。吊运在楼层搬运、绑扎钢筋，应注意不要靠近和碰撞电线。并注意与裸体电线的安全距离（1kV 以下 ≥4m，1～10kV ≥6m）。

（10）绑扎基础钢筋时，应按施工设计规定摆放钢筋支架或马凳架起上部钢筋，不得任意减少支架或马凳。

（11）绑扎立柱、墙体钢筋，不得站在钢筋骨架上和攀登骨架上下。柱筋在 4m 以内，重量不大，可在地面或楼面上绑扎，整体竖起；柱筋在 4m 以上，应搭设工作台。柱梁骨架应用临时支撑拉牢，以防倾倒。

（12）绑扎高层建筑的圈梁、挑檐、外墙、边柱钢筋，应搭设外架或安全网。绑扎时挂好安全带。

（13）钢筋焊接必须注意以下要求：

1）操作前应首先检查焊机和工具，如焊钳和焊接电缆的绝缘、焊机外壳保护接地和焊机的各接线点等，确认安全合格方可作业。

2）焊工必须穿戴防护衣具。电弧焊焊工要戴防护面罩。焊工应立站在干燥木板或其他绝缘垫上。

3）室内电弧焊时，应有排气通风装置。焊工操作地点相互之间应设挡板，以防弧光刺伤眼睛。

4）焊接时二次线必须双线到位，严禁借用金属管道、金属脚手架、轨道及结构钢筋作回路地线。

5）焊接过程中，如焊机发生不正常响声，变压器绝缘电阻过小导线破裂、漏电等，均应立即停机进行检修。

6）大量焊接时，焊接变压器不得超负荷，变压器升温不得超过 60℃，为此，要特别注意遵守焊机暂载率规定，以免过分发热而损坏。

7）电焊作业现场周围 10m 范围内不得堆放易燃易爆物品。

（14）夜间施工灯光要充足，不准把灯具挂在竖起的钢筋上或其他金属构件上，导线应架空。

（15）雨、雪、风力六级以上（含六级）天气不得露天作业。雨雪后应清除积水、积雪后方可作业。

2. 钢筋机械安全技术要求

（1）切断机。

1）机械运转正常，方准断料。断料时，手与刀口距离不得少于 15cm。动刀片前进时禁止送料。

2）切断钢筋禁止超过机械的负载能力。切断低合金钢等特种钢筋，应用高硬度刀片。

3）切长钢筋应有专人挟住，操作时动作要一致，不得任意拖拉。切短钢筋用套管或钳子夹料，不得用手直接送料。

4）切断机旁应设放料台，机械运转中严禁用手直接清除刀口附近的短头和杂物。在钢筋摆动范围和刀口附近，非操作人员不得停留。

（2）调直机。

1）机械上不准堆放物件，以防机械震动落入机体。

2）钢筋装入压滚，手与滚筒应保持一定距离。机器运转中不得调整滚筒。严禁戴手套操作。

3）钢筋调直到末端时，人员必须躲开，以防甩动伤人。

（3）弯曲机。

1）钢筋要贴紧挡板，注意放入插头的位置和回转方向，不得开错。

2）弯曲长钢筋，应有专人扶住，并站在钢筋弯曲方向的外面，互相配合，不得拖拉。

3）调头弯曲，防止碰撞人和物，更换插头、加油和清理，必须停机后进行。

（4）冷拔丝机。

1）先用压头机将钢筋头部压小，站在滚筒的一侧操作，与工作台应保持 50cm。禁止用手直接接触钢筋和滚筒。

2）钢筋的末端将通过冷拔的模子时，应立即踩脚闸分开离合器，同时用工具压住钢筋端头防止回弹。

3）冷拔过程中，注意放线架、压辊架和滚筒三者之间的运行情况，发现故障应即停机修理。

（5）点焊、对焊机（包括墩头机）。

1）焊机应设在干燥的地方，平稳牢固，要有可靠的接地装置，导线绝缘良好。

2）焊接前，应根据钢筋截面调整电压，发现焊头漏电，应即更换，禁止使用。

3）操作时应戴防护眼镜和手套，并站在橡胶板或木板上。工作棚要用防火材料搭设。棚内严禁堆放易燃、易爆物品，并备有灭火器材。

4）对焊机断路器的接触点、电板（铜头），要定期检查修理。冷却水管保持畅通，不得漏水和超过规定温度。

4.5.3　混凝土安全作业措施

1. 混凝土安全生产的准备工作

混凝土的施工准备工作，主要是模板、钢筋检查、材料、机具、运输道路准备。安全生产准备工作主要是对各种安全设施认真检查，是否安全可靠及有无隐患，尤其是对模板支撑、脚手架、操作台、架设运输道路及指挥、信号联络等。对于重要的施工部件其安全要求应详细交底。

2. 混凝土搅拌

（1）机械操作人员必须经过安全技术培训，经考试合格，持有"安全作业证"者，才准独立操作。机械必须检查，并经试车，确定机械运转正常后，方能正式作业。搅拌机必须安置在坚实的地方用支架或支脚筒架稳，不准用轮胎代替支撑。

（2）起吊爬斗以及爬斗进入料仓前，必须发出信号示警。进料斗升起时严禁人员在料斗下面通过或停留，机械运转过程中，严禁将工具伸入拌和筒内，工作完毕后料斗用挂钩挂牢固。

搅拌机开动前应检查离合器、制动器、齿轮、钢丝绳等是否良好，滚筒内不得有异物。

（3）搅拌站内必须按规定设置良好的通风与防尘设备，空气中的粉尘含量不超过国家规定的标准。

（4）清理爬斗坑时，必须停机，固定好爬斗，锁好开关箱，再进行清理。

3. 混凝土运输

（1）机械水平运输，司机应遵守交通规定，控制好车辆。用井架、龙门架运输时，车把不得超出吊盘之外，车轮前后要挡牢，稳起稳落。用塔吊运送混凝土时，小车必须焊有牢固的吊环，吊点不得少于 4 个并保持车身平衡，使用专用吊斗时吊环应牢固可靠，吊索钢筋绳应符合起重机械安全规程要求。操纵皮带运输机时，必须正确使用防护用品，禁止一切人员在输送机上行走和跨越；机械发生事故时，应立即停车检修，查明情况。

（2）混凝土泵送设备的放置，距离机坑不得小于 2m；设备的停车制动和锁紧制动应同时使用；泵送系统工作时，不得打开任何输送管道和液压管道。用输送泵输送混凝土时，管道接头、安全阀必须完好，管架必须牢固，输送前必须试送，检修时必须卸压。

（3）使用手推车运混凝土时，其运输通道应合理布置，使浇灌地点形成回路，避免车辆拥挤阻塞造成事故，运输通道应搭设平坦牢固，遇钢筋过密时可用马凳支撑支设，马凳间距一般不超过 2m。在架子上推车运送混凝土时，两车之间必须保持一定距离，并右道通行。车道板单车行走不小于 1.4m 宽，双车来回不小于 2.8m 宽，在运料时，前后应保持一定车距，不准奔走、抢道或超车。到终点卸料时，双手应扶牢车柄倒料，严禁双手脱把，防止翻车伤人。

4. 混凝土现浇作业安全技术

（1）施工人员应严格遵守混凝土作业安全操作规程，振捣设备安全可靠，以防发生触电事故。

（2）浇筑混凝土若使用溜槽时，溜槽必须牢固，若使用串筒时，串筒节间应连接牢靠。在操作部位应设护身栏杆，严禁直接站在溜槽帮上操作。

（3）预应力灌浆，应严格按照规定压力进行，输浆管应畅通，阀门接头应严格牢固。

（4）浇筑预应力框架、梁、柱、雨篷、阳台的混凝土时，应搭设操作平台，并有安全防护措施，严禁站在模板或支撑上操作。

5. 混凝土机械的安全规定

（1）混凝土搅拌机的安全规定。

1）混凝土搅拌机进料时，严禁将头或手伸入料斗与机架之间察看或探摸进料情况，运转中不得用手或工具等物伸入搅拌筒内扒料、出料。

2）搅拌机料斗升起时，严禁在料斗下方工作或穿行。料坑底部要设料斗枕垫，清理料坑时必须将料斗用链条扣牢。

3）向搅拌筒内加料应在运转中进行；添加新料必须先将搅拌机内原有的混凝土全部卸出来才能进行，不得中途停机或在满载时启动搅拌机，反转出料除外。

4）搅拌机作业中，如发生故障不能继续运转时，应立即切断电源、将筒内的混凝土清除干净，然后进行检修。

（2）混凝土泵送设备作业的安全要求。

1）混凝土泵支腿应全部伸出并支固，未支固前不得启动布料杆。布料杆升离支架后方可回转。布料杆伸出应按顺序进行。严禁用布料杆起吊或拖拉物件。

2）当布料杆处于全伸状态时，严禁移动车身。作业中需要移动时，应将上段布料杆折叠固定，移动速度不超过 10km/h。布料杆不得使用超过规定直径的配管，装接的软管应系防脱安全绳（带）。

3）应随时监视混凝土泵各种工作仪表和指示灯，发现不正常应及时调整或处理。如出现输送管道堵塞时，应进行逆向运转使混凝土返回料斗，必要时应拆管排除堵塞。

4）泵送工作应连续作业，必须暂停应每隔 5~10min（冬期 3~5min）泵送一次。若停止较长时间后泵送时，应逆向运转 1~2 个行程，然后顺向泵送。泵送时料斗内应保持一定量的混凝土，不得吸空。

5）应保持储满清水，发现水质混浊并有较多砂粒时应及时检查处理。

6）泵送系统受压力时，不得开启任何输送管道和液压管道。液压系统的安全阀不得任意调整，蓄能器只能充入氮气。

（3）混凝土振捣器的使用规定。

1）混凝土振捣器使用前应检查各部件是否连接牢固，旋转方向是否正确。

2）振捣器不得放在初凝的混凝土、地板、脚手架、道路和干硬的地面上进行试振，维修或作业间断时，应切断电源。

3）插入式振捣器软轴的弯曲半径不得小于 50cm，并不多于两个弯，操作时振动棒自然垂直地沉入混凝土，不得用力硬插、斜推或使钢筋夹住棒头。

4）振捣器应保持清洁，不得有混凝土粘在电动机外壳上妨碍散热。

5）作业转移时，电动机的导线应保持有足够的长度和松度。严禁用电源线拖拉振捣器。

6）用绳拉平板振捣器时，绳应干燥绝缘，移动或转向时不得用脚踢电动机。

7）平板振捣器的振捣器与平板应连接牢固，电源线必须固定在平板上，电器开关应装在手把上。

8）在一个构件上同时使用几台附着式振捣器工作时，所有振捣器的频率必须相同。

9）操作人员必须穿戴绝缘手套。

10）作业后，必须做好清洗、保养工作。振捣器要放在干燥处。

复 习 思 考 题

1. 定型组合钢模板由哪几部分组成？

2. 模板安装的程序是怎样的？包括哪些内容？

3. 模板在安装过程中，应注意哪些事项？

4. 模板拆除时要注意哪些内容？

5. 拆模应注意哪些内容？

6. 钢筋下料长度应考虑哪些内容？

7. 钢筋为什么要调直？钢筋调直应符合哪些要求？机械调直可采用哪些机械？

8. 钢筋切断有哪几种方法？

9. 钢筋弯曲成型有几种方法？

10. 钢筋的接头连接分为几类？

11. 钢筋焊接有几种形式？

12. 钢筋的冷加工有哪几种形式？钢筋机械冷拉的方式有哪几种？

13. 钢筋的安设方法有哪几种？

14. 钢筋的搭接有哪些要求？

15. 钢筋的现场绑扎的基本程序有哪些？

16. 钢筋安装质量控制的基本内容有哪些？

17. 混凝土工程施工缝的处理要求有哪些？

18. 混凝土施工缝的处理方法有哪些？

19. 混凝土浇筑前应对模板、钢筋及预埋件进行哪些检查？

20. 搅拌机使用前的检查项目有哪些？

21. 普通混凝土投料要求有哪些？

22. 混凝土搅拌质量如何进行外观检查？

23. 混凝土料在运输过程中应满足哪些基本要求？

24. 混凝土的水平运输方式有哪些？

25. 混凝土的垂直运输方式有哪些？

26. 铺料方法有哪些？

27. 如何使用振捣器平仓？

28. 振捣器使用前的检查项目有哪些？

29. 振捣器如何进行操作？

30. 混凝土浇筑后为何要进行养护？

31. 钢筋配料计算。一钢筋混凝土梁，高 500mm，宽 250mm，长 4800mm，保护层厚度为 25mm，梁内钢筋的规格及形状如图 4 - 78 所示。试计算每根钢筋的下料长度。

32. 已知 C20 混凝土的试验室配合比为 1：2.52：4.24，水灰比为 0.50，经测定砂的含水率为 2.5%，石子的含水率为 1%，每 1m³ 混凝土的水泥用量 340kg，则施工配合比为多少？工地采用 JZ350 型搅拌机拌和混凝土，出料容量为 0.35m³，则每搅拌一次的装料数量

图 4-78　钢筋的规格及形状

为多少？

33. 3 个建筑工地生产的混凝土，实际平均强度均为 24.0MPa，设计要求的强度等级均为 C20，3 个工地的强度变异系数 C_v 值分别为 0.103、0.155 和 0.251。问 3 个工地生产的混凝土强度保证率（P）分别是多少？并比较 3 个工地施工质量控制水平。

34. 某工程设计要求的混凝土强度等级为 C30，要求强度保证率 $P=95\%$。试求：

（1）当混凝土强度标准差 $\sigma=5.5MPa$ 时，混凝土的配制强度应为多少？

（2）若提高施工管理水平，σ 降为 3.0MPa 时，混凝土的配制强度为多少？

（3）若采用普通硅酸盐水泥 42.5 和卵石配制混凝土，用水量为 160kg/m³，水泥富余系数 $K_c=1.10$。问从 5.5MPa 降到 3.0MPa，每立方米混凝土可节约水泥多少？

35. 某高层建筑承台板长宽高分别为 60m×15m×1m，混凝土强度等级 C30，用 42.5 普通硅酸盐水泥，水泥用量为 386kg/m³，试验室配合比为 1∶2.18∶3.82，水灰比为 0.40，若现场砂的含水率为 1.5%，石子的含水率为 1%，试确定各种材料的用量。

36. 一高层建筑基础底板长宽高分别为 60m×20m×2.5m，要求连续浇筑混凝土，施工条件为现场混凝土最大供应量为 60m³/h，若混凝土运输时间为 1.5h，掺用缓凝剂后混凝土初凝时间为 4.5h，若每浇筑层厚度 300mm，试确定：

（1）混凝土浇筑方案（若采用斜面分层方案，要求斜面坡度不小于 1∶6）。

（2）求每小时混凝土浇筑量？

（3）完成浇筑任务所需时间？

37. 混凝土工程冬期施工措施有哪些？

38. 混凝土工程高温施工措施有哪些？

39. 雨期施工措施有哪些？

40. 模板安全作业措施有哪些？

41. 钢筋安全作业措施有哪些？

42. 混凝土安全作业措施有哪些？

第5章　预应力混凝土工程施工

5.1　先 张 法 施 工

先张法是在浇筑混凝土之前，先张拉预应力钢筋，并将预应力筋临时固定在台座或钢模上，待混凝土达到一定强度（一般不低于混凝土设计强度标准值的75%），混凝土与预应力筋具有一定的粘结力时，放松预应力筋，在预应力筋的反弹力作用下，使构件受拉区的混凝土承受顶压应力。预应力筋的张拉力，主要是由预应力筋与混凝土之间的粘结力传递给混凝土。图5-1为预应力混凝土构件先张法（台座）生产示意图。

图5-1　先张法台座生产示意图

(a) 预应力筋张拉；(b) 混凝土灌筑与养护；(c) 放松预应力筋

1—台座承力结构；2—横梁；3—台面；4—预应力筋；5—锚固夹具；6—混凝土构件

先张法生产可采用台座法和机组流水法。

台座法是构件在台座上生产，即预应力筋的张拉、固定、混凝土浇筑、养护和预应力筋的放松等工序均在台座上进行。采用机组流水法是利用钢模板作为固定预应力筋的承力架，构件连同模板通过固定的机组，按流水方式完成其生产过程。先张法适用于生产定型的中小型构件，如空心板、屋面板、吊车梁、檩条等。先张法施工中常用的预应力筋有钢丝和钢筋两类。

为此，对混凝土握裹力有严格要求，在混凝土构件制作、养护时要保证混凝土质量。

5.1.1　先张法的施工设备

1. 张拉台座

台座是先张法施工张拉和临时固定预应力筋的支承结构，它承受预应力筋的全部张拉力，要求台座必须具有足够的强度、刚度和稳定性，同时要满足生产工艺要求。台座按构造

图 5-2 墩式台座
1—承力台墩；2—横梁；3—台面；4—预应力筋

形式分为墩式台座和槽式台座。

（1）墩式台座。

墩式台座由承力台墩、台面和模梁组成，如图5-2所示。目前常用现浇钢筋混凝土制成的由承力台墩与台面共同受力的台座。可以用于永久性的预制厂制作中小型预应力混凝土构件。台座的长度和宽度由场地大小、构件类型和产量而定，一般长度宜为100～150m，宽度为2～4m，这样既可利用钢丝长的特点，张拉一次可生产多根（块）预应力混凝土构件，又减少了张拉和临时固定的工作，而且可以减少因钢丝滑动或台座横梁变形引起的预应力损失。

承力台墩是墩式台座的主要受力结构，依靠其自重和土压力平衡张拉力产生的倾覆力矩，依靠土的反力和摩阻力平衡张力产生的水平位移。因此，承力墩结构造型大，埋设深度深，投资较大。为了改善承力墩的受力状况，提高台座承受张拉力的能力，可采用与台面共同工作的承力墩，从而减小台墩自重和埋深。台面是预应力混凝土构件成型的胎模，它是由素土夯实后铺碎砖垫层，再浇筑50～80mm厚的C15～C20混凝土面层组成的。台面要求平整、光滑，沿其纵向留设0.3％的排水坡度，每隔10～20m设置宽30～50mm的温度缝。横梁是锚固夹具临时固定预应力筋的支点，也是张拉机械张拉预应力筋的支座，常采用型钢或由钢筋混凝土制作而成。横梁挠度要求小于2mm，并不得产生翘曲。

台座稍有变形，滑移或倾角，均会引起较大的应力损失。台座设计时，应进行稳定性和强度验算。稳定性验算包括台座的抗倾覆验算和抗滑移验算。

（2）槽式台座。

槽式台座是由端柱，传力柱和上、下横梁及砖墙组成的，如图5-3所示，端柱和传力柱是槽式台座的主要受力结构，采用钢筋混凝土结构。

图 5-3 槽式台座
1—钢筋混凝土端柱；2—砖墙；3—下横梁；4—上横梁；5—传力柱；6—柱垫

2. 夹具

夹具是预应力筋进行张拉和临时固定的工具，预应力筋夹具和连接器应具有可靠的锚固性能、足够的承载能力和良好的适用性，构造简单，施工方便，成本低。根据夹具的工作特点和用途分为张拉夹具和锚固夹具。

（1）夹具的要求。

预应力夹具应当具有良好的自锚性能和松锚性能，应能多次重复使用。需敲击才能松开的夹具，必须保证其对预应力筋的锚固没有影响，且对操作人员的安全不造成危险。当夹具达到实际的极限拉力时，全部零件不应出现肉眼可见的裂缝和破坏。

夹具（包括锚具和连接器）进场时，除应按出厂合格证和质量证明书核查其锚固性能类别、型号、规格及数量外，还应按规定进行外观检查、硬度检验和静载锚固性能试验验收。

（2）锚固夹具。

锚固夹具是将预应力筋临时固定在台座横梁上的工具。常用的锚固夹具有：

1）钢质锥形锚具。GE 钢质锥形锚具（又称弗氏锚），由锚塞和锚圈组成。可锚固标准强度为 1570MPa 的 $\phi 5$ 高强度钢丝束。配用 YDC1000 型穿心式千斤顶张拉、顶压锚固。

2）钢质锥形夹具。钢质锥形夹具主要用来锚固直径为 $3\sim 5$mm 的单根钢丝夹具，如图 5-4 所示。

3）镦头夹具。

镦头夹具适用于预应力钢丝固定端的锚固，是将钢丝端部冷镦或热镦形成镦粗头，通过承力板锚固，如图 5-5 所示。

（3）张拉夹具。

张拉夹具是将预应力筋与张拉机械连接起来进行预应力张拉的工具，常用的张拉夹具有月牙形夹具、偏心式夹具和楔形夹具等，如图 5-6 所示。

图 5-4　钢质锥形夹具

（a）圆锥齿板式；（b）圆锥式

1—套筒；2—齿板；3—钢丝；4—锥塞

图 5-5　固定端镦头夹具

1—垫片；2—镦头钢丝；3—承力板

图 5-6　张拉夹具

（a）月牙形夹具；（b）偏心式夹具；（c）楔形夹具

3. 张拉设备

张拉设备要求工作可靠，能准确控制应力，能以稳定的速率加大拉力。在先张法中常用的张拉设备有油压千斤顶、卷扬机、电动螺杆张拉机等。

图 5-7　油压千斤顶成组张拉装置图
1—油压千斤顶；2、5—拉力架横梁；3—大螺纹杆；
4、9—前、后横梁；6—预应力筋；
7—台座；8—放张装置

（1）油压千斤顶。

油压千斤顶可张拉单根或多根成组的预应力筋。张拉过程可直接从油压表读取张拉力值。成组张拉时，由于拉力较大，一般用油压千斤顶张拉，图 5-7 所示为油压千斤顶成组张拉装置。

（2）卷扬机。

在长线台座上张拉钢筋时，由于一般千斤顶的行程不能满足长台座要求，小直径钢筋可采用卷扬机张拉预应力筋，用杠杆或弹簧测力。弹簧测力时，宜设行程开关，在张拉到规定的应力时，能自行停机，如图 5-8 所示。

图 5-8　用卷扬机张拉预应力筋
1—镦头；2—横梁；3—放松装置；4—台座；5—钢筋；
6—垫块；7—销片夹具；8—张拉夹具；9—弹簧测力计；
10—固定梁；11—滑轮组；12—卷扬机

（3）电动螺杆张拉机。

电动螺杆张拉机由螺杆、电动机、变速箱、测力计及顶杆等组成。可单根张拉预应力钢丝或钢筋。张拉时，顶杆支于台座横梁上，用张拉夹具夹紧钢筋后，开动电动机，由皮带、齿轮传动系统使螺杆作直线运动，从而张拉钢筋。这种张拉的特点是运行稳定，螺杆有自锁性能，故电动螺杆张拉机恒载性能好，速度快，张拉行程大，如图 5-9 所示。

5.1.2　先张法的施工工艺

先张法施工工艺流程如图 5-10 所示。

1. 预应力筋的铺设、张拉

（1）预应力筋的材料要求。预应力筋铺设前先做好台面的隔离层，隔离剂应选用非油质类模板隔离剂。不得使预应力筋受污，以免影响预应力筋与混凝土的粘结。

图 5-9　电动螺杆张拉机

1—螺杆；2、3—拉力架；4—张拉夹具；5—顶杆；6—电动机；

7—齿轮减速箱；8—测力计；9、10—车轮；11—底盘；

12—手把；13—横梁；14—钢筋；15—锚固夹具

图 5-10　先张法施工工艺流程简图

碳素钢丝因强度高，表面光滑，它与混凝土粘结力较差，必要时可采取表面刻痕和压波措施，以提高钢丝与混凝土的粘结力。

钢丝接长可借助钢丝拼接器用 20～22 号铁丝密排绑扎，如图 5-11 所示。

（2）预应力筋张拉应力的确定。预应力筋的张拉控制应力，应符合设计要求。施工如采用超张拉，可比设计要求提高 5%，但其最大张拉控制应力不得超过表 5-1 的规定。

图 5-11　钢丝拼接器

1—拼接器；2—钢丝

表 5-1 最大张拉控制应力值 (σ_con)

钢筋种类	张 拉 方 法	
	先张法	后张法
消除应力钢丝、刻痕钢丝、钢绞线	$0.80f_{ptk}$	$0.80f_{ptk}$
热处理钢筋	$0.75f_{ptk}$	$0.70f_{ptk}$
冷拉钢筋	$0.95f_{pyk}$	$0.90f_{pyk}$

注 f_{ptk} 为预应力筋极限抗拉强度标准值；f_{pyk} 为预应力筋屈服强度标准值。

（3）预应力筋张拉力的计算。预应力筋张拉力 P 按下式计算：

$$P = (1+m)\sigma_{con}A_p \tag{5-1}$$

式中　m——超张拉百分率，%；

σ_{con}——张拉控制应力；

A_p——预应力筋截面面积。

（4）张拉程序。预应力筋的张拉程序可按下列程序之一进行：$0 \rightarrow 103\%\sigma_{con}$ 或 $0 \rightarrow 105\%\sigma_{con}$ $\xrightarrow[\text{持荷 2min}]{} \sigma_{con}$

第一种张拉程序中，超张拉 3% 是为了弥补预应力筋的松弛损失，这种张拉程序施工简便，一般较多采用。

（5）预应力筋伸长值与应力的测定。预应力筋张拉后，一般应校核预应力筋的伸长值。如实际伸长值与计算伸长值的偏差超过 ±6% 时，应暂停张拉，查明原因并采取措施予以调整后，方可继续张拉。预应力筋的实际伸长值，宜在初应力约为 $10\%\sigma_{con}$ 时开始测量，但必须加上初应力以下的推算伸长值。

预应力筋的位量不允许有过大偏差，对设计位置的偏差不得大于 5mm，也不得大于构件截面最短边长的 4%。

（6）张拉伸长值校核。预应力筋伸长值的取值范围为：$\Delta L(1-6\%) \sim \Delta L(1+6\%)$。

2. 混凝土浇筑与养护

预应力筋张拉完毕后即应浇筑混凝土。混凝土的浇筑应一次完成，不允许留设施工缝。预应力混凝土构件混凝土的强度等级一般不低于 C30；当采用碳素钢丝、钢绞线、热处理钢筋做预应力筋时，混凝土的强度等级不宜低于 C40。

构件应避开台面的温度缝，当不可能避开时，在温度缝上可先铺薄钢板或垫油毡，然后再灌混凝土，浇筑时，振捣器不得碰撞预应力钢筋。混凝土未达到一定强度前也不允许碰撞和踩动预应力筋，以保证预应力筋与混凝土有良好的粘结力。

采用平卧叠浇法制作预应力混凝土构件时，其下层构件混凝土的强度需达到 8～10MPa 后，方可浇筑上层构件混凝土并应有隔离措施。

预应力混凝土可采用自然养护和蒸汽湿热养护。但应注意采取正确的养护制度，在台座上用蒸汽养护时，温度升高后，预应力筋膨胀而台座的长度并无变化，因而引起预应力筋应力减小，在这种情况下混凝土逐渐硬结，则在混凝土硬化前预应力筋由于温度升高而引起的应力降低将无法恢复，这就是温差引起的预应力损失。因此，为了减少这种温差应力损失，应保证混凝土在达到一定强度（100N/mm²）之前，将温度升高限制在一定范围内（一般不超过 20℃），故在台座上采用蒸汽养护时，其最高允许温度应根据设计要求的允许温差（张拉钢筋时的温度与台座温度的差）经计算确定。当混凝土强度养护至 7.5MPa（配粗钢筋）或 10MPa（钢丝、钢绞线配筋）以上时，则可不受设计要求的温差限制，按一般构件的蒸汽养护规定进行。这种养护方法又称为二次升温养护法。在采用机组流水法用钢模制作预应力构件、蒸汽养护时，由于钢模和预应力筋同样伸缩，所以不存在因温差而引起的预应力损失，可以采用一般加热养护制度。

3. 预应力筋的放张

(1) 放张方法。配筋不多的中小型构件，钢丝可用砂轮锯或切断机等方法放张。配筋多的混凝土构件，钢丝应同时放张。如逐根放张，最后几根钢丝将由于承受过大的拉力而突然断裂，且构件端部容易开裂。

消除应力钢丝、钢绞线、热处理钢筋不得用电弧切割，宜用砂轮锯或切断机切断。预应力钢筋数量较多时，可用千斤顶、砂箱、模块等装置，如图 5-12～图 5-14 所示。

图 5-12　千斤顶放张装置图
1—横梁；2—千斤顶；3—承力架；
4—夹具；5—钢丝；6—构件

图 5-13　砂箱法放张装置图
1—活塞；2—钢套箱；3—进砂口；
4—钢套箱底板；5—出砂口；6—砂子

(2) 放张顺序。预应力筋的放张顺序，应满足设计要求，如设计无要求时应满足下列规定：

1) 对轴心受预压构件（如压杆、桩等）所有预应力筋应同时放张。

2) 对偏心受预压构件（如梁等）先同时放张预压力较小区域的预应力筋，再同时放张预压力较大区域的预应力筋。

图 5-14　楔块法放张
1—横梁；2—螺杆；3—螺母；4—承力板；
5—台座；6、8—钢块；7—钢楔块

3) 如不能按上述规定放张时，应分阶段、对称、相互交错的放张，以防止在放张过程中构件发生翘曲、裂纹及预应力筋断裂等现象。

4) 对配筋不多的中小型预应力混凝土构件，钢丝可用剪切、锯割等方法放张，配筋多的预应力混凝土构件，钢丝应同时放张。

5) 预应力筋为钢筋时，若数量较少可逐根加热熔断放张，数量较多且张拉力较大时，应同时放张。

5.2 后张法施工

后张法是先制作构件，在放置预应力钢筋的部位预先留有孔道，待构件混凝土强度达到设计规定的数值后，并用张拉机具夹持预应力筋将其张拉至设计规定的控制预应力，并借助锚具在构件端部将预应力筋锚固，最后进行孔道灌浆（或不灌浆）。预应力筋的张拉力主要是靠构件端部的锚具传递给混凝土，使混凝土产生预压应力。图 5 - 15 所示为预应力混凝土后张法生产示意图。

图 5 - 15　后张法施工示意

（a）制作钢筋混凝土构件；（b）预应力筋张拉；（c）锚固和孔道灌浆

1—钢筋混凝土构件；2—预留孔道；3—预应力筋；4—千斤顶；5—锚具

在后张法施工中，锚具永久性地留在构件上，成为预应力构件的一个组成部分，不能重复使用。因此，在后张法施工中，必须有与不同预应力筋配套的锚具和张拉机具。

5.2.1　后张法的施工设备

1. 对锚具的要求

锚具是预应力筋张拉和永久固定在预应力混凝土构件上的传递预应力的工具，应该锚固可靠，使用方便，有足够的强度、刚度。按锚固性能不同，可分为 I 类锚具和 II 类锚具。 I 类锚具适用于承受动载、静载的预应力混凝土结构；II 类锚具仅适用于有粘结预应力混凝土结构，且锚具只能处于预应力筋应力变化不大的部位。

锚具的静载锚固性能，应由预应力锚具组装件静载试验测定的锚具效率系数 η_a 和达到实测极限拉力时的总应变 ε_{apu} 确定，其值应符合表 5 - 2 规定。

表 5 - 2　　　　　　　　　　　　　锚具效率系数与总应变

锚具类型	锚具效率系数 η_a	实测极限拉力时的总应变 $\varepsilon_{apu}/\%$
I	≥0.95	≥2.0
II	≥0.90	≥1.7

锚具效率系数 η_a 按下式计算

$$\eta_a = \frac{F_{apu}}{\eta_p \cdot F_{apu}^c} \tag{5-2}$$

式中　　F_{apu}——预应力筋锚具组装件的实测极限拉力，kN；

　　　　F_{apu}^c——预应力筋锚具组装件中各根预应力钢材计算极限拉力之和，kN；

　　　　η_p——预应力筋的效率系数。

对于重要预应力混凝土结构工程使用的锚具，预应力筋的效率系数 η_p 应按国家现行标准《预应力筋用锚具、夹具和连接器》（GB/T 14370—2007）的规定进行计算。

对于一般预应力混凝土结构工程使用的锚具，当预应力筋为钢丝、钢绞线或热处理钢筋时，预应力筋的效率系数 η_p 取 0.97。

2. 锚具的种类

后张法所用锚具根据其锚固原理和构造型式不同，分为螺杆锚具、夹片锚具、锥销式锚具和镦头锚具四种体系；在预应力筋张拉过程中，根据锚具所在位置与作用不同，又可分为张拉端锚具和固定端锚具；预应力筋的种类有热处理钢筋束、消除应力钢丝束或钢绞线束。因此按锚具锚固钢筋或钢丝的数量，可分为钢绞线束锚具和钢筋束锚具、钢丝锚具及单根粗钢筋锚具。

钢绞线束和钢筋束目前使用的锚具有 JM 型、XM 型、QM 型、KT-Z 型和镦头锚具等。

（1）钢绞线束、钢筋束锚具。

1）JM 型锚具。JM 型锚具由锚环与夹片组成，用于锚固 3～6 根直径为 12mm 的光圆或变形钢筋束和 5～6 根直径为 12mm 钢绞线束。它可以作为张拉端或固定端锚具，也可作重复使用的工具锚。如图 5-16 所示，夹片呈扇形，靠两侧的半圆槽锚固预应力钢筋。为增加夹片与预应力筋之间的摩擦力，在半圆槽内刻有截面为梯形的齿痕，夹片背面的坡度与锚环一致。锚环分甲型和乙型两种，甲型锚环为一个具有锥形内孔的圆柱体，外形比较简单，

图 5-16　JM12 型锚具

(a) JM12 型锚具；(b) JM12 型锚具的夹片；(c) JM12 型锚具的锚环

1—锚环；2—夹片；3—圆锚环；4—方锚环；5—预应力钢丝束

使用时直接放置在构件端部的垫板上。乙型锚环在圆柱体外部增添正方形肋板，使用时锚环预埋在构件端部不另设垫板。锚环和夹片均用 45 号钢制造，甲型锚环和夹片必须经过热处理，乙型锚环可不必进行热处理。

2）XM 型锚具。XM 型锚具属新型大吨位群锚体系锚具。由锚环和夹片组成，对钢绞线束和钢丝束能形成可靠的锚固。三个夹片一组夹持一根预应力筋形成一锚固单元。由一个锚固单元组成的锚具称单孔锚具，由两个或两个以上的锚固单元组成的锚具称为多孔锚具，如图 5-17 所示。

XM 型锚具的夹片为斜开缝，以确保夹片能夹紧钢绞线或钢丝束中每一根外围钢丝，形成可靠的锚固，夹片开缝宽度一般平均为 1.5mm。

XM 型锚具既可作为工作锚，又可兼作工具锚。

图 5-17　XM 型锚具

1—喇叭管；2—锚环；3—灌浆孔；4—圆锥孔；5—夹片；6—钢绞线；7—波纹管

3）QM 型锚具。QM 型锚具与 XM 型锚具相似。它也是由锚板和夹片组成。但锚孔是直的，锚板顶面是平的，夹片垂直开缝。此外，备有配套喇叭形铸铁垫板与弹簧圈等。这种锚具适用于锚固 4～31 根 φ12 和 3～9 根 φ15 钢绞线束，如图 5-18 所示。

图 5-18　QM 型锚具及配件

1—锚板；2—夹片；3—钢绞线；4—喇叭形铸铁垫板；
5—弹簧圈；6—预留孔道用的波纹管；7—灌浆孔

4）KT-Z 型锚。KT-Z 型锚具由锚环和锚塞组成，如图 5-19 所示，分为 A 型和 B 型两种，当预应力筋的最大张拉力超过 450kN 时采用 A 型，不超过 450kN 时，采用 B 型。KT-Z 型锚具适用于锚固 3～6 根直径为 12mm 的钢筋束或钢绞线束。该锚具为半埋式，使用时先将锚环小头嵌入承压钢板中，并用断续焊缝焊牢，然后共同预埋在构件端部。预应力筋的锚固需借千斤顶将锚塞顶入锚环，其顶压力为预应力筋张拉力的 50%～60%。使用 KT-Z

型锚具时，预应力筋在锚环小口处形成弯折，因而产生摩擦损失。预应力筋的损失值为钢筋束约 $4\%_0\sigma_{con}$，钢绞线约 $2\%_0\sigma_{con}$。

　　5）镦头锚具。镦头锚用于固定端，如图 5 - 20 所示，它由锚固板和带镦头的预应力筋组成。

图 5 - 19　KT-Z 型锚具图　　　　　　　图 5 - 20　固定端用镦头锚具
1—锚环；2—锚塞　　　　　　　　1—锚固板；2—预应力筋；3—镦头

　　（2）钢丝束锚具。钢丝束所用锚具目前国内常用的有钢质锥形锚具，锥形螺杆锚具，钢丝束镦头锚具，XM 型锚具和 QM 型锚具。

　　1）钢丝束镦头锚具。钢丝束镦头锚具用于锚固 12～54 根 ϕ^s5 碳素钢丝束，分 DM5A 型和 DM5B 型两种。A 型用于张拉端，由锚环和螺母组成，B 型用于固定端。仅有一块锚板，如图 5 - 21 所示。

　　锚环的内外壁均有丝扣，内丝扣用于连接张拉螺杆，外丝扣用于拧紧螺母锚固钢丝束。锚环和锚板四周钻孔，以固定镦头的钢丝。孔数和间距由钢丝根数确定。钢丝可用液压冷镦器进行镦头。钢丝束一端可在制束时将头镦好，另一端则待穿束后镦头，但构件孔道端部要设置扩孔。

　　张拉时，张拉螺丝杆一端与锚环内丝扣连接，另一端与拉杆式千斤顶的拉头连接，当张拉到控制应力时，锚环被拉出，则拧紧锚环外丝扣上的螺母加以锚固。

　　2）钢质锥形锚具。钢质锥形锚具由锚环和锚塞组成，如图 5 - 22 所示。用于锚固以锥锚式双作用千斤顶张拉的钢丝束。钢丝分布在锚环锥孔内侧，由锚塞塞紧锚固。锚环内孔的锥度应与锚塞的锥度一致。锚塞上刻有细齿槽，夹紧钢丝防止滑移。

图 5 - 21　钢丝束镦头锚具　　　　　　图 5 - 22　钢质锥形锚具
1—A 型锚环；2—螺母；3—钢丝束；4—锚板　　　　1—锚环；2—锚塞

　　锥形锚具的缺点是当钢丝直径误差较大时，易产生单根滑丝现象，且很难补救。如用加大顶锚力的办法来防止滑丝，又易使钢丝被咬伤。此外，钢丝锚固时呈辐射状态，弯折处受力较大，在国外已少采用。

3）锥形螺杆锚具。锥形螺杆锚具适用于锚固 14～28 根 ϕ5 组成的钢丝束。由锥形螺杆、套筒、螺母、垫板组成，如图 5-23 所示。

(3) 单根粗钢筋锚具。

1）螺丝端杆锚具。螺丝端杆锚具由螺丝端杆、垫板和螺母组成，适用于锚固直径不大于 36mm 的热处理钢筋，如图 5-24（a）所示。

图 5-23　锥形螺杆锚具
1—钢丝；2—套筒；3—锥形螺杆；4—垫板

螺丝端杆可用同类的热处理钢筋或热处理 45 号钢制作。制作时，先粗加工至接近设计尺寸，再进行热处理，然后精加工至设计尺寸。热处理后不能有裂纹和伤痕。螺丝端杆锚具与预应力筋对焊，用张拉设备张拉螺丝端杆，然后用螺母锚固。

2）帮条锚具。它由一块方形衬板与三根帮条组成，如图 5-24（b）所示。衬板采用普通低碳钢板，帮条采用与预应力筋同类型的钢筋。帮条锚具一般用在单根粗钢筋作预应力筋的固定端。

(a)　　　　　　　　　　　　(b)

图 5-24　单根筋锚具
（a）螺丝端杆锚具；（b）帮条锚具
1—钢筋；2—螺丝端杆；3—螺母；4—焊接接头；5—衬板；6—帮条

3. 张拉设备

后张法张拉设备主要有千斤顶和高压油泵。

(1) 拉杆式千斤顶（YL 型）。拉杆式千斤顶主要用于张拉带有螺丝端杆锚具的粗钢筋，锥形螺杆锚具钢丝束及镦头锚具钢丝束。

拉杆式千斤顶构造如图 5-25 所示，由主缸 1、主缸活塞 2、副缸 4、副缸活塞 5、连接器 7、顶杆 8 和拉杆 9 等组成。张拉预应力筋时，首先使连接器 7 与预应力筋 11 的螺丝端杆 14 连接，并使顶杆 8 支承在构件端部的预埋钢板 13 上。当高压油泵将油液从主缸油嘴 3 进入主缸时，推动主缸活塞向左移动，带动拉杆 9 和连接在拉杆末端的螺丝端杆，预应力筋即被拉伸，当达到张拉力后，拧紧预应力筋端部的螺母 10，使预应力筋锚固在构件端部。锚固完毕后，改用副油嘴 6 进油，推动副缸活塞和拉杆向右移动，回到开始张拉时的位置，与此同时，主缸 1 的高压油也回到油泵中。目前工地上常用的为 600kN 拉杆式千斤顶。

(2) 锥锚式千斤顶（YZ 型）。锥锚式千斤顶主要适用于张拉 KT-Z 型锚具锚固的钢筋束或钢绞线束和使用锥形锚具的预应力钢丝束。其张拉油缸用以张拉预应力筋，顶压油缸用以顶压锥塞，因此又称双作用千斤顶，如图 5-26 所示。

图 5-25　拉杆式千斤顶构造示意图

1—主缸；2—主缸活塞；3—主缸油嘴；4—副缸；5—副缸活塞；6—副缸油嘴；

7—连接器；8—顶杆；9—拉杆；10—螺帽；11—预应力筋；

12—混凝土构件；13—预埋钢板；14—螺丝端杆

图 5-26　YZ85 锥锚式千斤顶

1—副缸；2—主缸；3—退楔缸；4—楔块（退出时位置）；5—楔块（张拉时位置）；

6—锥形卡环；7—退楔翼片

锥锚式双作用千斤顶的主缸及主缸活塞用于张拉预应力筋，主缸前端缸体上有卡环和销片，用以锚固预应力筋，主缸活塞为一中空筒状活塞，中空部分设有拉力弹簧。副缸和副缸活塞用于顶压锚塞，将预应力筋锚固在构件的端部，设有复位弹簧。

锥锚式双作用千斤顶张拉力为 300kN 和 600kN，最大张拉力 850N，张拉行程 250mm，顶压行程 60mm。

（3）YC-60 型穿心式千斤顶。穿心式千斤顶（YC 型）适用性很强，适用于张拉各种型式的预应力筋，它适用于张拉采用 JM12 型、QM 型、XM 型的预应力钢丝束，钢筋束和钢绞线束。配置撑脚和拉杆等附件后，又可作为拉杆式千斤顶使用。根据张拉力和构造不同，有 YC-60、YC20D、YCD120、YCD200 和无顶压机构的 YCQ 型千斤顶。YC-60 型是目前我国预应力混凝土构件施工中应用最为广泛的张拉机械。YC-60 型穿心式千斤顶加装撑脚、张拉杆和连接器后，就可以张拉以螺丝端杆锚具为张拉锚具的单根粗钢筋，张拉以锥形螺杆锚具和 DM5A 型镦头锚具为张拉锚具的钢丝束。现以 YC-60 型千斤顶为例，说明其构造及工作原理，如图 5-27 所示。

图 5-27　YC-60 型穿心式千斤顶的构造及工作示意图

(a) 构造与工作原理简图；(b) 加撑脚后的外貌图

1—张拉油缸；2—顶压油缸（即张拉活塞）；3—顶压活塞；4—弹簧；5—预应力筋；6—工具式锚具；7—螺帽；

8—锚环；9—混凝土构件；10—撑脚；11—张拉杆；12—连接器；13—张拉工作油室；

14—顶压工作油室；15—张拉回程油室；16—张拉缸油嘴；17—顶压缸油嘴；18—油孔

　　YC-60 型穿心式千斤顶，沿千斤顶的轴线有一直通的穿心孔道，供穿过预应力筋之用。YC-60 型穿心式千斤顶既能张拉预应力筋，又能顶压锚具锚固预应力筋，故又称为穿心式双作用千斤顶。YC-60 型穿心式千斤顶张拉力为 600kN，张拉行程 150mm。

5.2.2　预应力筋的制作

1. 钢筋束及钢绞线束制作

　　为了保证构件孔道穿入筋和张拉时不发生扭结，应对预应力筋进行编束。编束时把预应力筋理顺后，用 18～22 号铁丝，每隔 1m 左右绑扎一道，形成束状。

　　钢绞线下料宜用砂轮切割机切割，不得采用电弧切割。

　　钢绞线编束宜用 20 号铁丝绑扎，间距 2～3m。编束时应先将钢绞线理顺，并尽量使各根钢绞线松紧一致。如钢绞线单根穿入孔道，则不编束。

　　钢绞线下料长度：采用夹片锚具，以穿心式千斤顶在构件上张拉时，钢绞线的下料长度 L，按图 5-28 计算。

图 5-28　钢筋束、钢绞线束下料长度计算简图

(a) 两端张拉；(b) 一端张拉

1—混凝土构件；2—孔道；3—钢绞线；4—夹片式工作锚；

5—穿心式千斤顶；6—夹片式工具锚

（1）两端张拉

$$L = l + 2(l_1 + l_2 + l_3 + 100)$$

$$(5-3)$$

（2）一端张拉

$$L = l + 2(l_1 + 100) + l_2 + l_3$$

$$(5-4)$$

式中　l——构件的孔道长度；

　　　　l_1——夹片式工作锚厚度；

　　　　l_2——穿心式千斤顶长度；

　　　　l_3——夹片式工具锚厚度。

2. 钢丝束制作

　　钢丝束制作随锚具的不同而异，一般需经调直、下料、编束和安装锚具等工序。

当采用镦头锚具时，一端张拉，应考虑钢丝束张拉锚固后螺母位于锚环中部，钢丝下料长度 L，可按图 5-29，用下式计算

$$L = L_0 + 2a + 2b - 0.5(H - H_1) - \Delta L - C \qquad (5-5)$$

式中　L_0——孔道长度；

　　　a——锚板厚度；

　　　b——钢丝镦头团量，取钢丝直径 2 倍；

　　　H——锚环高度；

　　　H_1——螺母高度；

　　　ΔL——张拉时钢丝伸长值；

　　　C——混凝土弹性压缩（很小时可略不计）。

为了保证钢丝不发生扭结，必须进行编束。编束前应对钢丝直径进行测量，直径相对误差不得超过 0.1mm，以保证成束钢丝与锚具可靠连接。采用锥形螺杆锚具时，编束工作在平整的场地上把钢丝理顺放平，用 22 号铁丝将钢丝每隔 1m 编成帘子状，然后每隔 1m 放置 1 个螺旋衬圈，再将编好的钢丝帘绕衬圈围成圆束，用铁丝绑扎牢固，如图 5-30 所示。

图 5-29　用镦头锚具时钢丝
下科长度计算简图

图 5-30　钢丝束的编束
1—钢丝；2—铅丝；3—衬圈

当采用镦头锚具时，根据钢丝分圈布置的特点，编束时首先将内圈和外圈钢丝分别用铁丝顺序编扎，然后将内圈钢丝放在外圈钢丝内扎牢。编束好后，先在一端安装锚环并完成镦头工作，另一端钢丝的镦头，待钢丝束穿过孔道安装上锚板后再进行。

3. 单根预应力筋制作

单根粗预应力钢筋一般用热处理钢筋，其制作包括配料、对焊、冷拉等工序。为保证质量，宜采用控制应力的方法进行冷拉；钢筋配料时应根据钢筋的品种测定冷拉率，如果在一批钢筋中冷拉率变化较大时，应尽可能把冷拉率相近的钢筋对焊在一起进行冷拉，以保证钢筋冷拉力的均匀性。

钢筋采用对焊接长在钢筋冷拉前进行。钢筋的下料长度由计算确定。

当构件两端均采用螺丝端杆锚具时（图 5-31），预应力筋下料长度为

$$L = \frac{l + 2l_2 - 2l_1}{1 + \gamma - \delta} + n\Delta \qquad (5-6)$$

当一端采用螺丝端杆锚具，另一端采用帮条锚具或镦头铺具时，预应力筋下料长度为

$$L = \frac{l + l_2 + l_3 - l_1}{1 + \gamma - \delta} + n\Delta \qquad (5-7)$$

式中　l——构件的孔道长度；

图 5-31 单根预应力筋下料长度计算图

l_1——螺丝端杆长度，一般为 320；

l_2——螺丝端杆伸出构件外的长度，一般为 120～150mm 或按下式计算：张拉端：$l_2 = 2H + h + 5mm$；锚固端：$l_2 = H + h + 10mm$；

l_3——帮条或镦头锚具所需钢筋长度；

γ——预应力筋的冷拉率（由试验定）；

δ——预应力筋的冷拉回弹率一般为 0.4%～0.6%；

n——对焊接头数量；

$\triangle$——每个对焊接头的压缩量，取一个钢筋直径；

H——螺母高度；

h——垫板厚度。

5.2.3　后张法的施工工艺

后张法施工工艺与预应力施工有关的主要是孔道留设，预应力筋张拉和孔道灌浆三部分，图 5-32 为后张法工艺流程图。

```
安装底模
   ↓
安装钢筋骨架、支侧模
   ↓
埋管制孔 ────→ 机具准备
   ↓
浇捣混凝土 ────→ 制混凝土试块
   ↓
抽管
   ↓
养护、拆模
   ↓
锚具制作 ────→ 清理孔道
   ↓
预应力筋制作 ────→ 穿筋
   ↓
校验张拉机具 ────→ 张拉预应力筋 ←──── 压混凝土试块
   ↓
灌浆机具准备 ────→ 孔道灌浆 ────→ 制作水泥浆试块
   ↓
起吊运输 ←──── 压水泥浆试块
```

图 5-32　预应力后张法施工工艺

1. 孔道留设

孔道留设是后张法预应力混凝土构件制作中的关键工序之一，也是施工过程检验验收的重要环节，主要为穿预应力钢筋（束）及张拉锚固后灌浆用。

孔道留设的方法有钢管抽芯法、胶管抽芯法、橡胶抽拔棒法和预埋管法（主要采用波纹管）等。预应力的孔道形式一般有直线、曲线和折线三种。钢管抽芯法只用于直线孔道的成型，胶管抽芯法、橡胶抽拔棒法和预埋管法则可以适用于直线、曲线和折线的孔道。

（1）钢管抽芯法。

钢管抽芯法适用于留设直线孔道。钢管抽芯法是预先将钢管敷设在模板的孔道位置上，在混凝土浇筑和养护过程中，每隔一定时间要慢慢转动钢管一次，以防止混凝土与钢管粘结。待混凝土初凝后、终凝前抽出钢管即在构件中形成孔道。为保证预留孔道质量，施工中应注意以下几点：

1）选用的钢管要平直，表面光滑，安放位置准确。钢管不直，在转动及拔管时易将混凝土管壁挤裂。钢管预埋前应除锈、刷油，以便抽管。钢管的位置固定一般用钢筋井字架，井字架间距一般为 1～2m。在灌筑混凝土时，应防止振动器直接接触钢管，避免产生位移。

2）钢管每根长度最好不超过 15m，以便旋转和抽管。钢管两端应各伸出构件 500mm 左右。较长构件可用两根钢管接长，两根钢管接头处可用 0.5mm 厚铁皮做成的套管连接，如图 5-33 所示。套管内表面要与钢管外表面紧密结合，以防漏浆堵塞孔道。

3）恰当准确地掌握抽管时间。抽管时间与水泥品种、气温和养护条件有关。抽管宜在混凝土初凝后、终凝以前进行，以用手指按压混凝土表面不显指纹时为宜。常温下抽管时间约在混凝土浇筑后 3～6h。抽管时间过早，会造成坍孔事故；抽管时间太晚，混凝土与钢管粘结牢固，抽管困难，甚至抽不出来。钢管抽芯法应当派人在混凝土浇筑过程及浇筑后每隔一定时间慢慢转动钢管，防止它与混凝土粘住。

图 5-33　钢管连接方法
1—钢管；2—白铁皮套管；3—硬木塞

4）抽管顺序和方法。抽管顺序宜先上后下进行。抽管方法可分为人工或卷扬机抽管，抽管时必须速度均匀，边抽边转，并与孔道保持在一条直线上。抽管后，应及时检查孔道情况，并做好孔道清理工作，以免增加以后穿筋的困难。

5）灌浆孔和排气孔的留设。留设预留孔道的同时，方便构件孔道灌浆，按照设计规定，每个构件与孔道垂直的方向应留设若干个灌浆孔和排气孔。一般在构件两端和中间每隔 12m 左右留设一个直径 20mm 的灌浆孔，可用木塞或白铁皮管成孔。在构件两端各留一个排气孔。

（2）胶管抽芯法。

胶管抽芯法利用的胶管有 5～7 层的夹布胶管和供预应力混凝土专用的钢丝网橡皮管两种。前者必须在管内充气或充水后才能使用。后者质硬，且有一定弹性，预留孔道时与钢管一样使用。将胶管预先敷设在模板中的孔道位置上，胶管的固定用钢筋井字架，胶管直线段每段间隔不大于 1.0m，曲线段不大于 0.5m，并与钢筋骨架绑扎牢。下面介绍常用的夹布胶管留设孔道的方法。

采用夹布胶管预留孔道时，混凝土浇筑前夹布胶管内充入压缩空气或压力水，工作压力为 500～800kPa，此时胶管直径可增大约 3mm 左右。待混凝土初凝后，放出压缩空气或压力水，使管径缩小并与混凝土脱离开，抽出夹布胶管，便可形成孔道。为了保证留设孔道质量，使用时应注意以下几个问题：

1）胶管铺设后，应注意不要让钢筋等硬物刺穿胶管，胶管应当有良好的密封性，勿使漏水、漏气。夹布胶管内充入压缩空气或压力水前，胶管两端应有密封装置（图 5-34）。密封的方法是将胶管一端外表面削去 1～3 层胶皮及帆布，然后将外表面带有粗丝扣的钢管（钢管一端用铁板密封焊牢）插入胶管端头孔内，再用 20 号铅丝与胶管外表面密缠牢固。铅丝头用锡焊牢。胶管另一端接上阀门，其方法与密封端基本相同。

图 5-34 胶管密封装置

(a) 胶管封头；(b) 胶管与阀门连接

1—胶管；2—铁丝密缠；3—钢管堵头；4—阀门

2）胶管接头处理，图 5-35 为胶管接头方法。图中 1mm 厚钢管用无缝钢管制成。其内径等于或略小于胶管外径，以便于打入硬木塞后起到密封作用。铁皮套管与胶管外径相等或稍大（在 0.5mm 左右），以防止在振捣混凝土时胶管受振外移。

图 5-35 胶管接头

1—胶管；2—白铁皮套管；3—钉子；4—厚 1mm 的钢管；5—硬木塞

3）抽管时间和顺序。抽管时间比钢管略迟。一般可参照气温和浇筑后的小时数的乘积达 200℃·h 左右。胶管抽芯法预留孔道，混凝土浇筑后不需要旋转胶管，抽管顺序一般为先上后下，先曲后直。

采用钢丝网胶管预留孔道时，预留孔道的方法和钢管相同。由于钢丝网胶管质地坚硬，并具有一定的弹性，抽管时在拉力作用下管径缩小和混凝土脱离开，即可将钢丝网胶管抽出。

胶管抽芯法的灌浆孔和排气孔的留设方法同钢管抽芯法。

（3）预埋金属波纹管法。

预埋波纹管法就是利用与孔道直径相同的金属波纹管埋入混凝土构件中，无需抽出，波纹管一般是由薄钢带（厚 0.3mm）经压波后卷成黑铁皮管、薄钢管或镀锌双波纹金属软管。它具有重量轻、刚度好、弯折方便、连接简单、摩阻系数小，预埋管法因省去抽管工序，且孔道留设的位置，形状也易保证，与混凝土粘结良好等优点，可作成各种形状的孔道，故目前应用较为普遍，是现代后张预应力筋孔道成型用的理想材料。

金属波纹管每根长 4～6m，也可根据需要，现场制作，长度不限。波纹管在 1kN 径向力作用下不变形，使用前应作灌水试验，检查有无渗漏现象。波纹管外形按照每两个相邻的折叠咬口之间凸出部（波纹）的数量，分为单波纹和双波纹，如图 5-36 所示。

波纹管内径为 40～100mm，每 5mm 递增。波纹管高
度，单波为 2.5mm，双波为 3.5mm。波纹管长度，可根
据运输要求或孔道长度进行卷制。波纹管用量大时，生产
厂家可带卷管机到现场生产，管长不限。

图 5 - 36　波纹管外形
(a) 单波纹；(b) 双波纹

安装前应事先按设计图纸中预应力的曲线坐标，以波
纹管底边为准，在一侧侧模上弹出曲线来，定出波纹管的
位置；也可以梁模板为基准，按预应力筋曲线上各点坐
标，在垫好底筋保护层垫块的箍筋胶上做标志定出波纹管的曲线位置。波纹管的固定，可用
钢筋支架或井字架，按间距 50～100cm 焊在钢筋上，曲线孔道时应加密，并用铁丝绑扎牢，
以防止浇筑混凝土时，管子上浮（先穿入预应力筋的情况稍好），造成质量事故。

灌浆孔与波纹管的连接，如图 5 - 37 所示。其做法是在波纹管上开洞，其上覆盖海绵垫
片与带嘴的塑料弧形压板，并用铁丝扎牢，再用增强塑料管插在嘴上，并将其引出梁顶面
400～500mm。在构件两端及管中应设置灌浆孔，其间距不宜大于 12m（预埋波纹管时灌浆
孔间距不宜大于 30m）。曲线孔道的曲线波峰位置，宜设置泌水管。

2. 预应力筋张拉

用后张法张拉预应力筋时，混凝土强度应符合设计要求，如设计无规定时，不应低于设
计强度等级的 75%。张拉程序减少预应力损失，保持预应力的均衡，减少偏心。

（1）穿筋。

成束的预应力筋将一头对齐，按顺序编号套在穿束器上，如图 5 - 38 所示。

图 5 - 37　灌浆孔与波纹管的连接　　　　　　图 5 - 38　穿束器
1—波纹管；2—海绵垫片；3—塑料弧形压板；
4—增强塑料管；5—铁丝绑扎

预应力筋穿束根据穿束与浇筑混凝土之间的先后关系，可分为先穿束和后穿束两种。

1）先穿束法。

该法穿束省力，但穿束占用工期，束的自重引起的波纹管摆动会增大摩擦损失，束端保
护不当易生锈。按穿束与预埋波纹管之间的配合，又可分为以下三种情况：

①先穿束后装管：即将预应力筋先穿入钢筋骨架内，然后将螺旋管逐节从两端套入并
连接；

②先装管后穿束：即将螺旋管先安装就位，然后将预应力筋穿入；

③二者组装后放入：即在梁外侧的脚手架上将预应力筋与套管组装后，从钢筋骨架顶部
放入就位，箍筋应先做成开口箍，再封闭。

2）后穿束法。

该法可在混凝土养护期内进行，不占工期，便于用通孔器或高压水通孔，穿束后即行张拉，易于防锈，但穿束较为费力。

（2）张拉控制应力及张拉程序。张拉控制应力越高，建立的预应力值就越大，构件抗裂性越好。但是张拉控制应力过高，构件使用过程经常处于高应力状态，构件出现裂缝的荷载与破坏荷载很接近，往往构件破坏前没有明显预兆，而且当控制应力过高，构件混凝土预压应力过大而导致混凝土的徐变应力损失增加。因此控制应力应符合设计规定。在施工中预压力筋需要超张拉时，可比设计要求提高 3%～5%，但其最大张拉控制应力不得超过表 5-1 的规定。

预应力筋的张拉程序，主要根据构件类型、张锚体系、松弛损失取值等因素来确定。为了减少预应力筋的松弛损失，预应力筋的张拉程序为：

1）用超张拉方法减少预应力筋的松弛损失时，预应力筋的张拉程序宜为：$0 \rightarrow 105\% \sigma_{con}$ $\xrightarrow{\text{持荷2min}} \sigma_{con}$。

2）如果预应力筋张拉吨位不大，根数很多，而设计中又要求采取超张拉以减少应力松弛损失时，其张拉程序可为：$0 \rightarrow 103\% \sigma_{con}$。

以上各种张拉操作程序，均可分级加载。对曲线预应力束，一般以 $0.2 \sim 0.25\sigma_{con}$ 为量伸长起点，分 3 级加载 $0.2\sigma_{con}$（$0.6\sigma_{con}$ 及 $1.0\sigma_{con}$）或 4 级加载（$0.25\sigma_{con}$、$0.50\sigma_{con}$、$0.75\sigma_{con}$ 及 $1.0\sigma_{con}$），每级加载均应量测张拉伸长值。

当预应力筋长度较大，千斤顶张拉行程不够时，应采取分级张拉、分级锚固。第二级初始油压为第一级最终油压。预应力筋张拉到规定油压后，持荷复验伸长值，合格后进行锚固。

（3）张拉顺序。

张拉顺序应符合设计要求。

图 5-39 预应力混凝土屋架下弦杆与吊车梁的预应力筋张拉顺序。

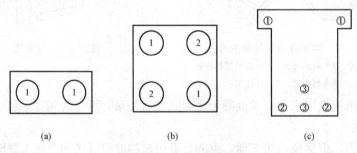

图 5-39　预应力筋的张拉顺序
(a)、(b) 屋架下弦杆；(c) 吊车梁

1）对配有多根预应力筋的预应力混凝土构件，由于不可能同时一次张拉完预应力筋，应分批、对称的进行张拉。对称张拉是为了避免张拉时构件截面呈现过大的偏心受压状态。分批张拉时，由于后批张拉的作用力，使混凝土再次产生弹性压缩导致先批预应力筋应力下降。此应力损失可按下式计算后加到先批预应力筋的张拉应力中去。分批张拉的损失也可以采取对先批预应力筋逐根复位补足的办法处理。

$$\Delta\sigma = [E_\mathrm{s}(\sigma_\mathrm{con} - \sigma_1)A_\mathrm{p}]/E_\mathrm{c}A_\mathrm{n} \tag{5-8}$$

式中　　$\Delta\sigma$——先批张拉钢筋应增加的应力；

　　　　E_s——预应力筋弹性模量，kN/mm^2；

　　　　σ_con——张拉控制应力；

　　　　σ_1——后批张拉预应力筋的第一批预应力损失（包括锚具变形后和摩擦损失），
　　　　　　　　kN/mm^2；

　　　　E_c——混凝土弹性模量，kN/mm^2；

　　　　A_p——后批张拉的预应力筋截面积，mm^2；

　　　　A_n——构件混凝土净截面积（包括构造钢筋折算面积），mm^2。

2）对平卧叠浇的预应力混凝土构件，上层构件的重量产生的水平摩阻力，会阻止下层构件在预应力筋张拉时混凝土弹性压缩的自由变形，待上层构件起吊后，由于摩阻力影响消失会增加混凝土弹性压缩的变形，从而引起预应力损失。该损失值，随构件型式、隔离剂和张拉方式而不同，其变化差异较大。目前尚未掌握其变化规律，为便于施工，在工程实践中可采取逐层加大超张拉的办法来弥补该预应力损失，但是底层的预应力混凝土构件的预应力筋的张拉力不得超过顶层的预应力筋的张拉力，具体规定是：预应力筋为钢丝，钢绞线、热处理钢筋，应小于 5%，其最大超张拉应小于抗拉强度的 75%；预应力筋为冷拉热轧钢筋，应小于 9%，其最大超张拉应小于标准强度的 95%。

【例 5-1】　某屋架下弦截面积尺寸为 $240\times220mm^2$，有 4 根预应力筋；预应力筋采用 HRB335 级钢筋，直径为 25mm，张拉控制应力 $\sigma_\mathrm{con}=0.85f_\mathrm{pyk}=0.85\times500=425N/mm^2$。采用 $0\to1.03\sigma_\mathrm{con}$ 张拉程序，沿对角线分两批对称张拉，屋架下弦杆构造配筋为 $4\phi10$，孔道直径为 $D=48mm$，试计算第一批预应力筋张拉应力增加值 $\Delta\sigma$。

解　采用两台 YL60 千斤顶，考虑到第二批张拉对第一批预应力筋的影响，则第一批预应力筋张拉应力应增加 $\Delta\sigma$。

$$\Delta\sigma = [E_\mathrm{s}(\sigma_\mathrm{con} - \sigma_1)A_\mathrm{p}]/E_\mathrm{c}A_\mathrm{n}$$

其中，$E_\mathrm{s}=180\,000N/mm^2$，$E_\mathrm{c}=32\,500N/mm^2$，$\sigma_\mathrm{con}=425N/mm^2$，$\sigma_1=28N/mm^2$（计算略去），$A_\mathrm{p}=491\times2=982mm^2$，$A_\mathrm{n}=240\times220-4\times\pi\times48^2/4+4\times78.5\times200\,000/32\,500=47\,498mm^2$

代入计算公式：$\Delta\sigma=180\,000\times(425-28)\times982/(32\,500\times47\,498)=45.4N/mm^2$

则第一批预应力筋张拉应力为：$(425+45.4)\times1.03=485>0.9f_\mathrm{pyk}=450N/mm^2$

上述计算表明，分批张拉的影响若计算补加到先批预应力筋张拉应力中，将使张拉应力过大，超过了规范规定，故采取重复张拉补足的办法。

【例 5-2】　[例 5-1] 中，若 $\Delta\sigma=12N/mm^2$ 试计算第一批、第二批预应力筋的张拉力及油压表读数。

解　当采用超张拉 $\Delta\sigma$ 时钢筋的应力为 $1.03\times(425+12)=450N/mm^2=0.9f_\mathrm{pyk}$

故第一批筋可超张拉 $\Delta\sigma$。

第一批的张拉力为 $N=1.03\times(425+12)\times491=221kN$

油压表读数 $P=\dfrac{221\,000}{16\,200}=13.64N/mm^2$（活塞面积 $16\,200mm^2$）

第二批筋的张拉力为 $N=1.03\times425\times491=215.9kN$

油压表读数为 $P = \dfrac{214\ 900}{16\ 200} = 13.3\text{N/mm}^2$

（4）叠层构件的张拉。对叠浇生产的预应力混凝土构件，上层构件产生的水平摩阻力会阻止下层构件预应力筋张拉时混凝土弹性压缩的自由变形，当上层构件吊起后，由于摩阻力影响消失，将增加混凝土弹性压缩变形，因而引起预应力损失。该损失值与构件形式、隔离层和张拉方式有关。为了减少和弥补该项预应力损失，可自上而下逐层加大张拉力，底层张拉力不宜比顶层张拉力大 5%（钢丝、钢绞线、热处理钢筋），且不得超过表 5-1 规定。

为了使逐层加大的张拉力符合实际情况，最好在正式张拉前对某叠层第一、二层构件的张拉压缩量进行实测，然后按下式计算各层应增加的张拉力。

$$\Delta N = (n-1) \frac{\Delta_1 - \Delta_2}{L} E_s A_p \qquad (5-9)$$

式中　ΔN——层间摩阻力；

　　　n——构件所在层数（自上而下计）；

　　　Δ_1——第一层构件张拉压缩值；

　　　Δ_2——第二层构件张拉压缩值；

　　　L——构件长度；

　　　E_s——预应力筋弹性模量；

　　　A_p——预应力筋截面面积。

【例 5-3】　［例 5-2］中的预应力屋架下弦孔道长度为 23 800mm，4 榀屋架叠加生产，经实测第一榀屋架压缩变形值为 12mm，第二榀屋架压缩变形值为 11mm，计算摩阻力 ΔN。

解　层间摩阻力 ΔN 为

$$\Delta N = (n-1) \frac{\Delta_1 - \Delta_2}{L} E_s A_p = (2-1) \times \frac{12-11}{23\ 800} \times 180\ 000 \times 982 = 7427\text{N}$$

则第二榀屋架张拉应力为 $\sigma_{con} + \dfrac{7427}{982} = 0.85 \times 500 + 7.6 = 433\text{N/mm}^2$

第三榀屋架张拉应力为 $433 + 7.6 = 440.6\text{N/mm}^2$

第四榀屋架张拉应力为 $440.6 + 7.6 = 448.2\text{N/mm}^2$

上面各榀屋架预应力的张拉力都满足不超过 $0.90 f_{pyk}$（450N/mm²）的要求。

（5）张拉方法和张拉端设置的要求。为了减少预应力筋与预留孔壁摩擦引起的预应力损失，对于抽芯成形孔道，曲线预应力筋和长度大于 24m 的直线预应力筋，应在两端张拉；对长度等于或小于 24m 的直线预应力筋，可在一端张拉；预埋波纹管孔道，对于曲线预应力筋和长度大于 30m 的直线预应力筋，宜在两端张拉；对于长度等于或小于 30m 的直线预应力筋可在一端张拉。当同一截面中有多根一端张拉的预应力筋时，张拉端宜分别设在构件的两端，以免构件受力不均匀。安装张拉设备时，对于直线预应力筋，应使张拉力的作用线与孔道中心线重合；对于曲线预应力筋，应使张拉力的作用线与孔道中心线末端的切线方向重合。

（6）预应力值的校核和伸长值的测定。为了了解预应力值建立的可靠性，需对预应力筋的应力及损失进行检验和测定，以便使张拉时补足和调整预应力值。检验应力损失最方便的办法是，在预应力筋张拉 24 小时后孔道灌浆前重拉一次，测读前后两次应力值之差，即为钢筋预应力损失（并非应力损失全部，但已完成很大部分）。预应力筋张拉锚固后，实际预应力值与工程设计规定检验值的相对允许偏差为±5％。

在测定预应力筋伸长值时，须先建立 $10\%\sigma_{con}$ 的初应力，预应力筋的伸长值，也应从建立初应力后开始测量，但须加上初应力的推算伸长值，推算伸长值可根据预应力弹性变形呈直线变化的规律求得。例如，某筋应力自 $0.2\sigma_{con}$ 一增至 $0.3\sigma_{con}$ 时，其变形为 4mm，即应力每增加 $0.1\sigma_{con}$ 变形增加 4mm，故该筋初应力 $10\%\sigma_{con}$ 时的伸长值为 4mm。对后张法尚应扣除混凝土构件在张拉过程中的弹性压缩值。预应力筋在张拉时，通过伸长值的校核，可以综合反映出张拉应力是否满足，孔道摩阻损失是否偏大，以及预应力筋是否有异常现象等。如实际伸长值与计算伸长值的偏差超过±6％时，应暂停张拉，分析原因后采取措施。

3. 孔道灌浆

孔道灌浆是后张法预应力工艺的重要环节，预应力筋张拉完毕后，应立即进行孔道。灌浆的目的是为了防止钢筋锈蚀，增加结构的整体性和耐久性，提高结构抗裂性和承载能力。

灌浆用的水泥浆应有足够强度和粘结力，且应有较好的流动性，较小的干缩性和泌水性，水泥强度等级一般应不低于 42.5 之间，水灰比控制在 $0.4\sim0.45$，搅拌后 3h 泌水率宜控制在 2％，最大不得超过 3％，水泥浆的稠度控制在 $14\sim18s$。对孔隙较大的孔道，可采用砂浆灌浆。

为了增加孔道灌浆的密实性，减少水泥浆收缩，可掺 $0.05\%\sim0.1\%$ 的脱脂铝粉或其他类型的膨胀剂。在水泥浆或砂浆内可以掺入对预应力筋无腐蚀作用的外加剂，如掺入占水泥重量 0.25％的木质素磺酸钙，或掺入占水泥重量 0.05％的铝粉。不掺外加剂时，可用二次灌浆法。

灌浆前，用压力水冲洗和湿润孔道。用电动或手动灰浆泵进行灌浆。灌浆工作应连续进行，不得中断。并应防止空气压入孔道而影响灌浆质量。灌浆压力宜控制在 $0.3\sim0.5MPa$ 为宜。灌浆顺序应先下后上，以避免上层孔道漏浆时把下层孔道堵塞。孔道末端应设置排气孔，灌浆时待排气孔溢出浓浆后，才能将排气孔堵住继续加压到 $0.5\sim0.6MPa$，并稳定两分钟，关闭控制闸，保持孔道内压力。每条孔道应一次灌成，中途不应停顿，否则将已压的水泥浆冲洗干净，从头开始灌浆。

灌浆后，切割外露部分预应力钢绞线（留 $30\sim50mm$）并将其分散，锚具应采用混凝土封头保护。封头混凝土尺寸应＞预埋钢板，厚度≮100mm，封头内应配钢筋网片，细石混凝土强度等级为 C30～C40。

孔道灌浆后，当灰浆强度达到 $15N/mm^2$ 时，方能移动构件，灰浆强度达到 100％设计强度时，才允许吊装。

5.3　无粘结预应力混凝土施工

在后张法预应力混凝土构件中，预应力筋分为有粘结和无粘结两种。有粘结的预应力是后张法的常规做法，张拉后通过灌浆使预应力筋与混凝土粘结。无粘结预应力是近几年发展起来的新技术，其做法是在预应力筋表面覆裹一层涂塑层或刷涂油脂并包塑料带（管）后，如同普通钢筋一样先铺设在支好的模板内，再浇筑混凝土，待混凝土达到规定的强度后，用张拉机具进行张拉，当张拉达到设计的应力后，两端再用特制的锚具锚固。预应力筋张拉力完全靠构件两端的锚具传递给构件。它属于后张法施工。

这种预应力工艺优点是借助两端的锚具传递预应力，无需留孔灌浆，施工简便，利于提高结构的整体刚度和使用功能，减少材料用量，摩擦损失小，预应力筋易弯成多跨曲线形状等，但对锚具锚固能力要求较高。无粘结预应力适用于大柱网整体现浇楼盖结构，尤其在双向连续平板和密肋楼板中使用最为合理经济。目前无粘结预应力混凝土平板结构的跨度，单向板可达 9～10m，双向板为 9m×9m，密肋板为 12m，现浇梁跨度可达 27m。

5.3.1 无粘结预应力筋的制作

1. 无粘结筋预应力筋的组成及要求

无粘结预应力筋主要有预应力钢材、涂料层、外包层 3 部分组成，如图 5-40 所示。

图 5-40 无粘结预应力筋
1—塑料外包层；2—防腐润滑脂；
3—钢绞线（或碳素钢丝束）

（1）无粘结筋。

无粘结筋宜采用柔性较好的预应力筋制作，选用 $7\phi^s4$ 或 $7\phi^s5$ 钢绞线。无粘结预应力筋所用钢材主要有消除应力钢丝和钢绞线。钢丝和钢绞线不得有死弯，有死弯时必须切断，每根钢丝必须通长，严禁有接点。预应力筋的下料长度计算，应考虑构件长度、千斤顶长度、镦头的预留量、弹性回弹值、张拉伸长值、钢材品种和施工方法等因素。具体计算方法与有粘结预应力筋计算方法基本相同。

预应力筋下料时，宜采用砂轮锯或切断机切断，不得采用电弧切割。钢丝束的钢丝下料应采用等长下料。钢绞线下料时，应在切口两侧用 20 号或 22 号钢丝预先绑扎牢固，以免切割后松散。

（2）涂料层。

无粘结筋的涂料层常采用防腐油脂或防腐沥青制作。涂料层的作用是使无粘结筋与混凝土隔离，减少张拉时的摩擦损失，防止预应力筋腐蚀等。因此，涂料应有较好的化学稳定性和韧性，要求涂料性能应满足在 -20～+70℃ 温度范围内，不流淌、无开裂、不变脆、能较好地粘附在钢筋上并有一定韧性；使用期内化学稳定性高；润滑性能好，摩擦阻力小；不透水、不吸湿，防腐性能好。

（3）外包层。

无粘结筋的外包层主要由高压聚乙烯塑料带或塑料管制作。外包层的作用是使无粘结筋在运输、储存、铺设和浇筑混凝上等过程中不会发生不可修复的破坏，因此要求外包层应满足在 -20～+70℃ 温度范围内，低温不脆化，高温化学稳定性好；必须具有足够的韧性，抗破损性强；对周围材料无侵蚀作用；防水性强。塑料使用前必须烘干或晒干，避免在成型过程中由于气泡引起塑料表面开裂。

制作单根无粘结筋时，宜优先选用防腐油脂之间有一定的间隙，使预应力筋能在塑料套管中任意滑动，其塑料外包层应用塑料注塑机注塑成型，防腐油脂应填充饱满，外包层应松紧适度。成束无粘结预应力筋可用防腐沥青或防腐油脂作涂料层。当使用防腐沥青时，应用密缠塑料带作外包层，塑料带各圈之间的搭接宽度不应小于带宽的 1/2，缠绕层数不小于 4 层。要求防腐油脂涂料层无粘结筋的张拉摩擦系数不应大于 0.12；防腐沥青涂料层无粘结筋的张拉摩擦系数不应大于 0.25。

2．无粘结预应力筋的锚具

无粘结预应力筋的锚具性能，应符合Ⅰ类锚具的规定。我国主要采用高强钢丝和钢绞线作为无粘结预应力钢筋，高强钢丝主要用镦头锚具，钢绞线可采用 XM、QM 锚具。

3．无粘结预应力筋的制作

一般采用挤压涂层工艺和涂包成型工艺两种。

（1）挤压涂层工艺。

挤压涂层工艺主要是无粘结筋通过涂油装置涂油，涂油无粘结筋通过塑料挤压机涂刷聚乙烯或聚丙烯塑料薄膜，再经冷却筒模成型塑料套管。这种挤压涂层工艺的特点是效率高、质量好、设备性能稳定，与电线、电缆包裹塑料套管的工艺相似。适用于大规模生产的单根钢绞线和 7 根钢丝束。挤压涂塑流水工艺如图 5-41 所示。

图 5-41　挤压涂层工艺流水线图

1—放线盘；2—钢丝；3—梳子板；4—给油装置；5—塑料挤压机机头
6—风冷装置；7—水冷装置；8—牵引机；9—定位支架；10—收线盘

（2）涂包成型工艺。

涂包成型工艺是无粘结筋经过涂料槽涂刷涂料后，再通过归束滚轮成束并进行补充涂刷，涂料厚度一般为 2mm，可以采用手工操作完成内涂刷防腐沥青或防腐油脂，外包塑料布。涂好涂料的无粘结筋随即通过绕布转筒自动地交叉缠绕两层塑料布，当达到需要的长度后进行切割，成为一根完整的无粘结预应力筋。也可以在缠纸机上连续作业，完成编束、涂油、镦头、缠塑料布和切断等工序。缠纸机的工作示意图如图 5-42 所示。这种涂包成型工艺的特点是质量好，适应性较强。

图 5-42　无粘结预应力筋缠纸工艺流程图

1—放线盘；2—盘圆钢丝；3—梳子扳；4—油枪；5—塑料布卷；
6—切断机；7—滚道台；8—牵引装置

无粘结预应力筋制作时，钢丝放在放线盘上，穿过梳子板汇成钢丝束，通过油枪均匀涂油后穿入锚环用冷镦机冷镦锚头，带有锚环的成束钢丝用牵引机向前牵引，同时开动装有塑料条的缠纸转盘，钢丝束一边前进一边进行缠绕塑料布条的工作。当钢丝束达到需要长度后，进行切割，成为完整的无粘结预应力筋。

5.3.2 无粘结预应力筋的布置

在单向连续梁板中，无粘结筋的铺设如同普通钢筋一样铺设在设计位置上。在双向配筋的连续平板中，无粘结筋一般需要配置成两个方向的悬垂曲线，两个方向的无粘结筋互相穿插，施工操作较为困难，因此必须事先编出无粘结筋的铺设顺序。其方法是将各向无粘结筋各搭接点的标高标出，对各搭接点相应的两个标高分别进行比较，一个方向某一无粘结筋的各点标高均分别低于与其相交的各筋相应点标高时，则此筋可先放置。按此规律编出全部无粘结筋的铺设顺序。即先铺设标高低的无粘结筋，再铺设标高较高的无粘结筋，并应尽量避免两个方向的无粘结筋相互穿插编结。

无粘结预应力筋应严格按设计要求的曲线形状就位固定牢固。无粘结预应力筋的铺设，通常是在底部钢筋铺设后进行。水电管线一般宜在无粘结筋铺设后进行，无粘结预应力筋应铺放在电线管下面，且不得将无粘结筋的竖向位置抬高或压低。支座处负弯矩钢筋通常是在最后铺设。

5.3.3 无粘结预应力混凝土结构施工

无粘结预应力在施工中，主要问题是无粘结预应力筋的铺设、张拉和端部锚头处理。无粘结筋在使用前应逐根检查外包层的完好程度，对有轻微破损者，可包塑料带补好，对破损严重者应予以报废。

1. 无粘结预应力筋的铺设

无粘结预应力筋，一般用 7 根 $\phi 5$ 高强度钢丝组成，或钢丝束，或拧成钢绞线，通过专用设备，涂包防锈油脂，再套上塑料套管。

制作工艺：编束放盘→涂上涂料层→覆裹塑料套→冷却→调直→成型。

无粘结筋应严格按设计要求的曲线形状就位并固定牢靠。无粘结筋控制点的安装偏差：矢高方向±5mm，水平方向±30mm。

无粘结预应力筋应严格按设计要求的曲线形状就位并固定牢靠。

无粘结筋的垂直位置，宜用支撑钢筋或钢筋马凳控制，其间距为 1～2m。无粘结筋的水平位置应保持顺直。

在双向连续平板中，各无粘结筋曲线高度的控制点用铁马凳垫好并扎牢。在支座部位，无粘结筋可直接绑扎在梁或墙的顶部钢筋上；在跨中部位，无粘结筋可直接绑扎在板的底部钢筋上。

2. 无粘结预应力筋的张拉

由于无粘结预应力筋一般为曲线配筋，当预应力筋的长度小于 25m 时，宜采用一端张拉；长度大于 25m 时，宜两端张拉；长度超过 50m，宜采取分段张拉。

预应力筋的张拉程序宜采用 $0 \rightarrow 103\%\sigma_{con}$，以减少无粘结预应力筋的松弛应力损失。

无粘结筋的张拉顺序应与预应力筋的铺设顺序一致，先铺设的先张拉，后铺设的后张拉。

预应力平板结构中，预应力筋往往很长，如何减少其摩阻损失值是一个重要的问题。影响摩阻损失值的主要因素是润滑介质、外包层和预应力筋截面形式。其中润滑介质和外包层的摩阻损失值是一个定值。而截面形式则影响较大，不同截面形式其离散性不同，但如能保证截面形状在全长内一致，则其摩阻损失值就能在很小范围内波动。否则，局部阻塞就可能导致其损失值无法测定。摩阻损失值，可用标准测力计或传感器等测力装置进行测定。施工时，为降低摩阻损失值，可用标准测力计或传感器等测力装置进行测定。在施工时，为降低摩阻损失值，宜采用多次重复张拉工艺。成束无粘结筋正式张拉前，一般宜先用千斤顶往复抽动 1~2 次以降低张拉摩擦损失。无粘结筋的张拉过程中，当有个别钢丝发生滑脱或断裂时，可相应降低张拉力，但滑脱或断裂的数量不应超过结构同一截面无粘结预应力筋总量的 2%。

预应力筋张拉长值应按设计要求进行控制。

3. 无粘结预应力筋的端部锚头处理

(1) 张拉端部处理。

预应力筋端部处理取决于无粘结筋和锚具种类。

锚具的位置：通常混凝土的端面缩进一定的距离，前面做成一个凹槽，待预应力筋张拉锚固后，将外伸在锚具外的钢绞线切割到规定的长度，即要求露出夹片锚具外长度不小于 30mm，然后在槽内壁涂以环氧树脂类粘结剂，以加强新老材料间的粘结，再用后浇膨胀混凝土或低收缩防水砂浆或环氧砂浆密封。

在对凹槽填砂浆或混凝土前，应预先对无粘结筋端部和锚具夹持部分进行防潮、防腐封闭处理。

无粘结预应力筋采用钢丝束镦头锚具时，其张拉端头处理如图 5-43 所示，其中塑料套筒供钢丝束张拉时锚环从混凝土中拉出来用，软塑料管是用来保护无粘结钢丝末端因穿锚筒内产生空隙，必须用油枪通过锚环的注油孔向套筒内注满防腐油脂，灌油后将外露锚具封闭好，避免长期与大气接触造成锈蚀。

采用无粘结钢绞线夹片锚具时，张拉端头构造简单，无须另加设施。张拉端头钢绞线预留长度不小于 150mm，多余割掉，然后在锚具及承压板表面涂以防水涂料，再进行封闭。无粘结筋端部锚头的防腐处理应特别重视。采用 XM 型夹片式锚具的钢绞线，张拉端头构造简单，无须另加设施，锚固区可以用后浇的钢筋混凝土圈梁封闭，端头钢绞线预留长度不小于 150mm，多余部分切断并将锚具外伸的钢绞线散开打弯，埋在圈梁混凝土内加强锚固。如图 5-44 所示。

图 5-43　镦头锚固系统张拉端图

1—锚环；2—螺母；3—承压板；4—塑料套筒；
5—软塑料管；6—螺旋筋；7—无粘结筋

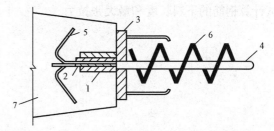

图 5-44　夹片式锚具张拉端处理

1—锚环；2—夹片；3—埋件（承压板）；4—无粘结筋；
5—散开打弯的钢绞线；6—螺旋筋；7—后浇混凝土

(2) 固定端处理。

无粘结筋的固定端可设置在构件内。当采用无粘结钢丝束时固定端可采用扩大的镦头锚板，并用螺旋筋加强，如图 5-45 (a) 所示。施工中如端头无粘结构造配筋时，需要配置构造钢筋，使固定端板与混凝土之间有可靠锚固性能。当采用无粘结钢绞线时，锚固端可采用压花成型,使固定端板与混凝土之间有可靠锚固性能。当采用无粘结钢绞线时,锚固端可采用压花成型,如图5-45(b)所示,埋置在设计部位。这种做法的关键是张拉前锚固端的混凝土强度等级必须达到设计强度(≥C30)才能形成可靠的粘强式锚头。

(a)　　　　　　　　　　　　　　　　(b)

图 5-45　无粘结筋固定端详图

(a) 无粘结钢丝束固定端;(b) 钢绞线固定端

1—锚板;2—钢丝;3—螺旋筋;4—软塑料管;5—无粘结钢丝束

复 习 思 考 题

1. 试述先张法预应力混凝土构件的生产流程。

2. 先张法预应力混凝土构件生产的张拉控制应力和张拉程序有哪些要求?

3. 先张法预应力筋(丝)如何铺设?

4. 先张法预应力筋如何放张?

5. 后张法预应力混凝土构件生产的张拉控制应力和张拉程序有哪些要求?

6. 后张法预应力筋的下料长度如何计算?

7. 后张法预应力施工孔道如何留设?

8. 试述无粘结预应力混凝土方法。

9. 预应力吊车梁,孔道尺寸为6m,采用6根$\phi6$热处理钢筋束,采用YC60型千斤顶张拉,一端张拉,张拉程序为$0 \rightarrow 1.03\sigma_{con}$,张拉控制应力为$0.70f_{pyk}$($f_{pyk}=1400\text{N/mm}^2$),试计算钢筋的下料长度和最大张拉力。

第6章　钢结构工程施工

6.1　钢结构构件制作

6.1.1　加工制作前的准备工作

具体准备工作包括：

（1）根据钢结构工程设计图编制零部件加工图和数量。

（2）制定零部件制作的工艺流程。

（3）对进厂材料进行复查，如钢板的材质、规格等是否符合钢结构规定。

（4）培训员工或招聘熟练工人、技术人员及车间管理人员。

（5）钢结构制作和质量检查所用的钢尺，均应具有相同精度，并应定期送计量部门检定。

（6）在钢结构制作过程中，应严格按工序检验，合格后，下道工序方能施工。

6.1.2　钢结构构件制作及检验流程

钢结构构件制作及检验流程如图6-1所示。

图6-1　钢结构构件制作及检验流程

6.1.3　放样

放样是钢结构制作工艺中的第一道工序，其工作的准确与否将直接影响到整个产品的质量。放样工作包括：核对图纸的安装尺寸和孔距；以1∶1的大样放出节点，根据设计图确定各构件的实际尺寸，放样工作完成后，对所放大样和样板进行检验；制作样板和样杆作为下料、弯制、铣、刨、制孔等加工的依据。

6.1.4　号料

号料（也称划线），即利用样板、样杆或根据图纸，在板料及型钢上画出孔的位置和零件形状的加工界线。号料的一般工作内容包括：检查核对材料；在材料上划出切割、铣、刨、弯曲、钻孔等加工位置，打冲孔，标注出零件的编号等。常采用的号料方法有集中号料法，套料法，统计计算法，余料统一号料法。

6.1.5　切割下料

切割下料的目的就是将放样和号料的零件形状从原材料上进行下料分离。钢材的切割可以通过切削、冲剪、摩擦机械力和热切割来实现。常用的切割方法有：机械剪切、气割和等离子切割三种方法。

6.1.6　边缘加工

在钢结构加工中一般需要边缘加工，除图纸要求外，在梁翼缘板、支座支承面、焊接坡口及尺寸要求严格的加劲板、隔板、腹板和有孔眼的节点板等部位应进行边缘加工。常用的边缘加工方法主要有铲边、刨边、铣边、碳弧气刨、气割和坡口机加工等。

6.1.7　弯制

在钢结构制作中，弯制成型的加工主要是卷板（滚圆）、弯曲（煨弯）、折边和模具压制等几种加工方法。

1. 滚圆

滚圆是在外力的作用下，使钢板的外层纤维伸长，内层纤维缩短而产生弯曲变形。在常温状态下进行滚圆钢板的方法有：机械滚圆、胎模压制和手工制作三种加工方法。

2. 弯曲

在钢结构的制造过程中，弯曲成形的应用相当广泛，其加工方法分为压弯、滚弯和拉弯等几种。

压弯是用压力机压弯钢板，此种方法适用于一般直角弯曲（V形件）、双直角弯曲（U形件），以及其他适宜弯曲的构件。滚弯是用滚圆机滚弯钢板，此种方法适用于滚制圆筒形构件及其他弧形构件。拉弯是用转臂拉弯机和转盘拉弯机拉弯钢板，它主要用于将长条板材拉制成不同曲率的弧形构件。

3. 折边

在钢结构制造中，将构件的边缘压弯成倾角或一定形状的操作称为折边。折边广泛用于薄板构件，它有较长的弯曲线和很小的弯曲半径。薄板经折边后可以大大提高结构的强度和刚度。

板料的弯曲折边是通过折边机来完成的。板料折弯压力机用于将板料弯曲成各种形状，一般在上模作一次行程后，便能将板料压成一定的几何形状，当采用不同形状模具或通过几次冲压，还可得到较为复杂的各种截面形状。当配备相应的装备时，还可用于剪切和冲孔。

6.1.8　开孔

在钢结构制孔中包括铆钉孔、普通螺栓连接孔、高强度螺栓孔、地脚螺栓孔等，制孔方法通常有冲孔和钻孔两种。

1. 钻孔

钻孔是钢结构制造中普遍采用的方法，能用于几乎任何规格的钢板、型钢的孔加工。钻孔的加工方法分为划线钻孔、钻模钻孔和数控钻孔。

2. 冲孔

冲孔在冲孔机（冲床）上进行，一般适用于非圆孔。冲孔生产效率较高，但由于孔的周围产生冷作硬化，孔壁质量较差，有孔口下塌、孔的下方增大的倾向，所以，一般用于对质量要求不高的孔以及预制孔（非成品孔），在钢结构主构件中较少直接采用。

6.1.9　组装

钢结构组装的方法包括地样法、仿形复制装配法、立装法、卧装法、胎模装配法。

地样法：用 1∶1 的比例在装配平台上放出构件实样，然后根据零件在实样上的位置，分别组装起来成为构件。

仿形复制装配法：先用地样法组装成单面（单片）的结构，然后定位点焊牢固，将其翻身，作为复制胎模，在其上面装配另一单面结构，往返两次组装。

立装法：根据构件的特点及其零件的稳定位置，选择自上而下或自下而上的顺序装配。

卧装法：将构件放置于卧的位置进行的装配。

胎模装配法：将构件的零件用胎模定位在其装配位置上的组装方法。

6.1.10　钢结构构件的验收、运输、堆放

1. 钢结构构件的验收

钢构件加工制作完成后，应按照施工图和国标《钢结构工程施工质量验收规范》（GB 50205—2001）的规定进行验收，有的还分工厂验收、工地验收。因工地验收还增加了运输的因素，钢构件出厂时，应提供产品合格证及技术文件，施工图和设计变更文件，制作中技术问题处理的协议文件，钢材、连接材料、涂装材料的质量证明或试验报告，焊接工艺评定报告，高强度螺栓摩擦面抗滑移系数试验报告，焊缝无损检验报告及涂层检测资料，主要构件检验记录，预拼装记录。由于受运输、吊装条件的限制，另外设计的复杂性，有时构件要分二段或若干段出厂，为了保证工地安装的顺利进行，在出厂前进行预拼装（需预拼装时），需有构件发运和包装清单。

2. 构件的运输

发运的构件，单件超过 3t 的，宜在易见部位用油漆标上重量及重心位置的标志，以免在装、卸车和起吊过程中损坏构件；节点板、高强度螺栓连接面等重要部分要有适当的保护措施，零星的部件等都要按同一类别用螺栓和铁丝紧固成束或包装发运。

大型或重型构件的运输应根据行车路线、运输车辆的性能、码头状况、运输船只来编制运输方案。在运输方案中要着重考虑吊装工程的堆放条件、工期要求来编制构件的运输顺序。

运输构件时，应根据构件的长度、重量断面形状选用车辆；构件在运输车辆上的支点、两端伸长的长度及绑扎方法均应保证构件不产生永久变形、不损伤涂层。构件起吊必须按设计吊点起吊，不得随意。

公路运输装运的高度极限为 4.5m，如需通过隧道时，则高度极限为 4m，构件长出车身不得超过 2m。

3. 构件的堆放

构件一般要堆放在工厂的堆放场和现场的堆放场。构件堆放场地应平整坚实，无水坑、冰层，地面平整干燥，并应排水通畅，有较好的排水设施，同时有车辆进出的回路。

构件应按种类、型号、安装顺序划分区域，插竖标志牌。构件底层垫块要有足够的支承面，不允许垫块有大的沉降量，堆放的高度应有计算依据，以最下面的构件不产生永久变形为准，不得随意堆高。钢结构产品不得直接置于地上，要垫高 200mm。

在堆放中，发现有变形不合格的构件，则严格检查，进行矫正，然后再堆放。不得把不合格的变形构件堆放在合格的构件中，否则会大大地影响安装进度。

对于已堆放好的构件，要派专人汇总资料，建立完善的进出厂的动态管理，严禁乱翻、乱移。同时对已堆放好的构件进行适当保护，避免风吹雨打、日晒夜露。

不同类型的钢构件一般不堆放在一起。同一工程的钢构件应分类堆放在同一地区，便于装车发运。

6.2　钢 结 构 连 接

钢结构是由若干构件组合而成的。连接的作用就是通过一定的方式将板材或型钢组合成构件，再将若干个构件组合成整体结构，以保证其共同工作。

钢结构的连接方法可分为焊接连接、铆钉连接、螺栓连接和紧固件连接，如图 6-2所示。

图 6-2　钢结构的连接方法
(a) 焊接连接；(b) 铆钉连接；(c) 螺栓连接；(d) 紧固件连接

6.2.1　焊接连接

1. 焊接连接的特点

焊接连接构造简单；用料经济；制作加工方便；结构刚度大。但焊缝附近局部材质变脆；受压构件承载力降低；对裂纹很敏感，局部裂纹一旦萌生，就很容易扩展到整个构件截面，低温冷脆问题较为突出。

2. 焊接方法

用于钢结构连接的焊接方法主要有手工电弧焊（图 6-3）、自动或半自动埋弧焊（图 6-4）、气体保护焊和电阻焊。

(1) 手工电弧焊是最常用的一种焊接方法。通电后，在涂有药皮的焊条和焊件间产生电弧；电弧提供热源，使焊条中的焊丝熔化，滴落在焊件上被电弧所吹成的小凹槽熔池中；焊缝金属冷却后把被连接件连成一体。

手工电弧焊所用焊条应与焊件钢材（或称主体金属）相适应，例如：对 Q235 钢采用

图 6-3 手工电弧焊示意图

图 6-4 埋弧焊示意图

(a) 埋弧焊过程示意图；(b) 自动埋弧焊；(c) 半自动埋弧焊

E43 型焊条；对 Q345 钢采用 E50 型焊条；对 Q390 钢和 Q420 钢采用 E55 型焊条。不同钢种的钢材相焊接时，宜采用低组配方案，即宜采用与低强度钢相适应的焊条。

（2）埋弧焊是电弧在焊剂层下燃烧的一种电弧焊方法。焊丝送进和焊接方向的移动有专门机构控制的称埋弧自动电弧焊；焊丝送进有专门机构控制，而焊接方向的移动靠工人操作的称为埋弧半自动电弧焊。电弧焊的焊丝不涂药皮，但施焊端靠由焊剂漏头自动流下的颗粒状焊剂所覆盖，电弧完全被埋在焊剂之内，电弧热量集中，熔深大，适于厚板的焊接，具有很高的生产率。

（3）气体保护焊是利用二氧化碳气体或其他惰性气体作为保护介质的一种电弧熔焊方

图 6-5　电阻点焊

法。它直接依靠保护气体在电弧周围造成局部的保护层，以防止有害气体的侵入并保证了焊接过程的稳定性。

（4）电阻焊是利用电流通过焊件接触点表面的电阻所产生的热量来熔化金属，再通过压力使其焊合。适用于板叠厚度不大于 12mm 的焊接。对冷弯薄壁型钢的焊接，常用电阻点焊（图 6-5）。

3. 焊缝连接形式及焊缝形式

（1）焊缝连接形式。按被连接钢材的相互位置可分为对接、搭接、T 型连接和角部连接（图 6-6）。按焊缝截面形式分为对接焊缝和角焊缝。

图 6-6　焊缝连接形式

（a）对接连接；（b）用拼接盖板的对接连接；（c）搭接连接；（d）、（e）T 型连接；（f）、（g）角部连接

（2）焊缝形式。对接焊缝按所受力的方向分为正对接焊缝和斜对接焊缝。角焊缝按所受力的方向分为正面角焊缝、侧面角焊缝和斜焊缝，如图 6-7 所示。

角焊缝沿长度方向的布置分为连续角焊缝和间断角焊缝，如图 6-8 所示。

图 6-7　焊缝形式

（a）正对接焊缝；（b）斜对接焊缝；（c）角焊缝

图 6-8　连续角焊缝和间断角焊缝

焊缝按施焊位置分为平焊（又称俯焊）、横焊、立焊及仰焊，如图 6-9 所示。

图 6-9　焊缝施焊位置
（a）平焊；（b）横焊；（c）立焊；（d）仰焊

4. 焊缝缺陷及焊缝质量检验

（1）焊缝缺陷。焊缝缺陷指焊接过程中产生于焊缝金属或附近热影响区钢材表面或内部的缺陷。常见的缺陷有裂纹、焊瘤、烧穿、弧坑、气孔、夹渣、咬边、未熔合、未焊透等（图 6-10），以及焊缝尺寸不符合要求、焊缝成形不良等。裂纹是焊缝连接中最危险的缺陷。

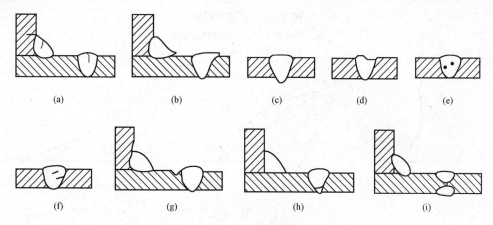

图 6-10　焊缝缺陷
（a）裂纹；（b）焊瘤；（c）烧穿；（d）弧坑；（e）气孔；
（f）夹渣；（g）咬边；（h）未熔合；（i）未焊透

（2）焊缝质量检验。《钢结构工程施工质量验收规范》（GB 50205—2001）规定焊缝按其检验方法和质量要求分为一级、二级和三级。三级焊缝只要求对全部焊缝作外观检查且符合三级质量标准；设计要求全焊透的一级、二级焊缝则除外观检查外，还要求用超声波探伤进行内部缺陷的检验，超声波探伤不能对缺陷作出判断时，应采用射线探伤检验，并应符合国家相应质量标准的要求。

5. 角焊缝的构造要求

(1) 截面形式。角焊缝按其截面形式分为直角角焊缝（图 6-11）和斜角角焊缝（图 6-12）。

直角角焊缝通常焊成表面微凸的等腰直角三角形截面，如图 6-11 (a) 所示。在直接承受动力荷载的结构中，为了减少应力集中，提高构件的抗疲劳强度，侧面角焊缝以凹形为最好。但手工焊成凹形极为费事，因此采用手工焊时，焊缝做成直线性较为合适，如图 6-11 所示。当用自动焊时，由于电流较大，金属熔化速度快、熔深大，焊缝金属冷却后的收缩自然形成凹形表面，如图 6-11 (c) 所示。为此规定在直接承受动力荷载的结构（如吊车梁）中，侧面角焊缝做成凹形或直线形均可。对正面角焊缝，因其刚度较大，受动力荷载时应焊成平坡式，如图 6-11 (b) 所示，直角边的比例通常为 1:1.5（长边顺内力方向）。

(a)　　　　　　　　　(b)　　　　　　　　　(c)

图 6-11　直角角焊缝

h_f—焊脚尺寸；h_e—焊缝有效厚度

(a)　　　　　　　　　(b)　　　　　　　　　(c)

图 6-12　斜角角焊缝

h_f—焊脚尺寸；α—两焊角边的夹角

两焊脚边的夹角 $\alpha > 90°$ 或 $\alpha < 90°$ 的焊缝称为斜角角焊缝，斜角角焊缝常用于钢漏斗和钢管结构中。对于夹角 $\alpha > 135°$ 或 $\alpha < 60°$ 的斜角角焊缝，除钢管结构外，不宜用作受力焊缝。

(2) 最大焊脚尺寸 $h_{f\max}$。规范规定：除了直接焊接钢管结构的焊脚尺寸 h_f 不宜大于支管壁厚的 2 倍之外，h_f 不宜大于较薄焊件厚度的 1.2 倍，即最大焊脚尺寸 $h_f \leqslant 1.2 t_{\min}$，$t_{\min}$

为较薄焊件的厚度。在板件边缘的角焊缝，当板件厚度 $t \leqslant 6mm$ 时，$h_f \leqslant t$，即 $h_{fmax} = t$；当 $t > 6mm$ 时，$h_f \leqslant t - (1 \sim 2mm)$，即 $h_{fmax} = t - (1 \sim 2mm)$。$h_f$ 太大会使施焊时热量输入过大，焊缝收缩时容易产生较大的焊接残余变形和三向焊接残余应力；且使热影响区扩大，容易产生脆性断裂；甚至易使较薄焊件烧穿。板件边缘的较大角焊缝当与板件边缘等厚时，施焊时易产生咬边现象。

(3) 最小焊脚尺寸 h_{fmin}。规范规定：角焊缝的焊脚尺寸 h_f 不得小于 $1.5\sqrt{t}$，t 为较厚焊件厚度；自动焊熔深大，最小焊脚尺寸可减少 1mm；对 T 形连接的单面角焊缝，应增加 1mm。当焊件厚度等于或小于 4mm 时，则最小焊脚尺寸应与焊件厚度相同。h_f 太小会使焊缝有缺陷或尺寸不足时影响承载力过多。且焊缝因冷却过快容易产生收缩裂纹。故规定 h_f 最小值随 t_{max} 而相应增加。

(4) 不等焊脚尺寸的构造要求。角焊缝的两焊脚尺寸一般为相等。当焊件的厚度相差较大且等焊脚尺寸不能符合以上最大焊脚尺寸及最小焊脚尺寸要求时，可采用不等脚焊脚尺寸。

(5) 搭接连接的构造要求。当板件端部仅有两条侧面角焊缝连接时，宜使每条侧面角焊缝计算长度 $l_w \geqslant$ 其间距 b，且间距 $b \leqslant 16$ 倍的较薄焊件厚度 t（$t > 12mm$）或 200mm（$t \leqslant 12mm$）时，在搭接连接中，当仅采用正面角焊缝时，其搭接长度不得小于焊件较小厚度的 5 倍，也不得小于 25mm，以免焊缝受偏心弯矩影响太大而破坏。杆件端部搭接采用围焊（包括三面围焊、L 形围焊）时，转角处截面突变会产生应力集中，如在此处起灭弧，可能出现弧坑或咬边等缺陷，从而加大应力集中的影响，故所有围焊的转角处必须连接施焊。对于非围焊情况，当角焊缝的端部在构件转角处时，可连续地作长度为 $2h_f$ 的绕角焊。

6. 对接焊缝的构造要求

(1) 坡口形式。对接焊缝的焊件常需做成坡口，故又称为坡口焊缝，当焊件厚度很小（手工焊 $t \leqslant 6mm$，埋弧焊 $t \leqslant 10mm$）时可用直边缝；对于一般厚度的焊件可采用具有坡口角度的单边 V 形或 V 形焊缝；对于较厚的焊件（$t > 20mm$），常采用 U 形、K 形和 X 形坡口，如图 6-13 所示。

图 6-13 对接焊缝的坡口形式
(a) 直边缝；(b) 单边 V 形坡口；(c) V 形坡口；(d) U 形坡口；(e) K 形坡口；(f) X 形坡口

(2) 截面的改变。对接焊缝拼接处，当焊件的宽度不同或厚度在一侧相差 4mm 以上时，在宽度方向或厚度方向从一侧或两侧做成坡度不大于 1∶2.5 的斜角，如图 6-14 所示，以使截面过渡平缓，减小应力集中。

图 6 - 14　钢板拼接

图 6 - 15　引弧板

（3）引弧板。在焊缝起灭弧处会出现弧坑等缺陷，这些缺陷对连接的承载力影响较大，故焊接时一般应设置引弧板和引出板（图 6 - 15），焊后将它割除。对受静力荷载的结构设置引弧板和引出板有困难时，允许不设置，此时可令焊缝计算长度等于实际长度减去 $2t$（t 为较薄焊件厚度）。

6.2.2　螺栓连接

螺栓连接分普通螺栓连接和高强度螺栓连接两种。

1. 普通螺栓连接

钢结构普通螺栓连接即将普通螺栓、螺母、垫圈机械地和连接件连接在一起形成的一种连接形式。

普通螺栓分为 A、B、C 三级。A 级与 B 级为精制螺栓，C 级为粗制螺栓。

C 级螺栓由未经加工的圆钢压制而成。螺杆与栓孔之间有较大的间隙，连接的变形大，但安装方便，且能有效地传递拉力，故一般可用于沿螺栓杆轴受拉的连接中，以及次要结构的抗剪连接或安装时的临时固定。

A、B 级精制螺栓制作和安装复杂，价格较高，已很少在钢结构中采用。

2. 高强度螺栓连接

高强度螺栓一般采用 45 号钢，40B 钢和 20MnTiB 钢加工制作。分大六角头型 [图 6 - 16 (a)] 和扭剪型 [图 6 - 16 (b)] 两种。安装时通过特别的扳手，以较大的扭矩上紧螺帽，使螺杆产生很大的预拉力。高强度螺栓的连接分为摩擦型连接和承压型连接两种。

3. 螺栓连接的排列和构造要求

（1）排列方式。

螺栓连接时钢板上的螺栓排列方式分为并列式和错列式（也称梅花式）两种，如图6-17所示。

图 6 - 16　高强度螺栓

（2）螺栓布置的原则。螺栓的排列中螺栓的各间距应满足受力、构造和施工各方面的要求。钢板上螺栓的容许间距见表 6 - 1。

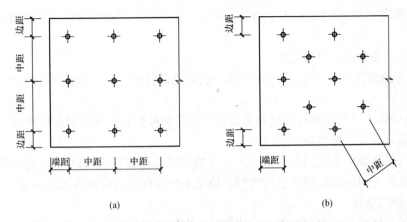

图 6-17 螺栓连接时钢板上的螺栓排列方式

(a) 并列式；(b) 错列式

表 6-1　　　　　　　　　　　　　钢板上螺栓和铆钉的容许间距

名称	位置和方向			最大容许距离 （取两者的较小者）	最小容许距离
中心间距	外排（垂直内力方向或顺内力方向）			$8d_0$ 或 $12t$	$3d_0$
	中间排	垂直内力方向		$16d_0$ 或 $24t$	
		顺内力方向	构件受压力	$12d_0$ 或 $18t$	
			构件受拉力	$16d_0$ 或 $24t$	
	沿对角线方向			—	
中心至构件边缘距离	垂直内力方向	顺内力方向		$4d_0$ 或 $8t$	$2d_0$
		剪切或手工气割边			$1.5d_0$
		轧制边、自动气割或锯割边	高强度螺栓		
			其他螺栓或铆钉		$1.2d_0$

注　1. d_0 为螺栓孔或铆钉孔径，t 为外层薄板件厚度。

　　2. 钢板边缘与刚性构件（如角钢、槽钢）相连的螺栓最大间距，可按中间排数值采用。

1）受力要求。对于受拉构件，各排螺栓的中距、边距不能过小，以免使螺栓周围应力集中相互影响，截面削弱过多，降低承载力。端距应按被连接件材料的抗挤压及抗剪切等强度条件确定，以使钢板在端部不致被螺栓撕裂；受压构件上的中距不宜过大，防止发生鼓曲。

2）构造要求。为了使连接可靠，每一杆件在节点上以及拼接接头的一端，永久性螺栓数不宜少于两个；对于直接承受动力荷载的普通螺栓连接应采用双螺帽或其他防止螺帽松动的有效措施。

3）施工要求。要保证有一定的空间，便于用扳手拧紧螺栓。

4. 高强度螺栓施工

(1) 施工的机具。

1）手动扭矩扳手。常用的手动扭矩扳手有指针型、音响型和扭剪型三种。

2）扭剪型手动扳手。它是一种紧固扭剪型高强度螺栓使用的手动力矩扳手。

3）电动扳手。常用的电动扳手有：NR-9000A，NR-12 和双重绝缘定扭矩、定转角电动扳手等。

（2）大六角头高强度螺栓施工。

1）扭矩法施工。在采用扭矩法终拧前，应首先进行初拧，对螺栓多的大接头，还需进行复拧。

2）转角法施工。利用螺母旋转角度以控制螺杆弹性伸长量来控制螺栓轴向力的方法。

（3）扭剪型高强度螺栓施工。

扭剪型高强度螺栓连接副紧固施工比大六角头高强度螺栓连接副紧固施工要简便得多，正常的情况采用专用的电动扳手进行终拧，梅花头拧掉标志着螺栓终拧的结束。

6.2.3　铆钉连接

铆钉连接有热铆和冷铆两种方法。热铆是由烧红的钉坯插入构件的钉孔中，用铆钉枪或压铆机铆合而成。冷铆是在常温下铆合而成。在建筑结构中一般都采用热铆。

铆钉连接由于构造复杂，技术水平要求较高，费钢费工，现已很少采用。但是铆钉连接的塑性和韧性较好，传力可靠，连接质量容易检查，对主体金属材质质量要求相对较低，在一些重型和直接承受动力荷载的结构中，有时仍然采用。

6.2.4　轻钢结构的紧固件连接

在冷弯薄壁型钢结构中经常采用自攻螺钉、钢拉铆钉、射钉等机械式紧固件连接方式，如图 6-18 所示，主要用于压型钢板之间和压型钢板与冷弯型钢等支承构件之间的连接。

(a)　　　　　(b)　　　　　(c)　　　　　　　　　　(d)

图 6-18　轻钢结构紧固件
(a) 一般的自攻螺钉；(b) 自钻自攻螺钉；(c) 拉铆钉；(d) 射钉

6.3　钢结构涂装工程

6.3.1　防腐涂装工程施工

1. 工艺流程

防腐涂装工程施工工艺流程为：基面喷砂除锈→底漆涂装→中间漆涂装→面漆涂装→检查验收。

2. 钢结构涂装前的表面处理（除锈）

建筑钢结构工程的油漆涂装应在钢结构制作安装验收合格后进行。油漆涂刷前，应采取适当的方法将需要涂装部位的铁锈、焊缝药皮、焊接飞溅物、油污、尘土等杂物清理干净。

基面清理除锈质量的好坏，直接影响到涂层质量的好坏。因此涂装工艺的基面除锈质量等级应符合设计文件的规定要求。钢结构除锈质量等级分类执行《涂装前钢材表面锈蚀等级和除锈等级》（GB/T 8923—1988）标准规定。

油污的清除方法根据工件的材质、油污的种类等因素来决定，通常采用溶剂清洗或碱液清洗。

清洗方法有槽内浸洗法、擦洗法、喷射清洗和蒸汽法等。

钢构件表面除锈方法根据要求不同可采用手工除锈、机械除锈、喷砂除锈、酸洗除锈等方法。

3. 涂料涂装方法

合理的施工方法，对保证涂装质量、施工进度、节约材料和降低成本有很大的作用。常用的涂料的施工方法有刷涂法、手工滚涂法、浸涂法、空气喷涂法、雾气喷涂法。

4. 钢结构涂装施工工艺

环境要求：环境温度应按照涂料的产品说明书要求，当产品说明书无要求时，环境温度宜在 5～38℃ 之间，相对湿度不应大于 85％；涂装时构件表面不得有结露、水气等；涂装后 4h 内应保护不受雨淋。

设计要求或钢结构施工工艺要求禁止涂装的部位为防止误涂，在涂装前必须进行遮蔽保护。如地脚螺栓和底板、高强度螺栓结合面，与混凝土紧贴或埋入的部位。

涂料开桶前，应充分摇匀。开桶后，原漆应不存在结皮、结块、凝胶等现象，有沉淀应能搅起，有漆皮应除掉。

涂装施工过程中，应控制油漆的粘度、稠度、稀度，兑制时应充分地搅拌，使油漆色泽、粘度均匀一致。调整粘度必须使用专用的稀释剂，如需代用，必须经过试验。

涂刷遍数及涂层厚度应执行设计要求规定；涂装间隔时间根据各种涂料产品说明书确定；涂刷第一层底漆时，涂刷方向应一致，接槎整齐。

钢结构安装后，进行防腐涂料第二次涂装。涂装前，首先利用砂布、电动钢丝刷、空气压缩机等工具将钢构件表面处理干净，然后对涂层损坏部分和未涂部位进行补涂，最后按照设计要求规定进行二次涂装施工。

涂装完工后，经自检和专业检并作记录。涂层有缺陷时，应分析并确定缺陷原因，及时修补。修补的方法及要求和正式涂层部分相同。

构件涂装后，应加以临时围护隔离，防止踩踏，损伤涂层；并不要接触酸类液体，防止咬伤涂层；需要运输时，应防止磕碰、拖拉损伤涂层。

钢构件在运输、存放和安装过程中，对损坏的涂层应进行补涂。一般情况下，工厂制作完后只涂一遍底漆，其他底漆、中间漆、面漆在安装现场吊装前涂装，最后一遍面漆应在安装完成后涂装；也有经安装与制作单位协商，在制作单位完成底漆、中间漆的涂装，但最后一遍面漆仍由安装单位最后完成。不论哪种方式，对损伤处的涂层及安装连接部位均应补涂。补涂遍数及要求应与原涂层相同。

5. 涂料涂装检验

钢结构防腐涂料、面漆、稀释剂和固化剂等材料的品种、规格、性能和质量等，应符合现行国家产品标准和设计要求。

涂装前钢结构表面除锈应符合现行国家有关标准和设计要求。处理后的钢材表面不应有铁锈、焊渣、焊疤、油污、尘土、水和毛刺等。当设计无要求时，钢结构表面除锈等级应符合规定。

不得误涂、漏涂，涂层应无脱皮和返锈。

6.3.2 防火涂装工程施工

1. 工艺流程

防火涂装工程施工工艺流程为：施工准备→调配涂料→涂装施工→检查验收。

2. 施工准备

钢结构防火涂料的选用应符合《钢结构防火涂料通用技术条件》（GB 14907—2002）的标准规定。所选用防火涂料应是主管部门鉴定合格，并经当地消防部门批准的产品。

防火涂料涂装前，钢结构工程已验收合格，钢结构表面除锈及防锈底漆应符合设计要求和规范规定，并经验收合格后方可进行涂装。

防火涂料涂装前，应彻底清除钢构件表面的灰尘、油污等杂物。对钢构件防锈涂层碰损或漏涂部位补刷防锈底漆。并应在室内装饰之前和不被后续工程所损坏的条件下进行。施工前，对不需要进行防火保护的墙面、门窗、机械设备和其他构件应用塑料布遮挡保护。

涂装施工时，环境温度宜在5～38℃之间，相对湿度不应大于80%，空气应流通。露天作业时应选择适当的天气，大风、遇雨、严寒均不应作业。

3. 厚涂型钢结构防火涂料操作工艺

防火涂料涂装，一般采用喷涂法施工，机具为压送式喷涂机，局部修补和小面积构件采用手工抹涂方法施工。

防火涂料配制搅拌，应边配边用，当天配制的涂料必须在说明书规定的时间使用完。搅拌和配制的涂料，使之均匀一致，且稠度适宜。既能在输送管道中流动畅通，喷涂后又不会产生流淌和下坠现象。

喷涂应分若干层完成，第一层喷涂以基本盖住钢材表面即可，以后每层喷涂厚度为5～10mm，一般以7mm为宜。在每层涂层基本干燥或固化后，方可继续喷涂下一层涂料，通常每天喷涂一层。喷涂保护方式、喷涂层数和涂层厚度应根据防火设计要求确定。

喷涂时，喷枪要垂直于被喷涂钢构件表面，喷距为6～10m，喷涂气压应保持在0.4～0.6MPa。喷枪运行速度要保持稳定，不能在同一位置久留。喷涂过程中，配料及往喷涂机内加料要连续进行，不得停顿。

施工过程中，操作者应采用测厚针检测涂层厚度，直到符合设计规定的厚度，方可停止喷涂。喷涂后，对于明显凹凸不平处，采用抹灰刀等工具进行剔除和补涂，以确保涂层表面均匀。

质量要求：涂层应在规定的时间内干燥固化，各层间粘结牢固，不出现粉化、空鼓、脱落和明显裂纹。钢结构接头、转角处的涂层应均匀一致，无漏涂出现；涂层厚度应达到设计要求，否则，应进行补涂处理，使之符合规定的厚度。

4. 防火涂料涂装检验

钢结构防火涂料的品种、规格、性能和质量等，应符合设计要求，并应经过具有资质的检测机构检测符合现行国家有关标准的规定。

防火涂料涂装前钢结构表面除锈及防锈底漆应符合现行国家有关标准和设计要求。

钢结构防火涂料的粘接强度和抗拉强度应国家现行《钢结构防火涂料应用技术规范》（CECS24：90）的标准规定。

6.4　安 全 施 工 措 施

6.4.1　钢零件及钢部件加工

钢零件及钢部件加工具体措施有：

（1）一切机械、砂轮、电动工具、气电焊等设备都必须设有安全防护装置。

（2）机械和工作台等设备的布置应便于安全操作，通道宽度不得小于 1m。

（3）对电气设备和电动工具，必须保证绝缘良好，露天电气开关要设防雨箱并加锁。

（4）凡是受力构件用电焊点固后，在焊接时不准在点焊处起弧，以防溶化塌落。

（5）焊接、切割、气刨前，应清楚现场的易燃易爆物品。离开操作现场前，应切断电源，锁好闸箱。

（6）焊接、切割锰钢、合金钢、有色金属部件时，应采取防毒措施。接触焊件，必要时应用橡胶绝缘板或干燥的木板隔离，并隔离容器内的照明灯具。

（7）在现场进行射线探伤时，周围应设警戒区，并挂"危险"标志牌，形成操作人员应背离射线 10m 以外，在 30°投射角范围内，且人员要远离 50m 以上。

（8）构件就位时应用撬棍拨正，不得用手扳或站在不稳固的构件上操作，严禁在构件下面操作。

（9）用尖头扳子拨正配合螺栓孔时，必须插入一定深度方能撬动构件，如发现螺栓孔不符合要求，不得用手指塞入检查。

（10）用撬棍拨正物体时，必须手压撬杠，禁止骑在撬杠上，不得将撬杠放在肋下，以免回弹伤人。在高空使用撬杠不能向下使劲过猛。

（11）保证电气设备绝缘良好。在使用电气设备时，首先应检查是否有保护接地，接好保护接地后再进行操作。另外，电线的外皮、电焊钳的手柄，以及一些电动工具要保证良好的绝缘。

（12）带电体与地面、带电体之间，带电体与其他设备和设施之间均需要保持一定的安全距离。如常用的开关设备的安装高度应为 1.3～1.5m；起重吊装的索具、重物等与导线的距离不得小于 1.5m（电压在 4kV 及其以下）。

（13）工地或车间的用电设备，一定要按要求设置熔断器、断路器、漏电开关等器件。如熔断器的熔丝熔断后，必须查明原因，由电工更换，不得随意加大熔丝断面或用铜丝代替。

（14）推拉闸刀开关时，一般应戴好干燥的皮手套，头不要偏斜，以防推拉开关时被电火花灼伤。

（15）手持电动工具，必须加装漏电开关，在金属容器内施工必须采用安全低电压。

（16）使用电气设备时操作人员必须穿胶底鞋和戴胶皮手套，以防触电。

（17）工作中，当有人触电时，不要赤手接触触电者，应该迅速切断电源，然后立即组织抢救。

（18）一切材料、构件的堆放必须平整稳固，应放在不妨碍交通和吊装安全的地方，边角余料应及时清除。

6.4.2　钢结构焊接工程

钢结构焊接具体措施有：

（1）必须在易燃易爆气体或液体扩散区施焊时，应经有关部门检试许可后，方可施焊。

（2）电焊机要设单独的开关，开关应放在防雨的闸箱内，拉合闸时应戴手套侧向操作。

（3）焊接预热工件时，应有石棉布或挡板等隔热措施。

（4）焊钳与把线必须绝缘良好，连接牢固，更换焊条应戴手套。在潮湿地点工作，应站在绝缘胶板或木板上。

（5）把线、地线禁止与钢丝绳接触，更不得用钢丝绳或机电设备代替零线。所有地线接头，必须连接牢固。

（6）更换场地移动把线时，应切断电源，并不得手持把线爬梯登高。

（7）多台焊机在一起集中施焊时，焊接平台或焊件必须接地，并应有隔光板。

（8）施焊场地周围应清除易燃易爆物品，或进行覆盖、隔离。

（9）清除焊渣、采用电弧气刨清根时，应戴防护眼镜或面罩，以防止铁渣飞溅伤人。

（10）工作结束后，应切断焊机电源，并检查操作地点，确认无起火危险后，方可离开。

（11）雷雨时，应停止露天焊接工作。

6.4.3　钢构件预拼装工程

钢结构预拼装具体措施有：

（1）每台提升油缸上装有液压锁，以防油管破裂，重物下坠。

（2）液压和电控系统采用连锁设计，以免提升系统由于误操作造成事故。

（3）控制系统具有异常自动停机，断电保护等功能。

（4）钢绞线在安装时，地面应划分安全区，以避免重物坠落，造成人员伤亡。

（5）在正式施工时，也应划定安全区，高空要有安全操作通道，并设有扶梯、栏杆。

（6）在提升过程中，应指定专人观察地锚、安全锚、油缸、钢绞线等的工作情况；若有异常，直接报告控制中心。

（7）提升过程中，未经许可不得擅自进入施工现场。

（8）雨天或五级风以上停止提升。

（9）施工过程中，要密切观察网架结构的变形情况。

6.4.4　钢结构安装工程

钢结构安装具体措施如下：

（1）防止高空坠落。

1）吊装人员应戴安全帽，高空作业人员应系好安全带，穿防滑鞋，带工具袋。

2）吊装工作区应有明显标志，并设专人警戒，与吊装无关人员严禁入内。起重机工作时，起重臂杆旋转半径范围内，严禁站人。

3）运输吊装构件时，严禁在被运输、吊装的构件上站人指挥和放置材料、工具。

4）高空作业施工人员应站在操作平台或轻便梯子上工作。吊装屋架应在上弦设临时安全防护栏杆或采取其他安全措施。

5）登高用梯子、吊篮、临时操作台应绑扎牢靠，梯子与地面夹角以 60°～70°为宜，操作台跳板应铺平绑扎，严禁出现挑头板。

（2）防物体落下伤人。

1）高空往地面运输物件时，应用绳捆好吊下。吊装时，不得在构件上堆放或悬挂零星物件。零星材料和物件必须用吊笼或钢丝绳、保险绳捆扎牢固，才能吊运和传递，不得随意抛掷材料物件、工具，防止滑脱伤人或意外事故。

2）构件绑扎必须绑牢固，起吊点应通过构件的重心位置，吊升时应平稳，避免振动或摆动。

3）起吊构件时，速度不应太快，不得在高空停留过久，严禁猛升猛降，以防构件脱落。

4）构件就位后临时固定前，不得松钩、解开吊装索具。构件固定后，应检查连接牢固和稳定情况，当连接确实安全可靠，方可拆除临时固定工具和进行下步吊装。

5）风雪天、霜雾天和雨期吊装，高空作业应采取必要的防滑措施，如在脚手架、走道、屋面铺麻袋或草垫，夜间作业应有充分照明。

（3）防止起重机倾翻。

1）起重机行驶的道路，必须平整、坚实、可靠，停放地点必须平坦。

2）吊装时，应有专人负责统一指挥，指挥人员应选择恰当地点，并能清楚看到吊装的全过程。起重机驾驶人员必须熟悉信号，并按指挥人员的各种信号进行操作，并不得擅自离开工作岗位，遵守现场秩序，服从命令听指挥。指挥信号应事先统一规定，发出的信号要鲜明、准确。

3）起重机停止工作时，应刹住回转和行走机构，关闭和锁好司机室门。吊钩上不得悬挂构件，并升到高处，以免摆动伤人和造成吊车失稳。

4）在风力等于或大于六级时和吊装作业，禁止露天进行桅杆组立或拆除。

（4）防止吊装结构失稳。

1）构件吊装应按规定的吊装工艺和程序进行，未经计算和可靠的技术措施，不得随意改变或颠倒工艺程序安装结构构件。

2）构件吊装就位，应经初校和临时固定或连接可靠后方可卸钩，最后固定后才能拆除临时固定工具。高宽比很大的单个构件，未经临时或最后固定组成一稳定单元体系前，应设溜绳或斜撑拉（撑）固。

3）构件固定后不得随意撬动或移动位置，如需重校时，必须回钩。

4）多层结构吊装或分节柱吊装，应吊装完一层节，灌浆固定后，方可安装上层或上一节柱。

6.4.5　压型金属板工程

压型金属板施工具体措施有：

（1）压型钢板施工时两端要同时拿起，轻拿轻放，避免滑动或翘头，施工剪切下来的料头要放置稳妥，随时收集，避免坠落。非施工人员禁止进入施工楼层，避免焊接弧光灼伤眼睛或晃眼造成摔伤，焊接辅助施工人员应戴墨镜配合施工。

（2）施工时下一楼层应有专人监控，防止其他人员进入施工区和焊接火花坠落造成失火。

（3）施工中工人不可聚集，以免集中荷载过大，造成板面损坏。

（4）施工的工人不得在屋面奔跑、打闹、抽烟和乱扔垃圾。

（5）当天吊至屋面上的板材应安装完毕，如果有未安装完的板材应作临时固定，以免被风刮下，造成事故。

（6）现场切割过程中，切割机械的底面不宜与彩板面直接接触，最好垫以薄三合板材。

（7）吊装中不要将彩板与脚手架、柱子、砖墙等碰撞和摩擦。

（8）早上屋面常有露水，坡屋面上彩板面滑，应特别注意防滑措施。

（9）不得将其他材料散落在屋面上或污染板材。

（10）在屋面上施工的工人应穿胶底不带钉子的鞋。

（11）操作工人携带的工具等应放在工具袋中，如放在屋面上应放在专用的布或其他片材上。

（12）用密封胶封堵缝时，应将附着面擦干净，以便密封胶在彩板上有良好的结合面。

（13）电动工具的连接插座应加防雨措施，避免造成事故。

（14）板面铁屑清理。板面在切割和钻孔中会产生铁屑，这些铁屑必须及时清除，不可过夜。因为铁屑在潮湿空气条件下或雨天中会立即锈蚀，在彩板面上形成一片片红色的锈斑，附着于彩板面上，现场很难清除。此外，其他切除的彩板上，铝合金拉铆钉上拉断的铁杆等也应及时清理。

6.4.6　钢结构涂装工程

钢结构涂装具体措施有：

（1）配制使用乙醇、苯、丙酮等易燃材料的施工现场，应严禁烟火和使用电炉等明火设备，并应配置消防器材。

（2）配制硫酸溶液时，应将硫酸注入水中，严禁将水注入酸中；配制硫酸乙酯时，应将硫酸慢慢注入酒精中，并充分搅拌，温度不得超过60℃，以防酸液飞溅伤人。

（3）防腐涂料的溶剂，容易挥发出易燃易爆的蒸汽，当达到一定浓度后，遇火易引起燃烧或爆炸，施工时应加强通风降低积聚浓度。

（4）涂料施工的安全措施主要要求是涂料施工场地要有良好的通风，如在通风条件不好的环境涂漆时，必须安装通风设备。

（5）使用机械除锈工具（如钢丝刷、风动或电动除锈工具）清除锈层、工业粉尘、旧漆膜时，为避免眼睛被沾污或受伤，要戴上防护眼镜，并戴上防尘口罩，以防呼吸道被感染。

（6）在喷涂硝基漆或其他挥发性、易燃性较大的涂料时，严禁使用明火，严格遵守防火规则，以免失火或引起爆炸。

（7）高空作业时要系好安全带，双层作业时要戴安全帽；要仔细检查跳板、脚手杆子、吊篮、云梯、绳索、安全网等施工用具有无损坏、捆扎牢不牢，有无腐蚀或搭接不良等隐患；每次使用之前均应在平地上做起重试验，以防造成事故。

（8）施工场所的电线，要按防爆等级的规定安装；电动机的启动装置与配电设备，应该是防爆式的，要防止漆雾飞溅在照明灯泡上。

（9）不允许把盛装涂料、溶剂或用剩的漆罐开口放置。浸染涂料或溶剂的破布及废棉纱等物，必须及时清除；涂漆环境或配料房要保持清洁，出入畅通。

（10）在涂装对人体有害的漆料（如红丹的铅中毒、天然大漆的漆毒、挥发型漆的溶剂中毒等）时，需要戴上防毒口罩、封闭式眼罩等保护用品。

（11）因操作不小心，涂料溅到皮肤上时，可用木屑加肥皂擦洗；最好不用汽油或强溶剂擦洗，以免引起皮肤发炎。

（12）操作人员涂漆施工时，如感觉头疼、心悸或恶心，应立即离开施工现场，到通风良好、空气新鲜的地方，如仍感到不适，应速去医院检查治疗。

复 习 思 考 题

1. 钢结构的连接方法有哪些？各种连接方法各有何优缺点？

2. 钢结构焊接如何进行施工？

3. 简述扭转型高强度螺栓的施工方法。

4. 为何要规定螺栓排列的最大和最小间距要求？

5. 简要说明常用的焊接方法和各自的优缺点。

6. 摩擦型和承压型高强螺栓的传力机理有何不同？

7. 简述螺栓的常见布置形式和考虑的因素。

8. 对接焊缝常用的坡口形式有哪些？

9. 钢结构材料如何进行下料？

10. 钢结构预拼装应达到什么要求？

11. 简述钢结构构件制作的施工工序。

12. 简述钢结构防腐与防火的防护方法。

13. 钢结构施工安全措施有哪些？

第7章 结 构 工 程 安 装

7.1 索具与起重机械

7.1.1 索具设备

1. 钢丝绳

钢丝绳是吊装作业中最常用的绳索，它具有强度高、韧性好、耐磨性好、能承受冲击荷载等优点。同时，磨损后表面产生毛刺，容易发现，易于检查，便于防止发生事故。

（1）钢丝绳的构造与种类。

结构吊装中常用的钢丝绳是由直径相同的光面钢丝捻成钢丝股，再由六股钢丝股围绕一股绳芯捻成。

（2）钢丝绳的允许拉力计算。

钢丝绳允许拉力按下列公式计算

$$[F_g] = \frac{\alpha F_g}{K} \tag{7-1}$$

式中 $[F_g]$——钢丝绳的允许拉力，kN；

F_g——钢丝绳的破断拉力总和，kN；

α——换算系数；

K——钢丝绳的安全系数。

（3）钢丝绳的安全检查及报废标准。

钢丝绳使用一定时间后，就会产生不同程度的磨损、断丝和腐蚀等现象，这将降低其承载能力。经检查有下列情况之一者，就予以报废：钢丝绳整股破断；使用时断丝数目增加很快；钢丝绳在一个节距内断丝、锈蚀或磨损的数量超过一定数值等情况。

（4）钢丝绳使用注意事项。

钢丝绳穿过滑轮时，滑轮槽的直径应比钢丝绳子的直径大1～2.5mm。滑轮的直径不得小于钢丝绳直径的10～12倍，以减小钢丝绳的弯曲应力；应定期对钢丝绳加润滑油（一般以工作时间4月/次）；存放在仓库里的钢丝绳应成卷排列，避免重叠堆置，库中应保持干燥，以防钢丝绳锈蚀；在使用中，如绳股间有大量的油挤出，表明钢丝绳的荷载已相当大，这时必须勤加检查，以防发生事故。

图7-1 卡环

(a) 螺栓式卡环（D形）；(b) 椭圆销活络卡环（D形）；(c) 弓形卡环

2. 吊装工具

吊装工具是结构安装工程中不可缺少的绑扎、固定、吊升的工具。吊装工具包括卡环、吊索、横吊梁、滑轮组、倒链、卷扬机等。

（1）卡环（卸甲、卸扣）。

卡环（又称卸甲或卸扣）用于吊索之间或吊索和构件吊环之间的连接，由弯环和销子两部分组成，如图7-1所示。

卡环按弯环形式分为 D 形卡环和弓形卡环两种形式；按销子和弯环的连接形式分为螺栓式卡环和活络式卡环两种。螺栓式卡环的销子和弯钩采用螺纹连接，而活络卡环的销子端头和弯环孔眼无螺纹，可直接抽出，销子的截面有圆形和椭圆形。

（2）吊索。

吊索也称千斤绳、绳套。根据形式不同分为环状吊索（又称万能吊索或闭式吊索）和开式吊索，又可分为 8 股吊索和轻便吊索，如图 7-2 所示。

图 7-2　吊索

（a）环状吊索；（b）8 股头吊索；（c）轻便索套

（3）横吊梁（铁扁担、平衡梁）。

为了承受吊索对构件轴向压力和减小起吊高度，可采用横吊梁。常用的横吊梁有滑轮横吊梁、钢板横吊梁（图 7-3）、钢管横吊梁（图 7-4）等。

图 7-3　钢板横吊梁　　　　　　图 7-4　钢管横吊梁

（4）其他辅件。

主要有钢丝绳夹和钢丝绳卡扣。它主要是用来固定或连接钢丝绳端。钢丝绳夹的构造尺寸按《钢丝绳夹》（GB 5976—2006）标准，如图 7-5 所示。

（5）滑轮、滑轮组。

滑轮又名葫芦，可以省力，也可以改变用力的方向。滑轮按其滑轮的多少，可分为单门、双门和多门等；按使用方式不同，可分为定滑轮和动滑轮两种，如图 7-6 所示。

定滑轮可改变力的方向，但不能省力；动滑轮可以省力，但不能改变力的方向。滑轮的允许荷载，根据滑轮轴的直径确定，使用时不能超载。

滑轮组是由一定数量的定滑轮和动滑轮及绕过的绳索组成的。它既可以改变力的方向又可以达到省力的目的。

图 7-5　钢丝绳链接辅件

(a) 钢丝绳夹；(b) 花篮螺栓；(c) 钢丝绳卡扣

图 7-6　齿轮式链条滑轮

1—摩擦垫圈；2—手链；3—圆盘；4—链轮轴；5—棘轮圈；6—牵引链轮；7—夹板；8—传动轮；
9—齿圈；10—驱动装置；11—齿轮；12—轴心；13—行星齿轮；14—挂钩；15—横梁；
16—起重星轮；17—保险簧；18—起重链轮；19—吊钩

7.1.2　桅杆式起重机

建筑工程中常用的桅杆式起重机有独脚把杆、人字把杆、悬臂把杆和牵缆式起重机等。桅杆式起重机制作简单，装拆方便，起重量较大，受地形限制小，能用于其他起重机械不能安装的一些特殊工程和设备；但这类机械的服务半径小，移动困难，需要较多的缆风绳。如图 7-7 所示。

图 7-7 桅杆式起重机
(a) 独脚拔杆；(b) 人字拔杆；(c) 悬臂拔杆；(d) 牵缆式桅杆起重机
1—拔杆；2—缆风绳；3—起重滑轮组；4—导向装置；5—拉索；
6—起重臂；7—回转盘；8—卷扬机

7.1.3 自行式起重机

在结构安装工程中主要采用的自行杆式起重机有：履带式起重机、汽车式起重机和轮胎式起重机等。

1. 履带式起重机

（1）构造及分类。

履带式起重机是在行走的履带底盘上装有起重装置，它由动力装置、传动机构、回转机构、行走机构、操作系统以及工作机构（起重杆、起重滑轮组、卷扬机）等组成，如图 7-8 所示。履带式起重机稳定性差，行驶速度慢，且易损坏路面，转移时多用平板拖车装运。

（2）常用型号及性能。

目前在结构安装工程中常用的履带式起重机，主要是以国产的 W_1-50、W_1-100 和 W_1-200 等型号。

起重机的起重量（Q）、起升高度（H）、工作幅度（R）这三个参数之间存在着相互制约的关系，起重臂的长度（L）及其仰角（α）有关。每一种型号的起重机都有几种臂长（L）。当臂长（L）一定时，随起重机仰角（α）的增大，起重量（Q）增大，起重半径（R）减少，起重高度（H）增大。当起重臂仰角（α）一定时，随着起重臂的臂长（L）的增加，起重量（Q）减少，起重半径（R）增大，起重高度（H）增大。其数值的变化取决于起重

图 7-8　履带式起重机

1—行走装置；2—回转机构；3—机身；4—起重臂

臂仰角的大小和起重臂长度。

（3）稳定性验算。

使用履带式起重机进行超负载吊装或接长起重臂时，必须对起重机进行稳定性验算，以保证起重机在吊装中不至于发生倾覆事故，确保安全生产。根据验算结果，采取增加配重等措施后，才能进行吊装。

履带式起重机稳定性应以起重机处以最不利的情况，即车身旋转90°起吊重物时，进行验算，如图7-9所示。

$$K_2 = \frac{稳定力矩}{倾覆力矩} \geqslant 1.4 \tag{7-2}$$

图 7-9　履带式起重机稳定性验算

对 A 点取力矩可得

$$K_2 = \frac{G_1 l_1 + G_2 l_2 + G_0 l_0 - G_3 l_3}{(Q+q)(R-l_2)} \geqslant 1.4 \qquad (7-3)$$

式中　G_0——平衡重所受的重力，N；

　　　G_1——起重机机身可转动部分所受重力（地面倾斜的影响忽略不计，下同），N；

　　　G_2——起重机机身不转动部分所受重力，N；

　　　G_3——起重臂所受重力，N；

　　　Q——吊装荷载（包括构件和索具），N；

　　　q——起重滑轮组所受重力，N；

　　　l_0——G_0 重心至 A 点的距离，N；

　　　l_1——G_1 重心至 A 的距离，m；

　　　l_2——G_2 重心至 A 点的距离，m；

　　　l_3——G_3 重心至 A 点的距离，m；

　　　R——起重机的工作幅度，m。

2. 汽车式起重机

汽车式起重机是装在通用载重汽车底盘或是专用汽车载重汽车底盘上的一种起重机，其行驶的驾驶室与起重的操纵室是分开的。也是一种自行式起重机，车身回转360°，构造与履带式起重机基本相同，如图7-10所示。它的特点是机动灵活，行驶速度快，能快速转移到新的施工现场并迅速投入工作，对路面破坏性小，对路面要求也不十分高。特别适合于中小型单层工业厂房结构吊装。

图7-10　汽车式起重机

汽车式起重机吊装时稳定性差，所以起重机设有可伸缩的支腿，起重时支腿落地，以增加机身的稳定，并起到保护轮胎的作用，这种起重机不能负重行驶。

汽车式起重机按起重量大小分为轻型、中型和重型三种。起重量在20t以内的为轻型，20～50t为中型，50t及以上的为重型。按传动装置形式分为机械传动、电力传动、液压传动三种。

3. 轮胎式起重机

轮胎式起重机是一种把起重机构安装在专用加重型轮胎和轮轴组成的特制底盘上的一种全回转式起重机，构造与履带式起重机基本相同，但其横向尺寸较大，故横向稳定性好，并能在允许载荷下负荷行走。为了保证吊装作业时机身的稳定性，起重机设有四个可伸缩支腿，如图7-11所示。轮胎式起重机与汽车式起重机有许多相似之处，主要差别是行驶速度慢，所以不宜做长距离的行驶，适宜于作业地点相对固定而作业量较大的结构安装工程。

图 7-11　轮胎式起重机

1—起重杆；2—起重索；3—变幅索；
4—支腿

7.1.4　塔式起重机

塔式起重机（简称塔吊），它的起重臂安装在塔身上部，具有较大的起重高度和工作幅度，工作速度快，生产效率高，广泛用于多层和高层的工业与民用建筑施工中。

塔式起重机按照性能可分为轨道式、爬升式和附着式三种。

1. 轨道式塔式起重机

轨道式塔式起重机是一种在轨道上行驶的自行式塔式起重机，其中，有的只能在直线轨道上行驶，有的可沿 L 形或 U 形轨道行驶。作业范围在两倍幅度的宽度和行走线长度的矩形面积内，并可负荷行驶，如图7-12所示。

2. 爬升式塔式起重机

爬升式塔式起重机是自升式塔式起重机的一种，它由底座、套架、塔身、塔顶、行车式起重臂、平衡臂等部分组成。它安装在高层装配式结构的框架梁或电梯间结构上，每安装1～2层楼的构件，便靠一套爬升设备使塔身沿建筑物向上爬升一次，如图7-13所示。

图 7-12　QT4-10 型塔式起重机

1—液压千斤顶；2—顶升套架；3—锚固装置；4—建筑物；5—塔身；6—附着杆

3. 附着式塔式起重机

附着式塔式起重机是固定在建筑物近旁钢筋混凝土基础上的自升式塔式起重机，如图

图7-13　爬升式起重机及爬升过程示意图

(a) 套架提升前；(b) 提升套架；(c) 提升塔架

7-14所示。随建筑物的升高，利用液压自升系统逐步将塔顶顶升、塔身接高。为了保证塔身的稳定，每隔一定高度将塔身与建筑物用锚固装置水平连接起来，使起重机依附在建筑物上。锚固装置由套装在塔身上的锚固环、附着杆及固定在建筑结构上的锚固支座构成。第一道锚固装置设于塔身高度的30～50m处，自第一道向上每隔20m左右设置一道，一般锚固装置设3～4道。这种塔身起重机适用于高层建筑施工。附着式塔式起重机顶升接高过程，如图7-15所示。

图7-14　附着式塔式起重机

1—撑杆；2—建筑物；3—标准节；4—操纵室；

5—起重小车；6—顶升套架

图 7-15　附着式塔式起重机顶升接高过程

（a）准备状态；（b）顶升塔顶；（c）推入标准节；（d）安装标准节；（e）塔顶与塔身联成整体

1—顶升套架；2—液压千斤顶；3—支撑座；4—顶升横梁；5—定位销；

6—过渡节；7—标准节；8—摆渡小车

7.2　混凝土单层厂房构件吊装

钢筋混凝土单层工业厂房除基础在施工现场就地浇筑外，其他构件均为预制构件，对于重量大、不便运输的构件在现场制作，而对于中小型构件在预制厂制作生产；在现场制作的构件主要有柱子、屋架、吊车梁等，而连系梁、屋面结构（屋面板、天窗架、天沟板）、基础梁等都集中在预制厂制作，运到施工现场安装。

7.2.1　准备工作

在结构安装中准备工作在建筑施工中占有相当重要的地位。它不仅影响到施工进度与安装质量，而且对文明施工、组织施工达到有节奏、连续的进行起到相当大的作用。

钢筋混凝土单层工业厂房构件安装前的准备工作包括了场地清理、道路修筑、基础的准备、构件的运输、排放、堆放和拼装加固、检查清理、弹线与编号及机具、吊具的准备等。

1. 场地清理与修筑临时道路

起重机进场之前，根据现场施工平面布置图，在场地上标出起重机开行路线，清理开行道路上的杂物，修筑好临时道路，并进行平整压实。对于回填土或软地基上，用碎石夯实或用枕木铺垫。对整个场地进行平整与清理，挖设排水沟，做好场地的排水准备，以利于雨期施工排水的需要。

2. 基础的准备

装配式钢筋混凝土柱基础一般做成杯形基础，在浇筑杯形基础时，应保证定位轴线及杯口尺寸准确。在柱吊装之前要对杯底标高进行抄平；抄平后，用高等级水泥砂浆或 C20 细石混凝土找平到所需的标高上。

杯底抄平，即对杯底标高进行一次检查和调整，以保证柱子吊装后各柱顶面标高一致。

在基础杯口顶面弹出建筑物的纵、横定位轴线和柱的吊装准线，杯口顶面的轴线与柱的吊装准线相对应。作为对柱的对位、校正依据。

3. 构件的运输与堆放

钢筋混凝土单层工业厂房制构件主要有柱、吊车梁、连系梁、屋架、天窗架、屋面板等。目前重量在 50kN 以下者，一般可在预制厂生产制作，一些尺寸及重量大，运输不便的构件，如柱、屋架，可在现场制作。

（1）构件的运输。

不仅要提高运输的效率，又要注意构件在运输过程中不至于损坏、不变形，并且要为吊装作业创造有利的条件。

长度在 6m 以内的柱子一般用汽车运输；较长的柱子用拖车运输，两点或三点支承运输；在运输车上应侧放，并采取稳定措施防止倾倒。屋架一般跨度大、厚度小，重量不大，侧向刚度差，易发生平面外变形。钢筋混凝土折线形屋架一般均在现场制作。

（2）构件的堆放。

构件堆放在坚实平整的地基上，位置尽可能布置在起重机工作幅度范围以内。构件应按工程名称、构件型号、吊装顺序分别堆放，并考虑构件吊装的先后顺序和施工进度的要求，以免出现先吊的构件被压，影响施工进度和出现二次搬运。

预制构件运输到现场后，大型构件如柱子、屋架等应按施工组织设计构件平面布置图就位；小型构件如屋面板、连系梁等可在规定的适当位置堆放，垫木在一条垂直线上，一般连系梁可叠放 2～3 层，屋面板 6～8 层。场地狭小时，小构件也可考虑随运随吊的方法。

4. 构件检查与清理

预制构件在生产和运输过程中，可能会出现外形尺寸方面的误差，以及构件表面产生缺陷，构件的损伤、变形、裂纹等问题。因此，对构件必须进行检查与清理，以保证吊装质量。其检查内容包括：

（1）强度检查。

构件混凝土强度是否达到了吊装的强度要求，构件在吊装时，必须要求普通混凝土构件强度至少达到设计强度的 70%；跨度较大的梁和屋架混凝土强度达到设计强度的 100%；对预应力混凝土构件中的孔道灌浆的水泥浆强度也不能低于 15MPa。

（2）构件的外形尺寸、接头钢筋、埋铁件的位置和尺寸、吊环的规格和位置。

检查柱子的总长度、柱脚底面的平整度、截面尺寸、各部位预埋件的位置与尺寸，柱底到牛腿面的长度等也应详细检查记录。

检查屋架的总长度、侧向弯曲、连接屋面板、天窗架、支撑等构件的预埋铁件的数量与位置。

检查吊车梁总长度、高度、侧向弯曲、各埋铁件的数量与位置等。

检查吊环的位置是否正确，吊环有无变形和损伤，吊环的孔洞能否穿过钢丝索和卡环。

（3）构件表面检查。

主要检查构件表面有无损伤、缺陷、变形及裂纹。另外，还应检查预埋件上是否有被水泥浆覆盖的现象或有污物，如发现及时清除，以免影响构件拼装（焊接等）和拼装质量。

（4）与设计要求核对。

检查装配式钢筋混凝土构件的型号、规格与数量是否满足设计要求。

5. 构件的弹线与编号

构件的弹线：构件在吊装之前要在构件表面弹出吊装准线，此准线即为弹线，是构件对位、校正的依据。

对于形状复杂的构件要标出它的重心及绑扎点的位置。构件的弹线一般在施工现场进行，主要包括柱子、屋架、吊车梁及屋面结构。

（1）柱子。应在柱身的三个面上弹吊装准线。对于矩形截面柱，可按几何中线弹吊装准线；对于工字型截面柱，为便于观测及避免视差，则应在靠柱边翼缘上弹一条与中心线平行的线，该线应与基础杯口面上的定位轴线相吻合。另外，在柱顶要弹出载面中心线，在牛腿面上要弹出吊车梁的吊装准线。

（2）屋架。在屋架上弦顶面应弹出几何中心线，并从跨度的中央向两端分别弹出天窗架、屋面板或檩条的吊装准线。在屋架的两个端头应弹出屋架纵横吊装准线。

（3）梁。在梁的两端及顶面应弹出几何中心线，作为梁的吊装准线。

6. 其他机具的准备

结构吊装工程除需要的大型起重机械外，还要准备好钢丝绳、吊具、吊索、起重滑轮组等；配备电焊机、电焊条；为配合高空作业，保证施工安全，便于人员上下及解开吊索，准备好轻便的竹梯或挂梯；为临时固定柱和调整构件的标高，准备好各种规格的木楔、铁楔或铁垫片。

7.2.2 柱子安装

单层工业厂房制的柱子类型很多，重量和长度不一。装配式钢筋混凝土柱的截面形式有矩形、工字形、管形、双肢形等，但吊装工艺相同。

柱子安装的施工过程包括：绑扎→吊升→对位、临时固定→校正→最后固定等。

1. 绑扎

柱的绑扎方法应与柱的形状、几何尺寸、重量、配筋部位、吊装方法，以及所采用的吊具和起重机性能等情况确定。绑扎应牢固可靠，易绑易拆，自重在 13t 以下的中、小型柱，大多绑扎一点；重型或配筋少而细长的柱，则需绑扎两点，甚至三点。有牛腿的柱，一点绑扎的位置，常选在牛腿以下。如柱上部较长，也可绑在牛腿以上。工字形截面柱的绑扎点应选在矩形截面处（实心处），否则，应在绑扎的位置用方木加固翼缘。双肢柱的绑扎点应选在平腹杆处。绑扎柱子用的吊具，有铁扁担、吊索（千斤绳）、卡环（卸甲）等。为使在高空中脱钩方便，尽量采用活络式卡环。为避免起吊时吊索磨损构件表面，在吊索与构件之间用麻袋或木板铺垫。

柱子在现场制，一般是平卧（大面向上）浇筑，在支模、浇混凝土前，就要确定绑扎方法，在绑扎点埋吊环、留孔洞或底模悬空，以便绑扎钢丝绳。

柱子常用的绑扎方法有：

（1）斜吊绑扎法。

当柱子的宽面抗弯强度能满足吊装要求时，可采用斜吊绑扎法。柱吊起后呈倾斜状态，由于吊索歪在柱的一边，起重钩可低于柱顶，这样起重臂可以短些。另外，柱子在现场是大面向上浇筑，直接把柱子在平卧的状态下，从底模上吊起，不需翻身，也不用横吊梁。但这种绑扎方法，因柱身倾斜，就位时对正底线比较困难。如图 7-16 所示。

图 7-16 斜吊绑扎法

（2）直吊绑扎法。

当柱子的宽面抗弯强度不能满足吊装要求时，应采用直吊绑扎法。即吊装前先将柱子翻身，再经绑扎进行起吊，这种绑扎法是用吊索绑牢柱身，从柱子宽面两侧分别扎住卡环，再与横吊梁相连，柱吊直后，横吊梁必须超过柱顶，柱身呈直立状态，所以需要较长的起重臂。如图 7-17 所示。

（3）两点绑扎法。

当柱身较长，一点绑扎抗弯强度不能满足时，可用两点绑扎起吊，如图 7-18 所示。当确定柱绑扎点的位置时，应使两根吊索的合力作用线高于柱子的重心。即下绑扎点至柱重心的距离小于上绑扎点至柱重心的距离。这样柱子在起吊过程中，柱身可自行转为直立状态。

图 7-17 直吊绑扎法

（a）一点绑扎；（b）两点绑扎

1—第一支吊索；2—第二支吊索；3—活络卡环；

4—铁扁担；5—滑车

图 7-18 两点绑扎法

（a）斜吊绑扎法；（b）直吊绑扎法

2. 吊升

柱子的吊升方法根据柱子的重量、长度、起重机的性能和现场施工条件而定。对于重型柱子有时采用两台起重机起吊。用单机吊装时，基本上可用旋转法和滑行法两种吊升方法。

（1）旋转法。

起重机边升钩、边回转起重杆，直到将柱子转为直立状态，使柱子绕柱脚旋转吊起插入杯口中。为了使在吊升过程中保持一定的工作幅度，起重杆不起伏。这样在预制或堆放柱子时，应使柱子的绑扎点、柱脚中心线、杯口中心线三点共弧，柱脚布置在杯口附近。如图7-19所示。

图 7-19　旋转法

由于条件限制，不能布置成三点共弧时，也可采取绑扎点或柱脚与杯口中心两点共弧。这样布置法在吊升过程中，都要改变工作幅度，起重杆要起伏，工效较低，且不够安全。

用旋转法吊升时，柱在吊装过程中所受的震动较小，生产率较高，但对起重机的机动性要求较高，构件在现场布置要求也高，通常使用自行式起重机吊装柱时，宜采用旋转法。

（2）滑行法。

柱子在吊升时，起重机只升吊钩，起重杆不转动，使柱脚沿地面滑行逐渐成直立状态，然后起重杆转动使柱插入杯口中，如图7-20所示。这样柱子靠杯基成纵向布置，绑扎点布置在杯口附近，并与杯口中心位于起重机同一工作幅度的圆上，以便将柱子吊离地面后，稍转动吊杆即可就位。用滑行法吊装时，柱在滑行过程中受到震动，对构件不利。因此，宜在柱脚处采取加滑撬（托木）等措施以减少柱脚与地面的摩擦。滑行法适用于柱子较重、较长、现场狭窄、柱子无法按旋转法布置排放的情况下。但滑行法对起重机械的机动性要求较低，只需要起重钩上升，通常使用桅杆式起重机吊装柱时，宜采用滑行法。

图 7-20　滑行法

3. 对位、临时固定

柱脚插入杯口后，并不立即落至杯底，而是停在离杯底30～50mm处进行对位。对位的方法是用8块楔块从柱的四边放入杯口，并用撬棍撬动柱脚，使柱的吊装准线对准杯口顶面上的吊装准线，并使柱基本保持垂直。对位后，略打紧楔块，放松吊钩，柱沉至杯底。经复查吊装准线的对准情况，随即将四面的楔块打紧，将柱临时固定，起重机脱钩。当柱身与杯口间隙太大时，应选择较大规格的楔块，而不能用几个楔块叠合使用。

临时固定柱的楔块，可用硬木或铸铁制作，铸铁楔块可以重复使用，且易拔出。

当柱较高，基础的杯口深度与柱长之比小于1/20，或柱具有较大的悬臂（或牛腿）时，仅靠柱脚处的楔块将不能保证柱临时固定的稳定，这时则应采取增设缆风绳或加斜撑等措施来加强柱临时固定的稳定。

4. 校正

如果柱的吊装就位不够准确，就会影响到与柱相连接的吊车梁、屋架等构件后续吊装的准确性。柱的校正包括垂直度、平面位置和标高等工作。其中柱的标高校正是在杯形基础抄平时，就已完成。而柱的垂直度、平面位置的校正是在柱对位时进行。具体方法如图 7-21 和图 7-22 所示。

图 7-21 千斤顶校正法
(a) 螺旋千斤顶；(b) 千斤顶斜顶法

图 7-22 撑杆校正法

柱的垂直偏差的检查方法是用两架经纬仪从柱相邻的两边去检查柱吊装准线的垂直度。

5. 最后固定

柱校正后应立即进行最后固定，最后固定的方法是在柱与杯口的空隙内浇筑细石混凝土，所用细石混凝土的强度等级应比构件混凝土强度等级提高一级。

在浇筑细石混凝土前，应将杯口空隙内杂质等清理干净，并用水湿润柱和杯口壁，然后浇筑细石混凝土。混凝土浇筑工作一般分两次进行。

第一次浇筑混凝土至楔块的底面，待混凝土强度达设计强度的25%后，拔出楔块。再进行一次柱的平面位置、垂直度的复查。无误后，进行二次浇筑混凝土至杯口的顶面。在捣实混凝土时，不要碰到楔块，以免影响柱子的垂直度或变位。

7.2.3 吊车梁吊装

吊车梁的类型通常有T型、鱼腹式和组合式等几种。当跨度为12m时，亦可采用横吊梁吊升，一般为单机起吊，特重的也可用双机抬吊。

吊车梁安装的施工过程包括：绑扎→吊升→对位、临时固定→校正→最后固定等。

1. 绑扎、吊升、对位、临时固定

吊车梁的吊装必须在基础杯口二次浇筑混凝土强度达到设计强度的70%以上时才能进

行。吊车梁起吊后应基本保持水平。因此，吊车梁绑扎时，两根吊索要等长，其绑扎点对称的设在梁的两端，吊钩应对准梁的重心，如图 7-23 所示。吊车梁两端绑扎溜绳以控制梁的转动，防止碰撞其他构件。

图 7-23　吊车梁吊装

当吊车梁吊升超过牛腿标高 300mm 左右时，即可停止升钩，然后缓缓下降进行就位。

吊车梁就位时，应使吊车梁的端部的中心线基本上对准牛腿上安装吊车梁的安装准线，在对位过程中，纵轴方向上不宜用撬杠拨正吊车梁，因柱子在纵轴线方向上的刚度较差，撬动过度会使柱子发生弯曲而产生偏移。假若在横轴线上未对准，应将吊车梁吊起，再重新对位。

吊车梁本身的稳定性好，对位后一般不需要采取临时固定措施，仅用垫铁垫平即可，起重机即可松钩移走。当梁高与梁宽之比超过 4 时，用铁丝将梁捆在柱上，以防倾倒。

2. 校正

吊车梁的校正工作主要包括平面位置、垂直度和标高等内容。标高的校正已经在杯形基础的杯底抄平时完成，如果有微小的偏差，可在铺轨时，用铁屑砂浆在吊车梁顶面找平即可。

吊车梁的校正工作，要在一个车间或伸缩缝区段内全部结构安装完毕，并最后固定后进行。因为安装屋架、支撑等构件时可能引起柱子变位，影响吊车梁的准确位置。

吊车梁垂直度与平面位置的校正应同时进行。吊车梁的垂直度测量，一般用尺寸锤、靠尺、线锤检查。T 形吊车梁测其两端垂直度，鱼腹式吊车梁测其跨中两侧垂直度，吊车梁平面位置的校正，主要是检查各吊车梁是否在同一纵轴线上，以及两列吊车梁的纵轴线之间的跨距。跨距为 6m 长，5T 以内的吊车梁，可用拉钢丝法或仪器放线法校正；跨距为 12m 长，重型吊车梁通常采用边吊边校正的方法。

（1）拉钢丝法（通线法）。

根据柱的定位轴线，在车间的两端地面定出吊车梁定位轴线位置，打下木桩，并设置经纬仪；用经纬仪先将两端的 4 根吊车梁位置校正准确，用钢尺检查两列吊车梁之间的跨距；然后在 4 根已校正好的吊车梁端部设置支架，高约 200mm。根据吊车梁的轴线拉钢丝线；发现吊车梁纵轴线与钢丝线不一致，据钢丝线逐根拨正吊车梁的吊装中心线；拨正吊车梁可用撬杠或其他工具，如图 7-24 所示。

图 7-24　拉钢丝校正法

（2）仪器放线法。

用经纬仪在各个柱侧面放一条与吊车梁中线距离相等的校正基线。校正基准线至吊车梁中线距离由放线者自行决定。校正时，凡是吊车梁中线与其柱侧基线的距离不等者，用撬杠拨正即可。

3. 最后固定

吊车梁的最后固定，是在吊车梁校正完毕后，用连接钢板与柱侧面、吊车梁顶面的预埋铁件相焊接，并在接头处支模，浇筑细石混凝土。

7.2.4 屋架安装

钢筋混凝土屋架有预应力折线形屋架、三角形屋架、多腹杆折线形屋架、组合屋架等。中小型单层工业厂房屋架的跨度一般为 12~24m，重量约 3~10t，屋架的制作一般在施工现场采取平卧叠浇，以 3~4 榀为一叠。

屋架安装的特点是安装高度较高，屋架的跨度较大，但厚度较薄。吊升过程中容易产生平面外变形，甚至产生裂缝。因此，需要进行有关的吊装验算，采取必要的加固措施后，方可进行。

屋架安装的施工过程包括：绑扎→翻身扶直、就位→吊升→对位、临时固定→校正→最后固定等。

1. 绑扎

屋架的绑扎点应根据跨度和不同类型进行选择，绑扎点应在节点上或靠近节点处，对称于屋架的重心，吊点的数目应满足设计要求，以免吊装过程中构件产生裂缝。翻身扶直时，吊索与水平线的夹角不宜小于 60°，吊升时不宜小于 45°，以免屋架产生过大的横向压力，必要时应采用横吊梁。屋架的绑扎方法应根据屋架的跨度、安装高度和起重机的吊杆长度确定。当屋架的跨度 $L \leqslant 18m$，采用 2 点绑扎起吊；当屋架的跨度 $18m < L \leqslant 30m$，采用 4 点绑扎起吊；当屋架的跨度 $L > 30m$，除采用 4 点绑扎外，应加横吊梁，以减少吊索高度，如图 7-25 所示。对于三角形组合屋架，由于整体性和侧向刚度较差，且下弦为圆钢或角钢，必须用铁扁担绑扎；对于钢屋架，侧向刚度很差，均应绑扎几道杉木杆，作为临时加固措施。

图 7-25 屋架的绑扎方法

(a) 跨度≤18m 时；(b) 跨度>18m 时；(c) 跨度≥30m 时；(d) 三角形组合屋架

2. 翻身扶直、就位

由于屋架在现场制时均为平卧叠浇布置在跨内。因此，在安装前先要翻身扶直，并将其吊运预定的地点就位。

屋架是一个平面受力构件，侧向刚度较差。扶直时由于自重的影响改变了杆件受力性质，特别是上弦杆极易扭曲造成屋架损伤。因此，扶直时应注意以下问题：扶直屋架时，起重机的吊钩应对准屋架的中心，吊索左右对称，吊钩对准屋架下弦中点，防止屋架摆动；数榀叠浇生产跨度 18m 以上的屋架，为防止屋架扶直过程中突然下滑造成损伤，应在屋架两端搭设枕木垛，其高度与下一榀屋架上平面齐平；屋架在一起叠浇时，叠浇的屋架之间有粘结应力存在，应用凿、撬棍、倒链消除粘结后再行扶直；凡屋架高度超过 1.7m，应在表面加绑木、竹或钢管横杆，用以加强屋架的平面刚度；如扶直屋架时采用的绑扎点或绑扎方法与设计不同时，应按实用的绑扎方法验算屋架的扶直应力。

扶直屋架时由于起重机与屋架相对位置不同，可分为正向扶直与反向扶直。

（1）正向扶直。

起重机位于屋架下弦一边，首先以吊钩对准屋架中心，收紧吊钩，接着起重机升钩，并降低起重臂使屋架以下弦为轴缓转为直立状态，如图 7-26 所示。

（2）反向扶直。

起重机位于屋架上弦一边，首先以吊钩对准屋架中心，收紧吊钩，然后略提升起重臂使屋架脱模。接着起重机升钩，并升起重臂使屋架以下弦为轴缓转为直立状态，如图 7-27 所示。

图 7-26　正向扶直　　　　　　　　　　　图 7-27　反向扶直

正向扶直与反向扶直中最大不同点就是在扶直过程中，起重臂一升一降，而升臂比降臂易于操作且较安全，所以应尽量采用正向扶直。

（3）就位。

屋架扶直后应立即进行就位，就位位置与起重机的性能和安装方法有关，应力求少占地，便于吊装，且应考虑吊装顺序、两头朝向等问题，一般是靠柱斜放，就位范围在布置预制构件平面图时应确定。一般有同侧就位和异侧就位两种形式，就位位置与屋架预制位置在同一侧时称同侧就位；就位位置与屋架预制位置不在同一侧时称异侧就位，如图 7-28 所示。

(a)　　　　　　　　　　　　　　(b)

图 7-28　屋架的就位

(a) 同侧就位；(b) 异侧就位

3. 吊升、对位与临时固定

屋架吊升是先将屋架垂直吊离地面约 300mm，然后将屋架转至吊装位置下方，再将屋架提升超过柱顶约 300mm，对准建筑物的定位轴线，将屋架缓降至柱顶进行对位。

屋架对位后，立即进行临时固定。临时固定稳妥后，起重机才可摘钩离去。

第一榀屋架的临时固定必须十分可靠。因为这时它只是单片结构，并且每二榀屋架临时固定还要以第一榀屋架作为支撑。第一榀屋架临时固定方法，通常是用四根缆风绳从两侧将屋架拉牢，也可将屋架与抗风柱相连接作为临时固定。

第二榀屋架的临时固定是用屋架校正器撑牢在第一榀屋架上，以后各榀屋架的临时固定都是用屋架校正器撑牢在前一榀屋架上。每榀屋架至少用两根校正器，如图 7 - 29 所示。

图 7 - 29　屋架校正器
1—钢管；2—撑脚；3—屋架上弦

4. 校正、最后固定

屋架的偏差校正主要是竖向偏差用线锤和经纬仪检查；用屋架校正器纠正。屋架校至垂直后，立即用电焊固定。焊接时，先焊接屋架两端成对角线的两侧边，再焊另外两边，避免两端同侧施焊，因焊接变形引起的屋架偏差。

7.2.5　屋面板安装

钢筋混凝土单层工业厂房屋面结构所用的屋面板一般为预应力大型屋面板，可单独安装。屋面板均埋有吊环，用吊索钩住吊环即可安装。为充分发挥起重机效率，一般采用一次多块。屋面板的安装顺序，应自两边檐口左右对称地逐块铺向屋脊，避免屋架受荷载不均匀；屋面板对位后，应用电焊固定，每块板至少焊三点，最后一块只能焊两点。

7.2.6　钢筋混凝土单层厂房结构安装方案

钢筋混凝土单层工业厂房结构的一般特点是平面尺寸大；承重结构的跨度与柱距大；构件类型少重量大；厂房内还有各种设备基础等。因此，在拟定结构安装方案时，应着重解决起重机的选择、结构安装方法、起重机开行路线及停机位置的确定及构件在现场的平面布置等问题。

1. 起重机的选择

（1）起重机类型的选择。

钢筋混凝土单层工业厂房结构安装起重机的类型选择，主要根据厂房的外形尺寸（跨度、柱距）、构件尺寸与自重、吊装高度，以及施工现场条件和当地现有的起重设备等确定。

对于一般中小型厂房，由于平面尺寸不大，构件重量较轻，起升高度较小，厂房内设备为后安装，采用自行杆式起重机是较合理的，其中选择履带式起重机、汽车式起重机使用最为普遍；当厂房结构高度和长度较大时，选用塔式起重机吊装屋盖结构；对于大跨度的重型厂房，因厂房的跨度和高度都大，构件尺寸和重量亦很大，往往需要结合设备安装同时考虑结构吊装问题，多选用大型自行式起重机、重型塔式起重机、大型牵缆桅杆式起重机；在缺乏自行杆式起重机的地方，或是厂房面积较小，构件较轻，可采用桅杆式起重机，如独脚拔杆、人字拔杆等；对于重型构件，当一台起重机无法满足吊装要求时，也可用两台或三台起重机进行吊装。

（2）起重机型号及起重臂长度的选择。

起重机类型确定之后，还要进一步选择起重机的型号及起重臂长度，所选择起重机的三个重要参数起重量 Q、起重高度 H、工作幅度 R 应满足结构吊装要求。

1）起重量 Q。

所选起重机的起重量必须大于或等于所吊装构件的重量与索具之和，即

$$Q \geqslant Q_1 + Q_2 \tag{7-4}$$

式中　Q——起重机的起重量，kN；

　　　Q_1——构件的重量，kN；

　　　Q_2——吊具及的重量，kN。

2）起升高度 H。

所选起重机的起升高度，必须满足吊装构件安装高度的要求，如图 7-30 所示。

$$H \geqslant h_1 + h_2 + h_3 + h_4 \tag{7-5}$$

式中　H——起重机起重高度，m，从停机面算起至吊钩的距离；

　　　h_1——吊装支座表面高度，m，从停机面算起；

　　　h_2——吊装间隙，m，视工作情况而定，一般 $\geqslant 0.3$m；

　　　h_3——绑扎点至构件吊起后底面的距离，m；

　　　h_4——索具高度，m，自绑扎点至吊钩钩口高度，视情况而定。

3）工作幅度（回转半径）R。

安装构件所需的最小工作幅度和起重机型号及所吊构件的横向尺寸有关，一般是根据所需的 Q_{min}、H_{min} 值初步选定起重机的型号，再按下式进行计算，如图 7-31 所示。

图 7-30　起升高度的计算简图

图 7-31　工作幅度计算简图

$$R_{min} = F + D + \frac{1}{2}b \tag{7-6}$$

式中　R_{min}——起重机最小起重半径，m；

　　　　F——起重臂底铰至回转中心的距离，m；

　　　　D——起重臂底铰距所吊构件边缘距离，m。

$$D = g + (h_1 + h_2 + h_3' - E)\cot\alpha \qquad (7-7)$$

式中　g——构件上口边缘起重杆之间的水平空隙，m，$\geqslant 500mm$；

　　　　E——起重臂底铰距地面的距离，m；

　　　　α——起重杆的倾角；

　　　　h_3'——所吊构件高度，m；

　　　　b——构件高度；

　h_1、h_2——同前。

　　起重机工作幅度的确定通常考虑这几个因素：当起重机可以不受限制地开到构件安装位置附近安装时，对工作幅度无要求，在计算起重量和起升高度后，便可查阅起重机起重表或性能曲线来选择起重机型号及起重臂长，并可查得在此起重高度下相应的工作幅度，作为确定起重机开行路线及停机位置时参考；当起重机不能直接开到构件安装位置附近去安装构件时，应根据起重量、起升高度和工作幅度三个参数，查起重机性能表或性能曲线来选择起重机型号及起重臂长。

　　4）最小臂长的确定。

　　当起重机的起重臂需跨过已安装好的结构去安装构件时，如跨过屋架安装屋面板，为了不触碰屋架，需求出起重机的最小臂长。决定最小臂长的方法有数解法［图 7-32（a）］和图解法［图 7-32（b）］。

图 7-32　最小杆长的计算方法
（a）数解法；（b）图解法

　　①数解法。从图中则可得最小杆长 L_{min} 的计算公式得

$$L = L_1 + L_2 \qquad (7-8)$$

$$L = \frac{f+g}{\cos\alpha} + \frac{h}{\sin\alpha}$$

　　这个式的仰角为变数，欲求最小杆长时的 α 值，仅上式进行一次微分，并令 $\dfrac{\mathrm{d}l}{\mathrm{d}\alpha} = 0$

解得

$$\alpha = \arctan\left(\frac{h}{f+g}\right)^{1/3} \qquad\qquad (7-9)$$

α 求出之后代入 $L=\dfrac{f+g}{\cos\alpha}+\dfrac{h}{\sin\alpha}$ 即得起重机最小杆长的理论值,再根据所选起重机的实际杆长加以确定。

式中　L——起重机臂长,m;

　　　　f——起重机吊钩跨过已安装结构的距离,m;

　　　　h——起重臂底铰至构件吊装支座的高度,m,$h=h_1-E$;

　　　　h_1——停机面至构件吊装支座的高度,m;

　　　　g——起重臂轴线与已吊装屋架间的水平距离,至少取 1m;

　　E,α——同上。

则工作幅度

$$R = F + L\cos\alpha \qquad\qquad (7-10)$$
$$H = L\sin\alpha + E - d \qquad\qquad (7-11)$$

式中　d——起重杆顶至吊钩中心的距离,取 2~3.5m 安全高度。

　　按计算出的 R 值及已选定的起重杆长 L,查起重机性能表,复核起重量 Q 得起升高度 H,如果能满足构件的吊装要求,即可根据 R 值确定起重机吊装屋面板时的停机位置。

　　②图解法。首先按比例(一般不小于 1:200)绘出构件的安装标高和实际地面线;然后由 $H+d$ 定出 P_1 点的位置,由 g 值定出 P_2 位置,g 值为起重臂轴线与已吊装屋架间的水平距离,至少取 1m。连接 P_1P_2 并延长到起重机回转中心至停机面的高度相交处于 P_3,此点即为起重臂底铰的位置,测量出 P_1P_3 的长度,即为所求的起重机最小杆长。

　　2. 结构吊装方法及起重机开行路线、停机位置

　　(1)结构吊装方法。

　　单层工业厂房的结构吊装方法有分件吊装法与综合吊装法两种。

　　1)分件吊装法是指起重机在车间内每开行一次仅吊装一种或两种同类构件。起重机的第一次开行吊装完全部柱子,并对柱子进行校正和最后固定;第二次开行,吊装吊车梁、连系梁及柱间支撑等;第三次开行,分节间吊装屋架、天窗架、屋面板及屋面构件(如檩条、天沟板)等。

　　分件吊装法特点是每次吊装基本是同类型构件,索具不需要经常更换,操作程序基本相同,速度快;能充分发挥起重机的工作能力;构件的校正、固定有足够的时间;构件可分批进场,供应较简单,现场平面布置较容易。其主要缺点是起重机行走频繁,开行路线长;不能按节间及早为下道工序创造工作面;层面板吊装往往另需辅助起重设备。

　　2)综合吊装法是指起重机在车间内的一次开行中,分节间吊装完所有各种类型的构件。通常起重机开始吊装 4~6 根柱子,立即进行校正和固定,接着吊装吊车梁、连系梁、屋架、屋面板等构件。

　　综合吊装法特点:开行路线较短,停机位置较小;构件供应平面布置复杂;校正也困难,平面位置很难保证;同时吊装多种构件,经常更换索具;起重机生产效率低;很少应用。

　　(2)起重机的开行路线及停机位置。起重机的开行路线与起重机的停机位置,起重机的

性能，构件的尺寸及重量，构件的平面布置，构件的供应方式，吊装方法等因素有关。

1）当吊装屋架、层面板等屋面构件时，起重机大多沿跨中开行。

2）当吊装柱时，则视跨度、柱距的大小，柱的尺寸，重量及起重机性能，可沿跨中或跨边开行，若柱子布置在跨内，起重机在跨内开行，每个停机位置可吊装 1～4 柱子。

① 当 $R \geqslant \dfrac{L}{2}$ 时，起重机可沿跨中开行，每个停机位置可吊装两根柱，如图 7 - 33（a）所示。

② 当 $R \geqslant \sqrt{\left(\dfrac{L}{2}\right)^2 + \left(\dfrac{b}{2}\right)^2}$，起重机可沿跨中开行，每个停机位置可吊装四根柱，如图 7 - 33（b）所示。

③ 当 $R < \dfrac{L}{2}$，起重机可沿跨边开行，每个停机位置吊装一根柱，如图 7 - 33（c）所示。

④ 当 $R \geqslant \sqrt{a^2 + \left(\dfrac{b}{2}\right)^2}$，起重机可沿跨边开行，每个停机位置则可吊装两根柱，如图 7 - 33（d）所示。

以上表达式中 R 为起重机工作幅度，m；L 为厂房跨度，m；b 为柱间距，m；a 为起重机开行路线的跨边距离。

图 7 - 33　起重机吊装柱时的开行路线及停机位置
（a）起重机沿跨中开行，每个停机位置可吊装两根柱；
（b）起重机沿跨中开行，每个停机位置可吊装四根柱；
（c）起重机沿跨边开行，每个停机位置吊装一根柱；
（d）起重机沿跨边开行，每个停机位置则可吊装两根柱

（3）当柱布置在跨外时，则起重机一般沿跨外沿边开行，停机位置与跨边开行相似。

（4）当单层厂房面积大，为加速工程进度，可将建筑物划分为若干段，选用多台起重机同时施工，每台起重机可以独立作业，负责完成一个区段的全部吊装工作，组成流水施工。

（5）当建筑具有多跨并列，且有纵跨时，可先吊装各纵向跨，然后吊装横向跨，以保证在各纵向跨吊装时，运输机械畅通，若纵向跨有高低跨，则应先吊装高跨，然后逐步向两边吊装。

图 7 - 34 所示为一半单跨车间采用分件吊装法起重机开行路线及停机位置图。起重机沿

图 7-34　起重机开行路线及停机位置

跨外从 A 轴开行，吊装 A 列柱，再从 B 轴沿跨内开行，吊装 B 列柱，然后再转到 A 轴一侧扶直屋架并将其就位，再转到 B 轴一侧扶直屋架并将其就位，再转到 B 轴安装 B 连系梁、吊车梁等。随后再转到 A 轴安装 A 轴连系梁、吊车梁等构件，最后再转到跨中安装屋面结构（屋面板、天窗架、天沟板）等。

3.　构件的平面布置与运输堆放

构件的平面布置时应注意下列问题：每跨构件尽可能布置在本跨内。有困难时，才考虑布置跨外便于吊装的地方；构件的布置方式应满足吊装工艺要求，尽可能布置在起重机工作幅度内，尽量减少起重机负重行走的距离及起伏起重臂的次数；构件的布置应"重近轻远"。首先考虑重型构件的布置；构件的布置方式应便于支模及混凝土的浇筑工作，对预应力混凝土构件应留出抽管及穿筋场所。

构件的平面布置可分为预制阶段与吊装阶段的构件排放布置两种。

（1）预制阶段的构件平面布置。

目前在现场预制的构件主要是柱和屋架，其他构件均在预制构件厂或场外制作。

1）柱的布置。柱预制时，应按以后吊装阶段的排放要求进行布置，采用布置方式有斜向布置（图 7-35）和纵向布置（图 7-36）两种。采用旋转法吊装时，一般按斜向布置；采用滑行法吊装时，可纵向布置，也可斜向布置。

图 7-35　柱的斜向布置（旋转法吊装）

图 7-36　柱的纵向布置（滑行法吊装）

2）屋架的布置。屋架一般在现场制作安装在跨内平卧叠浇，以 3～4 榀为一叠。屋架叠浇时其布置方式有正面斜向布置、正反斜向布置和正反纵向布置三种。因正面斜向布置使屋架扶直方便，故应优先选用斜向布置，只有在场地受限制时，才考虑采用其他两种形式。若为预应力混凝土屋架，在屋架一端或两端需留出抽管及穿筋必需的长度；若为钢管做留孔，一端抽管时需留出的长度为屋架全长另加抽管时所需工作场地 3m；若用胶管做预留孔，则屋架两端的预留长度可以减少；屋架之间的间隙可取 1m 左右以便支模及浇混凝土；屋架之间的搭接长度视场地大不而定；布置屋架的制作位置还应考虑到屋架的扶直排放要求及屋架扶直的先后次序，先扶直者放在上层；对屋架两端头的朝向也要注意，要符合屋架吊装时对朝向的要求，如图 7-37 所示。

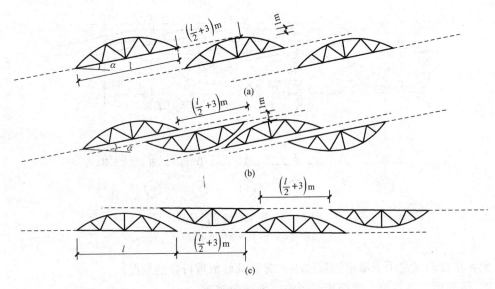

图 7-37　屋架预制时的布置方式

(a) 斜向布置；(b) 正反斜向布置；(c) 正反纵向布置

3) 吊车梁的布置。当吊车梁安排在现场制作时，可靠近柱基顺纵向轴线略作倾斜布置，也可插在柱子空档中制作。

(2) 吊装阶段构件的排放布置及运输堆放。

吊装阶段的排放布置一般是指柱已吊装完毕，其他构件的排放布置，如屋架的扶直排放、吊车梁和屋面板的运输排放等。

1) 屋架的扶直排放。屋架扶直后应立即随即排放，按排放位置不同分为同侧排放、异侧排放。屋架排放方式常用的有两种：靠柱边斜向排放、靠柱边成组纵向排放。

①靠柱边斜向排放。屋架的斜向排放，按以下方法确定：如图 7-38 所示，在安装屋架时，起重机大都沿跨中开行，起重机停机位置的确定是以屋架轴线中心 M 为圆心，所选起重机安装屋架的工作幅度 R 为半径画弧，与开行路线相交于 O_1、O_2、O_3 等，即为停机位置。

屋架靠柱边斜向排放，但距柱边净距≥200mm，并可利用柱作为屋架的临时支撑。这样便定出屋架排放的外边线 P-P；起重机在安装屋架和屋面板时，机身需要回转，若起重机机身尾部至回转中心距离为 A（查相关使用手册可得），则在距起重机开行路线 $A+0.5$m 范围内不宜布置屋架及其他构件，以免吊装构件时碰撞构件。这时可画出屋架排放的内边线 Q-Q，P-P 和 Q-Q 两条线即为屋架的排放控制范围。在 Q-Q、P-P 两条控制线中间，即是屋架中点 H-H 线，以停机点 O_1 为圆心，以起重机的工作幅度 R 为半径画弧交于 H-H 线上 G 点，G 点则是屋架的中点。其他屋架的扶直排放位置均平行于此屋架，相邻两屋架中点的间距为此两屋架轴线间的距离。

此种排放形式常用于屋架重量较大，起重机无法负重行驶的情况。

②靠柱边成组纵向排放。一般以 4~5 榀为一组先靠柱边顺轴线纵向排放（就位）屋架与柱，屋架与屋架之间的净距≮200mm，相互之间用铁丝及支撑拉紧撑牢，每组之间留 3m 作为通路。

图 7-38　屋架斜向排放位置

（虚线表示屋架预制时的位置）

此种排放形式常用于屋架重量较小，起重机可负重行驶的情况。

2）吊车梁、连系梁、屋面板的运输、堆放与排放。

①吊车梁、连系梁的排放位置，一般在其吊装位置的柱列附近跨内、跨外均可，有时也可从运输车辆上直接吊到牛腿上。

②屋面板的排放位置可布置在跨内或跨外，根据起重机吊装屋面板时所需的工作幅度。当屋面板在跨内排放时，大约应向后退 3～4 个节间开始排放；在跨外排放时，应向后退 1～2 个节间开始排放。屋面板的叠放高度一般为 6～8 层。

③若吊车梁、屋面板等构件，在吊装时已集中堆放在吊装现场附近，也可不用排放，而采用随吊随运的办法。

7.3　钢结构工程安装

7.3.1　单层钢结构厂房安装

钢结构单层工业厂房一般由柱、柱间支撑、吊车梁、制动梁（桁架）屋架、天窗架、上下支撑、檩条及墙体骨架等构件组成，如图 7-39 所示。柱基通常采用钢筋混凝土阶梯或独立基础。单层钢结构安装工艺流程，如图 7-40 所示。

1. 基础检查

钢结构安装前应对建筑物的定位轴线、基础轴线和标高、地脚螺栓规格和位置等进行复查，并应进行基础检验和办理交接验收。

将柱子就位轴线弹测在柱基表面。

对柱基标高进行找平。混凝土柱基标高浇筑一般预留 50～60mm（与钢柱底设计标高相比），在安装时用钢垫板或提前采用坐浆承板找平。

当采用钢垫板做支撑板时，钢垫板的面积应根据基础混凝土的抗压强度、柱脚底板下二次灌浆前柱底承受的荷载和地脚螺栓的紧固拉力计算确定。垫板与基础面和柱底面的接触应平整、紧密。

当采用坐浆承板时应采用无收缩砂浆，柱子吊装前砂浆垫块的强度应高于基础混凝土强度的一个等级，且砂浆垫块应有足够的面积以满足承载的要求。

图 7-39 单层钢结构厂房效果图

图 7-40 单层钢结构安装工艺流程

2. 钢柱安装

安装前应按构件明细表核对进场构件，查验产品合格证和设计文件；工厂预拼装过的构件在现场组装时，应根据预拼装记录进行。并对构件进行全面检查，包括外形尺寸、螺栓孔位置及直径、连接件数量及质量、焊缝、摩擦面、防腐涂层等检查，对构件的变形、缺陷、不合格处，应在地面进行矫正、修整、处理，合格后方可安装。

(1) 吊装。

根据钢柱形状、端面、长度、起重机性能等具体情况，确定钢柱安装的吊点位置和数量。常用的钢柱吊装方法有旋转法、递送法、滑行法，对于重型钢柱可采用双机抬吊。

(2) 钢柱校正。

钢结构的主要构件，如柱、主梁、屋架、天窗架、支撑等，安装时应立即校正。并进行永久固定，切忌安装一大片后再进行校正，这是校正不过来的，将影响结构整体的正确位置，是不允许的。

1）柱底板标高的校正。

根据钢柱实际长度、柱底平整度和柱顶距柱底部距离，重点保证柱顶部标高值，然后决定基础标高的调整数值。

2）纵横十字线的校正。

钢柱底部制作时，用钢冲在柱底板侧面打出互相垂直的四个面，每个面一个点，用三个点与基础面十字线对准即可，争取达到点线重合，如有偏差可借用线。

3）柱垂直度的校正。

两台经纬仪找柱子成90°夹角两面的垂直，使用缆风绳进行校正。先不断调整底板下面的螺母，直至符合要求后，拧上底板上方的双螺母；松开缆风绳，钢柱处于自由状态，再用经纬仪复核，如小有偏差，调整下螺母并满足要求，将双螺母拧紧；矫正结束后，可将螺母与螺杆焊实。

3. 钢梁安装

（1）钢吊车梁安装。

钢吊车梁安装一般采用工具式吊耳或捆绑法进行吊装。在进行安装以前应将吊车梁的分中标记引至吊车梁的端头，以利于吊装时按柱牛腿的定位轴线临时定位，如图7-41所示。

图 7-41　钢吊车梁吊装示意图

（2）钢吊车梁的校正。

钢吊车梁的校正包括标高调整、纵横轴线（包括直线度和轨道轨距）和垂直度校正。

1）标高调整。

当一跨内两排吊车梁吊装完毕后，用一台水准仪在梁上或专门搭设的平台上，测量每根梁两端的标高，计算标准值。通过增加垫板的措施进行调整，达到规范要求。

2）纵横轴线校正。

钢柱和柱间支撑安装好，首先要用经纬仪，将每轴列中端部柱基的正确轴线，引到牛腿顶部的水平位置，定出正确轴线距吊车梁中心线距离；在吊车梁顶面中心线拉一通长钢丝（或使用经纬仪/全站仪），进行逐根调整。当两排纵横轴线达到要求后，复查吊车梁跨距。

3）吊车梁垂直校正。

从吊车梁的上翼缘挂锤球下去，测量线绳到梁腹板上下两处的距离。根据梁的倾斜程度，用楔铁块调整，使线锤与腹板上下相等。纵横轴线和垂直度可同时进行。对重型吊车梁校正时间宜在屋盖吊装后进行。

4. 钢斜梁安装

（1）起吊方法。

门式刚架采用的钢结构斜梁应最大限度在地面拼装，将组装好的斜梁吊起，就位后与柱连接。可用单机进行两、三、四点或结合使用铁扁担（图7-42）起吊，或者采用双机抬吊。

（2）吊点选择。

大跨度斜梁的吊点必须计算确定。对于侧向刚度小和腹板宽厚比大的构件，主要从吊点

多少及双机抬吊同步的动作协调考虑；必要时，
两机大钩间拉一根钢丝绳，保持两钩距离固定。
在吊点中钢丝绳接触的部位放加强筋或用木方子
填充好后，再进行绑扎。

图 7-42　铁扁担示意图

1—扁担吊；2、3—吊环

5. 钢屋架安装

（1）钢屋架的吊装。

钢屋架侧向刚度较差，安装前需要进行稳
定性验算，稳定性不足时应进行加固。单机吊常加固下弦，双机吊装常加固上弦；吊装
绑扎处必须位于桁架节点，以防屋架产生弯曲变形。第一榀屋架起吊就位后，应在屋架
两侧用缆风绳固定。如果端部已有抗风柱已校正，可与其固定。第二榀屋架就位后，屋
架的每个坡面用一个间隙调整器，进行屋架垂直度矫正；然后，两端支座中螺栓固定或
焊接→安装垂直支撑→水平支撑→检查无误，成为样板跨，依次类推安装。如果有条件，
可在地面上将天窗架预先拼装在屋架上，并将吊索两面绑扎，把天窗架夹在中间，以保
证整体安装的稳定。屋架在扶直就位和吊升两个施工过程中，绑扎点均应选在上弦节点
处，左右对称。绑扎吊索内力的合力作用点（绑扎中心）应高于屋架重心，这样屋架起
吊后不宜转动或倾翻。绑扎吊索与构件水平面所成夹角，扶直时不宜小于 $60°$，吊升时不
宜小于 $45°$，具体的绑扎点数目及位置与屋架的跨度及形式有关，其选择方式应符合设计
要求。一般钢筋混凝土屋架跨度小于或等于 18m 时，两点绑扎；屋架跨度大于 18m 时，
用两根吊索，四点绑扎；屋架的跨度大于或等于 30m 时，为了减少屋架的起吊高度，应
采用横吊梁（减少吊索高度）。

（2）钢屋架垂直度的校正。

在屋架下拉一根通长钢丝，同时在屋架上弦中心线引出一个同等距离的标尺，用线锤校
正垂直度。也可用一台经纬仪，放在柱顶一侧，与轴线平移距离 L_a；在对面柱顶上设距离
同样为 L_a 的一点，再从屋架中心线处用标尺挑出 L_a 距离点。如三点在一线上，即屋架
垂直。

6. 其他构件的安装

安装顺序宜先从靠近山墙且有柱间支撑的两榀刚架开始，在刚架安装完毕后，应将其间
的支撑、檩条、隔撑等全部安装好，并检查各部位尺寸及垂直度等，合格后进行连接固定；
然后依此为起点，向房屋另一端顺序安装，其间墙梁、檩条、隔撑和檐檩等亦随之安装，待
一个区段整体校正后，其螺栓方可拧紧。

各种支撑、拉条、隔撑的紧固程度，以不应将檩条等构件拉弯或产生局部变形为原则。
不得利用已安装就位的构件吊其他重物；不得在高强度螺栓连接处或主要受力部位焊接其他
物件。刚架在施工中以及施工人员离开现场的夜间，或雨、雪天气暂停施工时，均应临时
固定。

檩条因壁薄刚度小，应避免碰撞、堆压而产生翘曲、弯扭变形；吊装时吊点位置应适
当，防止弯扭变形和划伤构件。拉条宜设置在腹板的中心线以上，拉条应拉紧；在安装屋面
时，檩条不致产生肉眼可见的扭转，其扭转角不应超过 $3°$。檩条与刚架、梁的连接件（檩
托）应采取措施，防止檩条在支座处倾覆、扭转以及腹板压曲。

钢平台、钢梯、栏杆等构件，直接关系到人身安全，安装时应特别重视，其连接质量、

尺寸等应符合规范要求；其外观亦重视，特别是栏杆，应平整，无飞溅、毛刺等。

7. 压型钢板安装

（1）施工准备。

压型钢板安装应在钢结构安装、焊接、防腐、防火完毕验收合格并办理有关隐蔽手续后进行，最好是整体施工。

压型钢板的几何尺寸、重量及允许偏差应符合要求。有关材质复验和有关试验鉴定已经完成。

高空施工的安全走道应按施工组织设计的要求搭设完毕。施工用电的连接应符合安全用电的有关要求。

压型钢板施工前，应根据施工图的要求，选定符合设计规定的材料，板型报设计审批确认。根据已确认板型的有关技术参数绘制压型钢板排板图。

（2）施工工艺。

压型钢板施工工艺，如图7-43所示。压型钢板在装、卸、安装中严禁用钢丝绳捆绑直接起吊，运输及堆放时有足够支点，以防变形。铺设前对弯曲变形者应矫正好，钢柱、屋架顶面要保持清洁，严防潮湿及涂刷油漆未干。

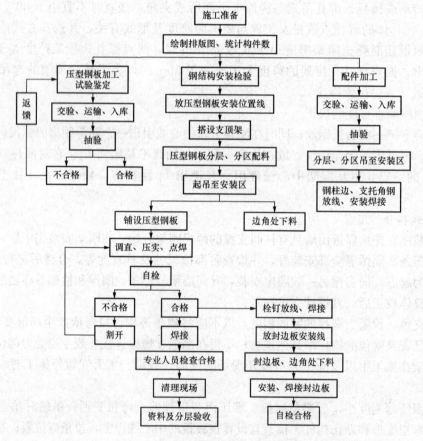

图 7-43 压型钢板安装工艺流程图

压型钢板的切割应用冷作、空气等离子弧的方法切割，严禁用氧气切割。大孔洞四周应补强。压型钢板应按施工要求分区、分片吊装到施工楼层并放置稳妥，及时安装，不宜在高空过夜，必须过夜的应临时固定。

压型钢板按图纸放线安装、调直、压实并用自攻螺栓固定。压型钢板之间，压型钢板与龙骨（屋面檩条、墙檩、平台梁等）之间，均需要连接件固定，常用的连接方式有以下几种：自攻螺栓连接；拉铆钉连接、扣件连接、咬合连接、栓钉连接。不管采用何种连接型式，连接件的数量与间距应符合设计要求。

压型钢板是一种柔性构件，其搭接端必须支撑在龙骨上，同时保证有一定的搭接长度。纵向搭接部位一般会出现不同的缝隙，此缝隙会随搭接长度的增加而加大，尤其在屋面上，搭接越长并不意味着防雨水的渗漏就越好。在压型钢板安装时，搭接部位和搭接长度均应按设计要求施工，且应满足规范中规定的最小值。对组合楼板的压型钢板，施工和验收的重点是端部支撑长度和锚固连接的要求。

压型钢板的安装除了保证安全可靠外，防水和密封问题事关建筑物的使用功能和寿命，应注意以下几点：

1）屋面自攻螺栓、拉铆钉一般要求设在波峰上；墙板一般要求设在波谷上，自攻螺栓配备的密封橡胶盖垫必须齐全，且外露部分可使用防水垫圈和防锈螺盖。外露拉铆钉必须采用防水型，外露钉头涂密封膏。

2）屋脊板、封檐板、包角板及泛水板等配件之间的搭接宜背主导风向，搭接部位接触面宜采用密封胶密封，连接拉铆钉尽可能避开屋面板波谷。

3）夹芯板、保温板之间的搭接或插接部位应设置密封条，密封条应通长，一般采用软质泡沫聚氨酯密封胶条。在压型钢板的两端，应设置与板型一致的泡沫堵头进行端部密封，一般采用软质泡沫聚氨酯制品，用不干胶粘贴。

4）安装完毕，应及时清扫施工垃圾，剪切下的边角料应收集到地面上集中堆放。应减少在压型钢板上的人员走动，严禁在压型钢板上堆放重物。

7.3.2 多层及高层钢结构安装

用于钢结构高层建筑的体系有：框架结构、框架—剪力墙结构、框筒结构、组合筒体系及交错钢桁架体系等。多层与高层钢结构安装工艺流程如图 7-44 所示。

7.3.3 钢网架结构安装

网架结构是由多根杆件按照一定的规律布置，通过结点连接而成的网格状杆系结构。其构件和节点可定型化，适用于工厂成批生产，现场拼装。

网架结构安装方法：高空拼装法、整体安装法、高空滑移法。

1. 高空拼装法

高空拼装法是指先在地面上搭设拼装支架，然后用起重机把网架构件分件或分块吊至空中的设计位置，在支架上进行拼装的方法。

网架的总的拼装顺序是从建筑物的一端开始向另一端以两个三角形同时推进，待两个三角形相反后，则按人字形逐渐向前推进，最后在另一端的正中闭合。每榀块体的安装顺序，在开始的两个三角形部分是由屋脊部分开始分别向两边拼装，两个三角形相交后，则由交点开始同时向两边推进。

2. 整体安装法

整体安装法分为多机抬吊法、提升机提升法、桅杆提升法和千斤顶顶升法。

图 7-44　多层与高层钢结构安装工艺流程图

（1）多机抬吊法。

准备工作简单，安装快速方便，适用于跨度 40m 左右、高度在 25m 左右的中小型网架屋盖吊装。

（2）提升机提升法。

在结构柱上安装升板工程用的电动穿心式提升机，将地面正位拼装的网架直接整体提升到柱顶横梁就位。适用于跨度 50～70m、高度在 40m 以上、重复较大的大、中型周边支承网架屋盖吊装。

（3）桅杆提升法。

网架在地面错位拼装，用多根独脚桅杆将其整体提升到柱顶以上，然后进行空中旋转和移位，落下就位安装。适用于安装高、重、大（跨度 80～100m）的大型网架屋盖吊装。

（4）千斤顶顶升法。

利用支承结构和千斤顶将网架整体顶升到设计位置。其设备简单，不用大型吊装设备；顶升支承结构可利用永久性支承，拼装网架不需要搭设拼装支架，可节省费用，降低施工成本，操作简便安全。但顶升速度较慢，且对结构顶升的误差控制要求严格，以防失稳。适用于安装多支点支承的各种四角锥网架屋盖。

3. 高空滑移法

将网架条状单元在建筑物上由一端滑移到另一端，就位后总拼成整体的方法称高空滑移法。分为单条滑移法和逐条积累滑移法。

(1) 单条滑移法。将条状单元一条一条地分别从一端滑移到另一端就位安装，各条单元之间分别在高空再连接，即逐条滑移，逐条连成整体。

(2) 逐条积累滑移法。先将条状单元滑移一段距离（能连接上第二条单元的宽度即可），连接上第二条单元后，两条单元一起再滑移一段距离（宽度同上），再接第三条，三条又一起滑移一段距离，如此循环操作直至接上最后一条单元为止。

7.4　冬 期 与 雨 期 施 工

7.4.1　冬期施工措施

1. 构件的堆放及运输

(1) 混凝土构件运输及堆放前，应将车辆、构件、垫木及堆放场地的积雪、结冰清除干净。场地应平整、坚实。

(2) 混凝土构件在冻胀性土壤的自然地面上或冻结前回填土地面上堆放时，应符合下列规定：

1) 每个构件在满足刚度、承载力条件下，应尽量减少支承点数量；

2) 对于大型板、槽板及空心板等类构件，两端的支点应选用长度大于板宽的垫木；

3) 构件堆放时，如支点为两个及以上时，应采取可靠措施防止土壤的冻胀和融化下沉；

4) 构件用垫木垫起时，地面与构件之间的间隙应大于 150mm。

(3) 在回填冻土并经一般压实的场地上堆放构件时，当构件重叠堆放时间长，应根据构件质量，尽量减少重叠层数，底层构件支垫与地面接触面积应适当加大，在冻土融化之前，应采取防止因冻土融化下沉造成构件变形和破坏的措施。

(4) 构件运输时，混凝土强度不得小于设计混凝土强度等级值 75%。在运输车上的支点设置应按设计要求确定。对重叠运输的构件，应与运输车固定以防止滑移。

2. 构件的吊装

(1) 吊车行走的场地应平整，并应采取防滑措施。起吊的支撑点地基应坚实。

(2) 地锚应具有稳定性，回填冻土的质量应符合设计要求，活动地锚应设防滑措施。

(3) 构件在正式起吊前，应先松动、后起吊。

(4) 凡使用滑行法起吊的构件，应采取控制定向滑行、防止偏离滑行方向的措施。

(5) 多层框架结构的吊装，接头混凝土强度未达到设计要求前，应加设缆风绳等防止整体倾斜的措施。

3. 构件的连接与校正

(1) 装配整浇式构件接头的冬期施工应根据混凝土体积小、表面系数大、配筋密等特点，采取相应的保证质量措施。

(2) 构件接头采用现浇混凝土连接时，应符合下列规定：

1) 接头部位的积雪、冰等应清除干净；

2) 承受内力接头的混凝土，当设计无要求时，其受冻临界强度不应低于设计强度等级值的 70％；

3）接头处混凝土的养护应符合规定；

4）接头处钢筋的焊接应符合相关规定。

（3）混凝土构件预埋连接板的焊接除应符合相关规定外，尚应分段连接，并应防止累积变形过大影响安装质量。

（4）混凝土柱、屋架及框架冬期安装，在阳光照射下校正时，应计入温差的影响。各固定支撑校正后，应立即固定。

7.4.2 雨期施工措施

1. 拼装场地保护措施

拼装平台应做好必要的排水措施，防止雨水在平台上的淤积，对于雨后平台上的少量积水应当及时清除。对于平台下的土质场地，在平台安放前应当有必要的压实处理措施，拼装平台四周设置水沟并保证排水沟的畅通，防止由于雨水长期淤积而导致平台的局部下沉，导致平台上支架的位移，从而影响构件的拼装精度。在雨中或雨后路面积水未排清前，禁止履带吊做开行操作，以保护路面。对于由于在履带吊开行后，对路面平整度有破坏的部位，应当及时对路面表面进行平整。对于履带吊需要频繁转弯的部位，应当在条件允许的情况下设置钢板，以防止履带对路面的过多破坏，和方便履带吊的转弯操作。另外在道路的两边设置足够多的排水通道，以利于雨水的及时排放和路面的整洁。

2. 拼装焊接保护措施

雨季中对于钢结构施工的最大不利点就是对焊接质量的影响，对于拼装焊接可以根据其焊接点集中的特点，在拼装平台上需要进行焊接操作的部位设置防雨篷。防雨篷的设置要求是顶盖和至少两面保证不漏雨不穿风，防护材料以使用彩带布为宜。在焊接操作前首先检查焊接点的干燥情况，有水迹的禁止施焊。如果遇到强风或暴雨时所有焊接工作应当停止，以保证节点的焊接质量。

另外雨季施焊时使用的焊条，应该全部使用烘箱烘焙，且放置在保温桶内的时间不得大于 2h。对于 2h 内未使用完的焊条应该重新烘焙后方可使用。焊条的存放地应该保证绝对的干燥，对于已经受潮的焊条应当作废处理，严禁使用。

拼装场地使用的电焊机应当全部有防雨防护，且位置固定，焊接操作完毕后应当完全断闸，不得存在不焊接的焊机带电的现象。

3. 吊装场地保护措施

在吊装操作前应该对路面情况进行检查和修补，在雨中或雨后路面积水未排清前，禁止履带吊做开行操作，以保护路面。对于由于在履带吊开行后，对路面平整度有破坏的部位，应当及时对路面表面进行平整。对于履带吊需要频繁转弯的部位，应当在条件允许的情况下设置钢板，以防止履带对路面的过多破坏，和方便履带吊的转弯操作。

4. 吊装焊接保护措施

吊装焊接的位置分布于整个钢结构施工工作面，且均为高空的对接焊，因此焊接难度大，要求高。为此在雨季的焊接质量和焊接安全必须有足够的保证措施。

在吊装焊接部位应当做好必要的防雨防风措施，防雨篷的设置方法为通用脚手管做骨架并与安全脚手牢固连接，0.7mm 厚彩钢板做维护，雨量过大时应当暂时停止焊接。在焊接操作前首先检查焊接点的干燥情况，有水迹的禁止施焊，烘干后方可焊接。如果遇到强风或暴雨时所有焊接工作应当停止，以保证节点的焊接质量。

雨季施焊时使用的焊条，应该全部使用烘箱烘焙，且放置在保温桶内的时间不得大于2h。对于2h内未使用完的焊条应该重新烘焙后方可使用。焊条的存放地应该保证绝对的干燥，对于已经受潮的焊条应当作废处理，严禁使用。

吊装场地使用的电焊机应当全部有防雨防护，且位置相对固定，焊接操作完毕后应当完全断闸，不得存在不焊接的焊机带电的现象。吊装场地电焊机使用的电缆线不得大于100m，并有专人定期检查，不得出现破皮露芯现象。

5. 现场防雷措施

完整的防雷装置包括接闪器、引下线和接地装置。有关资料表明：建筑物的金属屋面可以作为建筑物的接闪器，然后通过引下线和接地装置，把雷电流泄入大地。

接地装置要安装在地下结构内，钢结构安装时，每一件构件安装到位后，要求立刻与就近的引出接头连接，从而达到安装阶段避雷的目的。施工期间应与当地气象部门密切联系，根据提前预报的雷雨预报，做好各项准备。雷雨时应现场停止施工。孤立的钢结构构件与引出接头的连接（即下引线）采用截面不小于$25mm^2$的导线，实际操作可以考虑利用报废的电焊龙头线（截面为$35mm^2$），但事先应检查电焊龙头线的导电性。电焊龙头线两头配铜接头，再与构件及引出接头连接。

7.5 施 工 安 全 措 施

7.5.1 一般规定

施工安全措施一般规定具体包括：

(1) 参加起重吊装作业人员，包括司机、起重工、信号指挥、电焊工等均应属特种作业人员，必须是经专业培训、考核取得合格证、经体检确认可进行高处作业的人员。

(2) 起重吊装作业前应详细勘察现场，按照工程特点及作业环境编制专项施工方案，并经企业技术负责人审批，其内容应包括：现场环境及措施、工程概况及施工工艺、起重机械的选型依据、起重扒杆的设计计算、地锚设计、钢丝绳及索具的设计选用、地耐力及道路的要求、构件堆放就位图以及吊装过程中的各种防护措施等。

(3) 起重机械进入现场后应经检查验收，重新组装的起重机械应按规定进行试运转，包括静载、动载试验，并对各种安全装置进行灵敏度、可靠度的测试。扒杆按方案组装后应经试吊检验，确认符合要求方可使用。

(4) 汽车式起重机除应按规定进行定期的维修保养外，还应每年定期进行运转试验，包括额定荷载、超载试验，检验其机械性能、结构变形及负荷能力，达不到规定时，应减载使用。

(5) 起重吊装索具吊具使用前应按施工方案设计要求进行逐件检查验收。

(6) 起重机运行道路应进行检查，达不到地耐力要求时应采用路基箱等铺垫措施。

(7) 起重吊装各种防护措施用料、脚手架的搭设以及危险作业区的围圈等准备工作应符合方案要求。

(8) 起重吊装作业前应进行安全技术交底，内容包括吊装工艺、构件重量及注意事项。

(9) 当进行高处吊装作业或司机不能清楚地看到作业地点或信号时，应设置信号传递人员。

（10）起重吊装高处作业人员应佩带工具袋，工具及零配件应装入工具袋内，不得抛掷物品。

7.5.2　索具设备

索具设备施工具体措施有：

（1）起重吊装钢丝绳应符合下列规定：

1）计算钢丝绳允许拉力时，应根据不同的用途按表7-1选用安全系数。

表7-1　　　　　　　　　　　钢 丝 绳 安 全 系 数

用　　途	安全系数	用　　途	安全系数
缆风绳	3.5	卷扬机起重	5～6
手动起重设备	4.5	吊索	6～7

2）钢丝绳的连接强度不得小于其破断拉力的80%；当采用绳卡连接时，应按照钢丝绳直径选用绳卡规格及数量，绳卡压板应在钢丝绳长头一边，当采用编结连接时，编结长度不应小于钢丝绳直径的15倍，且不应小于300mm。

3）钢丝绳出现磨损断丝时，应减载使用，当磨损断丝达到报废标准时，应及时更换合格钢丝绳。

（2）应根据构件的重量、长度及吊点合理制作吊索，工作中吊索的水平夹角宜在45°～60°之间，不得小于30°。

（3）吊具（铁扁担）的设计制作应有足够的强度及刚度，根据构件重量、形状、吊点和吊装方法确定，吊具应使构件吊点合理、吊索受力均匀。

（4）应正确使用吊钩，严禁使用焊接钩、钢筋钩，当吊钩挂绳断面处磨损超过高度10%时应报废。

（5）应按照钢丝绳直径及工作类型选用滑车，滑车直径与钢丝绳直径比值不得小于15。

（6）千斤顶使用应符合下列规定：

1）千斤顶底部应放平，并应在底部及顶部加垫木板；

2）不得超负荷使用，顶升高度不得超过活塞的标志线，或活塞总高度的3/4；

3）顶升过程中应随构件的升高及时用枕木垫牢，应防止千斤顶顶斜或回油引起活塞突然下降；

4）多台千斤顶联合使用时，应采用同一型号千斤顶并应保持各千斤顶的同步性，每台千斤顶的起升能力不得小于计算承力的1.2倍。

（7）倒链（手拉葫芦）使用应符合下列规定：

1）用前应空载检查，挂上重物后应慢慢拉动进行负荷检查，确认符合要求后方可继续使用；

2）拉链方向应与链轮一致，拉动速度应均匀，拉不动时应查明原因，不得采取增加人数强拉的方法；

3）起重中途停止时间较长时，应将手拉小链拴在链轮的大链上。

（8）手搬葫芦使用应符合下列规定：

1）手搬葫芦钢丝绳应选用钢芯钢丝绳，不得有扭结、接头；

2）不得采用加长搬把手柄的方法操作；

3）当使用牵拉重物的手搬葫芦用于载人的吊篮时，其载重能力必须降为额定载荷的1/3，且应加装自锁夹钳装置。

（9）绞磨使用应符合下列规定：

1）绞磨应与地锚连接牢固，受力后不得倾斜和悬空，起重钢丝绳在卷筒上缠绕不得少于4圈，工作时，应设专人拉紧卷筒后面绳头；

2）绞磨必须装设制动器，当绞磨暂时停止转动时应用制动器锁住，且推杠人员不得离开；

3）松弛起重绳时，必须采用推杠反方向旋转控制，严禁采用松后尾拉绳的方法。

（10）地锚埋设应符合下列规定：

1）地锚可按经验做法，亦可经设计确定，埋设的地面不得被水浸泡。

2）木质地锚应选用落叶松、杉木等坚实木料，严禁使用质脆或腐朽木料。埋设前应涂刷防腐油并在钢丝绳捆绑处加钢管和角钢保护。

3）重要地锚或旧有地锚使用前必须经试拉确认，可采用地面压铁的方法增加安全系数。

7.5.3 起重机吊装作业

起重机吊装作业具体措施有：

（1）构件吊点的选择应符合下列规定：

1）当采用一个吊点起吊时，吊点必须选择在构件重心以上，使吊点与构件重心的连线和构件的横截面呈垂直；

2）当采用多个吊点起吊时，应使各吊点吊索拉力的合力作用点置于构件的重心以上，使各吊索的汇交点（起重机的吊钩位置）与构件重心的连线，和构件的支座面垂直。

（2）应根据建筑工程结构的跨度、吊装高度、构件重量以及作业条件和现有起重机类型、起重机的起重量、起升高度、工作半径、起重臂长度等工作参数选择起重机。

（3）履带式起重机应符合下列规定：

1）起重机运到现场组装起重臂杆时，必须将臂杆放置在枕木架上进行螺栓连接和穿绕钢丝绳作业。

2）起重机应按照现行国家标准《起重机械安全规程》（GB 6067—2010）和该机说明书的规定安装幅度指示器、超高限位器、力矩限制器等安全装置。

3）起重机工作前应先空载运行检查，并检查各安全装置的灵敏可靠性。起吊重物时应离地面200～300mm停机，进行试吊检验，确认符合要求时，方可继续作业。

4）当起重机接近满负荷作业时，应避免起重臂杆与履带呈垂直方位；当起重机吊物做短距离行走时，吊重不得超过额定起重量的70%，且吊物必须位于行车的正前方，用拉绳保持吊物的相对稳定。

5）采用双机抬吊作业时，应选用起重性能相似的起重机进行，单机的起吊荷载不得超过额定荷载的80%。两机吊索在作业中均应保持竖直，必须同步吊起荷载和同步落位。

（4）汽车、轮胎式起重机应符合下列规定：

1）作业前应全部伸出支腿，并采用方木或铁板垫实，调整水平度，锁牢定位销。

2）起重机吊装作业时，汽车驾驶室内不得有人，重物不得超越驾驶室上方且不得在车前区吊装。

3）起重机作业时，重物应垂直起吊且不得侧拉，臂杆吊物回转时动作应缓慢进行。

4）起重机吊物下降时必须采用动力控制，下降停止前应减速，不得采用紧急制动。

5）当采用起重臂杆的付杆作业时，付杆由原来叠放位置转向调直后，必须确认付杆与主杆之间的连接定位销锁牢后，方可进行作业。

6）起重机的安全装置除应按规定装设力矩限制器、超高限位器等安全装置外，还应装设偏斜调整和显示装置。

7）起重机行驶时，严禁人员在底盘走台上站立或蹲坐，并不得堆放物件。

7.5.4　扒杆吊装、滚杠平移作业

扒杆吊装、滚杠平移作业具体措施有：

（1）扒杆吊装前应使重物离地 200～300mm，检查起重钢丝绳、各导向滑车、扒杆受力以及缆风绳、地锚等情况，确认符合要求后方可使用。

（2）扒杆作业时，应设专人指挥合理布置各缆风绳角度，每根缆风绳必须设专人操作，缆风绳根数应按扒杆的形式和作业条件确定，人字扒杆不得少于 5 根，独脚扒杆不得少于6 根。

（3）扒杆吊物时，向前倾角不得大于 10°，必须保持吊索垂直。扒杆的后方应至少有 2根固定缆风绳和一根活动缆风绳（跑风）；扒杆移动时应统一指挥各缆风绳的收放与配合，应保持扒杆的角度。

（4）扒杆作业中和暂停作业时，必须确认拴牢缆风绳，严禁松解或拆除。

（5）用滚动法移动设备或构件时，运输木排应制作坚固，设备的重心较高时，应用绳索与木排系牢，滚杠的直径应一致，其长度比木排宽度长 500mm，地面应坚实平整，操作人员严禁戴手套填滚杠。

7.5.5　混凝土构件吊装

混凝土构件吊装具体措施有：

（1）混凝土构件运输、吊装时混凝土强度，一般构件不得低于设计强度的 75％，桁架、薄壁等大型构件应达到 100％。

（2）混凝土构件运输、堆放的支承方式应与设计安装位置一致。楼板叠放各层垫木应在同一垂直线上；屋架、梁的放置，除沿长度方向的两侧设置不少于三道撑木外，可将几榀屋架用方木、钢丝绑扎连接成一稳定整体；墙板应放置在专用的堆放架上，堆放架的稳定应经计算确定。

（3）当预制柱吊点的位置设计无规定时，应经计算确定。柱子吊装入基础杯口必须将柱脚落底，吊装后及时校正，柱子每侧面不得少于两个楔子固定，且应两人在柱子两侧面同时对打。当采用缆风绳校正时，必须待缆风绳固定后，起重机方可脱钩。

（4）采用双机吊装时，应统一指挥相互配合，两台起重机吊索都应保持与地面呈垂直状态。除应合理分配荷载外，还应指挥使两机同步将柱子吊离地面和同步落下就位。

（5）混凝土屋架平卧制作翻身扶直时，应根据屋架跨度确定吊索绑扎形式及加固措施，吊索与水平线夹角不应小于 60°，起重机扶直过程中宜一次扶直不应有急刹车。

（6）混凝土吊车梁、屋架的安装应在柱子杯口二次灌浆固定和柱间支撑安装后进行。

（7）混凝土屋盖安装应按节间进行，首先应将第一节间包括屋面板、屋架支撑全部安装

好形成稳定间。屋面板的安装应自两边向跨中对称进行；屋架支撑应先安装垂直支撑，再安装水平支撑，先安装中部水平支撑，再安装两端水平支撑。

（8）混凝土屋架安装前应在作业节间范围挂好安全平网。作业人员可沿屋架上绑扎的临时木杆上挂牢安全带行走操作，不得无任何防护措施在屋架上弦行走。

（9）混凝土屋盖吊装作业人员上下应有专用走道或梯子，严禁人员随起重机吊装构件上下。屋架支座的垫铁及焊接工作，应站在脚手架或吊篮内进行，严禁站在柱顶或牛腿等处操作。

7.5.6 钢构件吊装

钢构件吊装具体措施有：

（1）进入施工现场的钢构件，应按照钢结构安装图纸的要求进行检查，包括截面规格、连接板、高强螺栓、垫板等均应符合设计要求。

（2）钢构件应按吊装顺序分类堆放。

（3）钢柱的吊装应选择绑扎点在重心以上，并对吊索与钢柱绑扎处采取防护措施。当柱脚与基础采用螺栓固定时，应对地脚螺栓采取防护措施，采用垂直吊装法应将钢柱柱脚套入地脚螺栓后，方可拆除地脚螺栓防护。钢柱的校正，必须在起重机不脱钩情况下进行。

（4）钢结构吊装，必须按照施工方案要求搭设高处作业的安全防护设施。严禁作业人员攀爬构件上下和无防护措施的情况下人员在钢构件上作业、行走。

（5）钢柱吊装时，起重人员应站在作业平台或脚手架上作业，临边应有防护措施。人员上下应设专用梯道。

（6）安装钢梁时可在梁的两端采用挂脚手架，或搭设落地脚手架。当需在梁上行走时，应设置临边防护或沿梁一侧设置钢丝绳并拴挂在钢柱上做扶手绳，人员行走时应将安全带扣挂在钢丝绳上。

（7）钢屋架吊装，应采取在地面组装并进行临时加固。高处作业的防护设施，按吊装工艺不同，可采用临边防护与挂节间安全平网相结合方法。应在第一和第二节间的三榀屋架随吊装随将全部钢支撑安装紧固后，方可继续其余节间屋架的安装。

7.5.7 大型墙板安装

大型墙板安装具体措施有：

（1）大型墙板起吊时混凝土强度应按方案要求不低于设计强度或设计强度的 75%。

（2）大型墙板安装顺序，应从中部一个开间开始，按先内墙板，后外墙板，先横墙板，再纵墙板的顺序逐间封闭。

（3）大型墙板外墙板应在焊接固定后，起重机方可脱钩。内墙板与隔墙板可在采取临时固定后脱钩，并应做到一次就位。

（4）大型墙板同一层墙板全部安装后，应立即进行验收，并及时浇筑各墙板之间的立缝及浇筑钢筋混凝土圈梁，待强度达 75% 后，立即吊装楼板。

（5）大型墙板框架挂板运输和吊装不得用钢丝绳兜索起吊，平吊时应有预埋吊环，立吊时应有预留孔。当无吊环和预留孔时，吊索捆绑点距板端不应大于 1/5 板长，吊索与水平面夹角不应小于 60°，吊装时，板两端应设防止撞击的拉绳。

复 习 思 考 题

1. 起重机械的种类有哪些？

2. 桅杆式起重机的组成有哪些？主要包括哪些类型？独脚拔杆的固定方法有哪些？有什么要求？

3. 塔式起重机的主要包括哪些类型？

4. 单层工业厂房构件安装工艺中构件的检查与清理工作包括哪些内容？何谓构件的弹线？

5. 柱子的安装施工工艺包括哪些内容？绑扎柱子的方法有几种？有什么要求？

6. 柱子的吊升方法根据何种情况而定？有几种吊升方法？各自的特点是什么？

7. 柱子的校正工作包括哪些内容？柱子的最后固定施工方法是什么？

8. 吊车梁的吊装工艺是什么？在什么阶段完成吊车梁的校正工作？

9. 屋架的安装特点及施工工艺是什么？屋架扶直有几种？正向扶直与反向扶直的不同点是什么？

10. 结构吊装方法有哪些？各自的特点是什么？

11. 起重机的开行路线与什么因素有关？在吊装柱时如何确定？

12. 构件的平面布置应注意哪些问题？柱子有几种布置形式？旋转法布置柱子时如何确定？

13. 网架节点有哪些种类？其特点如何？

14. 钢结构开始安装前，施工单位应做哪些方面的准备工作？

15. 简述网架结构的安装方法。

16. 简述结构工程冬雨季施工措施。

17. 简述结构工程安全施工措施。

第8章 屋面及防水工程施工

8.1 地下工程防水施工

8.1.1 地下工程防水方案与防水等级

地下工程由于深埋在地下，时刻受地下水的渗透作用，如防水问题处理不好，致使地下水渗漏到工程内部，将会带来一系列问题：影响人员在工程内正常的工作和生活；使工程内部装修和设备加快锈蚀。使用机械排除工程内部渗漏水，需要耗费大量能源和经费，而且大量的排水还可能引起地面和地面建筑物不均匀沉降和破坏等。

刚性防水材料的防水层是通过在混凝土或水泥砂浆中加入膨胀剂、减水剂、防水剂等，使混凝土或水泥砂浆变得密实，阻止水分子渗透，达到防水的目的。这种防水方法成本低、施工较为简单，当出现渗漏时，只需修补渗漏裂缝即可。

目前，地下防水工程的方案主要有以下几种：

（1）采用防水混凝土结构。通过调整配合比或掺入外加剂等方法，来提高混凝土本身的密实度和抗渗性，使其具有一定的防水能力的整体式混凝土或钢筋混凝土结构。

（2）在地下结构表面另加防水层。如抹水泥砂浆防水层或贴涂料防水层等。

（3）采用防水加排水措施。排水方案通常可用盲沟排水、渗排水与内排法排水等方法把地下水排走，以达到防水的目的。

《地下防水工程质量验收规范》（GB 50208—2011）根据防水工程的重要性、使用功能和建筑物类别的不同，按围护结构允许渗漏水的程度，将地下工程防水等级分为四级，各级标准应符合表8-1的要求。

表8-1 　　　　　　　　　　　　地下工程防水等级标准

防水等级	防 水 标 准
1级	不允许渗水，结构表面无湿渍
2级	不允许漏水，结构表面可有少量湿渍； 房屋建筑地下工程：总湿渍面积不大于总防水面积（包括顶板、墙面、地面）的1‰；任意100m² 防水面积上的湿渍不超过2处，单个湿渍的最大面积不大于0.1m²； 其他地下工程：湿渍总面积不应大于总防水面积的2‰；任意100m² 防水面积上的湿渍不超过3处，单个湿渍的最大面积不大于0.2m²；其中，隧道工程平均渗水量不大于0.05L/(m²·d)，任意100m² 防水面积上的渗水量不大于0.15L/(m²·d)
3级	有少量漏水点，不得有线流和漏泥砂； 任意100m² 防水面积上的漏水或湿渍点数不超过7处，单个漏水点的最大漏水量不大于2.5L/d，单个湿渍的最大面积不大于0.3m²
4级	有漏水点，不得有线流和漏泥砂； 整个工程平均漏水量不大于2L/(m²·d)，任意100m² 防水面积上的平均漏量不大于4L/(m²·d)

明挖法和暗挖法地下工程的防水设防应按表8-2和表8-3选用。

表 8 - 2　　　　　　　　　　　　　明挖法地下工程防水设防

工程部位	主体结构							施工缝							后浇带					变形缝（诱导缝）					
防水等级 / 防水措施	防水混凝土	防水卷材	防水涂料	塑料防水板	膨润土防水材料	防水砂浆	金属防水板	遇水膨胀止水条（胶）	外贴式止水带	中埋式止水带	外抹防水砂浆	外涂防水涂料	水泥基渗透结晶型防水涂料	预埋注浆管	补偿收缩混凝土	外贴式止水带	预埋注浆管	遇水膨胀止水条（胶）	防水密封材料	中埋式止水带	外贴式止水带	可卸式止水带	防水密封材料	外贴防水卷材	外涂防水涂料
一级	应选	应选一至二种						应选二种							应选	应选二种				应选	应选一至二种				
二级	应选	应选一种						应选一至二种							应选	应选一至二种				应选	应选一至二种				
三级	应选	宜选一种						宜选一至二种							应选	宜选一至二种				应选	宜选一至二种				
四级	宜选	—						宜选一种							应选	宜选一种				应选	宜选一种				

表 8 - 3　　　　　　　　　　　　　暗挖法地下工程防水设防

工程部位	衬砌结构						内衬砌施工缝						内衬砌变形缝（诱导缝）				
防水等级 / 防水措施	防水混凝土	塑料防水板	防水砂浆	防水涂料	防水卷材	金属防水层	外贴式止水带	预埋注浆管	遇水膨胀止水条（胶）	防水密封材料	中埋式止水带	水泥基渗透结晶型防水涂料	中埋式止水带	外贴式止水带	可卸式止水带	防水密封材料	遇水膨胀止水条（胶）
一级	必选	应选一至二种					应选一至二种						应选	应选一至二种			
二级	应选	应选一种					应选一种						应选	应选一种			
三级	宜选	宜选一种					宜选一种						应选	宜选一种			
四级	宜选	宜选一种					宜选一种						应选	宜选一种			

8.1.2 防水混凝土施工

1. 基本要求

防水混凝土可通过调整配合比，或掺加外加剂、掺和料等措施配制而成，其抗渗等级不得小于 P6。防水混凝土的施工配合比应通过试验确定，试配混凝土的抗渗等级应比设计要求提高 0.2MPa。防水混凝土应满足抗渗等级要求，并应根据地下工程所处的环境和工作条件，满足抗压、抗冻和抗侵蚀性等耐久性要求。

防水混凝土的环境温度不得高于 80℃；处于侵蚀性介质中防水混凝土的耐侵蚀要求应根据介质的性质按有关标准执行。

防水混凝土结构底板的混凝土垫层，强度等级不应小于 C15，厚度不应小于 100mm，在软弱土层中不应小于 150mm。

防水混凝土结构，应符合下列规定：

(1) 结构厚度不应小于 250mm；

(2) 裂缝宽度不得大于 0.2mm，并不得贯通；

(3) 钢筋保护层厚度应根据结构的耐久性和工程环境选用，迎水面钢筋保护层厚度不应小于 50mm。

2. 材料选用

(1) 水泥。

在不受侵蚀性介质和冻融作用的条件下，宜采用普通硅酸盐水泥、硅酸盐水泥、火山灰质硅酸盐水泥、粉煤灰硅酸盐水泥；若选用矿渣硅酸盐水泥，则必须掺用高效减水剂。在受硫酸盐侵蚀性介质作用的条件下，可采用火山灰质硅酸盐水泥、粉煤灰硅酸盐水泥，或抗硫酸盐硅酸盐水泥。在受冻融作用的条件下，应优先选用普通硅酸盐水泥，不宜采用火山灰质硅酸盐水泥和粉煤灰硅酸盐水泥。不得使用过期或受潮结块的水泥。

(2) 砂、石骨料。

1) 宜选用坚固耐久、粒形良好的洁净石子；最大粒径不宜大于 40mm，泵送时其最大粒径不应大于输送管径的 1/4；吸水率不应大于 1.5%；不得使用碱活性骨料；石子的质量要求应符合国家现行标准《普通混凝土用砂、石质量标准及检验方法》(JGJ 52—2006) 的有关规定。

2) 砂宜选用坚硬、抗风化性强、洁净的中粗砂，不宜使用海砂；砂的质量要求应符合国家现行标准《普通混凝土用砂、石质量标准及检验方法》(JGJ 52—2006) 的有关规定。

(3) 外加剂。

外加剂主要是以吸附、分散、引气、催化，或与水泥的某种成分发生反应等物理、化学作用，以改善混凝土内部组织结构，增加其密实性和抗渗性。应根据工程结构和施工工艺等对防水混凝土的具体要求，适宜地选用相应的外加剂。目前主要有引气剂、减水剂、三乙醇胺早强剂、氯化铁防水剂、U 型膨胀剂等。

引气剂目前常用的有松香酸钠、松香热聚物等，常用于一般防水工程和寒冷地区对抗冻性、耐久性要求较高的防水工程中；常用的减水剂有亚甲基钠 (NNO)、次甲基萘磺酸钠 (MF)、木质素磺酸钙、糖蜜等，常用于一般防水工程及对施工工艺有特殊要求的防水工程，如用于泵送混凝土及捣固困难的薄壁型防水结构；三乙醇胺早强剂常用于工期紧，需要早强的防水工程；氯化铁防水剂常用于人防工程、水池、地下室等；常用的膨胀剂有 U 型混凝土膨胀剂 (简称 UEA)。它常用于要求抗渗、防裂的地下工程、砂浆防水层、砂浆防潮层等。

(4) 掺和料。

1) 粉煤灰的品质应符合现行国家标准《用于水泥和混凝土中的粉煤灰》(GB/T 1596—

2005）的有关规定，粉煤灰的级别不应低于Ⅱ级，烧失量不应大于5％，用量宜为胶凝材料总量的20％～30％，当水胶比小于0.45时，粉煤灰用量可适当提高；

2）硅粉的品质应符合规范要求，用量宜为胶凝材料总量的2％～5％；

3）粒化高炉矿渣粉的品质要求应符合现行国家标准《用于水泥和混凝土中的粒化高炉矿渣粉》（GB/T 18046—2008）的有关规定；

4）使用复合掺和料时，其品种和用量应通过试验确定。

（5）其他材料。

1）配筋。配置直径为4～6mm、间距为100～200mm的双向钢筋网片，可采用乙级冷拔低碳钢丝，性能符合标准要求。钢筋网片应在分隔缝处断开，其保护层厚度不小于10mm。

2）聚丙烯抗裂纤维。聚丙烯抗裂纤维为短切聚丙烯纤维，纤维直径0.48μm，长度10～19mm，抗拉强度276MPa，掺入细石混凝土中，抵抗混凝土的收缩应力，减少细石混凝土的开裂。掺量一般为每m³细石混凝土中掺入0.7～1.2kg。

3. 防水混凝土结构的施工

防水混凝土结构是指因本身的密实性而具有一定防水能力的整体式混凝土或钢筋混凝土结构。防水混凝土适用于防水等级为1～4级的地下整体式混凝土结构。

（1）防水混凝土的种类。

防水混凝土一般分为普通防水混凝土、外加剂防水混凝土和膨胀剂或膨胀水泥防水混凝土三大类。外加剂防水混凝土又分为引气剂防水混凝土、减水剂防水混凝土、三乙醇胺防水混凝土、氯化铁防水混凝土。各种防水混凝土的技术要求、适用范围，见表8-4。

表8-4   防水混凝土的技术要求和适用范围

种　类		最大抗渗压力/MPa	技　术　要　求	适　用　范　围
普通防水混凝土		>3.0	水灰比0.5～0.6；坍落度30～50mm（掺外加剂或采用泵送时不受此限）；水泥用量≥320kg/m³； 灰砂比1：2～1：2.5；含砂率≥35％；粗骨料粒径≤40mm；细骨料为中砂或细砂	一般工业、民用及公共建筑的地下防水工程
外加剂防水混凝土	引气剂防水混凝土	>2.2	含气量为3％～6％；水泥用量250～300kg/m³；水灰比0.5～0.6；含砂率28％～35％；砂石级配、坍落度与普通混凝土相同	适用于北方高寒地区对抗冻要求较高的地下防水工程及一般的地下防水工程，不适用于抗压强度>20MPa或耐磨性要求较高的地下防水工程
	减水剂防水混凝土	>2.2	选用加气型减水剂。根据施工需要分别选用缓凝型、促凝型、普通型的减水剂	钢筋密集或薄壁型防水构筑物，对混凝土凝结时间和流动性有特殊要求的地下防水工程（如泵送混凝土）
	三乙醇胺防水混凝土	>3.8	可单独掺用，也可与氯化钠复合掺用，也能与氯化钠、亚硝酸钠三种材料复合使用	工期紧迫、要求早强及抗渗性较高的地下防水工程
	氯化铁防水混凝土	>3.8	氯化铁掺量一般为水泥的3％	水中结构、无筋少筋、厚大防水混凝土工程及一般地下防水工程，砂浆修补抹面工程。薄壁结构不宜使用

种　类	最大抗渗压力/MPa	技　术　要　求	适　用　范　围
明矾石膨胀剂防水混凝土	>3.8	必须掺入 32.5MPa 以上的普通矿渣、火山灰和粉煤灰水泥共同使用，不得单独代替水泥。一般外掺量占水泥用量的 20%	地下工程及其后浇缝

（2）防水混凝土的拌制。

1）防水混凝土的配合比。

防水混凝土的配合比，应符合下列规定：

①胶凝材料用量应根据混凝土的抗渗等级和强度等级等选用，其总用量不宜小于 320kg/m³；当强度要求较高或地下水有腐蚀性时，胶凝材料用量可通过试验调整。

②在满足混凝土抗渗等级、强度等级和耐久性条件下，水泥用量不宜小于 260kg/m³。

③砂率宜为 35%～40%，泵送时可增至 45%。

④灰砂比宜为 1：1.5～1：2.5。

⑤水胶比不得大于 0.50，有侵蚀性介质时水胶比不宜大于 0.45。

⑥防水混凝土采用预拌混凝土时，入泵坍落度宜控制在 120～160mm，坍落度每小时损失值不应大于 20mm，坍落度总损失值不应大于 40mm。

⑦掺加引气剂或引气型减水剂时，混凝土含气量应控制在 3%～5%。

⑧预拌混凝土的初凝时间宜为 6～8h。

2）防水混凝土的拌制。

防水混凝土配料应按配合比准确称量，其计量允许偏差应符合表 8-5 的规定。

表 8-5　　　　　　　　　　防水混凝土配料计量允许偏差

混凝土组成材料	每盘计量	累计计量	混凝土组成材料	每盘计量	累计计量
水泥、掺和料	±2%	±1%	水、外加剂	±2%	±1%
粗、细骨料	±3%	±2%			

注　累计计量仅适用于微机控制计量的搅拌站。

使用减水剂时，减水剂宜配制成一定浓度的溶液。

防水混凝土拌和物应采用机械搅拌，搅拌时间不宜小于 2min。掺外加剂时，搅拌时间应根据外加剂的技术要求确定。

防水混凝土拌和物在运输后如出现离析，必须进行二次搅拌。当坍落度损失后不能满足施工要求时，应加入原水胶比的水泥浆或掺加同品种的减水剂进行搅拌，严禁直接加水。

（3）防水混凝土施工缝的处理。

1）防水混凝土应连续浇筑，宜少留施工缝。当留设施工缝时，应符合下列规定：

①墙体水平施工缝不应留在剪力最大处或底板与侧墙的交接处，应留在高出底板表面不小于 300mm 的墙体上。拱（板）墙结合的水平施工缝，宜留在拱（板）墙接缝线以下 150～300mm 处。墙体有顶留孔洞时，施工缝距孔洞边缘不应小于 300mm。

②垂直施工缝应避开地下水和裂隙水较多的地段，并宜与变形缝相结合。

2）施工缝防水构造形式宜按图8-1～图8-4选用，当采用两种以上构造措施时可进行有效组合。

图 8-1　施工缝防水构造（一）

钢板止水带 $L \geqslant 150$；

橡胶止水带 $L \geqslant 200$；钢边橡胶止水带 $L \geqslant 120$；

1—先浇混凝土；2—中埋止水带；

3—后浇混凝土；4—结构迎水面

图 8-2　施工缝防水构造（二）

外贴止水带 $L \geqslant 150$；

外涂防水涂料 $L = 200$；外抹防水砂浆 $L = 200$；

1—先浇混凝土；2—外贴止水带；

3—后浇混凝土；4—结构迎水面

图 8-3　施工缝防水构造（三）

1—先浇混凝土；2—遇水膨胀止水条（胶）；

3—后浇混凝土；4—结构迎水面

图 8-4　施工缝防水构造（四）

1—先浇混凝土；2—预埋注浆管；3—后浇混凝土；

4—结构迎水面；5—注浆导管

3）施工缝的施工应符合下列规定：

①水平施工缝浇筑混凝土前，应将其表面浮浆和杂物清除，然后铺设净浆或涂刷混凝土界面处理剂、水泥基渗透结晶型防水涂料等材料，再铺30～50mm厚的1∶1水泥砂浆，并应及时浇筑混凝土。

②垂直施工缝浇筑混凝土前，应将其表面清理干净，再涂刷混凝土界面处理剂或水泥基渗透结晶型防水涂料，并应及时浇筑混凝土。

③遇水膨胀止水条（胶）应与接缝表面密贴。

④选用的遇水膨胀止水条（胶）应具有缓胀性能，7d 的净膨胀率不宜大于最终膨胀率的 60%，最终膨胀率宜大于 220%。

⑤采用中埋式止水带或预埋式注浆管时，应定位准确、固定牢靠。

（4）防水混凝土施工。

1）模板安装。防水混凝土所有模板，除满足一般要求外，应特别注意模板拼缝严密不漏浆，构造应牢固稳定，固定模板的螺栓（或铁丝）不宜穿过防水混凝土结构。固定模板用的螺栓必须穿过混凝土结构时，可采用工具式螺栓、螺栓加堵头、螺栓上加焊方形止水环等做法。止水环尺寸及环数应符合设计规定。如设计无规定，则止水环应为 10cm×10cm 的方形止水环，且至少有一环。

①工具式螺栓做法：用工具式螺栓将防水螺栓固定并拉紧，以压紧固定模板。拆模时将工具式螺栓取下，再以嵌缝材料及聚合物水泥砂浆将螺栓凹槽封堵严密，如图 8-5 所示。

图 8-5　工具式螺栓的防水做法示意图

1—模板；2—结构混凝土；3—止水环；4—工具式螺栓；5—固定模板用螺栓；
6—嵌缝材料；7—聚合物水泥砂浆

②螺栓加焊止水环做法：在对拉螺栓中部加焊止水环，止水环与螺栓必须满焊严密。拆模后应沿混凝土结构边缘将螺栓割断。此法将消耗所用螺栓，如图 8-6 所示。

③预埋套管加焊止水环做法：套管采用钢管，其长度等于墙厚（或其长度加上两端垫木的厚度之和等于墙厚），兼具撑头作用，以保持模板之间的设计尺寸。止水环在套管上满焊严密。支模时在预埋套管中穿入对拉螺栓拉紧固定模板。拆模后将螺栓抽出，套管内以膨胀水泥砂浆封堵密实。套管两端有垫木的，拆模时连同垫木一并拆除，除密实封堵套管外，还应将两端垫木留下的凹坑用同样方法封实，如图 8-7 所示。此法可用于抗渗要求一般的结构。

图 8-6　螺栓加焊止水环

1—围护结构；2—模板；3—小龙骨；
4—大龙骨；5—螺栓；6—止水环

图 8-7　预埋套管支撑示意

1—防水结构；2—模板；3—小龙骨；4—大龙骨；
5—螺栓；6—垫木；7—止水环；8—预埋套管

2) 钢筋施工。做好钢筋绑扎前的除污、除锈工作。绑扎钢筋时，应按设计规定留足保护层，且迎水面钢筋保护层厚度不应小于 50mm。应以相同配合比的细石混凝土或水泥砂浆制成垫块，将钢筋垫起，以保证保护层厚度。严禁以垫铁或钢筋头垫钢筋，或将钢筋用铁钉及钢丝直接固定在模板上。钢筋应绑扎牢固，避免因碰撞、振动使绑扣松散、钢筋移位，造成露筋。钢筋及绑扎钢丝均不得接触模板。采用铁马凳架设钢筋时，在不便取掉铁马凳的情况下，应在铁马凳上加焊止水环。在钢筋密集的情况下，更应注意绑扎或焊接质量。并用自密实高性能混凝土浇筑。

3) 混凝土搅拌。选定配合比时，其试配要求的抗渗水压应较其设计值提高 0.2MPa，并准确计算及称量每种用料，投入混凝土搅拌机。外加剂的掺入方法应遵从所选外加剂的使用要求。

防水混凝土必须采用机械搅拌。搅拌时间不应小于 120s。掺外加剂时，应根据外加剂的技术要求确定搅拌时间。

4) 混凝土运输。运输过程中应采取措施防止混凝土拌和物产生离析，以及坍落度和含气量的损失，同时要防止漏浆。

防水混凝土拌和物在常温下应于 0.5h 以内运至现场；运送距离较远或气温较高时，可掺入缓凝型减水剂，缓凝时间宜为 6~8h。

防水混凝土拌和物在运输后如出现离析，则必须进行二次搅拌。当坍落度损失后不能满足施工要求时，应加入原水灰比的水泥浆或二次掺加减水剂进行搅拌，严禁直接加水搅拌。

5) 混凝土的浇筑和振捣。在结构中若有密集管群，以及预埋件或钢筋稠密之处，不易使混凝土浇捣密实时，应选用免振捣的自密实高性能混凝土进行浇筑。

在浇筑大体积结构中，遇有预埋大管径套管或面积较大的金属板时，其下部的倒三角形区域不易浇捣密实而形成空隙，造成漏水，为此，可在管底或金属板上预先留置浇筑振捣孔，以利浇捣和排气，浇筑后再将孔补焊严密。

混凝土浇筑应分层，每层厚度不宜超过 30~40cm，相邻两层浇筑时间间隔不应超过 2h，夏季可适当缩短。混凝土在浇筑地点须检查坍落度，每工作班至少检查两次。普通防水混凝土坍落度不宜大于 50mm。

防水混凝土必须采用高频机械振捣，振捣时间宜为 10~30s，以混凝土泛浆和不冒气泡为准。要依次振捣密实，应避免漏振、欠振和超振。掺加引气剂或引气型减水剂时，应采用高频插入式振捣器振捣密实。

6) 混凝土的养护。防水混凝土的养护对其抗渗性能影响极大，特别是早期湿润养护更为重要，一般在混凝土进入终凝（浇筑后 4~6h）即应覆盖，浇水湿润养护不少于 14d。防水混凝土不宜用电热法养护和蒸汽养护。

7) 模板拆除。由于防水混凝土要求较严。因此不宜过早拆模。拆模时混凝土的强度必须超过设计强度等级的 70%，混凝土表面温度与环境之差，不得超过 15℃，以防止混凝土表面产生裂缝。拆模时应注意勿使模板和防水混凝土结构受损。

8) 防水混凝土结构的保护。地下工程的结构部分拆模后，经检查合格后，应及时回填。回填前应将基坑清理干净，无杂物且无积水。回填土应分层夯实。地下工程周围 800mm 以内宜用灰土、黏土或粉质黏土回填；回填土中不得含有石块、碎砖、灰渣、有机杂物以及冻土。回填施工应均匀对称进行。回填后地面建筑周围应做不小于 800mm 宽的散水，其坡度宜为 5%。以防地面水侵入地下。

完工后的自防水结构，严禁再在其上打洞。若结构表面有蜂窝麻面，应及时修补。修补时应先用水冲洗干净，涂刷一道水灰比为 0.4 的水泥浆，再用水灰比为 0.5 的 1∶2.5 水泥砂浆填实抹平。

（5）大体积防水混凝土的施工。

大体积防水混凝土的施工，应符合下列规定：

1）在设计许可的情况下，掺粉煤灰混凝土设计强度等级的龄期宜为 60d 或 90d。

2）宜选用水化热低和凝结时间长的水泥。

3）宜掺入减水剂、缓凝剂等外加剂和粉煤灰、磨细矿渣粉等掺和料。

4）炎热季节施工时，应采取降低原材料温度、减少混凝土运输时吸收外界热量等降温措施，入模温度不应大于 30℃。

5）混凝土内部预埋管道，宜进行水冷散热。

6）应采取保温保湿养护。混凝土中心温度与表面温度的差值不应大于 25℃，表面温度与大气温度的差值不应大于 20℃，温降梯度不得大于 3℃/d，养护时间不应少于 14d。

（6）防水混凝土的养护。

在浇筑后，如混凝土养护不及时，混凝土内部的水分将迅速蒸发，使水泥水化不完全。而水分蒸发会造成毛细管网彼此连通，形成渗水通道，同时混凝土收缩增大，出现龟裂，抗渗性急剧下降，甚至完全丧失抗渗能力。若养护及时，防水混凝土在潮湿的环境中或水中硬化，能使混凝土内的游离水分蒸发缓慢，水泥水化充分，水泥水化生成物堵塞毛细孔隙，因而形成不连通的毛细孔，提高混凝土的抗渗性。表 8-6 给出了不同养护龄期的混凝土的抗渗性能，供参考。

表 8-6　　　　　　　　　　不同养护龄期的混凝土抗渗性能

养护方式	雾 室 养 护			备　注
龄期/d	7	14	23	水灰比为 0.5，砂率为 35%
坍落度/cm	7.1	7.1	7.1	
抗渗压力/MPa	1.1	>3.5	>3.5	

8.1.3　水泥砂浆防水层施工

水泥砂浆抹面防水层可分为：刚性多层做法防水层（或称普通水泥砂浆防水层）和掺外加剂的水泥砂浆防水层（氯化铁防水剂、铝粉膨胀剂、减水剂等）两种，其构造做法如图 8-8 所示。

1. 防水砂浆

防水砂浆应包括聚合物水泥防水砂浆、掺外加剂或掺和料的防水砂浆，宜采用多层抹压法施工。水泥砂浆防水层可用于地下工程主体结构的迎水面或背水面，不应用于受持续振动或温度高于 80℃的地下工程防水。水泥砂浆防水层应在基础垫层、初期支护、围护结构及内衬结构验收合格后施工。

水泥砂浆的品种和配合比设计应根据防水工程要求确定。聚合物水泥防水砂浆厚度单层

图 8-8　水泥砂浆防水层构造做法

(a) 多层刚性防水层；(b) 刚性外加剂防水层

1、3—素灰层 2mm；2、4—砂浆层 45mm；5—水泥浆 1mm；6—结构基层；

7、9—水泥浆一道；8—外加剂防水砂浆垫层；10—防水砂浆面层

施工宜为 6～8mm，双层施工宜为 10～12mm；掺外加剂或掺和料的水泥防水砂浆厚度宜为 18～20mm。水泥砂浆防水层的基层混凝土强度或砌体用的砂浆强度均不应低于设计值的 80%。

用于水泥砂浆防水层的材料，应符合下列规定：

(1) 应使用硅酸盐水泥、普通硅酸盐水泥或特种水泥，不得使用过期或受潮结块的水泥。

(2) 砂宜采用中砂，含泥量不应大于 3%，硫化物和硫酸盐含量不应大于 1%。

(3) 拌制水泥砂浆用水，应符合国家现行标准《混凝土用水标准》（JGJ 63—2006）的有关规定。

(4) 聚合物乳液的外观应为均匀液体，无杂质、无沉淀、不分层。聚合物乳液的质量要求应符合国家现行标准《建筑防水涂料用聚合物乳液》（JC/T 1017—2006）的有关规定。

(5) 外加剂的技术性能应符合现行国家有关标准的质量要求。

防水砂浆主要性能应符合表 8-7 的要求。

表 8-7　　　　　　　　　　　　　防水砂浆主要性能要求

防水砂浆种类	粘结强度 /MPa	抗渗性 /MPa	抗折强度 /MPa	干缩率 /%	吸水率 /%	冻融循环 /次	耐碱性	耐水性 /%
掺外加剂、掺和料的防水砂浆	>0.6	≥0.8	同普通砂浆	同普通砂浆	≤3	>50	10%NaOH 溶液浸泡 14d 无变化	—
聚合物水泥防水砂浆	>1.2	≥1.5	≥8.0	≤0.15	≤4	>50	—	≥80

注　耐水性指标是指砂浆浸水 168h 后材料的粘结强度及抗渗性的保持率。

2. 施工要求

基层表面应平整、坚实、清洁，并应充分湿润、无明水。基层表面的孔洞、缝隙，应采用与防水层相同的防水砂浆堵塞并抹平。施工前应将预埋件、穿墙管预留凹槽内嵌填密封材料后，再施工水泥砂浆防水层。

防水砂浆的配合比和施工方法应符合所掺材料的规定，其中聚合物水泥防水砂浆的用水

量应包括乳液中的含水量。水泥砂浆防水层应分层铺抹或喷射,铺抹时应压实、抹平,最后一层表面应提浆压光。聚合物水泥防水砂浆拌和后应在规定时间内用完,施工中不得任意加水。

水泥砂浆防水层各层应紧密粘合,每层宜连续施工;必须留设施工缝时,应采用阶梯坡形槎,但离阴阳角处的距离不得小于 200mm。

水泥砂浆防水层不得在雨天、五级及以上大风中施工。冬期施工时,气温不应低于5℃。夏季不宜在 30℃以上或烈日照射下施工。

水泥砂浆防水层终凝后,应及时进行养护,养护温度不宜低于5℃,并应保持砂浆表面湿润,养护时间不得少于 14d。

聚合物水泥防水砂浆未达到硬化状态时,不得浇水养护或直接受雨水冲刷,硬化后应采用干湿交替的养护方法。潮湿环境中,可在自然条件下养护。

3. 基层处理

基层处理十分重要,是保证防水层与基层表面结合牢固、不空鼓和密实不透水的关键。基层处理包括清理、浇水、刷洗、补平等工序,使基层表面保持潮湿、清洁、平整、坚实、粗糙。

(1) 混凝土基层的处理。

1) 新建混凝土工程处理。拆除模板后,立即用钢丝刷将混凝土表面刷毛,并在抹面前浇水冲刷干净。

2) 旧混凝土工程处理。补做防水层时需用钻子、剁斧、钢丝刷将表面凿毛,清理平整后再冲水,用棕刷刷洗干净。

3) 混凝土基层表面凹凸不平、蜂窝孔洞的处理。超过 1cm 的棱角及凹凸不平处,应剔成慢坡形,并浇水清洗干净,用素灰和水泥砂浆分层找平 (图 8-9)。混凝土表面的蜂窝孔洞,应先将松散不牢的石子除掉,浇水冲洗干净,用素灰和水泥砂浆交替抹到与基层面相平 (图 8-10)。混凝土表面的蜂窝床面不深,石子粘结较牢固,只需用水冲洗干净后,用素灰打底,水泥砂浆压实找平 (图 8-11)。

图 8-9　基层凹凸不平的处理

图 8-10　蜂窝孔洞的处理

图 8-11　蜂窝麻面的处理图

4) 混凝土结构的施工缝要沿缝剔成八字形凹槽,用水冲洗后,用素灰打底,水泥砂浆压实抹平,如图 8-12 所示。

(2) 砖砌体基层的处理。对于新砌体,应将其表面残留的砂浆等污物清除干净,并浇水冲洗。对于旧砌体,要将其表面酥松表皮及砂浆等污物清理干净,至露出坚硬的砖面,并浇水冲洗。

对于石灰砂浆或混合砂浆砌的砖砌体,应将缝剔深 1cm,缝内呈直角 (图 8-13)。

图 8-12 混凝土结构施工缝的处理图

图 8-13 砖砌体的剔缝

4. 施工方法

普通水泥砂浆防水层施工：

（1）混凝土顶板与墙面防水层操作。素灰层，厚 2mm。先抹一道 1mm 厚素灰，用铁抹子往返用力刮抹，使素灰填实基层表面的孔隙。随即在已刮抹过素灰的基层表面再抹一道厚 1mm 的素灰找平层，抹完后，用湿毛刷在素灰层表面按顺序涂刷一遍。

第二层：水泥砂浆层，厚 4～5mm，在素灰层初凝时抹第二层水泥砂浆层，要防止素灰层过软或过硬，过软将素灰层破坏；过硬粘结不良。要使水泥砂浆层薄薄压入素灰层厚度的 1/4 左右，抹完后，在水泥砂浆初凝时用扫帚按顺序向一个方向扫出横向条纹。

第三层：素灰层，厚 2mm。在第二层水泥砂浆凝固并具有一定强度（常温下间隔一昼夜）后，适当浇水湿润，方可进行第三层操作，其方法同第一层。

第四层：水泥砂浆层，厚 4～5mm。按照第二层的操作方法将水泥砂浆抹在第三层上，抹后在水泥砂浆凝固前水分蒸发过程中，分次用铁抹子压实，一般以抹压 3～4 次为宜，最后再压光。

第五层：第五层是在第四层水泥砂浆抹压两边后，用毛刷均匀地将水泥浆刷在第四层表面，随第四层抹实压光。

（2）砖墙面和拱顶防水层的操作。第一层是刷水泥浆一道，厚度约为 1mm，用毛刷往返涂刷均匀，涂刷后，可抹第二、三、四层等，其操作方法与混凝土基层防水相同。

图 8-14 地面施工顺序

（3）地面防水层的操作。地面防水层操作与墙面，顶板操作不同的地方是，素灰层（一、三层）不采用刮抹的方法，而是把拌和好的素灰倒在地面上，用棕刷往返用力涂刷均匀，第二层和第四层是在素灰层初凝前后把拌和好的水泥砂浆层按厚度要求均匀铺在素灰层上，按墙面、顶板操作要求抹压，各层厚度也均与墙面、顶板防水层相同。地面防水层在施工时要防止践踏，应由里向外顺序进行（图 8-14）。

（4）特殊部位的施工。结构阴阳角处的防水层，均需抹成圆角，阴角直径 5cm，阳角直径 1cm。防水层的施工缝需留斜坡阶梯形槎，槎子的搭接要依照层次操作顺序层层搭接。留槎的位置一般留在地面上，亦可留在墙面上，所留的槎子均需离阴阳角 20cm 以上（图 8-15）。

8.1.4 卷材防水层施工

1. 防水卷材类型

按原材料性质分类的防水卷材主要有沥青防水卷材、高聚物改性沥青防水卷材和合成高分子防水卷材三大类。

（1）沥青防水卷材。沥青防水卷材的传统产品是石油沥青纸胎油毡。沥青类建筑防水卷材，由于原料 80％左右是沥青，在生产过程中会产生较大污染，加之工艺落后、高耗能、浪费资源，自 1999 年以来，国家及地方政府不断发文，曾三令五申勒令除新型改性沥青类产品以外的其他产品逐步退市，并一再提高技术标准。从 2008 年开始，工信部、国家发改委、质检总局等部门也分别从淘汰落后产能、产业结构调整、生产许可证准入管理等方面，限制沥青类防水卷材的生产量。

图 8-15　防水层接槎处理

（2）高聚物改性沥青防水卷材。

该卷材使用的高聚物改性沥青，指在石油沥青中添加聚合物，以改善沥青的感温性差、低温易脆裂、高温易流淌等不足。用于沥青改性的聚合物较多，主要有以 SBS（苯乙烯—丁二烯—苯乙烯合成橡胶）为代表的弹性体聚合物和以 APP（无规聚丙烯合成树脂）为代表的塑性体聚合物两大类。卷材的胎体主要使用玻纤毡和聚酯毡等高强材料。主要品种有：SBS 改性沥青防水卷材、APP 改性沥青防水卷材、PVC 改性焦油沥青防水卷材、再生胶改性沥青防水卷材、废橡胶粉改性沥青防水卷材和其他改性沥青防水卷材等种类。

SBS 防水卷材的特点是，低温柔性好、弹性和延伸率大、纵横向强度均匀性好，不仅可以在低寒、高温气候条件下使用，并在一定程度上可以避免结构层由于伸缩开裂对防水层构成的威胁。APP 防水卷材的特点则是，耐热度高、热熔性好，适合热熔法施工，因而更适合高温气候或有强烈太阳辐射地区的建筑屋面防水。

（3）合成高分子防水卷材。

合成高分子防水卷材是一类无胎体的卷材。其特点是：拉伸强度大、断裂伸长率高、抗撕裂强度大、耐高低温性能好等，因而对环境气温变化和结构基层伸缩、变形、开裂等状况具有较强的适应性。此外，由于其耐腐蚀性和抗老化性好，可以延长卷材的使用寿命，降低建筑防水的综合费用。

合成高分子防水卷材按其原料的品质分为合成橡胶和合成树脂两大类。当前最具代表性的产品是。合成橡胶类的三元乙丙橡胶（EPDM）防水卷材和合成树脂类的聚氯乙烯（PVC）防水卷材。

此外，我国还研制出多种橡塑共混防水卷材，其中氯化聚乙烯—橡胶共混防水卷材具有代表性，其性能指标接近三元乙丙橡胶防水卷材。由于原材料与价格有一定优势，推广应用量正逐步扩大。

2. 防水卷材要求

卷材防水层宜用于经常处在地下水环境，且受侵蚀性介质作用或受振动作用的地下工程。卷材防水层应铺设在混凝土结构的迎水面。卷材防水层用于建筑物地下室时，应铺设在结构底板垫层至墙体防水设防高度的结构基面上；用于单建式的地下工程时，应从结构底板垫层铺设至顶板基面，并应在外围形成封闭的防水层。

防水卷材的品种规格和层数，应根据地下工程防水等级、地下水位高低及水压力作用状况、结构构造形式和施工工艺等因素确定。卷材防水层的卷材品种可按表 8-8 选用，并应符合下列规定：

  1）卷材外观质量、品种规格应符合国家现行有关标准的规定；

  2）卷材及其胶粘剂应具有良好的耐水性、耐久性、耐刺穿性、耐腐蚀性和耐菌性。

表 8-8   卷材防水层的卷材品种

类 别	品种名称	类 别	品种名称
高聚物改性沥青类防水卷材	弹性体改性沥青防水卷材	合成高分子类防水卷材	三元乙丙橡胶防水卷材
	改性沥青聚乙烯胎防水卷材		聚氯乙烯防水卷材
	自粘聚合物改性沥青防水卷材		聚乙烯丙纶复合防水卷材
			高分子自粘胶膜防水卷材

  卷材防水层的厚度应符合表 8-9 的规定。

表 8-9   不同品种卷材的厚度

卷材品种	高聚物改性沥青类防水卷材			合成高分子类防水卷材			
	弹性体改性沥青防水卷材、改性沥青聚乙烯胎防水卷材	自粘聚合物改性沥青防水卷材		三元乙丙橡胶防水卷材	聚氯乙烯防水卷材	聚乙烯丙纶复合防水卷材	高分子自粘胶膜防水卷材
		聚酯毡胎体	无胎体				
单层厚度/mm	≥4	≥3	≥1.5	≥1.5	≥1.5	卷材：≥0.9 粘结料：≥1.3 芯材厚度≥0.6	≥1.2
双层总厚度/mm	≥(4+3)	≥(3+3)	≥(1.5+1.5)	≥(1.2+1.2)	≥(1.2+1.2)	卷材：≥(0.7+0.7) 粘结料：≥(1.3+1.3) 芯材厚度≥0.5	—

  注 1. 带有聚酯毡胎体的自粘聚合物改性沥青防水卷材应执行国家现行标准《自粘聚合物改性沥青聚酯胎防水卷材》（JC 898—2002）；

    2. 无胎体的自粘聚合物改性沥青防水卷材应执行国家现行标准《自粘橡胶沥青防水卷材》（JC 840—1999）。

  根据其主要防水组成材料可分为沥青防水材料、高聚物改性防水卷材和合成高分子防水卷材三大类，沥青防水材料现已淘汰使用。

  （1）高聚物改性防水卷材。

  1）自粘聚合物改性沥青聚酯胎防水卷材，是弹性体改性沥青防水卷材的延伸产品，因卷材的沥青涂盖料具有自粘性能，故称本体自粘卷材，其特点是采用冷粘法施工。

  2）自粘橡胶沥青防水卷材是一种以 SBS 等弹性体和沥青为基料，无胎体，以树脂膜为上表面材料或无膜（双面自粘），采用防粘隔离层的卷材，厚度以选择 1.5mm 或 2.0mm 为宜。这种卷材具有良好的接缝不透水性、低温柔性、延伸性、自愈性、粘结性，以及冷粘法施工等特点。

  3）带自粘层的防水卷材系近年来国内研发的新产品，是一类在高聚物改性沥青防水卷材、合成高分子防水卷材的表面涂有一层自粘橡胶沥青胶料，或在胎体两面涂盖自粘胶料混合层的卷材，采用水泥砂浆或聚合物水泥砂浆与基层粘结（湿铺法施工），构成自粘卷材复合防水系统，其特点是：使胶料中的高聚物与水泥砂浆及后续浇筑的混凝土结合，产生较强的粘结力；可在潮湿基面上施工，简化防水层施工工序；采用"对接附加自粘封口条连接工艺，可使卷材接缝实现胶粘胶"的模式。

(2) 合成高分子类防水卷材。

合成高分子类防水卷材是以合成橡胶、合成树脂或此两者的共混体为基料，加入适量的化学助剂和填充料等。经不同工序加工而成可卷曲的片状防水材料；或把上述材料与合成纤维等复合形成两层或两层以上可卷曲的片状防水材料。合成高分子防水卷材的材性指标较高，如优异的弹性和抗拉强度，使卷材对基层变形的适应性增强；优异的耐候性能，使卷材在正常的维护条件下，使用年限更长，可减少维修、翻新的费用。

按合成高分子材料种类可分为：三元乙烯橡胶防水卷材、聚乙烯防水卷材、聚乙烯丙纶复合防水卷材、高分子复合自粘防水卷材、氯丁橡胶卷材、氯丁橡胶乙烯防水卷材、氯化聚乙烯防水卷材、氯化聚乙烯橡胶共混卷材。

聚乙烯丙纶复合防水卷材由卷材与聚合物水泥防水粘结材料复合构成防水层，可在潮湿基面上施工。聚乙烯丙纶复合防水卷材生产使用的聚乙烯必须是成品原生料；卷材两面热覆的丙纶纤维必须采用长纤维无纺布；卷材必须采用一次成型工艺生产；在现场配制用于粘结卷材的聚合物水泥防水粘结材料应是以聚合物乳液或聚合物再分散性粉末等材料和水泥为主要材料组成，不得使用水泥净浆或水泥与聚乙烯醇缩合物混合的材料。

3. 卷材防水施工

地下防水工程一般把卷材防水层设置在建筑结构的外侧迎水面上，称为外防水。这种防水层的铺贴法可以借助土压力压紧，并与结构一起抵抗有压地下水的渗透和侵蚀作用，防水效果良好，采用比较广泛。卷材防水层用于建筑物地下室，应铺设在结构主体底板垫层至墙体顶端的基面上，在外围形成封闭的防水层。

铺贴卷材的基层必须牢固、无松动现象；基层表面应平整干净；阴阳角处均应做成圆弧形或钝角。铺贴卷材前，应在基面上涂刷基层处理剂。当基层较潮湿时，应涂刷湿固化型胶粘剂或潮湿界面隔离剂。基层处理剂应与卷材和胶粘剂的材性相容，基层处理剂可采用喷涂法或涂刷法施工。喷涂应均匀一致，不露底，待表面干燥后，再铺贴卷材。铺贴卷材时，每层的沥青胶要求涂布均匀，厚度一般为 1.5~2.5mm。外贴法铺贴卷材应先铺平面，后铺立面。平、立面交接处应交叉搭接；内贴法宜先铺垂直面，后铺水平面。铺贴垂直面时应先铺转角，后铺大面。墙面铺贴时应待冷底子油干燥后自下而上进行。

卷材接槎的搭接长度：高聚物改性沥青卷材为 150mm，合成高分子卷材为 100mm。当使用两层卷材时，上下两层和相邻两幅卷材的接缝应错开 1/3~1/2 幅宽，并不得互相垂直铺贴。在立面与平面的转角处，卷材的接缝应留在平面距立面不小于 600mm 处。在所有转角处均应铺贴附加层并仔细粘贴紧密。粘贴卷材时应展平压实。卷材与基层和各层卷材间必须粘贴紧密，搭接缝必须用沥青胶仔细封严。最后一层卷材贴好后，应在其表面均匀涂刷一层 1~1.5mm 的热沥青胶，以保护防水层。铺贴高聚物改性沥青卷材时应采用热熔法施工，在幅宽内卷材底表面均匀加热，不可过分加热或烧穿卷材。只使卷材的粘结面材料加热呈熔融状态后，立即与基层或已粘贴好的卷材粘结牢固，但对厚度小于 3mm 的高聚物改性沥青防水卷材不能采用热熔法施工。铺贴合成高分子卷材要采用冷粘法施工，所使用的胶粘剂必须与卷材材性相容。

（1）外贴法。

外防外贴法是将立面卷材防水层直接铺设在需防水结构的外墙外表面，施工程序如下：

1）先浇筑需防水结构的底面混凝土垫层；在垫层上砌筑永久性保护墙，墙下铺一层干油毡。墙的高度不小于需防水结构底板厚度再加 100mm。

2）在永久性保护墙上用石灰砂浆接砌临时保护墙，墙高为 300mm 并抹 1：3 水泥砂浆找平层；在临时保护墙上抹石灰砂浆找平层并刷石灰浆。如用模板代替临时性保护墙，应在其上涂刷隔离剂。

3）待找平层基本干燥后，即可根据所选卷材的施工要求进行铺贴。

4）在大面积铺贴卷材之前，应先在转角处粘贴一层卷材附加层，然后进行大面积铺贴，先铺平面、后铺立面。在垫层和永久性保护墙上应将卷材防水层空铺，而在临时保护墙（或模板）上应将卷材防水层临时贴附，并分层临时固定在其顶端。

5）浇筑需防水结构的混凝土底板和墙体；在需防水结构外墙外表面抹找平层。

6）主体结构完成后，铺贴立面卷材时，应先将接搓部位的各层卷材揭开，并将其表面清理干净，如卷材有局部损伤，应及时进行修补。卷材接搓的搭接长度，高聚物改性沥青卷材为 150mm，合成高分子卷材为 100mm。当使用两层卷材时，卷材应错搓接缝，上层卷材应盖过下层卷材。卷材的甩搓、接搓做法如图 8-16 和图 8-17 所示。

图 8-16　卷材防水层甩搓做法
1—临时保护墙；2—永久保护墙；3—细石混凝土
保护层；4—卷材防水层；5—水泥砂浆找
平层；6—混凝土垫层；7—卷材加强层

图 8-17　卷材防水层接搓做法
1—结构墙体；2—卷材防水层；3—卷材
保护层；4—卷材加强层；5—结构
底板；6—密封材料；7—盖缝条

7）待卷材防水层施工完毕，并经过检查验收合格后，应及时做好卷材防水层的保护结构。保护结构的几种做法如下：

①砌筑永久保护墙。并每隔 5～6m 及在转角处断开，断开的缝中填以卷材条或沥青麻丝；保护墙与卷材防水层之间的空隙应随砌随以砌筑砂浆填实，保护墙完工后方可回填土。注意在砌保护墙的过程中切勿损坏防水层。

②抹水泥砂浆。在涂抹卷材防水层最后一道沥青胶结材料时，趁热撒上干净的热砂或散麻丝，冷却后随即抹一层 10～20mm 的 1：3 水泥砂浆，水泥砂浆经养护达到强度后，即可回填土。

③贴塑料板。在卷材防水层外侧直接用氯丁系胶粘贴固定 5～6mm 厚的聚乙烯泡沫塑料板，完工后即可回填土。亦可用聚醋酸乙烯乳液粘贴 40mm 厚的聚苯泡沫塑料板代替。

（2）外防内贴法。

外防内贴法是浇筑混凝土垫层后，在垫层上将永久保护墙全部砌好，将卷材防水层铺贴在垫层和永久保护墙上，如图 8-18 所示，施工程序如下：

1）在已施工好的混凝土垫层上砌筑永久保护墙，保护墙全部砌好后，用 1：3 水泥砂浆在垫层和永久保护墙上抹找平层。保护墙与垫层之间须干铺一层油毡。

2）找平层干燥后即涂刷冷底子油或基层处理剂，干燥后方可铺贴卷材防水层，铺贴时应先铺立面、后铺平面，先铺转角、后铺大面。在全部转角处应铺贴卷材附加层，附加层可为两层同类油毡或一层抗拉强度较高的卷材，并应仔细粘贴紧密。

3）卷材防水层铺完经验收合格后即应做好保护层。立面可抹水泥砂浆、贴塑料板，或用氯丁系胶粘剂粘铺石油沥青纸胎油毡；平面可抹水泥砂浆，或浇筑不小于 50mm 厚的细石混凝土。

图 8-18　外防内贴法示意图
1—混凝土垫层；2—干铺油毡；3—永久性保护墙；
4—找平层；5—保护层；6—卷材防水层；
7—需防水的结构

4）施工需防水结构，将防水层压紧。如为混凝土结构，则永久保护墙可当一侧模板；结构顶板卷材防水层上的细石混凝土保护层厚度不应小于 70mm，防水层如为单层卷材，则其与保护层之间应设置隔离层。

5）结构完工后，方可回填土。

（3）提高卷材防水层质量的技术措施。

1）要求卷材有一定的延伸率来适应这种变形。采用点粘、条粘、空铺的措施可以充分发挥卷材的延伸性能，有效地减少卷材被拉裂的可能性。具体做法是：点粘法时，每平方米卷材下粘五点（100mm×100mm），粘贴面积不大于总面积的 6%；条粘法时，每幅卷材两边各与基层粘贴 150mm 宽；空铺法时，卷材防水层周边与基层粘贴 800mm 宽。

2）增铺卷材附加层。对变形较大、易遭破坏或易老化部位，如变形缝、转角、三面角，以及穿墙管道周围、地下出入口通道等处，均应铺设卷材附加层。附加层可采用同种卷材加铺 1～2 层，亦可用其他材料作增强处理。

3）做密封处理。在分隔缝、穿墙管道周围、卷材搭接缝，以及收头部位应做密封处理。施工中，要重视对卷材防水层的保护。

8.1.5　涂料防水层施工

1. 防水涂料类型

建筑防水涂料在常温下呈无定型液态，经喷涂、刮涂、滚涂或涂刷作业，能在基层表面固化，形成具有一定弹性的防水膜物质。

有机类涂料主要为高分子合成橡胶及合成树脂乳液类涂料。有机防水涂料常用于工程的迎水面，这是充分发挥有机防水涂料在一定厚度时有较好的抗渗性，在基面上（特别是在各种复杂表面上）能形成无接缝的完整的防水膜的长处，又能避免涂料与基面粘结力较小的弱点。目前有些有机涂料的粘结性、抗渗性均较高，已用在埋深 10～20m 地下工程的背水面。

无机类涂料主要是水泥类无机活性涂料，水泥基防水涂料中可掺入外加剂、防水剂、掺和料等，水泥基渗透结晶型防水涂料是一种以水泥、石英砂等为基材，掺入各种活性化学物质配制的一种新型刚性防水材料。它既可作为防水剂直接加入混凝土中，也可作为防水涂层涂刷在混凝土基面上。该材料借助其中的载体不断向混凝土内部渗透，并与混凝土中某种组分形成不溶于水的结晶体充填毛细孔道，大大提高混凝土的密实性和防水性，在地下工程防水中应用日益增多。聚合物水泥防水涂料，是以有机高分子聚合物为主要基料，加入少量无机活性粉料，具有比一般有机涂料干燥快、弹性模量低、体积收缩小、抗渗性好的优点。

无机防水涂料可选用掺外加剂、掺和料的水泥基防水涂料、水泥基渗透结晶型防水涂料。有机防水涂料可选用反应型、水乳型、聚合物水泥等涂料。

2. 防水涂料使用要求

无机防水涂料宜用于结构主体的背水面，有机防水涂料宜用于地下工程主体结构的迎水面，用于背水面的有机防水涂料应具有较高的抗渗性，且与基层有较好的粘结性。

防水涂料品种的选择应符合下列规定：

(1) 潮湿基层宜选用与潮湿基面粘结力大的无机防水涂料或有机防水涂料，也可采用先涂无机防水涂料而后再涂有机防水涂料构成复合防水涂层；

(2) 冬期施工宜选用反应型涂料；

(3) 埋置深度较深的重要工程、有振动或有较大变形的工程，宜选用高弹性防水涂料；

(4) 有腐蚀性的地下环境宜选用耐腐蚀性较好的有机防水涂料，并应做刚性保护层；

(5) 聚合物水泥防水涂料应选用 II 型产品。

采用有机防水涂料时，基层阴阳角应做成圆弧形，阴角直径宜大于 50mm，阳角直径宜大于 10mm，在底板转角部位应增加胎体增强材料，并应增涂防水涂料。

防水涂料宜采用外防外涂或外防内涂 (图 8-19、图 8-20)。

图 8-19 防水涂料外防外涂构造
1—保护墙；2—砂浆保护层；3—涂料防水层；
4—砂浆找平层；5—结构墙体；6—涂料防水层加强层；
7—涂料防水加强层；8—涂料防水层搭接部位保护层；
9—涂料防水层搭接部位；10—混凝土垫层

图 8-20 防水涂料外防内涂构造
1—保护墙；2—涂料保护层；3—涂料防水层；
4—找平层；5—结构墙体；6—涂料防水层加强层；
7—涂料防水加强层；8—混凝土垫层

掺外加剂、掺和料的水泥基防水涂料厚度不得小于 3.0mm；水泥基渗透结晶型防水涂料的用量不应小于 1.5kg/m²，且厚度不应小于 1.0mm；有机防水涂料的厚度不得小于 1.2mm。

涂料防水层所选用的涂料应符合下列规定：

(1) 应具有良好的耐水性、耐久性、耐腐蚀性及耐菌性；

(2) 应无毒、难燃、低污染；

(3) 无机防水涂料应具有良好的湿干粘结性和耐磨性，有机防水涂料应具有较好的延伸性及较大适应基层变形能力。

3. 涂料防水层施工

(1) 施工工艺。

涂膜施工的顺序是：基层处理→涂刷底层卷材（即聚氨酯底胶、增强涂布或增补涂布）→涂布第一道涂膜防水层（聚氨酯涂膜防水材料、增强涂布或增补涂布）→涂布第二道（或面层）涂膜防水层（聚氨酯涂膜防水材料）→稀撒石渣→铺抹水泥砂浆→粘贴保护层。

涂布顺序先垂直面、后水平面；先阴阳角及细部、后大面。每层涂抹方向应互相垂直。

1) 涂布与增补涂布。

在阴阳角、排水口、管道周围、预埋件及设备根部、施工缝或开裂处等需要增强防水层抗渗性的部位，应做增强或增补涂布。

增强涂布或增补涂布可在粉刷底层卷材后进行；也可以在涂布第一道涂膜防水层以后进行。还有将增强涂布夹在每相邻两层涂膜之间的做法。

增强涂布的做法：在涂布增强膜中铺设玻璃纤维布，用板刷涂刮驱气泡，将玻璃纤维布紧密地粘贴在基层上，不得出现空鼓或皱折。这种做法一般为条形；增补涂布为块状，做法同增强涂布，但可做多层涂抹。

增强、增补涂布与基层卷材是组成涂膜防水层的最初涂层，对防水层的抗渗性能具有重要作用，因此涂布操作时要认真仔细，保证质量，不得有气孔、鼓泡、皱折、翘边，玻璃布应按设计规定搭接，且不得露出面层表面。

2) 涂布第一道涂膜。

在前一道卷材固化干燥后，应先检查其上是否有残留气孔或气泡，如无，即可涂布施工，如有，则应用橡胶板刷将混合料用力压入气孔填实补平，然后再进行第一层涂膜施工。

涂布第一道聚氨酯防水材料，可用塑料板刷均匀涂刮，厚薄一致，厚度约为 1.5mm。

平面或坡面施工后，在防水层未固化前不宜上人踩踏，涂抹施工过程中应留出施工退路，可以分区分片用后退法涂刷施工。

在施工温度低或混合液流动度低的情况下，涂层表面留有板刷或抹子涂后的刷纹，为此应预先在混合搅拌液内适当加入二甲苯稀释，用板刷涂抹后，再用滚刷滚涂均匀，涂膜表面即可平滑。

3) 涂布第二道涂膜。

第一道涂膜固化后，即可在其上涂刮第二道涂膜，方法与第一道相同，但涂刮方向应与第一道施工垂直。涂布第二道涂膜与第一道相间隔的时间应以第一道涂膜的固化程度（手感不粘）确定，一般不小于 24h，也不大于 72h。

当 24h 后涂膜仍发粘，而又需涂刷下一道时，先涂一些涂膜防水材料即可以上人操作，不影响施工质量。

4）稀撒石渣。

在第二道涂膜固化之前，在其表面稀撒粒径约为 2mm 的石渣，涂膜固化后，这些石渣即牢固地粘接在涂膜表面，作用是增强涂膜与其保护层的粘接能力。

5）设置保护层。

最后一道涂膜固化干燥后，即可设置保护层。保护层可根据建筑要求设置相适宜的形式：立面、平面可在稀撒石渣上抹水泥砂浆，铺贴瓷砖、陶瓷锦砖；一般房间的立面可以铺抹水泥砂浆，平面可铺设缸砖或水泥方砖，也可抹水泥砂浆或浇筑混凝土；若用于地下室墙体外壁，可在稀撒石渣层上抹水泥砂浆保护层，然后回填土。

（2）涂膜防水层施工。

1）外防外涂法施工。

外防外涂法施工是指涂料直接涂在地下室侧墙板上（迎水面），再在外侧做保护层，这种做法是在底板防水层完成后，转角处在永久性保护墙上，待侧墙板主体结构完成后，再涂抹外侧涂料，接头留在永久性保护墙上（图 8-21）。

2）外防内涂法施工。

外防内涂法施工是指涂料涂在永久性保护墙上，涂料上做砂浆保护层，然后施工侧墙板主体结构。永久性保护墙加支撑后可作外模板（图 8-22）。

图 8-21　防水涂料外防外涂做法图　　　　图 8-22　防水涂料外防内涂做法图
1—结构墙体；2—涂料防水层；3—涂料保护层；　　1—结构墙体；2—砂浆保护层；3—涂料防水层；
4—涂料防水加强层；5—涂料防水层搭接部位保护层；　4—砂浆找平层；5—保护墙；6—涂料防水加强层；
6—涂料防水层搭接部位；7—永久保护墙；　　　7—涂料防水加强层；8—混凝土垫层
8—涂料防水加强层；9—混凝土垫层

8.1.6　塑料防水板防水层施工

塑料防水板防水层宜用于经常受水压、侵蚀性介质或受振动作用的地下工程防水。塑料防水板防水层宜铺设在复合式衬砌的初期支护和二次衬砌之间。塑料防水板防水层宜在初期支护结构趋于基本稳定后铺设。

塑料防水板防水层应由塑料防水板与缓冲层组成。塑料防水板防水层可根据工程地质、水文地质条件和工程防水要求，采用全封闭、半封闭或局部封闭铺设。塑料防水板防水层应牢固地固定在基面上，固定点的间距应根据基面平整情况确定，拱部宜为 0.5～0.8m、边墙宜为 1.0～1.5m、底部宜为 1.5～2.0m。局部凹凸较大时，应在凹处加密固定点。

1. 材料要求

塑料防水板可选用乙烯—醋酸乙烯共聚物、乙烯—沥青共混聚合物、聚氯乙烯、高密度聚乙烯类或其他性能相近的材料。

塑料防水板应符合下列规定：

(1) 幅宽宜为 2～4m。

(2) 厚度不得小于 1.2mm。

(3) 应具有良好的耐刺穿性、耐久性、耐水性、耐腐蚀性、耐菌性。

2. 塑料防水板防水层施工

塑料防水板防水层的基面应平整、无尖锐突出物；基面平整度 D/L 不应大于 $1/6$（D 为初期支护基面相邻两凸面间凹进去的深度，L 为初期支护基面相邻两凸面间的距离）。

铺设塑料防水板前应先铺缓冲层，缓冲层应采用暗钉圈固定在基面上（图 8-23）。钉距应符合规定。

塑料防水板的铺设应符合下列规定：

(1) 铺设塑料防水板时，宜由拱顶向两侧展铺，并应边铺边用压焊机将塑料板与暗钉圈焊接牢靠，不得有漏焊、假焊和焊穿现象。两幅塑料防水板的搭接宽度不应小于 100mm。搭接缝应为热熔双焊缝，每条焊缝的有效宽度不应小于 10mm。

(2) 环向铺设时，应先拱后墙，下部防水板应压住上部防水板。

(3) 塑料防水板铺设时宜设置分区预埋注浆系统。

(4) 分段设置塑料防水板防水层时，两端应采取封闭措施。

图 8-23 暗钉圈固定缓冲层
1—初期支护；2—缓冲层；3—热塑性暗钉圈；4—金属垫圈；5—射钉；6—塑料防水板

接缝焊接时，塑料板的搭接层数不得超过三层。

塑料防水板铺设时应少留或不留接头，当留设接头时，应对接头进行保护。再次焊接时应将接头处的塑料防水板擦拭干净。

铺设塑料防水板时，不应绷得太紧，宜根据基面的平整度留有充分的余地。

防水板的铺设应超前混凝土施工，超前距离宜为 5～20m，并应设临时挡板防止机械损伤和电火花灼伤防水板。

二次衬砌混凝土施工时应符合下列规定：

(1) 绑扎、焊接钢筋时应采取防刺穿、灼伤防水板的措施。

(2) 混凝土出料口和振捣棒不得直接接触塑料防水板。

塑料防水板防水层铺设完毕后，应进行质量检查，并应在验收合格后进行下道工序的施工。

8.1.7 地下工程混凝土结构细部构造防水施工

1. 变形缝

设置变形缝的目的是为了适应地下工程由于温度、湿度作用及混凝土收缩、徐变而产生的水平变位，以及地基不均匀沉降而产生的垂直变位，以保证工程结构的安全和满足密封防水的要求。在这个前提下，还应考虑其构造合理、材料易得、工艺简单、检修方便等要求。

变形缝应满足密封防水、适应变形、施工方便、检修容易等要求。用于伸缩的变形缝宜少设，可根据不同的工程结构类别、工程地质情况采用后浇带、加强带、诱导缝等替代措施。

变形缝处混凝土结构的厚度不应小于 300mm。用于沉降的变形缝最大允许沉降差值不应大于 30mm。变形缝的宽度宜为 20~30mm。变形缝的几种复合防水构造形式，如图 8-24~图 8-26 所示。

环境温度高于 50℃处的变形缝，中埋式止水带可采用金属制作（图 8-27）。

图 8-24　中埋式止水带与外贴防水层复合使用
外贴式止水带 $L\geqslant300$；外贴防水卷材 $L\geqslant400$；
外涂防水涂层 $L\geqslant400$
1—混凝土结构；2—中埋式止水带；
3—填缝材料；4—外贴止水带

图 8-25　中埋式止水带与嵌缝材料复合使用
1—混凝土结构；2—中埋式止水带；3—防水层；
4—隔离层；5—密封材料；6—填缝材料

图 8-26　中埋式止水带与可卸式止水带复合使用
1—混凝土结构；2—填缝材料；3—中埋式止水带；
4—预埋钢板；5—紧固件压板；6—预埋螺栓；
7—螺母；8—垫圈；9—紧固件压块；
10—Ω型止水带；11—紧固件圆钢

图 8-27　中埋式金属止水带
1—混凝土结构；2—金属止水带；3—填缝材料

中埋式止水带施工应符合下列规定：

（1）止水带埋设位置应准确，其中间空心圆环应与变形缝的中心线重合；

（2）止水带应固定，顶、底板内止水带应成盆状安设；

（3）中埋式止水带先施工一侧混凝土时，其端模应支撑牢固，并应严防漏浆；

（4）止水带的接缝宜为一处，应设在边墙较高位置上，不得设在结构转角处，接头宜采用热压焊接；

（5）中埋式止水带在转弯处应做成圆弧形，（钢边）橡胶止水带的转角半径不应小于200mm，转角半径应随止水带的宽度增大而相应加大。

安设于结构内侧的可卸式止水带施工时应符合下列规定：

（1）所需配件应一次配齐；

（2）转角处应做成 45°折角，并应增加紧固件的数量。

变形缝与施工缝均用外贴式止水带（中埋式）时，其相交部位宜采用十字配件（图 8-28）。变形缝用外贴式止水带的转角部位宜采用直角配件（图 8-29）。

图 8-28　外贴式止水带在施工缝与变形缝相交处的十字配件

图 8-29　外贴式止水带在转角处的直角配件

密封材料嵌填施工时，应符合下列规定：

（1）缝内两侧基面应平整干净、干燥，并应刷涂与密封材料相容的基层处理剂；

（2）嵌缝底部应设置背衬材料；

（3）嵌填应密实连续、饱满，并应粘结牢固。

在缝表面粘贴卷材或涂刷涂料前，应在缝上设置隔离层。卷材防水层、涂料防水层的施工应符合规定。

2. 后浇带

后浇带是在地下工程不允许留设变形缝，而实际长度超过了伸缩缝的最大间距，所设置的一种刚性接缝。虽然先后浇筑混凝土的接缝形式和防水混凝土施工缝大致相同，但后浇带位置与结构形式、地质情况、荷载差异等有很大关系，故后浇带应按设计要求留设。

后浇带应在两侧混凝土干缩变形基本稳定后施工，混凝土的收缩变形一般在龄期为 6 周后才能基本稳定，在条件许可时，间隔时间越长越好。

（1）一般要求：

1）后浇带宜用于不允许留设变形缝的工程部位。

2）后浇带应在其两侧混凝土龄期达到 42d 后再施工；高层建筑的后浇带施工应按规定时间进行。

3）后浇带应采用补偿收缩混凝土浇筑，其抗渗和抗压强度等级不应低于两侧混凝土。

4）后浇带应设在受力和变形较小的部位，其间距和位置应按结构设计要求确定，宽度宜为 700～1000mm。

5）后浇带两侧可做成平直缝或阶梯缝，其防水构造形式如图 8-30～图 8-32 所示。

图 8-30　后浇带防水构造（一）

1—先浇混凝土；2—遇水膨胀止水条（胶）；3—结构主筋；4—后浇补偿收缩混凝土

图 8-31　后浇带防水构造（二）

1—先浇混凝土；2—结构主筋；3—外贴式止水带；4—后浇补偿收缩混凝土

图 8-32　后浇带防水构造（三）

1—先浇混凝土；2—遇水膨胀止水条（胶）；3—结构主筋；4—后浇补偿收缩混凝土

6）采用掺膨胀剂的补偿收缩混凝土，水中养护 14d 后的限制膨胀率不应小于 0.015%，膨胀剂的掺量应根据不同部位的限制膨胀率设定值经试验确定。

（2）施工。

后浇带混凝土施工前，后浇带部位和外贴式止水带应防止落入杂物和损伤外贴止水带。后浇带混凝土应一次浇筑，不得留设施工缝；混凝土浇筑后应及时养护，养护时间不得少于 28d。

后浇带需超前止水时，后浇带部位的混凝土应局部加厚，并应增设外贴式或中埋式止水带（图 8-33）。

图 8 - 33　后浇带超前止水构造

1—混凝土结构；2—钢丝网片；3—后浇带；4—填缝材料；5—外贴式止水带；
6—细石混凝土保护层；7—卷材防水层；8—垫层混凝土

8.1.8　地下防水工程堵漏处理

1. 堵漏技术

根据地下防水工程特点，针对不同程度的渗漏水情况，应选择相应的防水材料和堵漏方法，进行防水结构渗漏水处理。在拟定处理渗漏水措施时，应本着将大漏变小漏、片漏变孔漏、线漏变点漏，使漏水部位汇集于一点或数点，最后堵塞的方法进行。

对防水混凝土工程的修补，通常采用的方法是用促凝剂和水泥拌制而成的快凝水泥胶浆，进行快速堵漏或大面积修补。近年来，采用膨胀水泥（或加膨胀剂）作为防水修补材料，其抗渗堵漏效果更好。对混凝土的微小裂缝，则采用化学注浆堵漏技术。

（1）快硬性水泥胶浆堵漏法。

1）堵漏材料。

促凝剂。促凝剂是以水玻璃为主，并与硫酸铜、重铬酸钾及水配制而成。配制时按配合比把定量的水加热至 100℃，然后将硫酸铜和重铬酸钾倒入水中，继续加热并不断搅拌至完全溶解，冷却至 30～40℃，再将此溶液倒入称量好的水玻璃液体中，搅拌均匀，静置半小时后就可使用。

快凝水泥胶浆。快凝水泥浆胶的配合比是水泥：促凝剂为 1∶（0.5～0.6）。由于这种胶浆凝固块（一般 1min 左右就凝固），使用时，注意随拌随用。

2）堵漏方法。

地下防水工程的渗漏水情况比较复杂，常用的堵漏方法有堵塞法和抹面法。

堵塞法：适用于孔洞漏水或裂缝漏水时的修补处理。孔洞漏水常用直接堵塞法和下管堵漏法。直接堵塞法适用于水压不大，漏水孔洞较小情况。操作时，先将漏水孔洞处剔槽，槽壁必须与基面垂直，并用水刷洗干净，随即将配制好的快凝水泥胶浆捻成与槽尺寸相近的锥形团，在胶浆开始凝固时，迅速压入槽内，并挤压密实，保持半分钟左右即可。当水压力较大，漏水孔洞较大时，可采用下管堵漏法。孔洞堵塞好后，在胶浆表面抹素灰一层，砂浆一层，以作保护。待砂浆有一定强度后，将胶管拔出，按直接堵塞法将管孔堵塞。最后拆除挡水墙，再做防水层。裂缝漏水的处理方法有裂缝直接堵塞法和下绳堵漏法。裂缝直接堵塞法适用于水压较小的裂缝漏水。操作时，沿裂缝剔成八字形坡的槽，刷洗干净后，用快凝水泥胶浆直接堵塞，经检验无渗水，再做保护层和防水层。当水压较大，裂缝较长时，可采用下绳堵漏法。

抹面法：适用于较大面积的渗水面。一般先降低水压或降低地下水，将基层处理好，然后用抹面法做刚性防水层修补处理。先在漏水严重处用凿子剔出半贯穿性孔眼，插入胶管将水导出。这样就使"片渗"变为"点渗"，在渗水面做好刚性防水层修补处理。待修补的防水层砂浆凝固后，拔出胶管，再按"孔洞直接堵塞法"将管孔填好。

（2）化学注浆堵塞法。

1）注浆材料。

氰凝。氰凝的主要成分是以多异氰酸酯与含羟基的化合物（聚酯、聚醚）制成的预聚体。使用前，在预聚体内掺入一定量的副剂（表面活性剂、乳化剂、增塑剂、溶剂与催化剂等），搅拌均匀即配制成氰凝浆液。氰凝浆液不遇水不发生化学反应，稳定性好；当浆液灌入漏水部位后，立即与水发生化学反应，生成不溶于水的凝胶体；同时释放二氧化碳气体，使浆液发泡膨胀，向四周渗透扩散直至反应结束。

丙凝。丙凝由双组分（甲溶液和乙溶液）组成。甲溶液是丙烯酰胺和 N—N′—甲撑双丙烯酰胺及 β—二甲氨基丙腈的混合溶液。乙溶液是过硫酸铵的水溶液。两者混合后很快形成不溶于水的高分子硬性凝胶，这种凝胶可以封密结构裂缝，从而达到堵漏的目的。

2）注浆施工。

注浆堵漏施工，可分为对混凝土表面处理、布置注浆孔、埋设注浆嘴、封闭漏水部位、压水试验、注浆、封孔等工序。注浆孔的间距一般为 1m 左右，并要交错布置。注浆结束，待浆液固结后，拔出注浆嘴并用水泥砂浆封固注浆孔。

（3）孔洞堵漏。

1）直接堵漏法。孔洞较小，水压不太大时，可用直接堵漏法。将孔洞凿成凹槽并冲洗干净，用配合比为 1∶0.6 的水泥胶浆塞入孔洞，迅速用力向槽壁四周挤压密实。堵塞后，检查是否漏水，确定无渗漏后，做防水层。

2）下管堵漏法。孔洞较大，水压较大时，可采用下管堵漏法。该办法分两步完成，首先凿洞、冲洗干净，插入一根胶管，用促凝剂水泥胶浆堵塞胶管外空隙，使水通过胶管排出；当胶浆开始凝固时，立即用力在孔洞四周压实，检查无渗水时，抹上防水层的第一、二层；待防水层有一定强度后将管拔出，按直接堵塞法将管孔堵塞，最后抹防水层的第三、四层。

3）木楔子堵塞法。用于孔洞不大，水压很大的情况。用胶浆把一铁管稳牢于漏水处剔成的孔洞内，铁管顶端比基层面低 20mm，管四周空隙用砂浆、素灰抹好；待砂浆有一定强度后，把一浸过沥青的木楔打入管内，管顶处再抹素灰、砂浆等，经 24h 后，检查无渗漏时，随同其他部位一起做好防水层。如图 8 - 34 所示。

（4）裂缝堵漏。

1）下线法。水压较大，缝隙不大时，采用下线法施工。操作时，在缝内先放一线，缝长时分段下线，线间中断 20～30mm，然后用胶浆压紧，从分段处抽线，形成小孔排水；待胶浆有强度后，用胶浆包住钉子塞住抽线时留下的小孔，再抽出钉子，由钉子孔排水，最后将钉子孔堵住做防水层。

图 8 - 34 木楔堵漏
1—素灰和砂浆；2—干硬性砂浆；
3—木楔；4—铁管

2）半圆铁片堵漏法。水压较大，裂缝较大时，可将渗漏处剔成八字槽，用半圆铁片放于槽底；铁片上有小孔插入胶管，铁片用胶浆压住，水便由胶管排出。当胶浆有一定强度时，转动胶管并抽出，再将胶管形成的孔堵住。

2. 地下防水工程渗漏及治理方法

（1）混凝土墙裂缝漏水。

混凝土墙面出现垂直方向为主的裂缝，有的裂缝因贯穿而漏水。治理方法：

1）清除墙外回填土，沿裂缝切槽嵌缝并用氰凝浆液或其他化学浆液灌注缝隙，封闭裂缝。

2）严格控制原材料质量，优化配合比设计，改善混凝土的和易性，减少水泥用量。

3）设计时应按设计规范要求控制地下墙体的长度，对特殊形状的地下结构和必须连续的地下结构，应在设计上采取有效措施。

4）加强养护，一般均应采用覆盖后的浇水养护方法，养护时间不少于规范规定。同时还应防止气温陡降可能造成的温度裂缝。

（2）施工缝漏水。

1）处理好接缝。拆模后随即用钢丝板刷将接缝刷毛，清除浮浆，扫刷干净，冲洗湿润。在混凝土浇筑前，在水平接缝上铺设 1：2.5 水泥砂浆 2mm 左右。浇筑混凝土须细致振捣密实。

2）平缝表面洗刷干净，将橡胶止水条的隔离纸撕掉，居中粘贴在接缝上。搭接长度不少于 50mm。随后即可继续浇筑混凝土。

3）沿漏水部位可用氰凝、丙凝等灌注堵塞一切漏水的通道，再用氰凝浆涂刷施工缝内面，宽度不少于 600mm。

（3）变形缝漏水。

1）采用埋入式橡胶止水带，质量必须合格，搭接接头要挫成斜坡毛面，用 XY-401 胶粘压牢固。止水带在转角处要做成圆角，且不得在拐角处接槎。

2）表面附贴橡胶止水带，缝内嵌入沥青木丝板，表面嵌两条 BW 橡胶止水条。上面粘贴橡胶止水带，再用压板、螺栓固定。

3）后埋式止水带须全部剔除，用 BW 橡胶止水条嵌入变形缝底，然后重新铺贴好止水带，再浇混凝土压牢。

（4）穿墙管漏水。

将管下漏水的混凝土凿深 250mm。如果水的压力不大，用快硬水泥胶浆堵塞；或用水玻璃水泥胶堵漏法处理。水玻璃和水泥的配合比为 1：0.6。从搅拌到操作完毕不宜超过 2min，操作时应迅速压在漏水处；也可用水泥快燥精胶浆堵漏法。水泥和快燥精的配合比为 2：1，凝固时间约 1min。将拌好的浆液直接压堵在漏水处，待硬化后再松手。

经堵塞不漏水后，随即涂刷一层纯水泥浆，抹一层 1：2 水泥砂浆，厚度控制在 5mm 左右。养护 22d 后，涂水泥浆一层，然后抹第二层 1：2.5 水泥砂浆，与周边要抹实、抹平。

8.2 厕浴间防水施工

8.2.1 厕浴间防水施工要求

1. 排水坡度（含找坡层）要求

（1）地面向地漏处排水坡度应为 1‰~2‰。

（2）地漏处排水坡度，从地漏边缘向外 50mm 内排水坡度为 5％。

（3）大面积公共厕浴间地面应分区，每一个分区设一个地漏。区域内排水坡度为 2％，坡度直线长度不大于 3m。

2. 防水构造要求

（1）楼地面结构层。

预制钢筋混凝土圆孔板板缝通过厕浴间时，板缝间应用防水砂浆堵严抹平，缝上加一层宽度 250mm 的胎体增强材料，并涂刷两遍防水涂料。

（2）防水基层（找平层）。

用配合比 1：2.5 或 1：3.0 水泥砂浆找平，厚度 20mm，抹平压光。

（3）地面防水层、地面与墙面阴阳角处理。

地面防水层应做在地面找平层之上，饰面层以下。地面四周与墙体连接处，防水层往墙面上返 250mm 以上；地面与墙面阴阳角处先做附加层处理，再做四周立墙防水层。

（4）管根防水。

1）管根孔洞在立管定位后，楼板四周缝隙用 1：3 水泥砂浆堵严。缝大于 20mm 时，可用细石防水混凝土堵严，并做底模。

2）在管根与混凝土（或水泥砂浆）之间应留凹槽，槽深 10mm 宽 20mm。凹槽内嵌填密封膏。

3）管根平面与管根周围立面转角处应做涂膜防水附加层。

4）预设套管措施。

必要时在立管外设置套管，一般套管高出铺装层地面 20mm，套管内径要比立管外径大 2～5mm，空隙嵌填密封膏。

套管安装时，在套管周边预留 10mm×10mm 凹槽，凹槽内嵌填密封膏。

（5）饰面层。

防水层上做 20mm 厚水泥砂浆保护层，其上做地面砖等饰面层，材料由设计选定。

（6）墙面与顶板防水。

墙面与顶板应做防水处理。有淋浴设施的厕浴间墙面，防水层高度不应小于 1.8m，并与楼地面防水层交圈。顶板防水处理由设计确定。

3. 施工要求

厨房、厕浴间防水施工应先做立墙、后做地面。厨房、厕浴间根据施工条件应有照明和通风设施。水乳型防水涂料的储存环境温度应在 5℃以上。施工前做好防水与土建工序的合理安排，严禁在施工完的防水层上打眼凿洞。防水层未干，禁止人员在工作面上踩踏。厨房、厕浴间防水施工现场应配备防火器材，注意防火、防毒。

8.2.2 厕浴间防水施工工艺

1. 单组分聚氨酯防水涂料施工

单组分聚氨酯防水涂料是以异氰酸酯、聚醚为主要原料，配以各种助剂制成，属于无有机溶剂挥发型合成高分子的单组分柔性防水涂料。

（1）主要施工机具。

主要施工机具有：

涂料涂刮工具：橡胶刮板。

地漏、转角处等涂料涂刷工具：油漆刷。

清理基层工具：铲刀。

修补基层工具：抹子。

（2）施工工艺。

1）工艺流程。

工艺流程为：清理基层→细部附加层施工→第一遍涂膜防水层→第二遍涂膜防水层→第三遍涂膜防水层→第一次蓄水试验→保护层、饰面层施工→第二次蓄水试验→工程质量验收。

2）操作要点。

①清理基层。

基层表面必须认真清扫干净。

②细部附加层施工。

厕浴间的地漏、管根、阴阳角等处应用单组分聚氨酯涂刮一遍做附加层处理。

③第一遍涂膜施工。

以单组分聚氨酯涂料用橡胶刮板在基层表面均匀涂刮，厚度一致，涂刮量以 0.6～0.8kg/m² 为宜。

④第二遍涂膜施工。

在第一遍涂膜固化后，再进行第二遍聚氨酯涂刮。对平面的涂刮方向应与第一遍刮涂方向相垂直，涂刮量与第一遍相同。

⑤第三遍涂膜和粘砂粒施工。

第二遍涂膜固化后，进行第三遍聚氨酯涂刮，达到设计厚度。在最后一遍涂膜施工完毕尚未固化时，在其表面应均匀地撒上少量干净的粗砂，以增加与即将覆盖的水泥砂浆保护层之间的粘结。

厨房、厕浴间防水层经多遍涂刷，单组分聚氨酯涂膜总厚度应大于等于 1.5mm。

⑥当涂膜固化完全并经蓄水试验验收合格才可进行保护层、饰面层施工。

（3）成品保护及安全注意事项。

1）操作人员应严格保护已做好的涂膜防水层，并及时做好保护层。在做保护层以前，非防水施工人员不得进入施工现场，以免损坏防水层。

2）地漏要防止杂物堵塞，确保排水畅通。

3）施工时，不允许涂膜材料污染已做好饰面的墙壁、卫生洁具、门窗等。

4）材料必须密封储存于阴凉干燥处，严禁与水接触。存放材料地点和施工现场必须通风良好。

5）存料、施工现场严禁烟火。

2. 聚合物水泥防水涂料施工

聚合物水泥防水涂料（简称 JS 防水涂料）是以聚合物乳液和水泥为主要原料，加入其他添加剂制成的液料与粉料两部分，按规定比例混合拌匀使用。

（1）施工机具。

具体要求施工机具有：

基层清理工具：锤子、凿子、铲子、钢丝刷、扫帚。

取料配料工具：台秤、搅拌器、材料桶。

涂料涂覆工具：滚刷、刮板、刷子等。

（2）施工工艺。

1）工艺流程。

工艺流程为：清理基层→底面防水层→细部附加层→涂刷中间防水层→涂刷表面防水层→第一次蓄水试验→保护层、饰面施工→第二次蓄水试验→工程质量验收。

2）防水涂料配合比。

防水涂料配合比见表 8-10。

表 8-10　　　　　　　　　　防 水 涂 料 配 合 比

防 水 涂 料 类 别		按 重 量 配 合 比
Ⅰ型	底层涂料	液料∶粉料∶水＝10∶7～10∶14
	中、面层涂料	液料∶粉料∶水＝10∶7～10∶0～2
Ⅱ型	底层涂料	液料∶粉料∶水＝10∶10～20∶14
	中、面层涂料	液料∶粉料∶水＝10∶10～20∶0～2

3）操作要点。

①清理基层。

表面必须彻底清扫干净，不得有浮尘、杂物、明水等。

②涂刷底面防水层。

底层用料：由专人负责材料配制，先按表 8-10 的配合比分别称出配料所用的液料、粉料、水，在桶内用手提电动搅拌器搅拌均匀，使粉料充分分散。

用滚刷或油漆刷均匀地涂刷成底面防水层，不得露底，一般用量为 $0.3～0.4kg/m^2$。待涂层干固后，才能进行下一道工序。

③细部附加层。

对地漏、管根、阴阳角等易发生漏水的部位，应进行密封或加强处理。

嵌填密封膏：按设计要求在管根等部位的凹槽内嵌填密封膏，密封材料应压嵌严密，防止裹入空气，并与缝壁粘结牢固，不得有开裂、鼓泡和下塌现象。

细部附加层：在地漏、管根、阴阳角和出入口等易发生漏水的薄弱部位，可加一层增强胎体材料，材料宽度不小于300mm，搭接宽度应不小于100mm。施工时先涂一层JS防水涂料，再铺胎体增强材料，最后，涂一层JS防水涂料。

④涂刷中、面防水层。

按设计要求和表 8-10 提供的防水涂料配合比，将配制好的Ⅰ型或Ⅱ型JS防水涂料，均匀涂刷在底面防水层上。每遍涂刷量以 $0.8～1.0kg/m^2$ 为宜（涂料用量均为掖料和粉料原材料用量，不含稀释加水量）。多遍涂刷（一般 3 遍以上），直到达到设计规定的涂膜厚度要求。

⑤大面涂刷涂料时，不得加铺胎体，如设计要求增加胎体时，须使用耐碱网格布或 $40g/m^2$ 的聚酯无纺布。

⑥第一次蓄水试验。

在最后一遍防水层干固 48h 试水后蓄水 24h，以无渗漏为合格。

⑦保护层或饰面层施工。

第一次蓄水试验合格后，即可做保护层、饰面层施工。

⑧第二次蓄水试验。

在保护层或饰面层完工后，进行第二次蓄水，确保厨房、厕浴间的防水工程质量。

（3）成品保护。

1）操作人员应严格保护已做好的涂膜防水层。涂膜防水层未干时，严禁在上面践踏；在做完保护层以前，任何与防水作业无关的人员不得进入施工现场；在第一次蓄水试验合格后应及时做好保护层，以免损坏防水层。

2）地漏或排水口要防止杂物堵塞，确保排水畅通。

3）施工时，涂膜材料不得污染已做好饰面的墙壁、卫生洁具、门窗等。

（4）注意事项。

1）防水涂料的配制应计量准确，搅拌均匀。

2）涂料涂刷施工时应按操作工艺严格执行，保证涂膜厚度，注意工序间隔时间。粉料应存放在干燥处，液料存放在温度 5℃ 以上的阴凉处。配置好的防水涂料应在 3h 内用完。

3）厕浴间施工时应有足够的照明及通风。

3. 刚性防水材料与柔性防水涂料复合施工

刚柔防水材料复合施工，指底层采用无机抗渗堵漏防水材料做刚性防水，上层做柔性涂膜防水的两者复合施工。

（1）无机抗渗堵漏防水材料与单组分聚氨酯防水涂料复合施工。

无机抗渗堵漏防水材料（简称 818 抗渗堵漏剂）由无机粉料和水按一定比例配制而成的刚性抗渗堵漏剂。

1）作业条件。

基层应坚实平整，不起砂，无空鼓、松动、裂缝等现象。找平层（基层）做完 24h 后，即可进行防水施工。

穿墙管、预埋件等事先安装牢固，收头圆滑。排水坡度符合设计要求，不积水。

2）施工工艺。

①清理基层。水泥砂浆基层（找平层）施工前基层表面必须认真清扫干净。

②附加层施工。将沟槽清理干净，用 818 抗渗堵漏剂嵌填、压实、刮平。阴阳角立面与平面各涂刮 818 抗渗堵漏剂一遍，尺寸分别为 200mm。

③刚性防水层。以 818 抗渗堵漏剂∶水＝1∶0.4 比例（重量比）配制，搅拌成均匀无团块的浆料，用橡胶刮板均匀刮涂在基面上，要求往返顺序刮涂，不得留有气孔和砂眼，每遍的刮压方向与上遍相垂直，共刮二遍，用料 1.2～1.5kg/m²，每遍刮涂完毕，用手轻压无印痕时，开始洒水养护，切忌干燥失水，避免涂层粉化。

④柔性防水层。待刚性防水层养护表干后，管根、地漏、阴阳角等节点处用单组分聚氨酯涂刮一遍，做法同附加层施工。

大面积涂刮单组分聚氨酯防水涂料，每遍用料 0.6kg/m² 涂刷 2～3 遍，用料共 1.8～2kg/m²，均匀涂刷。

最后一遍防水涂料施工完尚未固化前，可均匀撒布粗砂，以增加防水层与保护层之间的粘结力。

第一次和第二次蓄水试验及保护、饰面层等做法，均与聚氨酯或聚合物水泥防水涂料做法相同。

3）成品保护与注意事项。

①材料须储存在阴凉干燥处，严禁与水接触。

②每遍防水层施工完但未固化干燥前不得上人，不堆放物品，不进行下道工序施工。每一次试水合格后及时做保护层，避免破坏防水层。

③铺设面层时，不得随意剔凿防水层。

④气温低于5℃时，单组分聚氨酯固化时间应顺延。

（2）抗渗堵漏防水材料与聚合物水泥防水涂料刚柔复合施工。

聚合物乳液（丙烯酸）防水涂料是以丙烯酸乳液为主要原料，加入其他添加剂制成的单组分水乳型合成高分子防水涂料。

1）施工工艺。

抗渗堵漏防水材料与聚合物水泥防水涂料刚柔复合施工工艺流程为：清理基层→细部附加层→刚性防水层→聚合物水泥防水涂料柔性防水层→撒砂→第一次蓄水试验→保护层、面层施工→第二次蓄水试验→工程质量验收。

清理基层：基层要求牢固、干净、平整，表面必须认真清扫，不平整处用水泥砂浆找平。

附加层施工：地漏、管根、阴阳角、沟槽等处清理干净，用不漏水材料嵌填、压实、刮平。

刚性防水层：将缓凝型水不漏按粉料∶水＝1∶（0.3～0.35）搅拌成均匀浆料。

用抹子或刮板抹两遍浆料，用料量约2.4kg/m²，抹压后潮湿养护。

柔性防水层：柔性防水层表面必须平整干净，阴阳角处呈圆弧形。

按规定比例配制聚合物水泥防水涂料，在桶内用电动搅拌器充分搅拌均匀，直到料中不含团粒。

涂覆底层：待刚性防水层干固后，即可涂覆底层涂膜。

涂覆中、面层：待底层涂膜干固后，即可涂覆中、面层涂膜。

涂膜厚度应不小于1.2mm。

涂覆时注意事项：选择适当的工具（滚刷、刮板、刷子等）；涂料如有沉淀应随时搅拌均匀；每层涂覆必须按规定取料，切不可过多或过少；涂覆要均匀，不应有局部沉积，涂料与基层之间粘结严密不得留有气泡；各层之间的间隔时间以前一层涂膜干固不粘手为准。

第一次蓄水试验：蓄水试验须待涂层完全干固后方可进行，一般需隔48h，在特别潮湿又不通风的环境中需更长时间。

保护层：根据设计要求做保护层。可在最后一遍涂膜施工完毕尚未固化时，均匀撒上干净的粗砂，增加与防水层的粘结。

第二次蓄水试验：在保护层或饰面完工后，进行第二次蓄水试验，达到无渗漏为合格。

2）成品保护。

①操作人员严格保护已做好的涂膜防水层，并及时做好保护层。在做保护层以前，非施工人员不得进入现场，以免损坏防水层。

②地漏要防止杂物堵塞，确保排水畅通。

③施工时，涂膜材料不得污染已做好饰面的墙壁、卫生洁具、门窗等。

8.3　外 墙 防 水 施 工

8.3.1　建筑外墙墙面整体防水构造

建筑外墙的防水防护层应设置在迎水面。不同结构材料的交接处应采用每边不少于150mm 的耐碱玻璃纤维网格布或经防腐处理的金属网片做抗裂增强处理。外墙各构造层次之间应粘结牢固，并宜进行界面处理。界面处理材料的种类和做法应根据构造层次材料确定。建筑外墙防水防护材料选用时应根据工程所在的地区的环境以及施工时的气候、气象条件选取。建筑外墙外保温的相应做法要求按《外墙外保温工程技术规程》(JGJ 144—2008)规定执行。

1. 无外保温外墙的防水防护层构造

无外保温外墙的防水防护层构造应符合下列规定：

(1) 外墙采用涂料饰面时，防水层应设在找平层和涂料饰面层之间（图 8-35），防水层可采用普通防水砂浆。

(2) 外墙采用块材饰面时，防水层应设在找平层和块材粘结层之间（图 8-36），防水层宜采用普通防水砂浆。

图 8-35　涂料饰面外墙防水防护构造　　　　　图 8-36　块材饰面外墙防水防护构造
1—结构墙体；2—找平层；3—防水层；　　　　1—结构墙体；2—找平层；3—防水层；
4—粘结层；5—涂料面层　　　　　　　　　　4—粘结层；5—饰块材面层

(3) 外墙采用幕墙饰面时，防水层应设在找平层和幕墙饰面之间（图 8-37），防水层宜采用普通防水砂浆、聚合物防水砂浆、聚合物水泥防水涂料、聚合物乳液防水涂料、聚氨酯防水涂料或防水透汽膜。

2. 外保温外墙的防水防护层构造

外保温外墙的防水防护层设计应符合下列规定：

(1) 采用涂料饰面时，防水层可采用聚合物水泥防水砂浆或普通防水砂浆。保温层的抗裂砂浆层如达到聚合物水泥防水砂浆性能指标要求，可兼作防水防护层。设在保温层和涂料饰面之间（图 8-38），乳液聚合物防水砂浆厚度不应小于 5mm，干粉聚合物防水砂浆厚度

图 8-37　幕墙饰面外墙防水防护构造
1—结构墙体；2—找平层；3—防水层；4—面板；
5—挂件；6—竖向龙骨；7—连接件；8—锚栓

防水层宜采用防水透汽膜。

不应小于 3mm。

（2）采用块材饰面时，防水层宜采用聚合物水泥防水砂浆，厚度应符合规定（图 8-39）。保温层的抗裂砂浆层如达到聚合物水泥防水砂浆性能指标要求，可兼作防水防护层。

（3）聚合物水泥防水砂浆防水层中应增设耐碱玻纤网格布或热镀锌钢丝网增强，并应用锚栓固定于结构墙体中。

（4）采用幕墙饰面时，防水层应设在找平层和幕墙饰面之间（图 8-40），防水层宜采用聚合物水泥防水砂浆、聚合物水泥防水涂料、聚合物乳液防水涂料、聚氨酯防水涂料或防水透汽膜。防水砂浆厚度应符合规定，防水涂料厚度不应小于 1.0mm。当外墙保温层选用矿物棉保温材料时，

图 8-38　涂料饰面外保温外墙防水防护构造图
1—结构墙体；2—找平层；3—保温层；
4—防水层；5—涂料层；6—锚栓

图 8-39　砖饰面外保温外墙防水防护构造
1—结构墙体；2—找平层；3—保温层；4—防水层；
5—粘结层；6—饰面块材层；7—锚栓

3. 砂浆防水层分格缝

砂浆防水层宜留分格缝，分格缝宜设置在墙体结构不同材料交接处。水平分格缝宜与窗口上沿或下沿平齐；垂直分格缝间距不宜大于 6m，且宜与门、窗框两边线对齐。分格缝宽宜为 8~10mm，缝内应采用密封材料做密封处理。保温层的抗裂砂浆层兼作防水防护层时（图 8-41），防水防护层不宜留设分格缝。

4. 外墙饰面层防水构造

外墙饰面层设计应符合下列规定：

（1）防水砂浆饰面层应留置分格缝；分格缝间距宜根据建筑层高确定，但不应大于 6m；缝宽宜为 8~10mm。

（2）面砖饰面层宜留设宽度为 5~8mm 的块材接缝，用聚合物水泥防水砂浆勾缝。

（3）防水饰面涂料应涂刷均匀，涂层厚度应根据具体的工程与材料确定，但不得小

于 1.5mm。

图 8-40　幕墙饰面外保温外墙防水防护构造

1—结构墙体；2—找平层；3—保温层；
4—防水层；5—面板；6—挂件；7—竖向龙骨；
8—连接件；9—锚栓

图 8-41　抗裂砂浆层兼作防水层的外墙
防水防护构造

1—结构墙体；2—找平层；3—保温层；
4—防水抗裂层；5—装饰面层；6—锚栓

8.3.2　建筑外墙防水防护工程施工

外墙门框、窗框应在防水层施工前安装完毕，并应验收合格；伸出外墙的管道、设备或预埋件也应在建筑外墙防水防护施工前安装完毕。外墙防水防护的基层应平整、坚实、牢固、干净，不得有酥松、起砂、起皮现象。面砖、块材的勾缝应连续、平直、密实、无裂缝、无空鼓。外墙防水防护完工后，应采取保护措施，不得损坏防水防护层。

外墙防水防护严禁在雨天、雪天和五级风及其以上时施工；施工的环境气温宜为 5～35℃。施工时应采取安全防护措施。

1. 无外保温外墙防水防护施工

外墙结构表面的油污、浮浆应清除，孔洞、缝隙应堵塞抹平，不同结构材料交接处的增强处理材料应固定牢固。

外墙结构表面宜进行找平处理，找平层施工应符合下列规定：

1）外墙结构表面清理干净后，方可进行界面处理。

2）界面处理材料的品种和配比应符合设计要求，拌和应均匀一致，无粉团、沉淀等缺陷。涂层应均匀，不露底。待表面收水后，方可进行找平层施工。

3）找平层砂浆的强度和厚度应符合设计要求，厚度在 10mm 以上时，应分层压实、抹平。

外墙防水层施工前，宜先做好节点处理，再进行大面积施工。

防水砂浆施工应符合下列规定：

（1）基层表面应为平整的毛面，光滑表面应做界面处理，并充分湿润。

（2）防水砂浆的配制应符合下列规定：

1）配比应按照设计要求进行。

2）配制乳液类聚合物水泥防水砂浆前，乳液应先搅拌均匀，再按规定比例加入拌和料中搅拌均匀。

3）干粉类聚合物水泥防水砂浆应按规定比例加水搅拌均匀。

4）粉状防水剂配制普通防水砂浆时，应先将规定比例的水泥、砂和粉状防水剂干拌均匀，再加水搅拌均匀。

5）液态防水剂配制普通防水砂浆时，应先将规定比例的水泥和砂干拌均匀，再加入用水稀释的液态防水剂搅拌均匀。

（3）配制好的防水砂浆宜在 1h 内用完；施工中不得任意加水。

（4）界面处理材料涂刷厚度应均匀、覆盖完全。收水后应及时进行防水砂浆的施工。

（5）防水砂浆涂抹施工应符合下列规定：

1）厚度大于 10mm 时应分层施工，第二层应待前一层指触不粘时进行，各层应粘结牢固。

2）每层宜连续施工。当需留茬时，应采用阶梯坡形茬，接茬部位离阴阳角不得小于 200mm；上下层接茬应错开 300mm 以上。接茬应依层次顺序操作、层层搭接紧密。

3）喷涂施工时，喷枪的喷嘴应垂直于基面，合理调整压力、喷嘴与基面距离。

4）涂抹时应压实、抹平；遇气泡时应挑破，保证铺抹密实。

5）抹平、压实应在初凝前完成。

（6）窗台、窗楣和凸出墙面的腰线等部位上表面的流水坡应找坡准确，外口下沿的滴水线应连续、顺直。

（7）砂浆防水层分格缝的留设位置和尺寸应符合设计要求。分格缝的密封处理应在防水砂浆达设计强度的 80% 后进行，密封前应将分格缝清理干净，密封材料应嵌填密实。

（8）砂浆防水层转角宜抹成圆弧形，圆弧半径应不小于 5mm，转角抹压应顺直。

（9）门框、窗框、管道、预埋件等与防水层相接处应留 8～10mm 宽的凹槽，密封处理应符合本条第（7）款的要求。

（10）砂浆防水层未达到硬化状态时，不得浇水养护或直接受雨水冲刷。聚合物水泥防水砂浆硬化后应采用干湿交替的养护方法；普通防水砂浆防水层应在终凝后进行保湿养护。养护时间不宜少于 14d。养护期间不得受冻。

防水涂料施工应符合下列规定：

（1）施工前应先对细部构造进行密封或增强处理。

（2）涂料的配制和搅拌应符合下列规定：

1）双组分涂料配制前，应将液体组分搅拌均匀。配料应按照规定要求进行，不得任意改变配合比。

2）应采用机械搅拌，配制好的涂料应色泽均匀，无粉团、沉淀。

（3）涂膜防水层的基层宜干燥；防水涂料涂布前，应先涂刷基层处理剂。

（4）涂膜宜多遍完成，后遍涂布应在前遍涂层干燥成膜后进行。挥发性涂料的每遍用量每平方米不宜大于 0.6kg。

（5）每遍涂布应交替改变涂层的涂布方向，同一涂层涂布时，先后接茬宽度宜为 30～50mm。

（6）涂膜防水层的甩茬应避免污损，接涂前应将甩茬表面清理干净，接茬宽度不应小于 100mm。

（7）胎体增强材料应铺贴平整、排除气泡，不得有褶皱和胎体外露，胎体层充分浸透防水涂料；胎体的搭接宽度不应小于 50mm。胎体的底层和面层涂膜厚度均不应小于 0.5mm。

（8）涂膜防水层完工并经验收合格后，应及时做好饰面层。饰面层施工时应有成品保护措施。

2. 外保温外墙防水防护施工

保温层应固定牢固、表面平整、干净。外墙保温层的抗裂砂浆层施工应符合下列规定：

（1）抗裂砂浆层的厚度、配比应符合设计要求。当内掺纤维等抗裂材料时，比例应符合设计要求，并应搅拌均匀。

（2）当外墙保温层采用有机保温材料时，抗裂砂浆施工时应先涂刮界面处理材料，然后分层抹压抗裂砂浆。

（3）抗裂砂浆层的中间宜设置耐碱玻纤网格布或金属网片。金属网片应与墙体结构固定牢固。玻纤网格布铺贴应平整无皱折，两幅间的搭接宽度不应小于 50mm。

（4）抗裂砂浆应抹平压实，表面无接槎印痕，网格布或金属网片不得外露。防水层为防水砂浆时，抗裂砂浆表面应搓毛。

（5）抗裂砂浆终凝后应进行保湿养护。防水砂浆养护时间不宜少于 14d；养护期间不得受冻。

防水透汽膜施工应符合下列规定：

（1）基层表面应平整、干净、牢固，无尖锐凸起物。

（2）铺设宜从外墙底部一侧开始，将防水透汽膜沿外墙横向展开，铺于基面上，沿建筑立面自下而上横向铺设，按顺水方向上下搭接，当无法满足自下而上铺设顺序时，应确保沿顺水方向上下搭接。

（3）防水透汽膜横向搭接宽度不得小于 100mm，纵向搭接宽度不得小于 150mm。搭接缝应采用配套胶粘带粘结。相邻两幅膜的纵向搭接缝应相互错开，间距不小于 500mm。

（4）防水透汽膜搭接缝应采用配套胶粘带覆盖密封。

（5）防水透汽膜应随铺随固定，固定部位应预先粘贴小块丁基胶带，用带塑料垫片的塑料锚栓将防水透汽膜固定在基层墙体上，固定点每平方米不得少于 3 处。

（6）铺设在窗洞或其他洞口处的防水透汽膜，以"I"字型裁开，用配套胶粘带固定在洞口内侧。与门、窗框连接处应使用配套胶粘带满粘密封，四角用密封材料封严。

（7）幕墙体系中穿透防水透汽膜的连接件周围应用配套胶粘带封严。

8.4　屋面工程施工

8.4.1　屋面工程构造

1. 排水

屋面排水方式的选择，应根据建筑物屋顶形式、气候条件、使用功能等因素确定。

屋面排水方式可分为有组织排水和无组织排水。有组织排水时，宜采用雨水收集系统。

高层建筑屋面宜采用内排水；多层建筑屋面宜采用有组织外排水；低层建筑及檐高小于 10m 的屋面，可采用无组织排水。多跨及汇水面积较大的屋面宜采用天沟排水，天沟找坡较长时，宜采用中间内排水和两端外排水。

屋面排水系统设计采用的雨水流量、暴雨强度、降雨历时、屋面汇水面积等参数，应符合现行国家标准《建筑给水排水设计规范》（GB 50015—2009）的有关规定。

屋面应适当划分排水区域，排水路线应简捷，排水应通畅。采用重力式排水时，屋面每个汇水面积内，雨水排水立管不宜少于 2 根；水落口和水落管的位置，应根据建筑物的造型要求和屋面汇水情况等因素确定。

高跨屋面为无组织排水时，其低跨屋面受水冲刷的部位应加铺一层卷材，并应设 40～50mm 厚、300～500mm 宽的 C20 细石混凝土保护层；高跨屋面为有组织排水时，水落管下应加设水簸箕。

暴雨强度较大地区的大型屋面，宜采用虹吸式屋面雨水排水系统。

严寒地区应采用内排水，寒冷地区宜采用内排水。

湿陷性黄土地区宜采用有组织排水，并应将雨雪水直接排至排水管网。

檐沟、天沟的过水断面，应根据屋面汇水面积的雨水流量经计算确定。钢筋混凝土檐沟、天沟净宽不应小于 300mm，分水线处最小深度不应小于 100mm；沟内纵向坡度不应小于 1%，沟底水落差不得超过 200mm；檐沟、天沟排水不得流经变形缝和防火墙。

金属檐沟、天沟的纵向坡度宜为 0.5%。

坡屋面檐口宜采用有组织排水，檐沟和水落斗可采用金属或塑料成品。

2. 找坡层和找平层

混凝土结构层宜采用结构找坡，坡度不应小于 3%；当采用材料找坡时，宜采用质量轻、吸水率低和有一定强度的材料，坡度宜为 2%。

卷材、涂膜的基层宜设找平层。找平层厚度和技术要求应符合表 8-11 的规定。

表 8-11 找平层厚度和技术要求

找平层分类	适用的基层	厚度/mm	技术要求
水泥砂浆	整体现浇混凝土板	15～20	1:2.5 水泥砂浆
	整体材料保温层	20～25	
细石混凝土	装配式混凝土板	30～35	C20 混凝土，宜加钢筋网片
	板状材料保温层		C20 混凝土

保温层上的找平层应留设分格缝，缝宽宜为 5～20mm，纵横缝的间距不宜大于 6m。

3. 保温层和隔热层

(1) 保温层。

保温层应根据屋面所需传热系数或热阻选择轻质、高效的保温材料，保温层及其保温材料应符合表 8-12 的规定。

表 8-12 保温层及其保温材料

保温层	保温材料
板状材料保温层	聚苯乙烯泡沫塑料，硬质聚氨酯泡沫塑料，膨胀珍珠岩制品，泡沫玻璃制品，加气混凝土砌块，泡沫混凝土砌块
纤维材料保温层	玻璃棉制品，岩棉、矿渣棉制品
整体材料保温层	喷涂硬泡聚氨酯，现浇泡沫混凝土

保温层应符合下列规定：

1）保温层宜选用吸水率低、密度和导热系数小，并有一定强度的保温材料。

2）保温层厚度应根据所在地区现行建筑节能设计标准，经计算确定。

3）保温层的含水率，应相当于该材料在当地自然风干状态下的平衡含水率。

4）屋面为停车场等高荷载情况时，应根据计算确定保温材料的强度。

5）纤维材料做保温层时，应采取防止压缩的措施。

6）屋面坡度较大时，保温层应采取防滑措施。

7）封闭式保温层或保温层干燥有困难的卷材屋面，宜采取排汽构造措施。

屋面热桥部位，当内表面温度低于室内空气的露点温度时，均应作保温处理。

（2）隔汽层。

当严寒及寒冷地区屋面结构冷凝界面内侧实际具有的蒸汽渗透阻小于所需值，或其他地区室内湿气有可能透过屋面结构层进入保温层时，应设置隔汽层。隔汽层是一道很弱的防水层，却具有较好的蒸汽渗透阻，大多采用气密性、水密性好的防水卷材或涂料。隔汽层是隔绝室内湿气通过结构层进入保温层的构造层，常年湿度很大的房间，如温水游泳池、公共浴室、厨房操作间、开水房等的屋面应设置隔汽层。

隔汽层应符合下列规定：

1）隔汽层应设置在结构层上、保温层下。

2）隔汽层应选用气密性、水密性好的材料。

3）隔汽层应沿周边墙面向上连续铺设，高出保温层上表面不得小于 150mm。

屋面排汽构造设计应符合下列规定：

1）找平层设置的分格缝可兼作排汽道，排汽道的宽度宜为 40mm。

2）排汽道应纵横贯通，并应与大气连通的排汽孔相通，排汽孔可设在檐口下或纵横排汽道的交叉处。

3）排汽道纵横间距宜为 6m，屋面面积每 $36m^2$ 宜设置一个排汽孔，排汽孔应作防水处理。

4）在保温层下也可铺设带支点的塑料板。

（3）保温层。

倒置式屋面保温层应符合下列规定：

1）倒置式屋面的坡度宜为 3%。

2）保温层应采用吸水率低，且长期浸水不变质的保温材料。

3）板状保温材料的下部纵向边缘应设排水凹缝。

4）保温层与防水层所用材料应相容匹配。

5）保温层上面宜采用块体材料或细石混凝土做保护层。

6）檐沟、水落口部位应采用现浇混凝土堵头或砖砌堵头，并应做好保温层排水处理。

（4）隔热层。

屋面隔热是指在炎热地区防止夏季室外热量通过屋面传入室内的措施。在我国南方一些省份，夏季时间较长、气温较高，随着人们生活的不断改善，对住房的隔热要求也逐渐提高，采取了种植、架空、蓄水等屋面隔热措施。屋面隔热层设计应根据地域、气候、屋面形式、建筑环境、使用功能等条件，经技术经济比较确定。

1）种植隔热层应符合下列规定：

①种植隔热层的构造层次应包括植被层、种植土层、过滤层和排水层等。

②种植隔热层所用材料及植物等应与当地气候条件相适应，并应符合环境保护要求。

③种植隔热层宜根据植物种类及环境布局的需要进行分区布置，分区布置应设挡墙或挡板。

④排水层材料应根据屋面功能及环境、经济条件等进行选择；过滤层宜采用 $200\sim400g/m^2$ 的土工布，过滤层应沿种植土周边向上铺设至种植土高度。

⑤种植土四周应设挡墙，挡墙下部应设泄水孔，并应与排水出口连通。

⑥种植土应根据种植植物的要求选择综合性能良好的材料；种植土厚度应根据不同种植土和植物种类等确定。

⑦种植隔热层的屋面坡度大于 20% 时，其排水层、种植土应采取防滑措施。

2）架空隔热层应符合下列规定：

①架空隔热层宜在屋顶有良好通风的建筑物上采用，不宜在寒冷地区采用；

②当采用混凝土板架空隔热层时，屋面坡度不宜大于 5%；

③架空隔热制品及其支座的质量应符合国家现行有关材料标准的规定；

④架空隔热层的高度宜为 $180\sim300mm$，架空板与女儿墙的距离不应小于 250mm；

⑤当屋面宽度大于 10m 时，架空隔热层中部应设置通风屋脊；

⑥架空隔热层的进风口，宜设置在当地炎热季节最大频率风向的正压区，出风口宜设置在负压区。

3）蓄水隔热层的设计应符合下列规定：

①蓄水隔热层不宜在寒冷地区、地震设防地区和振动较大的建筑物上采用。

②蓄水隔热层的蓄水池应采用强度等级不低于 C25、抗渗等级不低于 P6 的现浇混凝土，蓄水池内宜采用 20mm 厚防水砂浆抹面。

③蓄水隔热层的排水坡度不宜大于 0.5%。

④蓄水隔热层应划分为若干蓄水区，每区的边长不宜大于 10m，在变形缝的两侧应分成两个互不连通的蓄水区。长度超过 40m 的蓄水隔热层应分仓设置，分仓隔墙可采用现浇混凝土或砌体。

⑤蓄水池应设溢水口、排水管和给水管，排水管应与排水出口连通。

⑥蓄水池的蓄水深度宜为 $150\sim200mm$。

⑦蓄水池溢水口距分仓墙顶面的高度不得小于 100mm。

⑧蓄水池应设置人行通道。

4. 卷材及涂膜防水层

卷材、涂膜屋面防水等级和防水做法应符合表 8-13 的规定。

表 8-13　　　　　　　　　卷材、涂膜屋面防水等级和防水做法

防水等级	防水做法
Ⅰ级	卷材防水层和卷材防水层、卷材防水层和涂膜防水层、复合防水层
Ⅱ级	卷材防水层、涂膜防水层、复合防水层

注　在Ⅰ级屋面防水做法中，防水层仅作单层卷材时，应符合有关单层防水卷材屋面技术的规定。

防水卷材的选择应符合下列规定：

　　（1）防水卷材可按合成高分子防水卷材和高聚物改性沥青防水卷材选用，其外观质量和品种、规格应符合国家现行有关材料标准的规定；

　　（2）应根据当地历年最高气温、最低气温、屋面坡度和使用条件等因素，选择耐热度、低温柔性相适应的卷材；

　　（3）应根据地基变形程度、结构形式、当地年温差、日温差和振动等因素，选择拉伸性能相适应的卷材；

　　（4）应根据屋面卷材的暴露程度，选择耐紫外线、耐老化、耐霉烂相适应的卷材；

　　（5）种植隔热屋面的防水层应选择耐根穿刺防水卷材。

　　防水涂料的选择应符合下列规定：

　　（1）防水涂料可按合成高分子防水涂料、聚合物水泥防水涂料和高聚物改性沥青防水涂料选用，其外观质量和品种、型号应符合国家现行有关材料标准的规定；

　　（2）应根据当地历年最高气温、最低气温、屋面坡度和使用条件等因素，选择耐热性、低温柔性相适应的涂料；

　　（3）应根据地基变形程度、结构形式、当地年温差、日温差和振动等因素，选择拉伸性能相适应的涂料；

　　（4）应根据屋面涂膜的暴露程度，选择耐紫外线、耐老化相适应的涂料；

　　（5）屋面坡度大于 25％时，应选择成膜时间较短的涂料。

　　复合防水层应符合下列规定：

　　（1）选用的防水卷材与防水涂料应相容；

　　（2）防水涂膜宜设置在防水卷材的下面；

　　（3）挥发固化型防水涂料不得作为防水卷材粘结材料使用；

　　（4）水乳型或合成高分子类防水涂膜上面，不得采用热熔型防水卷材；

　　（5）水乳型或水泥基类防水涂料，应待涂膜干后再采用冷粘铺贴卷材。

　　每道卷材防水层最小厚度应符合表 8-14 的规定。

表 8-14　　　　　　　　　　　　**每道卷材防水层最小厚度**　　　　　　　　　　单位：mm

防水等级	合成高分子防水卷材	高聚物改性沥青防水卷材		
		聚酯胎、玻纤胎、聚乙烯胎	自粘聚酯胎	自粘无胎
Ⅰ级	1.2	3.0	2.0	1.5
Ⅱ级	1.5	4.0	3.0	2.0

　　每道涂膜防水层最小厚度应符合表 8-15 的规定。

表 8-15　　　　　　　　　　　　**每道涂膜防水层最小厚度**　　　　　　　　　　单位：mm

防水等级	合成高分子防水涂膜	聚合物水泥防水涂膜	高聚物改性沥青防水涂膜
Ⅰ级	1.5	1.5	2.0
Ⅱ级	2.0	2.0	3.0

　　复合防水层最小厚度应符合表 8-16 的规定。

表 8 - 16   **复合防水层最小厚度**   单位：mm

防水等级	合成高分子防水子卷材＋合成高子防水涂膜	自粘聚合物改性沥青防水卷材(无胎)＋合成高分子防水涂膜	高聚物改性沥青防水卷材＋高聚物改性沥青防水涂膜	聚乙烯丙纶卷材＋聚合物水泥防水胶结材料
Ⅰ级	1.2＋1.5	1.5＋1.5	3.0＋2.0	(0.7＋1.3)×2
Ⅱ级	1.0＋1.0	1.2＋1.0	3.0＋1.2	0.7＋1.3

下列情况不得作为屋面的一道防水设防：

(1) 混凝土结构层。

(2) Ⅰ型喷涂硬泡聚氨酯保温层。

(3) 装饰瓦及不搭接瓦。

(4) 隔汽层。

(5) 细石混凝土层。

(6) 卷材或涂膜厚度不符合本规范规定的防水层。

附加层应符合下列规定：

(1) 檐沟、天沟与屋面交接处、屋面平面与立面交接处，以及水落口、伸出屋面管道根部等部位，应设置卷材或涂膜附加层。

(2) 屋面找平层分格缝等部位，宜设置卷材空铺附加层，其空铺宽度不宜小于100mm。

(3) 附加层最小厚度应符合表 8 - 17 的规定。

表 8 - 17   **附 加 层 最 小 厚 度**   单位：mm

附 加 层 材 料	最小厚度	附 加 层 材 料	最小厚度
合成高分子防水卷材	1.2	合成高分子防水涂料、聚合物水泥防水涂料	1.5
高聚物改性沥青防水卷材（聚酯胎）	3.0	高聚物改性沥青防水涂料	2.0

注 涂膜附加层应夹铺胎体增强材料。

防水卷材接缝应采用搭接缝，卷材搭接宽度应符合表 8 - 18 的规定。

表 8 - 18   **卷 材 搭 接 宽 度**   单位：mm

卷 材 类 别		搭 接 宽 度
合成高分子防水卷材	胶粘剂	80
	胶粘带	50
	单缝焊	60，有效焊接宽度不小于 25
	双缝焊	80，有效焊接宽度 10×2+空腔宽
高聚物改性沥青防水卷材	胶粘剂	100
	自粘	80

胎体增强材料设计应符合下列规定：

(1) 胎体增强材料宜采用聚酯无纺布或化纤无纺布。

(2) 胎体增强材料长边搭接宽度不应小于 50mm，短边搭接宽度不应小于 70mm。

（3）上下层胎体增强材料的长边搭接缝应错开，且不得小于幅宽的 1/3。

（4）上下层胎体增强材料不得相互垂直铺设。

5. 接缝密封防水

屋面接缝密封防水使防水层形成一个连续的整体，能在温差变化及振动、冲击、错动等条件下起到防水作用，这就要求密封材料必须经受得起长期的压缩拉伸、振动疲劳作用，还必须具备一定的弹塑性、粘结性、耐候性和位移能力。

屋面接缝应按密封材料的使用方式，分为位移接缝和非位移接缝。屋面接缝密封防水技术要求应符合表 8-19 的规定。

表 8-19　　　　　　　　　　屋面接缝密封防水技术要求

接缝种类	密 封 部 位	密 封 材 料
位移接缝	混凝土面层分格接缝	改性石油沥青密封材料、合成高分子密封材料
	块体面层分格缝	改性石油沥青密封材料、合成高分子密封材料
	采光顶玻璃接缝	硅酮耐候密封胶
	采光顶周边接缝	合成高分子密封材料
	采光顶隐框玻璃与金属框接缝	硅酮结构密封胶
	采光顶明框单元板块间接缝	硅酮耐候密封胶
非位移接缝	高聚物改性沥青卷材收头	改性石油沥青密封材料
	合成高分子卷材收头及接缝封边	合成高分子密封材料
	混凝土基层固定件周边接缝	改性石油沥青密封材料、合成高分子密封材料
	混凝土构件间接缝	改性石油沥青密封材料、合成高分子密封材料

接缝密封防水设计应保证密封部位不渗水，并应做到接缝密封防水与主体防水层相匹配。

密封材料的选择应符合下列规定：

（1）应根据当地历年最高气温、最低气温、屋面构造特点和使用条件等因素，选择耐热度、低温柔性相适应的密封材料。

（2）应根据屋面接缝变形的大小以及接缝的宽度，选择位移能力相适应的密封材料。

（3）应根据屋面接缝粘结性要求，选择与基层材料相容的密封材料。

（4）应根据屋面接缝的暴露程度，选择耐高低温、耐紫外线、耐老化和耐潮湿等性能相适应的密封材料。

位移接缝密封防水设计应符合下列规定：

（1）接缝宽度应按屋面接缝位移量计算确定。

（2）接缝的相对位移量不应大于可供选择密封材料的位移能力。

（3）密封材料的嵌填深度宜为接缝宽度的 50%～70%。

（4）接缝处的密封材料底部应设置背衬材料，背衬材料应大于接缝宽度 20%，嵌入深度应为密封材料的设计厚度。

（5）背衬材料应选择与密封材料不粘结或粘结力弱的材料，并应能适应基层的伸缩变形，同时应具有施工时不变形、复原率高和耐久性好等性能。

6. 保护层和隔离层

上人屋面保护层可采用块体材料、细石混凝土等材料，不上人屋面保护层可采用浅色涂料、铝箔、矿物粒料、水泥砂浆等材料。保护层材料的适用范围和技术要求应符合表 8-20 的规定。

表 8-20　　　　　　　　保护层材料的适用范围和技术要求

保护层材料	适用范围	技 术 要 求
浅色涂料	不上人屋面	丙烯酸系反射涂料
铝箔	不上人屋面 0.05mm	厚铝箔反射膜
矿物粒料	不上人屋面	不透明的矿物粒料
水泥砂浆	不上人屋面	20mm 厚 1：2.5 或 M15 水泥砂浆
块体材料	上人屋面	地砖或 30mm 厚 C20 细石混凝土预制块
细石混凝土	上人屋面	40mm 厚 C20 细石混凝土或 50mm 厚 C20 细石混凝土内配 $\phi4@100$ 双向钢筋网片

采用淡色涂料做保护层时，应与防水层粘结牢固，厚薄应均匀，不得漏涂。

采用块体材料做保护层时，宜设分格缝，其纵横间距不宜大于 10m，分格缝宽度宜为 20mm，并应用密封材料嵌填。

采用水泥砂浆做保护层时，表面应抹平压光，并应设表面分格缝，分格面积宜为 $1m^2$。

采用细石混凝土做保护层时，表面应抹平压光，并应设分格缝，其纵横间距不应大于 6m，分格缝宽度宜为 10～20mm，并应用密封材料嵌填。

块体材料、水泥砂浆、细石混凝土保护层与女儿墙或山墙之间，应预留宽度为 30mm 的缝隙，缝内宜填塞聚苯乙烯泡沫塑料，并应用密封材料嵌填。

需经常维护的设施周围和屋面出入口至设施之间的人行道，应铺设块体材料或细石混凝土保护层。

块体材料、水泥砂浆、细石混凝土保护层与卷材、涂膜防水层之间，应设置隔离层。隔离层材料的适用范围和技术要求宜符合表 8-21 的规定。

表 8-21　　　　　　　　隔离层材料的适用范围和技术要求

隔离层材料	适用范围	技 术 要 求
塑料膜	块体材料、水泥砂浆保护层	0.4mm 厚聚乙烯膜或 3mm 厚发泡聚乙烯膜
土工布	块体材料、水泥砂浆保护层	$200g/m^2$ 聚酯无纺布
卷材	块体材料、水泥砂浆保护层	石油沥青卷材一层
低强度等级砂浆	细石混凝土保护层	10mm 厚黏土砂浆，石灰膏：砂：黏土=1：2.4：3.6 10mm 厚石灰砂浆，石灰膏：砂=1：4 5mm 厚掺有纤维的石灰砂浆

7. 瓦屋面

瓦屋面防水等级和防水做法应符合表 8-22 的规定。

表 8 - 22　　　　　　　　　　瓦屋面防水等级和防水做法

防水等级	防水做法	防水等级	防水做法
Ⅰ级	瓦＋防水层	Ⅱ级	瓦＋防水垫层

瓦屋面应根据瓦的类型和基层种类采取相应的构造做法。瓦屋面与山墙及突出屋面结构的交接处，均应做不小于 250mm 高的泛水处理。在大风及地震设防地区或屋面坡度大于 100％时，瓦片应采取固定加强措施。严寒及寒冷地区瓦屋面，檐口部位应采取防止冰雪融化下坠和冰坝形成等措施。

防水垫层在瓦屋面中起着重要的作用，因为"瓦"本身还不能算作是一种防水材料，只有瓦和防水垫层组合后才能形成一道防水设防。防水垫层质量的好坏，直接关系到瓦屋面质量的好坏。防水垫层宜采用自粘聚合物沥青防水垫层、聚合物改性沥青防水垫层，其最小厚度和搭接宽度应符合表 8-23 的规定。

表 8 - 23　　　　　　　防水垫层的最小厚度和搭接宽度　　　　　　单位：mm

防水垫层品种	最小厚度	搭接宽度	防水垫层品种	最小厚度	搭接宽度
自粘聚合物沥青防水垫层	1.0	80	聚合物改性沥青防水垫层	2.0	100

在满足屋面荷载的前提下，瓦屋面持钉层厚度应符合下列规定：

（1）持钉层为木板时，厚度不应小于 20mm；

（2）持钉层为人造板时，厚度不应小于 16mm；

（3）持钉层为细石混凝土时，厚度不应小于 35mm。

瓦屋面檐沟、天沟的防水层，可采用防水卷材或防水涂膜，也可采用金属板材。

8. 金属板屋面

金属板屋面是由金属面板与支承结构组成，金属板屋面防水等级和防水做法应符合表 8-24 的规定。

表 8 - 24　　　　　　　金属板屋面防水等级和防水做法

防水等级	防水做法	防水等级	防水做法
Ⅰ级	压型金属板＋防水垫层	Ⅱ级	压型金属板、金属面绝热夹芯板

注　1. 当防水等级为Ⅰ级时，压型铝合金板基板厚度不应小于 0.9mm；压型铜板基板厚度不应小于 0.6mm。

2. 当防水等级为Ⅰ级时，压型金属板应采用 360°破口锁边连接方式。

3. 在Ⅰ级屋面防水做法中，仅作压型金属板时，应符合《金属压型板应用技术规范》等相关技术的规定。

金属板屋面可按建筑设计要求，选用彩色涂层钢板、镀层钢板、不锈钢板、铝合金板、铁合金板和铜合金板等金属板材。金属板材及其配套的紧固件、密封材料，其材料的品种、规格和性能等应符合现行国家有关材料标准的规定。

金属板屋面应按围护结构进行设计，并应具有相应的承载力、刚度、稳定性和变形能力。金属板屋面设计应根据当地风荷载、结构体形、热工性能、屋面坡度等情况，采用相应的压型金属板板型及构造系统。

金属板屋面在保温层的下面宜设置隔汽层，在保温层的上面宜设置防水透汽膜。

建筑室内表面发生结露会给室内环境带来负面影响，长时间的结露则会滋生霉潮，对人体健康造成有害的影响。室内表面出现结露最直接的原因是内表面温度低于室内空气的露点温度。一般说来，在金属板屋面结构内表面大面积结露的可能性不大，结露往往都出现在热桥的位置附近。金属板屋面的防结露设计，应符合现行国家标准《民用建筑热工设计规范》（GB 50176—1993）的有关规定。

压型金属板采用咬口锁边连接时，屋面的排水坡度不宜小于 5％；压型金属板采用紧固件连接时，屋面的排水坡度不宜小于 10％。

金属檐沟、天沟的伸缩缝间距不宜大于 30m；内檐沟及内天沟应设置溢流口或溢流系统，沟内宜按 0.5％找坡。

金属板的伸缩变形除应满足咬口锁边连接或紧固件连接的要求外，还应满足檩条、檐口及天沟等使用要求，且金属板最大伸缩变形量不应超过 100mm。

金属板在主体结构的变形缝处宜断开，变形缝上部应加扣带伸缩的金属盖板。

8.4.2 屋面工程施工

1. 屋面工程施工机具

屋面工程施工机具见表 8 - 25。

表 8 - 25　　　　　　　　　　　　　　　屋 面 工 程 施 工 机 具

机 具	序号	名　　　称	用　　　途
一般工具	1	小平铲	清理基层
	2	扫帚	清扫基层
	3	钢丝刷	清理基层
	4	高压吹风机/300W	清理基层
	5	铁抹子	修补基层及末端收头
	6	皮卷尺/50m	测量弹线
	7	钢卷尺/2m	测量
	8	小线/50m	测量弹线
	9	彩色笔	弹线用
	10	粉笔	划线
	11	剪刀	剪裁卷材
	12	长柄棍刷或喷涂机	涂刷基层处理剂及胶粘剂
	13	胶皮板刷	涂刷基层处理剂
	14	长柄胶皮刮板	刷涂胶粘剂等
	15	安全带	
	16	棉纱	擦拭工具
	17	工具箱	
冷粘法	18	开罐刀	开胶粘剂桶
	19	铁桶	
	20	小油漆桶	胶粘剂溶剂

机　具	序号	名　　称	用　途
冷粘法	21	油漆刷	涂刷接缝胶粘剂等
	22	钢管	展铺卷材
	23	射钉枪	固定压板压条用
	24	手持压辊	滚压接缝、立面卷材
	25	扁平棍	滚压阴、阳角卷材
	26	大型压辊	滚压大面卷材
热熔法	27	石油液化气火焰喷枪	热熔卷材
	28	液化气罐	液化气容器
	29	汽油喷灯	附加增强层用
	30	烫板（带柄）	挡隔火焰
	31	隔热板	加热卷材末端时用
自粘法	32	手持汽油喷灯	熔化接缝处聚乙烯膜
	33	扁头热风枪	加热接缝处粘胶层
热风焊接法	34	自动行进式热风焊机（4kW）手持热风枪	施工接缝用

2. 找坡层和找平层施工

为了便于铺设隔汽层和防水层，必须在结构层或保温层表面做找平处理。在找坡层、找平层施工前，首先要检查其铺设的基层情况，如屋面板安装是否牢固，有无松动现象；基层局部是否凹凸不平，凹坑较大时应先填补；保温层表面是否平整，厚薄是否均匀；板状保温材料是否铺平垫稳；用保温材料找坡是否准确等。基层质量好坏，将直接影响防水层的质量，是防水层质量的基础。基层的质量包括结构层和找平层的刚度、平整度、强度、表面完整程度及基层含水率等。

找平层是防水层的依附层，其质量好坏将直接影响到防水层的质量，所以要求找平层必须做到"五要、四不、三做到"。

"五要"：一要坡度准确、排水流畅；二要表面平整；三要坚固；四要干净；五要干燥。"四不"：一是表面不起砂；二是表面不起皮；三是表面不酥松；四是不开裂。"三做到"：一要做到混凝土或砂浆配比准确；二要做到表面二次压光；三要做到充分养护。

当屋面保温层、找平层因施工时含水率过大或遇雨水浸泡不能及时干燥，而又要立即铺设柔性防水层时，必须将屋面做成排汽屋面，以避免因防水层下部水分汽化造成防水层起鼓破坏，避免因保温层含水率过高造成保温性能降低。如果采用低吸水率（小于6％）的保温材料，就可以不必作排汽屋面。

（1）装配式钢筋混凝土板的板缝嵌填施工。

装配式钢筋混凝土板的板缝嵌填施工应符合下列规定：

1）嵌填混凝土前板缝内应清理干净，并应保持湿润。

2）当板缝宽度大于40mm或上窄下宽时，板缝内应按设计要求配置钢筋。

3）嵌填细石混凝土的强度等级不应低于C20，填缝高度宜低于板面10～20mm，且应振捣密实和浇水养护。

　　4）板端缝应按设计要求增加防裂的构造措施。

　　（2）找坡层和找平层的基层的施工。

找坡层和找平层的基层的施工应符合下列规定：

　　1）应清理结构层、保温层上面的松散杂物，凸出基层表面的硬物应剔平扫净。

　　2）抹找坡层前，宜对基层洒水湿润。

　　3）突出屋面的管道、支架等根部，应用细石混凝土堵实和固定。

　　4）对不易与找平层结合的基层应做界面处理。

找坡层和找平层所用材料的质量和配合比应符合设计要求，并应做到计量准确和机械搅拌。

找坡应按屋面排水方向和设计坡度要求进行，找坡层最薄处厚度不宜小于20mm。

找坡材料应分层铺设和适当压实，表面宜平整和粗糙，并应适时浇水养护。

找平层应在水泥初凝前压实抹平，水泥终凝前完成收水后应二次压光，并应及时取出分格条。养护时间不得少于7d。

卷材防水层的基层与突出屋面结构的交接处，以及基层的转角处，找平层均应做成圆弧形，且应整齐平顺。找平层圆弧半径应符合表8-26的规定。

表 8-26　　　　　　　　　　　　　　　　　找 平 层 圆 弧 半 径　　　　　　　　　　　　　　单位：mm

卷 材 种 类	圆弧半径	卷 材 种 类	圆弧半径
高聚物改性沥青防水卷材	50	合成高分子防水卷材	20

找坡层和找平层的施工环境温度不宜低于5℃。

　　3. 保温层和隔热层施工

　　（1）保温隔热材料。

屋面保温隔热材料宜选用聚苯乙烯硬质泡沫保温板、聚氨酯硬质泡沫保温板、喷涂硬泡聚氨酯或绝热玻璃棉等。

采用机械固定施工方法的块状保温隔热材料应单独固定，见表8-27。

表 8-27　　　　　　　　　　　　　　　　　保 温 板 固 定

保温隔热材料		每块板固定件最少数量		固 定 位 置
发泡聚苯板	挤塑聚苯板（XPS）	4个	任一边长≤1.2m	四个角，固定垫片距离板材边缘≤150mm
	模塑聚苯板（EPS）	6个	任一边长>1.2m	四个角及沿长向中线均匀布置，固定垫片距离板材边缘≤150mm
玻璃棉板、矿渣棉板、岩棉板		2个	—	沿长向中线均匀布置
其他类型的保温隔热板材固定件布置由系统供应商建议提供。				

　　（2）保温层施工。

　　1）板状材料保温层施工。

板状材料保温层施工应符合下列规定：

①基层应平整、干燥、干净。

②相邻板块应错缝拼接，分层铺设的板块上下层接缝应相互错开，板间缝隙应采用同类

材料嵌填密实。

③采用干铺法施工时，板状保温材料应紧靠在基层表面上，并应铺平垫稳。

④采用粘结法施工时，胶粘剂应与保温材料相容，板状保温材料应贴严、粘牢，在胶粘剂固化前不得上人踩踏。

⑤采用机械固定法施工时，固定件应固定在结构层上，固定件的间距应符合设计要求。

2）纤维材料保温层施工。

纤维材料保温层施工应符合下列规定：

①基层应平整、干燥、干净。

②纤维保温材料在施工时，应避免重压，并应采取防潮措施。

③纤维保温材料铺设时，平面拼接缝应贴紧，上下层拼接缝应相互错开。

④屋面坡度较大时，纤维保温材料宜采用机械固定法施工。

⑤在铺设纤维保温材料时，应做好劳动保护工作。

3）喷涂硬泡聚氨酯保温层施工。

喷涂硬泡聚氨酯保温层施工应符合下列规定：

①基层应平整、干燥、干净。

②施工前应对喷涂设备进行调试，并应对喷涂试块进行材料性能检测。

③喷涂时喷嘴与施工基面的间距应由试验确定。

④喷涂硬泡聚氨酯的配比应准确计量，发泡厚度应均匀一致。

⑤一个作业面应分遍喷涂完成，每遍喷涂厚度不宜大于 15mm，硬泡聚氨酯喷涂后 20min 内严禁上人。

⑥喷涂作业时，应采取防止污染的遮挡措施。

4）现浇泡沫混凝土保温层施工。

现浇泡沫混凝土保温层施工应符合下列规定：

①基层应清理干净，不得有油污、浮尘和积水。

②现浇泡沫混凝土应按设计要求的干密度和抗压强度进行配合比设计，拌制时应计量准确，并应搅拌均匀。

③泡沫混凝土应按设计的厚度设定浇筑面标高线，找坡时宜采取挡板辅助措施。

④泡沫混凝土的浇筑出料口离基层的高度不宜超过 1m，泵送时应采取低压泵送。

⑤泡沫混凝土应分层浇筑，一次浇筑厚度不宜超过 200mm，终凝后应进行保湿养护，养护时间不得少于 7d。

（3）隔汽层施工。

隔汽层施工应符合下列规定：

1）隔汽层施工前，基层应进行清理，宜进行找平处理。

2）屋面周边隔汽层应沿墙面向上连续铺设，高出保温层上表面不得小于 150mm。

3）采用卷材做隔汽层时，卷材宜空铺，卷材搭接缝应满粘，其搭接宽度不应小于 80mm；采用涂膜做隔汽层时，涂料涂刷应均匀，涂层不得有堆积、起泡和露底现象。

4）穿过隔汽层的管道周围应进行密封处理。

（4）倒置式屋面保温层施工。

倒置式屋面是把原屋面"防水层在上，保温层在下"的构造设置倒置过来，将憎水性或吸水率较低的保温材料放在防水层上，使防水层不易损伤，提高耐久性，并可防止屋面结构内部结露。具有节能保温隔热、延长防水层使用寿命、施工方便、劳动效率高、综合造价经济等特点。

保温材料应选用高热绝缘系数、低吸水率的新型材料，如聚苯乙烯泡沫塑料、聚烯泡沫塑料、聚氨酯泡沫塑料、泡沫玻璃等，也可选用蓄热系数和热绝缘系数都较大的水泥聚苯乙烯复合板等保温材料。

倒置式保温防水屋面主防水层（保温层之下的防水层）应选用合成高分子防水材料和中高档高聚物改性沥青防水卷材，也可选用改性沥青涂料与卷材复合防水。不宜选用刚性防水材料和松散憎水性材料，如防水宝、拒水粉等。也不宜选用胎基易腐烂的防水材料和易腐烂的涂料加筋布等。

倒置式屋面保温层施工应符合下列规定：

1）施工完的防水层，应进行淋水或蓄水试验，并应在合格后再进行保温层的铺设；

2）板状保温层的铺设应平稳，拼缝应严密；

3）保护层施工时，应避免损坏保温层和防水层。

施工工艺：

1）工艺流程。

工艺流程为：基层清理检查、工具准备、材料检验→节点增强处理→防水层施工、检验→保温层铺设、检验→现场清理→保护层施工→验收。

2）防水层施工。

根据不同的材料，采用相应的施工工法和工艺施工、检验。

3）保温层施工。

保温材料可以直接干铺或用专用粘结剂粘贴，聚苯板不得选用溶剂型胶粘剂粘贴。保温材料接缝处可以是平缝也可以是企口缝，接缝处可以灌入密封材料以连成整体。块状保温材料的施工应采用斜缝排列，以利于排水。

当采用现喷硬泡聚氨酯保温材料时，要在成型的保温层面进行分格处理，以减少收缩开裂。大风天气和雨天不得施工，同时注意喷施人员的劳动保护。

4）面层施工。

上人屋面：

①采用 40～50mm 厚钢筋细石混凝土作面层时，应按刚性防水层的设计要求进行分格缝的节点处理。

②采用混凝土块材上人屋面保护层时，应用水泥砂浆座浆平铺，板缝用砂浆勾缝处理。

不上人屋面：

①当屋面是非功能性上人屋面时，可采用平铺预制混凝土板的方法进行压埋，预制板要有一定强度，厚度也应小于 30mm。

②选用卵石或砂砾作保护层时，其直径应在 20～60mm，铺埋前，应先铺设 $250g/m^2$ 的聚酯纤维无纺布或油毡等隔离，再铺埋卵石，并要注意雨水口的畅通。压置物的质量应保证最大风力时保温板不被刮起和保证保温层在积水状态下不浮起。

③聚苯乙烯保温层不能直接接受太阳照射，以防紫外线照射导致老化，还应避免与溶剂接触和在高温环境下（80℃以上）使用。

（5）屋面排汽构造施工。

保温层材料当采用吸水率低（$\omega < 6\%$）的材料时，它们不会再吸水，保温性能就能得到保证。如果保温层采用吸水率大的材料，施工时如遇雨水或施工用水侵入，造成很大含水率时，则应使它干燥，但许多工程已施工找平层，一时无法干燥，为了避免因保温层含水率高而导致防水层起鼓，使屋面在使用过程中逐渐将水分蒸发（需几年或几十年时间），过去采取称为"排气屋面"的技术措施，也有人称呼吸屋面（图 8-42、图 8-43）。就是在保温层中设置纵横排气道，在交叉处安放向上的排气管，目的是当温度升高，水分蒸发，气体沿排气道、排气管与大气连通，不会产生压力，潮气还可以从孔中排出。排气屋面要求排气道不得堵塞，确实收到了一定效果。所以在规范中规定如果保温层含水率过高（超过 15％以上）时，不管设计时有否规定，施工时都必须作排气屋面处理。当然如果采用低吸水率保温材料，就可以不采取这种作法了。

图 8-42　直立排汽出口构造

图 8-43　弯形排汽出口构造

屋面排汽构造施工应符合下列规定：

1）排汽道及排汽孔的设置应符合规范规定。

2）排汽道应与保温层连通，排汽道内可填入透气性好的材料。

3）施工时，排汽道及排汽孔均不得被堵塞。

4）屋面纵横排汽道的交叉处可埋设金属或塑料排汽管，排汽管宜设置在结构层上，穿过保温层及排汽道的管壁四周应打孔。排汽管应做好防水处理。

4. 卷材防水层施工

（1）防水卷材的选用。

1）根据当地历年最高气温、最低气温、屋面坡度和使用条件等因素，选择耐热度，柔性相适应的卷材。

2）根据地基变形程度，结构形式，当地年温差、日温差和震动等因素，选择拉伸性相适应的卷材。

3）根据屋面防水卷材的暴露程度，选择耐紫外线、耐穿刺、耐老化保持率或耐霉性能相适应的卷材。

4）自粘橡胶沥青防水卷材和自粘聚酯毡改性沥青防水卷材（厚度 0.5mm 铝箔覆面者除外），不得用于外露的防水层。

（2）卷材防水层基层要求。

卷材防水层基层应坚实、干净、平整，应无孔隙、起砂和裂缝。基层的干燥程度应根据所选防水卷材的特性确定。

采用基层处理剂时，其配制与施工应符合下列规定：

1）基层处理剂应与卷材相容；

2）基层处理剂应配比准确，并应搅拌均匀；

3）喷、涂基层处理前，应先对屋面细部进行涂刷；

4）基层处理剂可选用喷涂或涂刷施工工艺，喷、涂应均匀一致，干燥后应及时进行卷材施工。

（3）卷材的搭接方向、搭接宽度。

1）卷材铺贴顺序。

卷材铺贴应按"先高后低，先远后近"的顺序施工。高低跨屋面，应先铺高跨屋面，后铺低跨屋面；在同高度大面积的屋面，应先铺离上料点较远的部位，后铺较近部位。

先细部结构处理，后大面积由屋面最低标高向上铺贴。卷材大面积铺贴前，应先做好节点密封处理、附加层和屋面排水较集中部位（屋面与水落口连接处、檐口、天沟、檐沟、屋面转角处、板端缝等）的处理、分格缝的空铺条处理等，然后由屋面最低标高处向上施工。铺贴天沟、檐沟卷材时，宜顺天沟、檐沟方向铺贴，从水落口处向分水线方向铺贴，以减少搭接。卷材宜平行屋脊铺贴，上下层卷材不得相互垂直铺贴。立面或大坡面铺贴卷材时，应采用满粘法，并宜减少卷材短边搭接。如图 8-44 所示。

图 8-44　卷材配置示意图

为了保证防水层的整体性，减少漏水的可能性，屋面防水工程尽量不划分施工段；当需要划分施工段时，施工段的划分宜设在屋脊、天沟、变形缝等处。

2）卷材搭接。

卷材搭接缝应符合下列规定：

①平行屋脊的搭接缝应顺流水方向，搭接缝宽度应符合规范规定；

②同一层相邻两幅卷材短边搭接缝错开不应小于 500mm；

③上下层卷材长边搭接缝应错开，且不应小于幅宽的 1/3；

④叠层铺贴的各层卷材，在天沟与屋面的交接处，应采用叉接法搭接，搭接缝应错开；搭接缝宜留在屋面与天沟侧面，不宜留在沟底。

卷材铺贴的搭接方向，主要考虑到坡度大或受震动时卷材易下滑，尤其是含沥青（温感性大）的卷材，高温时软化下滑是常有发生的。见表 8-28。对于高分子卷材铺贴方向要求不严格；为便于施工，一般顺屋脊方向铺贴，搭接方向应顺流水方向，不得逆流水方向，避免流水冲刷接缝，使接缝损坏。垂直屋脊方向铺卷材时，应顺大风方向。当卷材叠层铺设时，上下层不得相互垂直铺贴，以免在搭接缝垂直交叉处形成挡水条。叠层铺设的各层卷材，在天沟与屋面的连接处应采取叉接法搭接，搭接缝应错开（图 8-45、图 8-46）；接缝宜留在屋面或天沟侧面，不宜留在沟底。在铺贴卷材时，不得污染檐口的外侧和墙面。高聚物改性沥青防水卷材和合成高分子防水卷材的搭接缝，宜用材料性能相容的密封材料封严。

表 8-28　　　　　　　　　　　　　卷 材 铺 贴 搭 接 方 向

屋面坡度	铺贴方向和要求
大于 3：100	卷材宜平行屋脊方向，即顺平面长向为宜
3：100～3：20	卷材可平行或垂直屋脊方向铺贴
大于 3：20 或受震动	沥青卷材应垂直屋脊铺，改性沥青卷材宜垂直屋脊铺；高分子卷材可平行或垂直屋脊铺
大于 1：4	应垂直屋脊铺，并应采取固定措施，固定点还应密封

图 8-45　二层卷材铺贴

图 8-46　三层卷材铺贴

卷材搭接宽度见表 8-29。

表 8-29　　　　　　　　　　　　　卷 材 搭 接 宽 度

卷材种类	铺贴方法	短 边 搭 接		长 边 搭 接	
		满粘法	空铺、点粘、条粘法	满粘法	空铺、点粘、条粘法
沥青防水卷材		100	150	70	100
高聚物改性沥青防水卷材		80	100	80	100
合成高分子防水卷材	胶粘剂	80	100	80	100
	胶粘带	50	60	50	60
	单焊缝	60（有效焊接宽度不小于 25）			
	双焊缝	80（有效焊接宽度 10×2 空腔宽）			

（4）卷材施工工艺。

卷材与基层连接方式有四种：满粘、条粘、点粘、空铺等，见表 8-30。在工程应用中根据建筑部位、使用条件、施工情况，可以用其一种或两种，在图纸上应该注明。

表 8 - 30　　　　　　　　　　　卷材与基层连接方式

铺贴方法	具 体 作 法	适 应 条 件
满粘法	又称全粘法，即在铺粘防水卷材时，卷材与基面全部粘结牢固的施工方法，通常热熔、冷粘、自粘法使用这种方法粘贴卷材	屋面防水面积较小，结构变型不大，找平层干燥
空铺法	铺贴防水卷材时，卷材与基面仅在四周一定宽度内粘结，其余部分不粘的施工方法。施工时檐口、屋脊、屋面转角、伸出屋面的出气孔、烟囱根等部位，采用满粘，粘结宽度不小于 800mm	适应于基层潮湿，找平层水汽难以排出及结构变型较大的屋面
条粘法	铺贴防水卷材时，卷材与屋面采用条状粘结的施工方法，每幅卷材粘结面不少于 2 条，每条粘结宽度不少于 150mm，檐口、屋脊、伸出屋面管口等细部作法同空铺法	适应结构变形较大、基面潮湿、排气困难的层面
点粘法	铺贴防水卷材时，卷材与基面采用点粘的施工方法，要求每平方米范围内至少有 5 个粘结点，每点面积不少于 100mm×100mm，屋面四周粘结，檐口、屋脊、伸出屋面管口等细部作法同空铺法	适应于结构变型较大，并基面潮湿，排气有一定困难的屋面

高聚物改性沥青防水卷材粘结方法见表 8 - 31。

表 8 - 31　　　　　　　　高聚物改性沥青防水卷材粘结方法

序号	热熔法	冷 粘 法	自粘法
1	幅宽内应均匀加热，熔融至光亮黑色，卷材基面均匀加热	基面涂刷基面处理剂	基面涂刷基面处理剂
2	不得过分加热，以免烧穿卷材	卷材底面、基面涂刷粘结胶，涂刷均匀，不漏底，不堆积	边铺边撕去底层隔离纸
3	热熔后立即滚铺	根据胶合剂性能及气温，控制涂胶后的最佳粘结时间，一般用手触及表面似粘非粘为最佳	滚压、排气、粘牢
4	滚压排气，使之平展，粘牢，不得有皱折	铺贴排气粘牢后，溢口的胶合剂随即刮平封口	搭接部分热风焊枪加热，溢出自粘胶时随即刮平封口
5	搭接部位溢出热熔胶后，随即刮封接口		铺贴立面及大坡面时应先加热粘牢固定

合成高分子改性沥青防水卷材粘结方法见表 8 - 32。

表 8 - 32　　　　　　　合成高分子改性沥青防水卷材粘结技术要求

序号	冷 粘 法	自粘法	热风焊接法
1	在找平层上均匀涂刷基面处理剂	同高聚物改性沥青防水卷材	基面清扫干净
2	基面、卷材底面涂刷配套胶粘剂		卷材铺放平顺，搭接尺寸正确
3	控制粘合时间，一般用手触及表面，以粘结剂不粘手为最佳时间		控制热风加热温度和时间
4	粘合时不得用力拉伸卷材，避免卷材铺贴后处于受拉状态		卷材排气、铺平
5	辊压、排气、粘牢		先焊长边搭接缝后焊短边搭接缝
6	清理卷材搭接缝的搭接面，涂刷接缝专用胶，辊压排气粘牢		机械固定

1) 卷材冷粘法施工工艺。

冷粘法施工是指在常温下采用胶粘剂等材料进行卷材与基层、卷材与卷材间粘结的施工方法。一般合成高分子卷材采用胶粘剂、胶粘带粘贴施工，聚合物改性沥青采用冷玛琋脂粘贴施工。卷材采用自粘胶铺贴施工也属该施工工艺。该工艺在常温下作业，不需要加热或明火，施工方便、安全，但要求基层干燥，胶粘剂的溶剂（或水分）充分挥发，否则不能保证粘结质量。

冷粘贴施工，选择的胶粘剂应与卷材配套、相容且粘结性能满足设计要求。

冷粘法铺贴卷材应符合下列规定：

①胶粘剂涂刷应均匀，不得露底、堆积；卷材空铺、点粘、条粘时，应按规定的位置及面积涂刷胶粘剂。

②应根据胶粘剂的性能与施工环境、气温条件等，控制胶粘剂涂刷与卷材铺贴的间隔时间。

③铺贴卷材时应排除卷材下面的空气，并应辊压粘贴牢固。

④铺贴的卷材应平整顺直，搭接尺寸应准确，不得扭曲、皱折；搭接部位的接缝应满涂胶粘剂，辊压应粘贴牢固。

⑤合成高分子卷材铺好压粘后，应将搭接部位的粘合面清理干净，并应采用与卷材配套的接缝专用胶粘剂，在搭接缝粘合面上应涂刷均匀，不得露底、堆积，应排除缝间的空气，并用辊压粘贴牢固。

⑥合成高分子卷材搭接部位采用胶粘带粘结时，粘合面应清理干净，必要时可涂刷与卷材及胶粘带材性相容的基层胶粘剂，撕去胶粘带隔离纸后应及时粘合接缝部位的卷材，并应辊压粘贴牢固；低温施工时，宜采用热风机加热。

⑦搭接缝口应用材性相容的密封材料封严。

施工工艺：

①涂刷胶粘剂。

底面和基层表面均应涂胶粘剂。卷材表面涂刷基层胶粘剂时，先将卷材展开摊铺在旁边平整干净的基层上，用长柄滚刷蘸胶粘剂，均匀涂刷在卷材的背面，不得涂刷得太薄而露底，也不能涂刷过多而产生聚胶。还应注意在搭接缝部位不得涂刷胶粘剂，此部位留作涂刷接缝胶粘剂，留置宽度即卷材搭接宽度。

涂刷基层胶粘剂的重点和难点与基层处理剂相同，即阴阳角、平立面转角处、卷材收头处、排水口、伸出屋面管道根部等节点部位。这些部位有增强层时应用接缝胶粘剂，涂刷工具宜用油漆刷。涂刷时，切忌在一处来回涂滚，以免将底胶"咬起"，形成凝胶而影响质量。应按规定的位置和面积涂刷胶粘剂。

②卷材的铺贴。

各种胶粘剂的性能和施工环境不同，有的可以在涂刷后立即粘贴卷材，有的得待溶剂挥发一部分后才能粘贴卷材，尤以后者居多，因此要控制好胶粘剂涂刷与卷材铺贴的间隔时间。一般要求基层及卷材上涂刷的胶粘剂达到表干程度，其间隔时间与胶粘剂性能及气温、湿度、风力等因素有关，通常为 10～30min，施工时可凭经验确定，用指触不粘手时即可开始粘贴卷材。间隔时间的控制是冷粘贴施工的难点，这对粘结力和粘结的可靠性影响甚大。

卷材铺贴时应对准已弹好的粉线，并且在铺贴好的卷材上弹出搭接宽度线，以便第二幅卷材铺贴时，能以此为准进行铺贴。

平面上铺贴卷材时，一般可采用以下两种方法进行。一种是抬铺法，在涂布好胶粘剂的卷材两端各安排一个工人，拉直卷材，中间根据卷材的长度安排1或4个人，同时将卷材沿长向对折，使涂布胶粘剂的一面向外，抬起卷材，将一边对准搭接缝处的粉线，再翻开上半部卷材铺在基层上，同时拉开卷材使之平铺。操作过程中，对折、抬起卷材、对粉线、翻平卷材等工序，几人均应同时进行。

另一种是滚铺法，将涂布完胶粘剂并达到要求干燥度的卷材用 $\phi50\sim\phi100mm$ 的塑料管或原来用来装运卷材的纸筒芯重新成卷，使涂布胶粘剂的一面朝外，成卷时两端要平整，不应出现笋状，以保证铺贴时能对齐粉线，并要注意防止砂子、灰尘等杂物粘在卷材表面。成卷后用一根 $\phi30\times1500mm$ 的钢管穿入中心的塑料管或纸筒芯内，由两人分别持钢管两端，抬起卷材的端头，对准粉线，固定在已铺好的卷材顶端搭接部位或基层面上，抬卷材两人同时匀速向前展开卷材，并随时注意将卷材边缘对准线，并应使卷材铺贴平整，直到铺完一幅卷材。

每铺完一幅卷材，应立即用干净而松软的长柄压辊滚压（一般重 30～40kg），使其粘贴牢固。滚压应从中间向两侧边移动，做到排气彻底。

平面立面交接处，则先粘贴好平面，经过转角，由下向上粘贴卷材，粘贴时切勿拉紧，要轻轻沿转角压紧压实，再往上粘贴，同时排出空气，最后用手持压辊滚压密实，滚压时要从上往下进行。

③搭接缝的粘贴。

卷材铺好压粘后，应将搭接部位的结合面清除干净，可用棉纱沾少量汽油擦洗。然后采用油漆刷均匀涂刷接缝胶粘剂，不得出现露底、堆积现象。涂胶量可按产品说明控制，待胶粘剂表面干燥后（指触不粘）即可进行粘合。粘合时应从一端开始，边压合边驱除空气，不许有气泡和皱折现象，然后用手持压辊顺边认真仔细辊压一遍，使其粘结牢固。三层重叠处最不易压严，要用密封材料预先加以填封，否则将会成为渗水通道。

搭接缝全部粘贴后，缝口要用密封材料封严，密封时用刮刀沿缝刮涂，不能留有缺口，密封宽度不应小于 10mm。

2）卷材热粘贴施工工艺。

热粘贴是指采用热玛碲脂或采用火焰加热熔化热熔防水卷材底层的热熔胶进行粘结的施工方法。常用的有 SBS 或 APP（APAO）改性沥青热熔卷材，热玛瑞脂或热熔改性沥青粘结胶粘贴的沥青卷材或改性沥青卷材。这种工艺主要针对含有沥青为主要成分的卷材和胶粘剂，它采取科学有效的加热方法，对热源作了有效的控制，为以沥青为主的防水材料的应用创造了广阔的天地。同时取得良好的防水效果。

厚度小于 3mm 的卷材严禁采用热熔法施工，因为小于 3mm 的卷材在加热热熔底胶时极易烧坏胎体或烧穿卷材。大于 3mm 的卷材在采用火焰加热器加热卷材时既不得过分加热，以免烧穿卷材或使底胶焦化，也不能加热不充分，以免卷材不能很好与基层粘牢。所以必须加热均匀，来回摆动火焰，使沥青呈光亮即止。热熔卷材铺贴常采取滚铺法，即边加热卷材边立即滚推卷材铺贴于基层，并用刮板用力推刮排出卷材下的空气，使卷材铺平，不皱折，不起泡，与基层粘贴牢固。推刮或辊压时，以卷材两边接缝处溢出沥青热熔胶为最适宜，并将溢出的热熔胶回刮封边。铺贴卷材亦应弹好标线，铺贴应顺直，搭接尺寸准确。

热粘法铺贴卷材应符合下列规定：

①熔化热熔型改性沥青胶结料时，宜采用专用导热油炉加热，加热温度不应高于

200℃，使用温度不宜低于 180℃；

②粘贴卷材的热熔型改性沥青胶结料厚度宜为 1.0～1.5mm；

③采用热熔型改性沥青胶结料铺贴卷材时，应随刮随滚铺，并应展平压实。

施工工艺：

①滚铺法。

这是一种不展开卷材而边加热烘烤边滚动卷材铺贴的方法。滚铺法的步骤如下。

a. 起始端卷材的铺贴。将卷材置于起始位置，对好长、短方向搭接缝，滚展卷材 1000mm 左右，掀开已展开的部分，开启喷枪点火，喷枪头与卷材保持 50～100mm 距离，与基层呈 30°～45°，将火焰对准卷材与基层交接处，同时加热卷材底面热熔胶面和基层，至热熔胶层出现黑色光泽、发亮至稍有微泡出现，慢慢放下卷材平铺于基层，然后进行排气辊压使卷材与基层粘结牢固。当起始端铺贴至剩下 300mm 左右长度时，将其翻放在隔热板上，用火焰加热余下起始端基层后，再加热卷材起始端余下部分，然后将其粘贴于基层。

b. 滚铺。卷材起始端铺贴完成后即可进行大面积滚铺。持枪人位于卷材滚铺的前方，按上述方法同时加热卷材和基层，条粘时只需加热两侧边，加热宽度各为 150mm 左右。推滚卷材人蹲在已铺好的卷材起始端上面，等卷材充分加热后缓缓推压卷材，并随时注意卷材的平整顺直和搭接缝宽度。其后紧跟一人用棉纱团等从中间向两边抹压卷材，赶出气泡，并用刮刀将溢出的热熔胶刮压接边缝。另一个用压辊压实卷材，使之与基层粘贴密实。

②展铺法。

展铺法是先将卷材平铺于基层，再沿边掀起卷材予以加热粘贴。此方法主要适用于条粘法铺贴卷材，其施工方法如下。

a. 先将卷材展铺在基层上，对好搭接缝，按滚铺法的要求先铺贴好起始端卷材。

b. 拉直整幅卷材，使其无皱折、无波纹，能平坦地与基层相贴，并对准长边搭接缝，然后对末端做临时固定，防止卷材回缩，可采用站人等方法。

c. 由起始端开始熔贴卷材，掀起卷材边缘约 200mm 高，将喷枪头伸入侧边卷材底下，加热卷材边宽约 200mm 的底面热熔胶和基层，边加热边向后退。然后另一人用棉纱团等由卷材中间向两边赶出气泡，并抹压平整。再由紧随的操作人员持辊压实两侧边卷材，并用刮刀将溢出的热熔胶刮压平整。

d. 铺贴到距末端 1000mm 左右长度时，撤去临时固定，按前述滚压法铺贴末端卷材。

③搭接缝施工。

热熔卷材表面一般有一层防粘隔离纸，因此在热熔粘结接缝之前，应先将下层卷材表面的隔离纸烧掉，以利搭接牢固严密。

操作时，由持枪人手持烫板（隔火板）柄，将烫板沿搭接粉线后退，喷枪火焰随烫板移动，喷枪应离开卷材 50～100mm，贴近烫板。移动速度要控制合适，以刚好熔去隔离纸为宜。烫板和喷枪要密切配合，以免烧损卷材。排气和辊压方法与前述相同。

当整个防水层熔贴完毕后，所有搭接缝应用密封材料涂封严密。

3）铺贴自粘卷材施工工艺。

自粘贴卷材施工是指自粘型卷材的铺贴方法。自粘型卷材在工厂生产时，在其底面涂有一层压敏胶，胶粘剂表面敷有一层隔离纸。施工时只要剥去隔离纸，即可直接铺贴。自粘型卷材通常为高聚物改性沥青卷材，施工一般可采用满粘法和条粘法进行铺贴，采用条粘法时，需与基层脱离的部位可在基层上刷一层石灰水或加铺一层撕下的隔离纸。铺贴时为增加粘结强度，基层表面也应涂刷基层处理剂；干燥后应及时铺贴卷材，可采用滚铺法或抬铺法进行。

自粘法铺贴卷材应符合下列规定：

①铺粘卷材前，基层表面应均匀涂刷基层处理剂，干燥后应及时铺贴卷材；

②铺贴卷材时应将自粘胶底面的隔离纸完全撕净；

③铺贴卷材时应排除卷材下面的空气，并应辊压粘贴牢固；

④铺贴的卷材应平整顺直，搭接尺寸应准确，不得扭曲、皱折；低温施工时，立面、大坡面及搭接部位宜采用热风机加热，加热后应随即粘贴牢固；

⑤搭接缝口应采用材性相容的密封材料封严。

图 8-47　滚铺法

施工工艺：

①滚铺法。如图 8-47 所示。操作小组由五人组成，两人用 1500mm 长的管材，穿入卷材芯孔一边一人架空慢慢向前转动，一人负责撕拉卷材底面的隔离膜，一名有经验的操作工负责铺贴并尽量排除卷材与基层之间的空气。一名操作工负责在铺好的卷材面进行滚压及收边。

开卷后撕掉卷材端头 500～1000mm 长的隔离纸，对准长边线和端头的位置贴牢就可铺贴。负责转动铺开卷材的两人还要看好卷材的铺贴和撕拉隔离膜的操作情况，一般保持 1000mm 长左右。在自然松弛状态下对准长边线粘贴。底面的隔离膜必须全部撕净。使用铺卷材器时，要对准弹在基层的卷材边线滚动。

卷材铺贴的同时应从中间和向前方顺压，使卷材与基层之间的空气全部排出；在铺贴好的卷材上用压辊滚压平整，无皱折、无扭曲、无鼓包等缺陷。

卷材的接口处，用手持小辊沿接缝顺序滚压，要将卷材末端处滚压严实，并使粘结胶略有外露为好。

卷材的搭接部分要保持洁净，严禁掺入杂物，上下层及相邻两幅的搭接缝均应错开，长短边搭接宽度不少于 80mm，如遇气温低搭接处粘结不牢，可用加热器适当加热。确保粘贴牢固。溢出的自粘胶随即刮平封口。

②抬铺法。

抬铺法是先将待铺卷材剪好，反铺于基层上，并剥去卷材全部隔离纸后再铺贴卷材的方法。适合于较复杂的铺贴部位，或隔离纸不易掀剥的场合。施工时按下述方法进行。

首先根据基层形状裁剪卷材。裁剪时，将卷材铺展在待铺部位，实测基层尺寸（考虑搭接宽度）裁剪卷材。然后将剪好的卷材认真仔细地剥除隔离纸，用力要适度，已剥开的隔离纸与卷材宜成锐角，这样不易拉断隔离纸。如出现小片隔离纸粘连在卷材上时，可用小刀仔细挑出，实在无法剥离时，应用密封材料加以涂盖。全部隔离纸剥离完毕后，将卷材带胶面朝外，沿长向对折卷材。然后抬起并翻转卷材，使搭接边转向搭接粉线。当卷材较长时，在中间安排数人配合，一起将卷材抬到待铺位置，使搭接边对准粉线，从短边搭接缝开始沿长向铺放好搭接缝侧半幅卷材，然后再铺放另半幅。在铺放过程中，各操作人员要默契配合，铺贴的松紧与滚铺法相同。铺放完毕后再进行排气、辊压。

③立面和大坡面的铺贴。

由于自粘型卷材与基层的粘结力相对较低，在立面或大坡面上，卷材容易产生下滑现象，因此在立面或大坡面上粘贴施工时，宜用手持式汽油喷灯将卷材底面的胶粘剂适当加热后再进行粘贴、排气和辊压。

④搭接缝粘贴。

自粘型卷材上表面常带有防粘层（聚乙烯膜或其他材料），在铺贴卷材前，应将相邻卷材待搭接部位上表面的防粘层先熔化掉，使搭接缝能粘结牢固。操作时，用手持汽油喷灯沿搭接粉线进行。

粘结搭接缝时，应掀开搭接部位卷材，宜用扁头热风枪加热卷材底面胶粘剂，加热后随即粘贴、排气、辊压，溢出的自粘胶随即刮平封口。

搭接缝粘贴密实后，所有接缝口均用密封材料封严，宽度不应小于 10mm。

4）卷材热风焊接施工工艺。

热风焊接施工是指采用热空气加热热塑性卷材的粘合面进行卷材与卷材接缝粘结的施工方法，卷材与基层间可采用空铺、机械固定、胶粘剂粘结等方法。热风焊接主要适用于树脂型（塑料）卷材。焊接工艺结合机械固定使防水设防更有效。目前采用焊接工艺的材料有 PVC 卷材、高密度和低密度聚乙烯卷材。这类卷材热收缩值较高，最适宜有埋置的防水层，宜采用机械固定、点粘或条粘工艺。它强度大，耐穿刺好，焊接后整体性好。

热风焊接卷材在施工时，首先应将卷材在基层上铺平顺直，切忌扭曲、皱折，并保持卷材清洁，尤其在搭接处，要求干燥、干净，更不能有油污、泥浆等，否则会严重影响焊接效果，造成接缝渗漏。如果采取机械固定的，应先行用射钉固定，用胶粘结的，也需要先行粘接，留准搭接宽度。焊接时应先焊长边，后焊短边，否则一旦有微小偏差，长边很难调整。

热风焊接卷材防水施工工艺的关键是接缝焊接，焊接的参数是加热温度和时间，而加热的温度和时间随着施工时的气候，如温度、湿度、风力等有关。优良的焊接质量必须使用经培训而真正熟练掌握加热温度、时间的工人才能保证。否则温度低或加热时间过短，会形成假焊，焊接不牢。温度过高或加热时间过长，会烧焦或损害卷材本身。当然漏焊、跳焊更是不允许的。

焊接法铺贴卷材应符合下列规定：

①对热塑性卷材的搭接缝可采用单缝焊或双缝焊，焊接应严密；

②焊接前，卷材应铺放平整、顺直，搭接尺寸应准确，焊接缝的结合面应清理干净；

③应先焊长边搭接缝，后焊短边搭接缝；

④应控制加热温度和时间，焊接缝不得漏焊、跳焊或焊接不牢。

5）热熔法铺贴卷材施工工艺。

热熔法铺贴卷材应符合下列规定：

①火焰加热器的喷嘴距卷材面的距离应适中，幅宽内加热应均匀，应以卷材表面熔融至光亮黑色为度，不得过分加热卷材；厚度小于 3mm 的高聚物改性沥青防水卷材，严禁采用热熔法施工。

②卷材表面沥青热熔后应立即滚铺卷材，滚铺时应排除卷材下面的空气。

③搭接缝部位宜以溢出热熔的改性沥青胶结料为度，溢出的改性沥青胶结料宽度宜为

8mm，并宜均匀顺直；当接缝处的卷材上有矿物粒或片料时，应用火焰烘烤及清除干净后再进行热熔和接缝处理。

④铺贴卷材时应平整顺直，搭接尺寸应准确，不得扭曲。

施工工艺：

①清理基层。剔除基层上的隆起异物，清除基层上的杂物，清扫干净尘土。

②涂刷基层处理剂。高聚物改性沥青卷材施工，按产品说明书配套使用，基层处理剂应与铺贴的卷材材性相容。可将氯丁橡胶沥青胶粘剂加入工业汽油稀释，搅拌均匀，用长把滚刷均匀涂刷于基层表面上，常温经过 4h 后，开始铺贴卷材。

③节点附加增强处理。待基层处理剂干燥后，按设计节点构造图做好节点（女儿墙、水落管、管根、檐口、阴阳角等细部）的附加增强处理。

④定位、弹线。在基层上按规范要求，排布卷材，弹出基准线。

⑤热熔铺贴卷材。按弹好的基准线位置，将卷材沥青膜底面朝下，对正粉线，点燃火焰喷枪（喷灯）对准卷材底面与基层的交接处，使卷材底面的沥青熔化。喷枪头距加热面约 $50\sim100$mm，与基层成 $30°\sim45°$ 角为宜。当烘烤到沥青熔化，卷材底有光泽并发黑，有一薄的熔层时，即用胶皮压辊压密实。这样边烘烤边推压，当端头只剩下 300mm 左右时，将卷材翻放于隔热板上加热，同时加热基层表面，粘贴卷材并压实，如图 8-48 所示。

⑥搭接缝粘结。搭接缝粘结之前，先熔烧下层卷材上表面搭接宽度内的防粘隔离层。处理时，操作者一手持烫板，一手持喷枪，使喷枪靠近烫板并距卷材 $50\sim100$mm，边熔烧，边沿搭接线后退。为防火焰烧伤卷材其他部位，烫板与喷枪应同步移动。处理完毕隔离层，即可进行接缝粘结，如图 8-49 所示。

图 8-48　用隔热板加热卷材端头
1—喷枪；2—隔热板；3—卷材

图 8-49　熔烧处理卷材上表面防粘隔离层
1—喷枪；2—烫板；3—已铺下层卷材

施工时应注意：幅宽内应均匀加热，烘烤时间不宜过长，防止烧坏面层材料；热熔后立即滚铺，滚压排气，使之平展、粘牢、无皱褶；滚压时，以卷材边缘溢出少量的热熔胶为宜，溢出的热熔胶应随即刮封接口；整个防水层粘贴完毕，所有搭接缝用密封材料予以严密封涂。

⑦蓄水试验。卷材铺贴完毕后 24h，按要求进行检验。平屋面可采用蓄水试验，蓄水深度 20mm，蓄水时间不宜少于 72h；坡屋面可采用淋水试验，持续淋水时间不少于 2h，屋面无渗漏和积水、排水系统通畅为合格。

6）机械固定法铺贴卷材施工工艺。

机械固定法铺贴卷材应符合下列规定：

①固定件应与结构层连接牢固。

②固定件间距应根据抗风揭试验和当地的使用环境与条件确定，并不宜大于 600mm。

③卷材防水层周边 800mm 范围内应满粘，卷材收头应采用金属压条钉压固定和密封处理。

5. 涂膜防水层施工

(1) 涂膜防水层的基层要求。

涂膜防水层基层应坚实平整、排水坡度应符合设计要求，否则会导致防水层积水；同时防水层施工前基层应干净、无孔隙、起砂和裂缝，保证涂膜防水层与基层有较好粘结强度。

溶剂型、热熔型和反应固化型防水涂料，涂膜防水层施工时，基层要求干燥，否则会导致防水层成膜后空鼓、起皮现象；水乳型或水泥基类防水涂料对基层的干燥度没有严格要求，但从成膜质量和涂膜防水层与基层粘结强度来考虑，干燥的基层比潮湿基层有利。基层处理剂的施工应符合规范规定。

(2) 防水涂料配料。

双组分或多组分防水涂料应按配合比准确计量，应采用电动机具搅拌均匀，已配制的涂料应及时使用。配料时，可加入适量的缓凝剂或促凝剂调节固化时间，但不得混合已固化的涂料。

(3) 涂膜防水层施工要求。

涂膜防水层施工应符合下列规定：

1) 防水涂料应多遍均匀涂布，涂膜总厚度应符合设计要求。

2) 涂膜间夹铺胎体增强材料时，宜边涂布边铺胎体；胎体应铺贴平整，应排除气泡，并应与涂料粘结牢固。在胎体上涂布涂料时，应使涂料浸透胎体，并应覆盖完全，不得有胎体外露现象。最上面的涂膜厚度不应小于 1.0mm。

3) 涂膜施工应先做好细部处理，再进行大面积涂布。

4) 屋面转角及立面的涂膜应薄涂多遍，不得流淌和堆积。

涂膜防水层施工工艺应符合下列规定：

1) 水乳型及溶剂型防水涂料宜选用滚涂或喷涂施工；

2) 反应固化型防水涂料宜选用刮涂或喷涂施工；

3) 热熔型防水涂料宜选用刮涂施工；

4) 聚合物水泥防水涂料宜选用刮涂法施工；

5) 所有防水涂料用于细部构造时，宜选用刷涂或喷涂施工。

(4) 涂膜防水的操作方法。

涂膜防水的操作方法有涂刷法、涂刮法、喷涂法，见表 8 - 33。

(5) 涂膜防水层的施工工艺。

1) 涂膜防水常规施工程序。

施工流程为：施工准备工作→板缝处理及基层施工→基层检查及处理→涂刷基层处理剂→节点和特殊部位附加增强处理→涂布防水涂料、铺贴胎体增强材料→防水层清理与检查整修→保护层施工。

其中板缝处理和基层施工及检查处理是保证涂膜防水施工质量的基础，防水涂料的涂布和胎体增强材料的铺设是最主要和最关键的工序，这道工序的施工方法取决于涂料的性质和设计方法。

表 8-33　　　　　　　　　　　　　涂膜防水的操作方法

操作方法	具 体 作 法	适应范围
涂刷法	1. 用刷子涂刷一般采用蘸刷法，也可边倒涂料边用刷子刷匀，涂布垂直面层的涂料时，最好采用蘸刷法。涂刷应均匀一致，倒料时要注意控制涂料均匀倒洒，不可在一处倒得过多，否则涂料难以刷开，造成涂膜厚薄不均匀现象。涂刷时不能将气泡裹进涂层中，如遇气泡应立即消除。涂刷遍数必须按事先试验确定的遍数进行。 2. 涂布时应先涂立面，后涂平面。在立面或平面涂布时，可采用分条或按顺序进行。分条进行时，每条宽度应与胎体增强材料宽度一致，以免操作人员踩踏刚涂好的涂层。 3. 前一遍涂料干燥后，方可进行下一层涂膜的涂刷。涂刷前应将前一遍涂膜表面的灰尘、杂物等清理干净，同时还应检查前一遍涂层是否有缺陷，如气泡、露底、漏刷，胎体材料皱折、翘边、杂物混入涂层等不良现象，如果存在上述质量问题，应先进行修补，再涂布下一道涂料。 4. 后续涂层的涂刷，材料用量控制要严格，用力要均匀，涂层厚薄要一致，仔细认真涂刷。各道涂层之间的涂刷方向应相互垂直，以提高防水层的整体性和均匀性。涂层间的接茬处，在每遍涂刷时应退茬 50~100mm，接茬时也应超过 50~100mm，以免接茬不严造成渗漏。 5. 刷涂施工质量要求涂膜厚薄一致，平整光滑，无明显接茬。施工操作中不应出现流淌、皱纹、漏底、刷花和起泡等弊病	用于刷涂立面和细部节点处理及黏度较小的高聚物改性沥青防水涂料和合成高分子涂料
涂刮法	1. 刮涂就是利用刮刀，将厚质防水涂料均匀地刮涂在防水基层上，形成厚度符合设计要求的防水涂膜。 2. 刮涂时应用力按刀，使刮刀与被涂面的倾斜角为 50°~60°，按刀要用力均匀。 3. 涂层厚度控制采用预先在刮板上固定铁丝（或木条）或在屋面上做好标志的方法。铁丝（或木条）的高度应与每遍涂层厚度要求一致。 4. 刮涂时只能来回刮次，不能往返多次刮涂，否则将会出现"皮干里不干"现象。 5. 为了加快施工进度，可采用分条间隔施工，待先批涂层干燥后，再抹后批空白处。分条宽度一般为 0.8~1.0m，以便抹压操作，并与胎体增强材料宽度相一致。 6. 待前一遍涂料完全干燥后（干燥时间不宜少于 12h）可进行下一遍涂料施工。后一遍涂料的刮涂方向应与前一遍刮涂方向垂直。 7. 当涂膜出现气泡、皱折水平、凹陷、刮痕等情况，应立即进行修补。补好后才能进行下一道涂膜施工	用于黏度较大的高聚物改性沥青防水涂料和合成高分子防水涂料的大面积施工
喷涂法	1. 喷涂施工是利用压力或压缩空气将防水涂料涂布于防水基层面上的机械施工方法，其特点是：涂膜质量好，工效高，劳动强度低，适用于大面积作业。 2. 作业时，喷涂压力 0.4~0.8MPa，喷枪移动速度一般为 400~600mm/min，喷嘴至受喷面的距离一般应控制在 400~600mm。 3. 喷枪移动的范围不能太大，一般直线喷涂 800~1000mm 后，拐弯 180°向后喷下一行。根据施工条件可选择横向或竖向往复喷涂。 4. 第一行与第二行喷涂面的重叠宽度，一般应控制在喷涂宽度的 1/3~1/2，以使涂层厚度比较一致。 5. 每一涂层一般要求两遍成活，横向喷涂一遍，再竖向喷涂一遍。两遍喷涂的时间间隔由防水涂料的品种及喷涂厚度而定。 6. 如有喷枪喷涂不到的地方，应用油刷刷涂	用于黏度较小的高聚物改性沥青防水涂料和合成高分子防水涂料的大面积施工

涂膜防水的施工与卷材防水层一样，也必须按照"先高后低、先远后近"的原则进行，

即遇有高低跨屋面，一般先涂布高跨屋面，后涂布低跨屋面。在相同高度的大面积屋面上，要合理划分施工段，施工段的交接处应尽量设在变形缝处，以便于操作和运输顺序的安排，在每段中要先涂布离上料点较远的部位，后涂布较近的部位。先涂布排水较集中的水落口、天沟、檐口，再往高处涂布至屋脊或天窗下。先作节点、附加层，然后再进行大面积涂布。一般涂布方向应顺屋脊方向，如有胎体增强材料时，涂布方向应与胎体增强材料的铺贴方向一致。

2）防水涂料的涂布。

根据防水涂料种类的不同，防水涂料可以采用涂刷、刮涂或机械喷涂的方法涂布。

涂布前，应根据屋面面积、涂膜固化时间和施工速度估算好一次涂布用量，确定配料量，保证在固化干燥前用完，这一规定对于双组分反应固化型涂料尤为重要。已固化的涂料不能与未固化的涂料混合使用，否则会降低防水涂膜的质量。涂布的遍数应按设计要求的厚度事先通过试验确定，以便控制每遍涂料的涂布厚度和总厚度。胎体增强材料上层的涂布不应少于两遍。

涂料涂布应分条或按顺序进行。分条进行时，每条的宽度应与胎体增强材料的宽度相一致，以免操作人员踩踏刚涂好的涂层。每次涂布前应仔细检查前遍涂层有否缺陷，如气泡、露底、漏刷、胎体增强材料皱折、翘边、杂物混入等现象，如发现上述问题，应先进行修补，再涂布后遍涂层。立面部位涂层应在平面涂布前进行，而且应采用多次薄层涂布，尤其是流平性好的涂料，否则会产生流坠现象，使上部涂层变薄，下部涂层增厚，影响防水性能。

涂刷法是指采用滚刷或棕刷将涂料涂刷在基层上的施工方法；喷涂法是指采用带有一定压力的喷涂设备使从喷嘴中喷出的涂料产生一定的雾化作用，涂布在基层表面的施工方法。这两种方法一般用于固体含量较低的水乳型或溶剂型涂料，涂布时应控制好每遍涂层的厚度，即要控制好每遍涂层的用量和薄厚均匀程度。涂刷应采用蘸刷法，不得采用将涂料倒在屋面上，再用滚刷或棕刷涂刷的方法，以免涂料产生堆积现象。喷涂时应根据喷涂压力的大小，选用合适的喷嘴，使喷出的涂料成雾状均匀喷出，喷涂时应控制好喷嘴移动速度，保持匀速前进，使喷涂的涂层厚薄均匀。

刮涂法是指采用刮板将涂料涂布在基层上的施工方法，一般用于高固含量的双组分涂料的施工，由于刮涂法施工的涂层较厚，可以先将涂料倒在屋面上，然后用刮板将涂料刮开，刮涂时应注意控制涂层厚薄的均匀程度，最好采用带齿的刮板进行刮涂，以齿的高度来控制涂层的厚度。

3）胎体增强材料的铺设。

胎体增强材料的铺设方向与屋面坡度有关。屋面坡度小于 3∶20 时可平行屋脊铺设，屋面坡度大于 3∶20 时，为防止胎体增强材料下滑，应垂直屋脊铺设。铺设时由屋面最低标高处开始向上操作，使胎体增强材料搭接顺流水方向，避免呛水。

胎体增强材料搭接时，其长边搭接宽度不得小于 50mm，短边搭接宽度不得小于70mm。采用两层胎体增强材料时，由于胎体增强材料的纵向和横向延伸率不同，因此上下层胎体应同方向铺设，使两层胎体材料有一致的延伸性。上下层的搭接缝还应错开，其间距不得小于 1/3 幅宽，以避免产生重缝。

胎体增强材料的铺设可采用湿铺法或干铺法施工，当涂料的渗透性较差或胎体增强材料比较密实时，宜采用湿铺法施工，以便涂料可以很好地浸润胎体增强材料。

铺贴好的胎体增强材料不得有皱折、翘边、空鼓等缺陷，也不得有露白现象。铺贴时切忌拉伸过紧、刮平时也不能用力过大，铺设后应严格检查表面是否有缺陷或搭接不足问题，否则应进行修补后才能进行下一道工序的施工。

4）细部节点的附加增强处理。

屋面细部节点，如天沟、檐沟、檐口、泛水、出屋面管道根部、阴阳角和防水层收头等部位均应加铺有胎体增强材料的附加层。一般先涂刷1～2遍涂料，铺贴裁剪好的胎体增强材料，使其贴实、平整，干燥后再涂刷一遍涂料。

6. 保护层和隔离层施工

防水层不但要起到防水作用，而且还要抵御大自然的雨水冲刷、紫外线、臭氧、酸雨的损害，温差变化的影响以及使用时外力的损坏，这些都会对防水层造成损害，致使缩短防水层的使用寿命，使防水层提前老化或失去防水功能。因此防水层应加保护层，以延缓防水层的使用寿命，这在功能上讲是合理的，在经济上是合算的，一般有了保护层，防水层的寿命至少延长一倍以上，如果做成倒置式屋面，寿命延长更多。目前采用的保护层，是根据不同的防水材料和屋面功能决定的。

施工完的防水层应进行雨后观察、淋水或蓄水试验，并应在合格后再进行保护层和隔离层的施工。保护层和隔离层施工前，防水层或保温层的表面应平整、干净。保护层和隔离层施工时，应避免损坏防水层或保温层。块体材料、水泥砂浆、细石混凝土保护层表面的坡度应符合设计要求，不得有积水现象。

(1) 浅色涂层的施工。

浅色涂层可在防水层上涂刷，涂刷面除干净外，还应干燥，涂膜应完全固化，刚性层应硬化干燥。涂刷时应均匀，不露底，不堆积，一般应涂刷两遍以上。

浅色涂料保护层施工应符合下列规定：

1）浅色涂料应与卷材、涂膜相容，材料用量应根据产品说明书的规定使用；

2）浅色涂料应多遍涂刷，当防水层为涂膜时，应在涂膜固化后进行；

3）涂层应与防水层粘结牢固，厚薄应均匀，不得漏涂；

4）涂层表面应平整，不得流淌和堆积。

(2) 金属反射膜粘铺。

金属反射膜一般在工厂生产时敷于热熔改性沥青卷材表面，也可以用粘结剂粘贴于涂膜表面。现场粘铺于涂膜表面时，应两人滚铺，从膜下排出空气立即辊压粘牢。

(3) 蛭石、云母粉、粒料（砂、石片）撒布。

这些粒料如用于热熔改性沥青卷材表面时，系在工厂生产时粘附。在现场粘铺于防水层表面时，是在涂刷最后一遍热玛碲脂或涂料时，立即均匀撒铺粒料并轻轻地辊压一遍，待完全冷却或干燥固化后，再将上面未粘牢的粒料扫去。

(4) 纤维毡、塑料网格布的施工。

纤维毡一般在四周用压条钉压固定于基层，中间可采取点粘固定，塑料网格布在四周亦应固定，中间均已咬口连接。

(5) 块体铺设。

在铺设前应先点粘铺贴一层聚酯毡。块体有各式各样的混凝土制品，如方砖、六角形、多边形，只要铺摆就可以，如上人屋面，则要求座砂、座浆铺砌，块体施工时，应铺平垫稳，缝隙均匀一致。

块体材料保护层铺设应符合下列规定：

1）在砂结合层上铺设块体时，砂结合层应平整，块体间应预留 10mm 的缝隙，缝内应填砂，并应用 1∶2 水泥砂浆勾缝；

2）在水泥砂浆结合层上铺设块体时，应先在防水层上做隔离层，块体间应预留 10mm 的缝隙，缝内应用 1∶2 水泥砂浆勾缝；

3）块体表面应洁净、色泽一致，应无裂纹、掉角和缺楞等缺陷。

（6）水泥砂浆、聚合物水泥砂浆或干粉砂浆铺抹。

铺抹砂浆也应按设计要求，如需隔离层，则应先铺一层无纺布，再按设计要求铺抹砂浆，抹平压光；并按设计分格，也可以在硬化后用锯切割，但必须注意不可伤及防水层，锯割深度为砂浆厚度的 1/3～1/2。

（7）混凝土、钢筋混凝土施工。

混凝土、钢筋混凝土保护层施工前应在防水层上作隔离层，隔离层可采用低标号砂浆（石灰黏土砂浆）、油毡、聚酯毡、无纺布等；隔离层应铺平，然后铺放绑扎配筋，支好分格缝模板，浇筑细石混凝土，也可以全部浇筑硬化后用锯切割混凝土缝，但缝中应填嵌密封材料。

8.5 冬期与雨期施工

8.5.1 冬期施工措施

1. 一般规定

（1）保温工程、屋面防水工程冬期施工应选择晴朗天气进行，不得在雨、雪天和五级风及其以上或基层潮湿、结冰、霜冻条件下进行。

（2）保温及屋面工程应依据材料性能确定施工气温界限，最低施工环境气温宜符合表 8-34 的规定。

表 8-34　　　　　　　　　　　　保温及屋面工程施工环境气温要求

防 水 与 保 温 材 料	施 工 环 境 气 温
粘结保温板	有机胶粘剂不低于-10℃；无机胶粘剂不低于 5℃
现喷硬泡聚氨酯	15～30℃
高聚物改性沥青防水卷材	热熔法不低于-10℃
合成高分子防水卷材	冷粘不低于 5℃；焊接法不低于-10℃
高聚物改性沥青防水涂料	溶剂型不低于 5℃；热熔型不低于-10℃
合成高分子防水涂料	溶剂型不低于-5℃
防水混凝土，防水砂浆	符合本规程混凝土，砂浆相关规定
改性石油沥青密封材料	不低于 0℃
合成高分子密封材料	溶剂型不低于 0℃

（3）保温与防水材料进场后，应存放于通风、干燥的暖棚内，并严禁接近火源和热源。棚内温度不宜低于 0℃，且不得低于规定的温度。

（4）屋面防水施工时，应先做好排水比较集中的部位，凡节点部位均应加铺一层附加层。

（5）施工时，应合理安排隔气层、保温层、找平层、防水层的各项工序，连续操作，已完成部位应及时覆盖，防止受潮与受冻。穿过屋面防水层的管道，设备或预埋件，应在防水施工前安装完毕。

2. 地下工程进行冬期施工

地下工程进行冬期施工时，必须采取一定的技术措施。因为混凝土温度在 4℃ 时，强度增长速度仅为 15℃ 时的 1/2。当混凝土温度降到 -4℃ 时，水泥水化作用停止，混凝土强度也停止增长。水冻结后，体积膨胀 8%～9%，使混凝土内部产生很大的冻胀应力。如果此时混凝土的强度较低，就会被冻裂，使混凝土内部结构破坏，造成强度、抗渗性显著下降。

冬期施工措施，既要便于施工、成本低，又要保证混凝土质量，具体应根据施工现场条件选择。

化学外加剂主要是防冻剂。在混凝土拌和物拌和用水中加入防冻剂能降低水溶液的冰点，保证混凝土在低温或负温下硬化。如掺亚硝酸钠—三乙醇胺防冻剂的防水混凝土，可在外界温度不低于 -10℃ 的条件下硬化。但由于防冻剂的掺入会使溶液的导电能力倍增，故此不得在高压电源和大型直流电源的工程中应用。在施工时，还要适当延长混凝土的搅拌时间，混凝土入模温度应为正温，振捣要密实，并要注意早期养护。

暖棚法是采取暖棚加温，使混凝土在正温下硬化，在建筑物体积不大或混凝土工程量集中的工程中，宜采用此法。暖棚法施工时，暖棚内可以采用蒸汽管片或低压电阻片加热，使暖棚温度保持在 5℃ 以上，混凝土入模温度也应为正温。在室外平均气温为 -15℃ 以下的结构，应优先采用蓄热法。采用蓄热法需经热工计算，根据每立方米混凝土从浇筑完毕的温度降到 0℃ 的过程中，透过模板及覆盖的保温材料所放出的热量与混凝土所含的热量及水泥在此期间所放出的水化热之和相平衡，与此同时混凝土的强度也正好达到临界强度。当利用水泥水化热不能满足热量平衡时，可采用原材料加热法（分别加热水、砂、石）或增加保温材料的热阻。

蒸汽加热法和电加热法，由于易使混凝土局部热量集中，故不宜在防水混凝土冬期施工中使用。

3. 屋面保温工程施工

（1）屋面保温材料应符合设计要求，且不得含有冰雪、冻块和杂质。

（2）干铺的保温层可在负温下施工，采用沥青胶结构的保温层应在气温不低于 -10℃ 时施工，采用水泥、石灰或其他胶结料胶结的保温层应在气温不低于 5℃ 时施工，当气温低于上述要求时，应采取保温、防冻措施。

（3）采用水泥砂浆粘贴板状保温材料以及处理板间缝隙，可采用掺有防冻剂的保温砂浆。防冻剂掺量应通过试验确定。

（4）干铺的板状保温材料在负温施工时，板材应在基层表面铺平垫稳，分层铺设。板块上下层缝应相互错开，缝间隙应采用同类材料的碎屑填嵌密实。

（5）倒置式屋面所选用的材料应符合设计及本规程相关规定，施工前应检查防水层平整度及有无结冰，霜冻或积水现象，满足要求后方可施工。

4. 屋面防水工程施工

(1) 屋面找平层施工应符合下列规定：

1) 找平层应牢固坚实、表面无凹凸、起砂、起鼓现象。如有积雪、残留冰霜、杂物等应清扫于净。并应保持干燥。

2) 找平层与女儿墙。立墙、天窗壁、变形缝、烟囱等突出屋面结构的连接处。以及找平层的转角处、水落口、檐口、天沟、檐沟、屋脊等均应做成同弧。采用沥青防水卷材的圆弧，半径宜为 100～150mm；采用高聚物改性沥青防水卷材，圆弧半径宜为 50mm，采用合成高分子防水卷材，圆弧半径宜为 20mm。

(2) 采用水泥砂浆或细石混凝土找平层时，应符合下列规定：

1) 应依据气温和养护温度要求掺入防冻剂，且掺量应通过试验确定。

2) 采用氯化钠作为防冻剂时，宜选用普通硅酸盐水泥或矿渣硅酸盐水泥。不得使用高铝水泥。施工温度不应低于－7℃。氯化钠掺量可按表 8 - 35 采用。

表 8 - 35 氯 化 钠 掺 量

施工时室外气温/℃		0～－2	－3～－5	－6～－7
氯化钠掺量（占水泥质量百分比，%）	用于平整部位	2	4	6
	用于檐口、天沟等部位	3	5	7

(3) 找平层宜留设分格缝，缝宽宜为 20mm。并应填充密封材料。当分格缝兼作排汽屋面的排汽道时，可适当加宽。并应与保温层连通。找平层表面宜平整，平整度不应超过 5mm。且不得有酥松、起砂、起皮现象。

(4) 高聚物改性沥青防水卷材、合成高分子防水卷材、高聚物改性沥青防水涂料、合成高分子防水涂料等防水材料的物理性能应符合现行国家标准《屋面工程质量验收规范》(GB 50207—2012) 的相关规定。

(5) 热熔法施工宜使用高聚物改性沥青防水卷材，并应符合下列规定：

1) 基层处理剂宜使用挥发快的溶剂，涂刷后应干燥 10h 以上，并应及时铺贴。

2) 水落口、管根、烟囱等容易发生渗漏部位的周围 200mm 范围内，应涂刷一遍聚氨酯等溶剂型涂料。

3) 热熔铺贴防水层应采用满粘法。半坡度小于 3% 时，卷材与屋脊应平行铺贴；坡度大于 15% 时卷材与屋脊应垂直铺贴，坡度为 3%～15% 时，可平行或垂直屋脊铺贴。铺贴时应采用喷灯或热喷枪均匀加热基层和卷材。喷灯或热喷枪距卷材的距离宜为 0.5m，不得过热或烧穿，应待卷材表面熔化后，缓缓地滚铺铺贴。

4) 卷材搭接应符合设计规定。当设计无规定时，横向搭接宽度宜为 120mm，纵向搭接宽度宜为 100mm。搭接时应采用喷灯或热喷枪加热搭接部位，趁卷材熔化尚未冷却时，用铁抹子把接缝边抹好，再用喷灯或热喷枪均匀细致地密封。平面与立面相连接的卷材，应由上向下压缝铺贴。并应使卷材紧贴阴角、不得有空鼓现象。

5) 卷材搭接缝的边缘以及末端收头部位应以密封材料嵌缝处理，必要时也可在经过密封处理的末端接头处再用掺防冻剂的水泥砂浆压缝处理。

(6) 热熔法铺贴卷材施工安全应符合下列规定：

1) 易燃性材料及辅助材料库和现场严禁烟火，并应配备适当灭火器材。

2）溶剂型基层处理剂未充分挥发前不得使用喷灯或热喷枪操作。操作时应保持火焰与卷材的喷距，严防火灾发生。

3）在大坡度屋面或挑檐等危险部位施工时，施工人员应系好安全带，四周应设防护措施。

（7）冷粘法施工宜采用合成高分子防水卷材。胶粘剂应采用密封桶包装，储存在通风良好的室内，不得接近火源和热源。

（8）冷粘法施工应符合下列规定：

1）基层处理时应将聚氨酯涂膜防水材料的甲料∶乙料∶二甲苯按 1∶1.5∶3 的比例配合，搅拌均匀，然后均匀涂布在基层表面上，干燥时间不应少于 10h。

2）采用聚氨酯涂料做附加层处理时，应将聚氨酯甲料和乙料按 1∶1.5 的比例配合搅拌均匀，再均匀涂刷在阴角、水落口和通气口根部的周围，涂刷边缘与中心的距离不应小于 200mm，厚度不应小于 1.5m，并应在固化 36h 以后，方能进行下一工序施工。

3）铺贴立面或大坡面合成高分子防水卷材宜用满粘法。胶粘剂应均匀涂刷在基层或卷材底面，并应根据其性能，控制涂刷与卷材铺贴的间隔时间。

4）铺贴的卷材应平整顺直粘结牢固，不得有皱折，搭接尺寸应准确，并应辊压排除卷材下面的空气。

5）卷材铺好压粘后，应及时处理搭接部位，并应采用与卷材配套的接缝专用胶粘剂在搭接缝粘合面上涂刷均匀。根据专用胶粘剂的性能。应控制涂刷与粘合间隔时间，排除空气，辊压粘结牢固。

6）接缝口应采用密封材料封严。其宽度不应小于 10mm。

（9）涂膜屋面防水施工应选用溶剂型合成高分子防水涂料。涂料进场后，应储存于干燥、通风的室内，环境温度不宜低于 0℃，并应远离火源。

（10）涂膜屋面防水施工应符合下列规定：

1）基层处理剂可选用有机溶剂稀释而成。使用时应充分搅拌，涂刷均匀，覆盖完全，干燥后方可进行涂膜施工。

2）涂膜防水应由两层以上涂层组成，总厚度应达到设计要求，其成膜厚度不应小于 2mm。

3）可采用涂刮或喷涂施工。当采用涂刮施工时，每遍涂刮的推进方向宜与前一遍互相垂直，并在前一遍涂料干燥后，方可进行后一遍涂料的施工。

4）使用双组分涂料时应按配合比正确计量，搅拌均匀，已配成的涂料及时使用。配料时可加入适量的稀释剂，但不得混入固化涂料。

5）在涂层中夹铺胎体增强材料时，位于胎体下面的涂层厚度不应小于 1mm，最上层的涂料层不应少于两遍。胎体长边拼接宽度不得小于 50mm，短边搭接宽度不得小于 70mm。采用双层胎体增强材料时，上下层不得互相垂直铺设，搭接缝应错开，间距不应小于一个幅面宽度的 1/3。

6）天沟、檐沟、檐口、泛水等部位，均应加铺有胎体增强材料的附加层。水落口周围与屋面交接处，应作密封处理，并应加铺两层有胎体增强材料的附加层，涂膜伸入水落口的深度不得小于 50mm，涂膜防水层的收头应用密封材料封严。

7）涂膜屋面防水工程在涂膜层固化后应做保护层。保护层可采用分格水泥砂浆或细石混凝土或块材等。

（11）隔气层可采用气密性好的单层卷材或防水涂料，冬期施工采用卷材时，可采用花铺法施工，卷材搭接宽度不应小于 80mm；采用防水涂料时，宜选用溶剂型涂料。隔气层施工的温度不应低于－5℃。

8.5.2　雨期施工措施

主要施工措施有：

（1）卷材层面应尽量在雨季前施工，并同时安装屋面的落水管。

（2）雨天严禁进行油毡屋面施工，油毡、保温材料不准淋雨。

（3）雨天屋面工程宜采用"湿铺法"施工工艺，"湿铺法"就是在"潮湿"基层上铺贴卷材，先喷刷 1～2 道冷底子油，喷刷工作宜在水泥砂浆凝结初期进行操作，以防基层浸水。如基层浸水，应在基层表面干燥后方可铺贴油毡。如基层潮湿且干燥有困难时，可采用排汽屋面。

8.6　施 工 安 全 措 施

8.6.1　防火措施

防火应遵循以下规定：

（1）建筑防水工程施工必须遵守《建筑施工安全技术统一规范》（GB 50870—2013）和《中华人民共和国消防条例》，严格执行公安部关于建筑工地防火及其他有关安全防火的专门规定。

（2）用火前，必须取得现场用火证明，并将用火周围的易燃物品清理干净，设有专人看火。

（3）施工现场应备有泡沫灭火器和其他消防设备。

（4）涂刷冷底子油时防止发生火灾，操作人员不得吸烟。

（5）采用热熔法施工时，石油液化气罐、氧气瓶等应有技术检验合格证，使用时，要严格检查各种安全装置是否齐全有效，施工现场不得有其他明火作业，遇屋面有易燃设备时，应采取隔离防护措施。

（6）火焰喷枪或汽油喷灯应由专人保管和操作，点燃的火焰喷枪（或喷灯门）不准对着人员或堆放卷材处，以免烫伤或着火。

（7）喷枪使用前，应先检查液化气钢瓶开关及喷枪开关等各个环节的气密性，确认完好无损后才可点燃喷枪，喷枪点火时，喷枪开关不能旋到最大状态，应在点燃后缓缓调节。

（8）所有溶剂型材料均不得露天存放。

（9）五级以上大风及雨雪天暂停室外热熔防水施工。

8.6.2　高处作业安全措施

凡在坠落高度基准面在 2m 以上（含 2m）有可能坠落的在高处进行的作业，均称为高处作业。

进行高处作业时，应注意以下的要求：

（1）凡参加高处作业人员必须经医生体检合格，方可进行高处作业。对患有精神病、癫痫病、高血压、视力和听力严重障碍的人员，一律不准从事高处作业。

（2）凡参加高处作业人员，应在开工前进行安全教育，并经考试合格。

（3）参加高处作业人员应按规定要求戴好安全帽、扎好安全带，衣着符合高处作业要求，穿软底鞋，不穿带钉易滑鞋，并要认真做到"十不准"：一不准违章作业；二不准工作前和工作时间内喝酒；三不准在不安全的位置上休息；四不准随意往下面扔东西；五严重睡眠不足不准进行高处作业；六不准打赌斗气；七不准乱动机械、消防及危险用品用具；八不准违反规定要求使用安全用品、用具；九不准在高处作业区域追逐打闹；十不准随意拆卸、损坏安全用品、用具及设施。

（4）高处作业人员随身携带的工具应装袋精心保管，较大的工具应放好、放牢，施工区域的物料要放在安全不影响通行的地方，必要时要捆好。

（5）施工人员要坚持每天下班前清扫制度，做到工完料净场地清。

（6）吊装施工危险区域，应设围栏和警告标志，禁止行人通过和在起吊物件下逗留。

（7）尽量避免立体交叉作业，立体交叉作业要有相应的安全防护隔离措施，无措施严禁同时进行施工。

（8）高处作业前应进行安全技术交底，作业中发现安全设施有缺陷和隐患必须及时解决，危及人身安全时必须停止作业。

（9）施工时，密切注意掌握季节气候变化，遇有暴雨、6级及以上大风、大雾等恶劣气候，应停止露天作业。

（10）高处作业必须有可靠的防护措施。如悬空高处作业所用的索具、吊笼、吊篮、平台等设备设施均需经过技术鉴定或检验后方可使用。无可靠的防护措施绝不能施工。特别在特定的、较难采取防护措施的施工项目中，更要创造条件保证安全防护措施的可靠性。在特殊施工环境安全带没有地方挂，这时更需要想办法使防护用品有处挂，并要安全可靠。

（11）高处作业中所用的物料必须堆放平稳，不可置放在临边或洞口附近，对作业中的走道、通道板和登高用具等，必须随时清扫干净。拆卸下的物料、剩余材料和废料等都要加以清理及时运走，不得任意乱置或向下丢弃。各施工作业场所内凡有可能坠落的任何物料，都要一律先行撤除或者加以固定，以防跌落伤人。

（12）施工人员在高处边缘施工时，必须系安全带，设专人看护。

复 习 思 考 题

1. 防水混凝土施工要点有哪些？

2. 水泥砂浆防水层的施工要点有哪些？

3. 试述地下防水工程卷材防水层外贴法施工方法。

4. 试述地下防水工程卷材防水层外防内贴法施工方法。

5. 地下工程涂膜防水施工工艺有哪些？

6. 水泥砂浆防水层所用的材料一般要求有哪些？

7. 冷粘法铺贴卷材应符合的规定有哪些？

8. 厕浴间地面排水坡度（含找坡层）要求有哪些？

9. 单组分聚氨酯防水涂料材料要求有哪些？主要施工机具有哪些？防水层施工工艺流程有哪些？操作要点有哪些？成品保护及安全注意事项有哪些？

10. 刚性防水材料与柔性防水涂料复合材料要求有哪些？主要施工机具有哪些？防水层施工工艺流程有哪些？操作要点有哪些？成品保护及安全注意事项有哪些？

11. 简述无外保温外墙的防水防护层构造。

12. 简述外保温外墙的防水防护层构造。

13. 简述外墙饰面层防水构造。

14. 简述无外保温外墙防水防护施工工艺流程、操作要点。

15. 简述外保温外墙防水防护施工工艺流程、操作要点。

16. 普通屋面的构造要求有哪些？

17. 倒置式屋面的构造要求有哪些？

18. 找坡层和找平层构造要求有哪些？

19. 保温层和隔热层构造要求有哪些？

20. 卷材及涂膜防水层构造要求有哪些？

21. 保护层和隔离层构造要求有哪些？

22. 找坡层和找平层施工程序、施工方法有哪些？

23. 保温层和隔热层施工程序、施工方法有哪些？

24. 卷材防水层施工程序、施工方法有哪些？

25. 涂膜防水层施工程序、施工方法有哪些？

26. 接缝密封防水施工程序、施工方法有哪些？

27. 保护层和隔离层施工程序、施工方法有哪些？

28. 屋面与防水工程冬雨期施工措施有哪些？

29. 屋面与防水工程安全施工措施有哪些？

第9章　建筑装饰工程施工

9.1　常用施工机具

9.1.1　木结构施工机具

1. 电动圆锯

电动圆锯又称木材切割机，如图9-1所示，主要用于切割木夹板、木方条、装饰板等。施工时，常把电动圆锯反装在工作台面下，并使圆锯片从工作台面的开槽处伸出台面，以便切割木板和木方。

电动圆锯使用时，双手握稳电锯，开动手柄上的电钮，让其空转至正常速度，再进行锯切工作。操作者应戴防护眼镜或把头偏离锯片径向范围，以免木屑乱飞击伤眼睑。

2. 电动曲线锯

电动曲线锯又称为电动线锯、垂直锯、直锯机、线锯机等，如图9-2所示。它由电动机、往复机构、机壳、开关、手柄、锯条等零件组成。电动曲线锯可以在金属、木材、塑料、橡胶皮条、泡沫塑料板等材料上切割直线或曲线，锯割复杂形状和曲率半径小的几何图形。锯条可分为粗齿、中齿、细齿三种，其中粗齿锯条适用于锯割木材，中齿锯条适用于锯割有色金属板材、层压板，细齿锯条适用于锯割钢板。

图9-1　电动圆锯

图9-2　电动曲线锯

电动曲线锯锯割前应根据加工件的材料种类选取合适的锯条。若在锯割薄板时发现工件有反跳现象，表明锯齿太大，应调换细齿锯条。锯割时向前推力不能太猛，转角半径不宜小于50mm。若卡住应立刻切断电源，退出锯条，再进行锯割。在锯割时不能将曲线锯任意提起，以防损坏锯条。使用过程中，发现不正常声响、火花过大、外壳过热、不运转或运转过慢时，应立即停锯，检查修复后再使用。

3. 电刨

电刨又称手提式电刨、木工电刨，如图9-3所示，主要由电机、刨刀、刨刀调整装置和护板等组成。主要用于刨削木材或木结构件。开关带有锁定装置并附有台架的电刨，还可以翻转固定于台架上，作小型台刨使用。

电刨使用前，要检查电刨的各部件完整性和绝缘情况，确认没有问题后，方可投入使用。

操作时，双手前后握刨。推刨时，平稳匀速向前移动，刨到工件尽头时应将机身提起，以免损坏刨好的工件表面。

4. 电动木工修边机

电动木工修边机也称倒角机，如图 9-4 所示，由电动机、刀头以及可调整角度的保护罩组成，配用各种成形铣刀，用于对各种木质工件的边棱或接口处进行整平、斜面加工或图形切割、开槽等。

图 9-3　电刨

使用时应用手正确把握，沿着加工件均匀运动，速度不宜太快，按事先的边线进行操作，以免损坏物件，使用后应切断电源，清除灰尘。

5. 电动、气动打钉枪

用于木龙骨上钉木夹板、纤维板、刨花板、石膏板等板材和各种装饰木线条。

电动打钉枪插入 220V 电源插座就可直接使用，如图 9-5 所示。气动打钉枪需与气泵连接。操作时用钉枪嘴压在需钉接处，再按下开关即可把钉子压入所钉面材内。

图 9-4　电动木工修边机

图 9-5　电动打钉枪

9.1.2　金属结构施工机具

1. 型材切割机

型材切割机（图 9-6），可分为单速型材切割机和双速型材切割机两种，它主要由电动机、切割动力头、变速机构、可转夹钳、砂轮片等部件组成。主要用于切割金属型材。它根据砂轮磨损原理，利用高速旋转的薄片砂轮进行切割，也可改换合金锯片切割木材、硬质塑料等，多用于金属内外墙板、铝合金门窗安装、吊顶等装饰装修工程施工。

操作时用锯板上的夹具夹紧工件，按下手柄使砂轮片轻轻接触工件，平稳、匀速地切割。因切割时有大量火星，须注意远离木器、油漆等易燃物品。

2. 电动角向磨光机

电动角向磨光机是供磨削用的电动工具，如图 9-7 所示。它主要由电机、传动机构、磨头和防护罩等组成，主要用于对金属型材进行磨光、除锈、去毛刺等作业，使用范围比较广泛。

图9-6　型材切割机　　　　　　　图9-7　电动角向磨光机

磨光机使用的砂轮，必须是增强纤维树脂砂轮，安全线速度不小于80m/s。使用的电缆和插头具有加强绝缘性能，不能任意用其他导线和插头更换或接长。操作时用双手平握住机身，再按下开关。以砂轮片的侧面轻触工件，并平稳地向前移动，磨到尽头时应提起机身，不可在工件上来回推磨，以免损坏砂轮片。电动角向磨光机转速很快，振动大，应保持磨光机的通风畅通、清洁，应经常清除油垢和灰尘。

3. 射钉枪

射钉枪是一种直接完成型材安装固定技术的工具，如图9-8所示。它主要由活塞、弹膛组件、击针、击针弹簧及枪体外套等部分组成。在装饰工程施工中，由枪击发射钉弹，以弹内燃料的能量，将各种射钉直接钉入钢铁、混凝土或砖砌体等材料中去。射钉种类主要有一般射钉、螺纹射钉、带孔射钉三种。

使用射钉枪前要认真检查枪的完好程度，操作者最好经过专门训练。射击的基体必须稳固坚实，并且有抵抗射击冲力的刚度。扣动扳机后如发现子弹不发火，应再次按于基体上扣动扳机，如仍不发火，应仍保持原射击位置数秒后，再来回拉伸枪管，使下一颗子弹进入枪膛，再扣动扳机。

图9-8　射钉枪

9.1.3　钻孔机具

1. 轻型手电钻

轻型手电钻（图9-9）又称手枪钻、手电钻、木工电钻，是用来对木材、塑料件、金属件等材料或工件进行小孔径钻孔的电动工具。操作时，注意钻头应垂直平稳进给，防止跳动和摇晃。要经常清除钻头旋出的碎渣，以免钻头扭断在工件中。

2. 冲击电钻

冲击电钻是带冲击的、可调节式旋转的特种电钻。冲击电钻由单相串激电机、传动机构、旋冲调节机构及壳体等部分组成。主要用于混凝土结构、砖结构、瓷砖地砖的钻孔，以便安装膨胀螺栓或木楔。

图 9-9   轻型手电钻

使用前，应检查冲击电钻完好情况，包括机体、绝缘、电线、钻头等有无损坏。根据冲击、旋转要求，把调节开关调好，钻头垂直于工作面冲转。如使用中发现声音和转速不正常时，要立即停机检查；使用后，及时进行保养。电钻旋转正常后方可作业，钻孔时不能用力过猛。使用双速电钻，一般钻小孔时用高速，钻大孔时用低速。

3. 电锤

电锤主要由单相串激式电动机、传动箱、曲轴、连杆、活塞机构、保险离合器、刀夹机构、手柄等组成，如图 9-10 所示。主要用于混凝土等结构表面剔、凿和打孔作业。作冲击钻使用时，则用于门窗、吊顶和设备安装中的钻孔，埋置膨胀螺栓。

图 9-10   电锤

使用电锤打孔时，首先保证电源的电压与铭牌上规定相符，电锤各部件紧固螺栓必须牢固，根据钻孔开凿情况选择合适的钻头，并安装牢靠。操作时工具必须垂直于工作面，不允许工具在孔内左右摆动，以免扭坏工具。电锤多为断续工作制，切勿长期连续使用，以免烧坏电动机。

9.2 抹 灰 施 工

9.2.1 抹灰工程施工要求

1. 抹灰工程分类

抹灰工程按照抹灰施工的部位，分为室外抹灰和室内抹灰。通常室内各部位的抹灰称为内抹灰，如内墙、楼地面、天棚抹灰等；室外各部位的抹灰称为外抹灰，如外墙面、雨篷和檐口抹灰等。按使用材料和装饰效果不同，又分为一般抹灰和装饰抹灰两大类。一般抹灰有水泥石灰砂浆、水泥砂浆、聚合物水泥砂浆以及麻刀灰、纸筋灰、石膏灰等；装饰抹灰有水刷石、水磨石、斩假石（剁斧石）、干粘石、拉毛灰、洒毛灰以及喷砂、喷涂、滚涂、弹涂等。

一般抹灰按使用要求、质量标准不同，分为普通抹灰和高级抹灰两种。

（1）普通抹灰要求分层涂抹，赶平，表面应光滑、洁净，接槎平整，分格缝应清晰。适用于一般居住、公共和工业建筑以及高级建筑物中的附属用房等。

（2）高级抹灰要求分层涂抹，赶平，表面应光滑、洁净，颜色均匀、无抹纹、接槎平整，分格缝和灰线应清晰美观，阴阳角方正。高级抹灰适用于大型公共建筑、纪念性建筑物以及有特殊要求的高级建筑物等。

2. 抹灰层的组成

为了使抹灰层与基层粘结牢固，防止起鼓开裂，并使抹灰层的表面平整，保证工程质量，抹灰层应分层涂抹。

抹灰层一般由底层、中层和面层组成。底层主要起与基层（基体）粘结作用，中层主要起找平作用，面层主要起装饰美化作用。各层厚度和使用砂浆品种应视基层材料、部位、质量标准以及各地气候情况决定。抹灰层一般做法见表 9-1。

表 9-1 抹 灰 层 的 一 般 做 法

层次	作　用	基层材料	一　般　做　法
底层	主要起与基层粘结作用，兼起初步找平作用。砂浆稠度为 10～20cm	砖墙	（1）室内墙面一般采用石灰砂浆或水泥混合砂浆打底； （2）室外墙面、门窗洞口外侧壁、屋檐、勒脚、压檐墙等及湿度较大的房间和车间宜采用水泥砂浆或水泥混合砂浆
		混凝土	（1）宜先刷素水泥浆一道，采用水泥砂浆或混合砂浆打底； （2）高级装修顶板宜用乳胶水泥砂浆打底
		加气混凝土	宜用水泥混合砂浆、聚合物水泥砂浆或掺增稠粉的水泥砂浆打底。打底前先刷一遍胶水溶液
		硅酸盐砌块	宜用水泥混合砂浆或掺增稠粉的水泥砂浆打底
		木板条、苇箔、金属网基层	宜用麻刀灰、纸筋灰或玻璃丝灰打底，并将灰浆挤入基层缝隙内，以加强拉结
		平整光滑的混凝土基层，如顶棚、墙体	可不抹灰，采用刮粉刷石膏或刮腻子处理
中层	主要起找平作用。砂浆稠度 7～8cm		（1）基本与底层相同。砖墙则采用麻刀灰、纸筋灰或粉刷石膏； （2）根据施工质量要求可以一次抹成，也可以分遍进行
面层	主要起装饰作用。砂浆稠度 10cm		（1）要求平整、无裂纹，颜色均匀； （2）室内一般采用麻刀灰、纸筋灰、玻璃丝灰或粉刷石膏；高级墙面用石膏灰。保温、隔热墙面按设计要求； （3）室外常用水泥砂浆、水刷石、干粘石等

3. 抹灰层的平均总厚度

抹灰层的平均总厚度，应小于下列数值：

（1）顶棚：板条、现浇混凝土和空心砖抹灰为 15mm；预制混凝土抹灰为 18mm；金属网抹灰为 20mm。

（2）内墙：普通抹灰两遍做法（一层底层，一层面层）为 18mm；普通抹灰三遍做法（一层底层，一层中层和一层面层）为 20mm；高级抹灰为 25mm。

（3）外墙抹灰为 20mm；勒脚及凸出墙面部分抹灰为 25mm。

（4）石墙抹灰为 35mm。

控制抹灰层平均总厚度的目的，主要是为了防止抹灰层脱落。

4. 一般抹灰的材料

（1）水泥。抹灰常用的水泥为普通硅酸盐水泥和矿渣硅酸盐水泥。水泥的品种、强度等级应符合设计要求。出厂 3 个月的水泥，应经试验后方能使用，受潮后结块的水泥应过筛试验后使用。水泥体积的安定性必须合格。

（2）石灰膏和磨细生石灰粉。块状生石灰须经熟化成石灰膏才能使用，在常温下，熟化时间不应少于 15d；用于罩面的石灰膏，在常温下，熟化的时间不得少于 30d。

块状生石灰碾碎磨细后的成品，即为磨细生石灰粉。罩面用的磨细生石灰粉的熟化时间不得少于 3d。使用磨细生石灰粉粉饰，不仅具有节约石灰、适合冬季施工的优点，而且粉饰后不易出现膨胀、鼓皮等现象。

（3）石膏。抹灰用石膏，一般用于高级抹灰或抹灰龟裂的补平。宜采用乙级建筑石膏，使用时磨成细粉无杂质，细度要求通过 0.15mm 筛孔，筛余量不大于 10%。

（4）粉煤灰。粉煤灰作为抹灰掺和料，可以节约水泥，提高和易性。

（5）粉刷石膏。粉刷石膏是以建筑石膏粉为基料，加入多种添加剂和填充料等配制而成的一种白色粉料，是一种新型的装饰材料。常见的粉刷石膏有面层粉刷石膏、基层粉刷石膏、保温粉刷石膏等。

（6）砂。抹灰用砂最好是中砂，或粗砂与中砂混合掺用。可以用细砂，但不宜用特细砂。抹灰用砂要求颗粒坚硬、洁净，使用前需要过筛（筛孔不大于 5mm），不得含有黏土（不超过 2%）、草根、树叶、碱质及其他有机物等有害杂质。

（7）麻刀、纸筋、稻草、玻璃纤维。麻刀、纸筋、稻草、玻璃纤维在抹灰层中起拉结和骨架作用，提高抹灰层的抗拉强度，增加抹灰层的弹性和耐久性，使抹灰层不易裂缝脱落。

除了一般抹灰和装饰抹灰以外，还有采用特种砂浆进行的具有特殊要求的抹灰。例如，钡砂（重晶石）砂浆抹灰，对 X 和 γ 射线有阻隔作用，常用作 X 射线探伤室、X 射线治疗室、同位素实验室等墙面抹灰。还有应用膨胀珍珠岩、膨胀蛭石作为骨料的保温隔热砂浆抹灰，不但具有保温隔热隔音性能，还具有无毒、无臭、不燃烧、质量密度轻的特点。

9.2.2　一般抹灰施工工艺

1. 抹灰基体的表面处理

为保证抹灰层与基体之间能粘结牢固，不致出现裂缝、空鼓和脱落等现象，在抹灰前基体表面上的灰土、污垢、油渍等应清除干净。对基体表面凹凸明显的部位应在施工前先剔平或用水泥砂浆补平。基体表面应具有一定的粗糙度。砖石基体面灰缝应砌成凹缝式，使砂浆能嵌入

图 9-11　不同基层接缝处理
1—砖墙；2—钢丝网；3—板条墙

灰缝内与砖石基体粘结牢固。混凝土基体表面较光滑，应在表面先刷一道水泥浆或喷一道水泥砂浆疙瘩，如刷一道聚合物水泥浆效果更好。加气混凝土表面抹灰前应清扫干净，并需刷一道聚合物胶水溶液，然后才可抹灰。板条墙或板条顶棚，各板条之间应预留 8～10mm 缝隙，以便底层砂浆能压入板缝内结合牢固。当抹灰总厚度≥35mm 时应采取加强措施。不同材料基体交接处表面的抹灰，应采取防开裂的加强措施，当采用加强网时，加强网与各基体的搭接宽度不应小于100mm，如图 9-11 所示。对于容易开裂的部位，也应先设加强网以防止开裂。门窗框与墙连接处的缝隙，应用水泥砂浆嵌塞密实，以防因振动而引起抹灰层剥落、开裂。

2. 设置标筋

为了有效地控制墙面抹灰层的厚度与垂直度，使抹灰面平整，抹灰层涂抹前应设置标筋（又称冲筋），作为底、中层抹灰的依据。

设置标筋时，先用托线板检查墙面的平整垂直程度，据以确定抹灰厚度（最薄处不宜小于 7mm），再在墙两边上角离阴角边 100～200mm 处按抹灰厚度用砂浆做一个四方形（边长约 50mm）标准块，称为"灰饼"，然后根据这两个灰饼，用托线板或线锤吊挂垂直，做墙面下角的两个灰饼（高低位置一般在踢脚线上口），随后以上角和下角左右两灰饼面为准拉线，每隔 1.2～1.5m 上下加做若干灰饼，如图 9-12 所示。待灰饼稍干后在上下灰饼之间用砂浆抹上一条宽 100mm 左右的垂直灰埂，此即为标筋，作为抹底层及中层的厚度控制和赶平的标准。

图 9-12　挂线做标准灰饼及标筋
（a）灰饼和标筋的位置示意图；（b）水平横向标筋示意图

顶棚抹灰一般不做灰饼和标筋，而是在靠近顶棚四周的墙面上弹一条水平线以控制抹灰层厚度，并作为抹灰找平的依据。

3. 做护角

室内外墙面、柱面和门窗洞口的阳角容易受到碰撞而损坏，故该处应采用 1：2 水泥砂浆做暗护角，其高度不应低于 2m，每侧宽度不应小于 50mm，待砂浆收水稍干后，用捋角器抹成小圆角，如图 9-13 所示。要求抹灰阳角线条清晰、挺直、方正。

4. 抹灰层的涂抹

当标筋稍干后，即可进行抹灰层的涂抹。涂抹应分层进行，以免一次涂抹厚度较厚，砂浆内外收缩不一致而导致开裂。一般涂抹水泥砂浆时，每遍厚度以 5～7mm 为宜；涂抹石灰砂浆和水泥混合砂浆时，每遍厚度以 7～8mm 为宜。

图 9-13　阳角护角
（a）墙、柱阳角护角；（b）门洞阳角护角
1—水泥砂浆护角；2—墙面砂浆；3—嵌缝砂浆；4—门框

分层涂抹时，应防止涂抹后一层砂浆时破坏已抹砂浆的内部结构而影响与前一层的粘结，应避免几层湿砂浆合在一起造成收缩率过大，导致抹灰层开裂、空鼓。因此，水泥砂浆和水泥混合砂浆应待前一层抹灰层凝结后，再涂抹后一层；石灰砂浆应待前一层发白（约七八成干）后，再涂抹后一层。抹灰用的砂浆应具有良好的工作性（和易性），以便于操作。砂浆稠度一般宜控制为底层抹灰砂浆 100～120mm；中层抹灰砂浆 70～80mm。底层砂浆与中层砂浆的配合比应基本相同。中层砂浆强度不能高于底层，底层砂浆强度不能高于基体，以免砂浆在凝结过程中产生较大的收缩应力，破坏强度较低的抹灰底层或基体，导致抹灰层产生裂缝、空鼓或脱落。另外底层砂浆强度与基体强度相差过大时，由于收缩变形性能相差悬殊也易产生开裂和脱离，故混凝土基体上不能直接抹石灰砂浆。

为使底层砂浆与基体粘结牢固，抹灰前基体一定要浇水湿润，以防止基体过干而吸去砂浆中的水分，使抹灰层产生空鼓或脱落。砖基体一般宜浇水两遍，使砖面渗水深度达 8～10mm 左右。混凝土基体宜在抹灰前 1d 即浇水，使水渗入混凝土表面 2～3mm。如果各层抹灰相隔时间较长，已抹灰砂浆层较干时，也应浇水湿润，才可抹下一层砂浆。

抹灰层除用手工涂抹外，还可利用机械喷涂。机械喷涂抹灰将砂浆的拌制、运输和喷涂过程有机地衔接起来。

5. 罩面压光

室内常用的面层材料有麻刀石灰、纸筋石灰、石膏灰等，应分层涂抹，每遍厚度为 1～2mm，经赶平压实后，面层总厚度对于麻刀石灰不得大于 3mm；对于纸筋石灰、石膏灰不得大于 2mm。罩面时应待底子灰五六成干后进行。如底子灰过干应先浇水湿润。分纵横两遍涂抹，最后用钢抹子压光，不得留抹纹。

室外抹灰常用水泥砂浆罩面。由于面积较大，为了不显接槎，防止抹灰层收缩开裂，一般应设有分格缝，留槎位置应留在分格缝处。由于大面积抹灰罩面抹纹不易压光，在阳光照射下极易显露而影响墙面美观，故水泥砂浆罩面宜用木抹子抹成毛面。为防止色泽不匀，应用同一品种与规格的原材料，由专人配料，采用统一的配合比，底层浇水要均匀，干燥程度基本一致。

9.2.3　装饰抹灰施工工艺

装饰抹灰工艺是采用装饰性强的材料，或用不同的处理方法以及在灰浆中加入各种颜料，使建筑物具备某种特定的色调和光泽。随着建筑工业生产的发展和人民生活水平的提

高，这方面取得了很大发展，也出现很多新的工艺。

装饰抹灰的底层和中层的做法与一般抹灰要求相同，面层根据材料及施工方法的不同而具有不同的形式。下面介绍几种常用的饰面。

1. 水刷石

水刷石多用于室外墙面的装饰抹灰。对于高层建筑大面积水刷石，为加强底层与混凝土基体的粘结，防止空鼓、开裂，墙面要加钢筋做拉结网。施工时先用 12mm 厚的 1：3 水泥砂浆打底找平，待底层砂浆终凝后，在其上按设计的分格弹线安装分格木条，用水泥浆在两侧粘结固定，以防大片面层收缩开裂。然后将底层浇水润湿后刮水泥浆（水灰比 0.37～0.40）一道，以增加面层与底层的粘结。随即抹上稠度为 5～7cm、厚 8～12mm 的水泥石子浆（水泥：石子＝1：1.25～1：1.50）面层，拍平压实，使石子密实且分布均匀。当水泥石子浆开始凝固时（大致是以手指按上去无指痕，用刷子刷石子，石子不掉下为准），用刷子从上而下蘸水刷掉石子间表层水泥浆，使石子露出灰浆面 1～2mm 为度。刷洗时间要严格掌握，刷洗过早或过度，则石子颗粒露出灰浆面过多，容易脱落；刷洗过晚，则灰浆洗不净，石子不显露，饰面浑浊不清晰，影响美观。水刷石的外观质量标准是石粒清晰、分布均匀、紧密平整、色泽一致、不得有掉粒和接槎痕迹。

2. 干粘石

干粘石主要是用于外墙面的装饰抹灰，施工时是在已经硬化的底层水泥砂浆层上按设计要求弹线分格，根据弹线镶嵌分格木条。将底层浇水润湿后，抹上一层 6mm 厚 1：2～1：2.5 的水泥砂浆层，随即紧跟着再抹一层 2mm 厚的 1：0.5 水泥石灰膏浆粘结层，同时将配有不同颜色或同色的粒径为 4～6mm 的石子甩粘拍平压实。拍时不得把砂浆拍出来，以免影响美观，要使石子嵌入深度不小于石子粒径的 1/2，持有一定强度后洒水养护。

上述为手工甩石子，亦可用喷枪将石子均匀有力地喷射于粘结层上，用铁抹子轻轻压一遍，使表面搓平。干粘石的质量要求是石粒粘结牢固、分布均匀、不掉石粒、不露浆、不漏粘、颜色一致。

3. 斩假石（剁斧石）

斩假石又称剁斧石，是仿制天然石料的一种饰面，用不同的骨料或掺入不同的颜料，可以仿制成仿花岗石、玄武石、青条石等。施工时先用 1：2～1：2.5 水泥砂浆打底，待 24h 后浇水养护，硬化后在表面洒水湿润，刮素水泥浆一道，随即用 1：1.25 水泥石子浆（内掺 30％石屑）罩面，厚为 10mm；抹完后要注意防止日晒或冰冻，并养护 2～3d（强度达 60％～70％）即可试剁，如石子颗粒不发生脱落便可正式斩假石加工；加工时用剁斧将面层斩毛，剁的方向要一致，剁纹深浅要均匀，一般两遍成活，分格缝周边、墙角、柱子的棱角周边留 15～20mm 不剁，即可做出似用石料砌成的装饰面。

4. 拉毛灰和洒毛灰

拉毛灰是将底层用水湿透，抹上 1：(0.05～0.3)：(0.5～1) 水泥石灰罩面砂浆，随即用硬棕刷或铁抹子进行拉毛。棕刷拉毛时，用刷蘸砂浆往墙上连续垂直拍拉，拉出毛头。铁抹子拉毛时，则不蘸砂浆，只用抹子粘结在墙面随即抽回，要做到拉的快慢一致、均匀整齐、色泽一致、不露底，在一个平面上要一次成活，避免中断留槎。

洒毛灰（又称撒云片）是用茅草小帚蘸 1：1 水泥砂浆或 1：1：4 水泥石灰砂浆，由上往下洒在湿润的底层上，洒出的云朵须错乱多变、大小相称、空隙均匀，形成大小不一而有规律的毛面。亦可在未干的底层上刷上颜色，再不均匀地洒上罩面灰，并用抹子轻轻压平，使其部分地露出带色的底子灰，使洒出的云朵具有浮动感。

5. 喷涂饰面

喷涂饰面工艺是用挤压式灰浆泵或喷斗将聚合物水泥砂浆经喷枪均匀喷涂在墙面底层上。这种砂浆由于掺入聚合物乳液因而具有良好的和易性及抗冻性，能提高装饰面层的表面强度与粘结强度。根据涂料的稠度和喷射压力的大小，以质感区分，可喷成砂浆饱满、呈波纹状的波面喷涂和表面布满点状颗粒的粒状喷涂。底层为厚 10～13mm 的 1∶3 水泥砂浆，喷涂前须喷或刷一道胶水溶液（108 胶∶水＝1∶3），使基层吸水率趋近于一致，并确保与喷涂层粘结牢固。喷涂层厚 3～4mm，粒状喷涂应连续 3 遍完成；波面喷涂必须连续操作，喷至全部泛出水泥浆但又不至流淌为好。在大面喷涂后，按分格位置用铁皮刮子沿靠尺刮出分格缝。喷涂层凝固后再喷罩一层有机硅疏水剂。质量要求表面平整，颜色一致，花纹均匀，不显接搓。

6. 滚涂饰面

滚涂饰面是将带颜色的聚合物砂浆均匀涂抹在底层上，随即用平面或带有拉毛、刻有花纹的橡胶、泡沫塑料滚子，滚出所需的图案和花纹。其分层施工步骤：①10～13mm 厚水泥砂浆打底，木抹搓平；②粘贴分格条（施工前在分格处先刮一层聚合物水泥浆，滚涂前将涂有聚合物胶水溶液的电工胶布贴上，等饰面砂浆收水后揭下胶布）；③3mm 厚色浆罩面，随抹随用辊子滚出各种花纹；④待面层干燥后，喷涂有机硅水溶液。

滚涂砂浆的配合比为水泥∶骨料（砂子、石屑或珍珠岩）＝1∶0.5～1∶1，再掺入占水泥量 20% 的 108 胶和 0.3% 的木钙减水剂。手工操作滚涂分干滚、湿滚两种。干滚时滚子不蘸水、滚出的花纹较大，工效较高；湿滚时滚子反复蘸水，滚出花纹较小。滚涂工效比喷涂低，但便于小面积局部应用。滚涂应一次成活，多次滚涂易产生翻砂现象。

7. 弹涂饰面

弹涂饰面是用电动弹力器分几遍将不同色彩的聚合物水泥色浆弹到墙面上，形成 1～3mm 左右的圆状色点。由于色浆一般由 2～3 种颜色组成，不同色点在墙面上相互交错、相互衬托，犹如水刷石、干粘石，亦可做成单色光面、细麻面、小拉毛拍平等多种形式。这种工艺可在墙面上做底灰，再作弹涂饰面，也可直接弹涂在基层平整的混凝土板、加气板、石膏板、水泥石棉板等板材上。弹涂器有手动和电动两种，后者工效高，适合大面积施工。

弹涂的做法是在 1∶3 水泥砂浆打底的底层砂浆面上，洒水润湿，待干至 60%～70% 时进行弹涂。先喷刷底色浆一道，弹分格线，贴分格条，弹头道色点，待稍干后即弹两道色点，最后进行个别修弹，再进行喷射树脂罩面层。

9.3 饰面板与饰面砖施工

饰面工程是在墙柱表面镶铁或安装具有保护和装饰功能的块料而形成的饰面层。块料的种类可分为饰面板和饰面砖两大类。饰面板有石材饰面板（包括天然石材和人造石材）、金属饰面板、塑料饰面板、镜面玻璃饰面板等；饰面砖有釉面瓷砖、外墙面砖、陶瓷锦砖和玻璃马赛克等。

9.3.1　饰面板施工

1. 大理石、磨光花岗石、预制水磨石饰面施工

薄型小规格块材（边长小于 400mm，厚度 10mm 以下）工艺流程：基层处理→吊垂直、套方、找规矩、贴灰饼→抹底层砂浆→弹线分格→排块材→浸块材→镶贴块材→表面勾缝与擦缝。大规格块材（边长大于 400mm）工艺流程：施工准备（钻孔、剔槽）→穿铜丝或镀锌丝与块材固定→绑扎、固定钢筋网→吊垂直、找规矩弹线→安装大理石、磨光花岗石或预制水磨石→分层灌浆→擦缝。

（1）薄型小规格块材粘贴。

1）基层处理和吊垂直、套方、找规矩，操作方法同镶贴面砖的施工方法。需要注意同一墙面不得有一排以上的非整砖，并应将其镶贴在较隐蔽的部位。

2）在基层湿润的情况下，先刷 108 胶素水泥浆一道（内掺水重 10％的 108 胶），随刷随打底；底灰采用 1：3 水泥砂浆，厚度约 12mm，分两遍操作，第一遍约 5mm，第二遍约 7mm，待底灰压实刮平后，将底子灰表面划毛。

3）待底子灰凝固后便可进行分块弹线，随即将已湿润的块材抹上厚度为 2～3mm 的素水泥浆，内掺水重 20％的 108 胶进行镶贴（也可以用胶粉），用木槌轻敲，用靠尺找平找直。

（2）大规格块材安装。

1）钻孔、剔槽。安装前先将饰面板按照设计要求用台钻打眼，事先应钉木架使钻头直对板材上端面，在每块板的上、下两个面打眼，孔位打在距板宽的两端 1/4 处，每个面各打两个眼，孔径为 5mm，深度为 12mm，孔位距石板背面以 8mm 为宜（指钻孔中心）。如大理石或预制水磨石、磨光花岗石，板材宽度较大时，可以增加孔数。钻孔后用钢錾子把石板背面的孔壁轻轻剔一道槽，深 5mm 左右，连同孔洞形成象鼻眼，以备埋卧铜丝之用，如图 9-14 所示。

图 9-14　饰面板材打眼示意图

若饰面板规格较大，特别是预制水磨石和磨光花岗石板，如下端不好拴绑镀锌铁丝或铜丝时，亦可在未镶贴饰面板的一侧，采用手提轻便小薄砂轮（4～5mm），按规定在板高的 1/4 处上、下各开一槽（槽长约 3～4mm，槽深约 12mm 与饰面板背面打通，竖槽一般居中，亦可偏外，但以不损坏外饰面和不反碱为宜），可将镀锌铁丝或铜丝卧入槽内，便可拴绑与钢筋网固定。

2）穿钢丝或镀锌铁丝。把备好的铜丝或镀锌铁丝剪成长 20cm 左右，一端用木楔粘环

氧树脂将铜丝或镀锌铁丝进孔内固定牢固，另一端将铜丝或镀锌铁丝顺孔槽弯曲并卧入槽内，使大理石或预制水磨石、磨光花岗石板上、下端面没有铜丝或镀锌铁丝突出，以便和相邻石板接缝严密。

3) 绑扎钢筋网。首先剔出墙上的预埋筋，把墙面镶贴大理石或预制水磨石的部位清扫干净。先绑扎一道竖向 $\phi6$ 钢筋，并把绑好的竖筋用预埋筋弯压于墙面。横向钢筋为绑扎大理石或预制水磨石、磨光花岗石板材所用，如板材高度为 60cm 时，第一道横筋在地面以上10cm 处与主筋绑牢，用作绑扎第一层板材的下口固定铜丝或镀锌铁丝。第二道横筋绑在50cm 水平线上 7～8cm，比石板上口低 2～3cm 处，用于绑扎第一层石板上口固定铜丝或镀锌铁丝，再往上每 60cm 绑一道横筋即可。

4) 弹线。首先将大理石或预制水磨石、磨光花岗石的墙面、柱面和门窗套用大线坠从上至下找出垂直（高层应用经纬仪找垂直）。应考虑大理石或预制水磨石、磨光花岗石板材厚度、灌注砂浆的空隙和钢筋网所占尺寸，一般大理石或预制水磨石、磨光花岗石外皮距结构面的厚度应以 5～7cm 为宜。找出垂直后，在地面上顺墙弹出大理石或预制水磨石板等外轮廓尺寸线（柱面和门窗套等同）。此线即为第一层大理石或预制水磨石等的安装基准线。编好号的大理石或预制水磨石板等在弹好的基准线上画出就位线，每块留 1mm 缝隙（如设计要求拉开缝，则按设计规定留出缝隙）。

5) 安装大理石或预制水磨石、磨光花岗石。按安装部位取石板并理直铜丝或镀锌铁丝，将石板就位，石板上口外仰，右手伸入石板背面，把石板下口铜丝或镀锌铁丝绑扎在横筋上。绑时不要太紧可留余量，只要把铜丝或镀锌铁丝和横筋拴牢即可（灌浆后即可锚固），把石板竖起，便可绑大理石或预制水磨石、磨光花岗石板上口铜丝或镀锌铁丝，并用木楔子垫稳，块材与基层间的缝隙（灌浆厚度）一般为 30～50mm。用靠尺板检查调整木楔，再拴紧铜丝或镀锌铁丝，依次向另一方进行。柱面可按顺时针方向安装，一般先从正面开始。第一层安装完毕再用靠尺板找垂直，水平尺找平整，方尺找阴阳角方正，在安装石板时如出现石板规格不准确或石板之间的空隙不符，应用铅皮垫牢，使石板之间缝隙均匀一致，并保持第一层石板上口的平直。找完垂直、平整、方正后，用碗调制熟石膏，把调成粥状的石膏贴在大理石或预制水磨石、磨光花岗石板上下之间，使这两层石板结成一整体，木楔处亦可粘贴石膏，再用靠尺板检查有无变形，等石膏硬化后方可灌浆（如设计有嵌缝塑料软管者，应在灌浆前塞放好）。

6) 灌浆。把配合比为 1∶2.5 水泥砂浆放入半截大桶加水调成粥状（稠度一般为 8～12cm），用铁簸箕舀浆徐徐倒入，注意不要碰大理石或预制水磨石板，边灌边用橡皮锤轻轻敲击石板面，使灌入砂浆排气。第一层浇灌高度为 15cm，不能超过石板高度的 1/3；第一层灌浆很重要，因要锚固石板的下口铜丝又要固定石板，所以要轻轻操作，防止碰撞和猛灌。如发生石板外移错动，应立即拆除重新安装。

第一次灌入 15cm 后停 1～2h，等砂浆初凝，此时应检查是否有移动，再进行第二层灌浆，灌浆高度一般为 20～30cm，待初凝后再继续灌浆。第三层灌浆至低于板上口 5～10cm 处为止。

7) 擦缝。全部石板安装完毕后，清除所有石膏和余浆痕迹，用麻布擦洗干净，并按石板颜色调制色浆嵌缝，边嵌边擦干净，使缝隙密实、均匀、干净、颜色一致。

8) 柱子贴面。安装柱面大理石或预制水磨石、磨光花岗石，其弹线、钻孔、绑钢筋和安装等工序与镶贴墙面方法相同，要注意灌浆前用木方子钉成槽形木卡子，双面卡住大理石板或预制水磨石板，以防止灌浆时大理石或预制水磨石、磨光花岗石板外胀。

夏期安装室外大理石或预制水磨石、磨光花岗石时，应有防止暴晒的可靠措施。

2. 大理石、花岗石干挂施工

干挂法的操作工艺包括选材、钻孔、基层处理、弹线、板材铺贴和固定五道工序。除钻孔和板材固定工序外，其余做法均同前。

（1）钻孔。

由于相邻板材是用不锈销钉连接的，因此钻孔位置一定要准确，以便使板材之间的连接水平一致、上下平齐。钻孔前应在板材侧面按要求定位后，用电钻钻成直径为 5mm，孔深 12~15mm 的圆孔，然后将直径为 5mm 的销钉插入孔内。

（2）板材的固定。

用膨胀螺栓将固定和支撑板块的连接件固定在墙面上，如图 9-15 所示。连接件是根据墙面与板块销孔的距离，用不锈钢加工成 L 形。为便于安装板块时调节销孔和膨胀螺栓的位置，在 L 形连接件上留槽型孔眼，待板块调整到正确位置时，随即拧紧膨胀螺栓螺帽进行固结，并用环氧树脂胶将销钉固定。

图 9-15 用膨胀螺栓固定板材
(a) 板材固定；(b) L 形连接件

3. 金属饰面板施工

金属饰面板一般采用铝合金板、彩色压型钢板和不锈钢钢板。用于内外墙面、屋面、顶棚等。亦可与玻璃幕墙或大玻璃窗配套应用，以及在建筑物四周的转角部位、玻璃幕墙的伸缩缝、水平部位的压顶等配套应用。

（1）吊直、套方、找规矩、弹线。

根据设计图样的要求和几何尺寸，对镶贴金属饰面板的墙面进行吊直、套方、找规矩并依次实测和弹线，确定饰面墙板的尺寸和数量。

（2）固定骨架的连接件。

骨架的横竖杆件是通过连接件与结构固定的，连接件与结构之间的固定可以与结构的预埋件焊接，也可以在墙上打膨胀螺栓进行固定。后一种方法比较灵活，尺寸误差较小，容易保证位置的准确性，所以实际施工中采用得比较多。

（3）固定骨架。

骨架应预先进行防腐处理。安装骨架位置要准确，结合要牢固。安装后应全面检查中心线、表面标高等。对高层建筑外墙，为了保证饰面板的安装精度，宜用经纬仪对横竖杆件进行贯通。变形缝、沉降缝等应妥善处理。

（4）金属饰面安装。

墙板的安装顺序是从每面墙的竖向第一排下部第一块板开始，自下而上安装。安装完该面墙的第一排再安装第二排。每安装铺设 10 排墙板后，应吊线检查一次，以便及时消除误差。为了保证墙面外观质量，螺栓位置必须准确，并采用单面施工的钩形螺栓固定，使螺栓的位置横平竖直。固定金属饰面板的方法，常用的主要有两种：一是将板条或方板用螺栓拧到型钢或木架上，这种方法耐久性较好，多用于外墙；另一种是将板条卡在特制的龙骨上，此法多用于室内。

板与板之间的缝隙一般为 10～20mm，多用橡胶条或密封垫弹性材料处理。当饰面板安装完毕，要注意在易于被污染的部位用塑料薄膜覆盖保护。易被划、碰的部位应设安全栏杆保护。

（5）收口构造。

水平部位的压顶、端部的收口、伸缩缝的处理、两种不同材料的交接处理等，不仅关系到装饰效果，而且对使用功能也有较大的影响。因此，一般多用特制的两种材质性能相似的成型金属板进行妥善处理。

构造比较简单和转角处理方法，大多是用一条较厚的（1.5mm）的直角形金属板，与外墙板用螺栓连接固定牢。

窗台、女儿墙的上部，均属于水平部位的压顶处理，即用铝合金板盖住，使之能阻挡风雨浸透。水平桥的固定，一般先在基层焊上钢骨架，然后用螺栓将盖板固定在骨架上。盖板之间的连接只采取搭接的方法（高处压低处，搭接宽度符合设计要求，并用胶密封）。

墙面边缘部位的收口处理，用颜色相似的铝合金成形板将墙板端部及龙骨部位封住。

墙面下端的收口处，用一条特制的披水板，将板的下端封住，同时将板与墙之间的缝隙盖住，防止雨水渗入室内。

伸缩缝、沉降缝的处理，首先要适应建筑物伸缩、沉降的需要，同时也应考虑装饰效果。此外，此部位也是防水的薄弱环节，其构造节点应周密考虑。一般可用氯丁橡胶带起连接、密封作用。

墙板的外、内包角及钢窗周围的泛水板等须在现场加工的异形件，应参考图样，对安装好的墙面进行实测套足尺，确定其形状尺寸，使其加工准确、便于安装。

9.3.2　饰面砖施工

外墙面砖施工工艺流程：基层处理→吊垂直、套方、找规矩→贴灰饼→抹底层砂浆→弹线分格→排砖→浸砖→镶贴面砖→面砖勾缝与擦缝。

1. 基层为混凝土墙面时施工工艺

（1）基层处理。

首先将凸出墙面的混凝土剔平，对大钢模施工的混凝土墙面应凿毛，并用钢丝刷满刷一遍，再浇水湿润。如果基层混凝土表面很光滑，亦可采取"毛化处理"法，即先将表面尘土、污垢清扫干净，用 10%火碱水将板面的油污刷掉，随之用净水将碱液冲净、晾干，然后用 1∶1 水泥细砂浆内掺水重 20％的 108 胶，喷或用笤帚将砂浆甩到墙上，其甩点要均匀，终凝后浇水养护，直至水泥砂浆疙瘩全部粘到混凝土光面上，并有较高的强度（用手掰不动）为止。

（2）吊垂直、套方、找规矩、贴灰饼。

建筑物为高层时，应在四大角和门窗口边用经纬仪打垂直线找直；建筑物为多层时，可从顶层开始用特制的大线坠绷铁丝吊垂直，然后根据面砖的规格尺寸分层设点、做灰饼。横线则以楼层为水平基准线交圈控制，竖向线则以四周大角和通天柱或垛子为基准线控制，应全部是整砖。每层打底时则以此灰饼作为基准点进行冲筋，使其底层灰做到横平竖直。同时要注意找好凸出檐口、腰线、窗台、雨篷等饰面的流水坡度和滴水线（槽）。

（3）抹底层砂浆。

先刷一道掺水重 10％的 108 胶水泥素浆，紧跟着分层分遍抹底层砂浆（常温时采用配合比为 1∶3 水泥砂浆），第一遍厚度约为 5mm，抹后用木抹子搓平，隔天浇水养护；待第一遍 6～7 成干时，即可抹第二遍，厚度约 8～12mm，随即用木杠刮平、木抹子搓毛，隔天浇水养护，若需要抹第三遍时，其操作方法同第二遍，直至把底层砂浆抹平为止。

（4）弹线分格。

待基层灰 6～7 成干时，即可按图样要求进行分段分格弹线，同时亦可进行面层贴标准点的工作，以控制面层出墙尺寸及垂直、平整。

（5）排砖。

根据大样图及墙面尺寸进行横竖向排砖，以保证面砖缝隙均匀，符合设计图样要求，注意大墙面、通天柱子和垛子要排整砖，以及在同一墙面上的横竖排列，均不得有一行以上的非整砖。非整砖行应排在次要部位，如窗间墙或阴角处等。但亦要注意一致和对称。如遇有突出的卡件，应用整砖套割吻合不得用非整砖随意拼凑镶贴。

（6）浸砖。

外墙面砖镶贴前，首先要将面砖清扫干净，放入净水中浸泡 2h 以上，取出待表面晾干或擦干净后方可使用。

（7）镶贴面砖。

镶贴应自上而下进行。高层建筑采取措施后，可分段进行。在每一分段或分块内的面砖，均为自下而上镶贴。从最下一层砖下皮的位置线先稳好靠尺，以此托住第一皮面砖。在面砖外皮上口拉水平通线，作为镶贴的标准。

在面砖背面可采用 1∶2 水泥砂浆或 1∶0.2∶2 的水泥、白灰膏、砂的混合砂浆镶贴，砂浆厚度为 6～10mm，贴砖后用灰铲柄轻轻敲打，使之附线，再用钢片开刀调整竖缝，并用小杠通过标准点调整平面和垂直度。

另外一种做法是，用 1∶1 水泥砂浆加水重 20％的 108 胶，在砖背面抹 3～4mm 厚粘贴即可。但此种做法其基层灰必须抹得平整，而且砂子必须用窗纱筛后使用。

另外也可用胶粉来粘贴面砖，其厚度为 2～3mm，用此种做法其基层灰必须更平整。

如要求面砖拉缝镶贴时，面砖之间的水平缝宽度用米厘条控制，米厘条用贴砖砂浆与中层灰临时镶贴，米厘条贴在已镶贴好的面砖上口，为保证其平整，可临时加垫小木楔。

女儿墙压顶、窗台、腰线等部位平面也要镶贴面砖时，除流水坡度符合设计要求外，应采取平面面砖压立面面砖的做法，预防向内渗水，引起空裂；同时还应采取立面中最低一排面砖必须压底平面面砖，并低出底平面面砖 3～5mm 的做法，让其起滴水线（槽）的作用，防止尿檐而引起空裂。

（8）面砖勾缝与擦缝。

面砖铺贴拉缝时，用 1：1 水泥砂浆勾缝，先勾水平缝再勾竖缝，勾好后要求凹进面砖外表面 2～3mm。若横竖缝为干挤缝，或小于 3mm 者，应用白水泥配颜料进行擦缝处理。面砖缝子勾完后，用布或棉丝蘸稀盐酸擦洗干净。

2. 基层为砖墙面时施工工艺

（1）抹灰前，墙面必须清扫干净，浇水湿润。

（2）大墙面和四角、门窗口边弹线找规矩，必须由顶层到底一次进行，弹出垂直线，并决定面砖出墙尺寸，分层设点、做灰饼。横线则以楼层为水平基线交圈控制，竖向线则以四周大角和通天垛、柱子为基准线控制。每层打底时则以此次饼作为基准点进行冲筋，使其底层灰做到横平竖直。同时要注意找好突出檐口、腰线、窗台、雨篷等饰面的流水坡度。

（3）抹底层砂浆：先把墙面浇水湿润，然后用 1：3 水泥砂浆刮一道约 6mm 厚，紧跟着用同强度等级的灰与所冲的筋抹平，随即用木杠刮平，木抹搓毛，隔天浇水养护。

其他同基层为混凝土墙面做法。

3. 基层为加气混凝土墙面时的施工工艺

（1）用水湿润加气混凝土表面，修补缺棱掉角处。修补前，先刷一道聚合物水泥浆，然后用 1：3：9 的水泥、白灰膏、砂子混合砂浆分层补平，隔天刷聚合物水泥浆并抹 1：1：6 混合砂浆打底，木抹子搓平，隔天浇水养护。

（2）用水湿润加气混凝土表面，在缺棱掉角处刷聚合物水泥浆一道，用 1：3：9 混合砂浆分层补平，待干燥后，钉金属网一层并绷紧。在金属网上分层抹 1：1：6 混合砂浆打底（最好采取机械喷射工艺），砂浆与金属网应结合牢固，最后用木抹子轻轻搓平，隔天浇水养护。

其他做法同混凝土墙面。

9.4　地　面　施　工

9.4.1　地面工程层次构成及面层材料

按照《建筑工程施工质量验收统一标准》（GB 50300—2001）的规定，整体面层包括水泥混凝土面层、水泥砂浆面层、水磨石面层、水泥钢（铁）屑面层、防油渗面层、不发火（防爆的）面层；板块面层包括砖面层（陶瓷锦砖、缸砖、陶瓷地砖和水泥化砖面层）、大理石面层和花岗石面层、预制板块面层（水泥混凝土板块、水磨石板块面层）、料石面层（条石、块石面层）、塑料板面层、活动地板面层、地毯面层；木竹面层包括实木地板面层、实木复合地板面层、中密度（强化）复合地板面层、竹地板面层等。

9.4.2　整体面层施工

1. 水泥砂浆地面施工

水泥砂浆地面施工工艺流程为基层处理→找标高、弹线→洒水湿润→抹灰饼和标筋→搅拌砂浆→刷水泥浆结合层→铺水泥砂浆面层→木抹子搓平→铁抹子压第一遍→第二遍压光→

第三遍压光→养护。施工工艺如下：

(1) 基层处理。先将基层上的灰尘扫掉，然后用钢丝刷和錾子刷净、剔掉灰浆皮和灰渣层，最后用 10%的火碱水溶液刷掉基层上的油污，并用清水及时将碱液冲净。

(2) 找标高弹线。根据墙上的+50cm 水平线，往下量测出面层标高，并弹在墙上。

(3) 洒水湿润。用喷壶将地面基层均匀洒水一遍。

(4) 抹灰饼和标筋（或称冲筋）。根据房间内四周墙上弹的面层标高水平线，确定面层抹灰厚度（不应小于 20mm），然后拉水平线开始抹灰饼（5cm×5cm），横竖间距为 1.5～2.0m，灰饼上平面即为地面面层标高。

如果房间较大，为保证整体面层平整度，还需抹标筋（或称冲筋），将水泥砂浆铺在灰饼之间，宽度与灰饼宽相同，用木抹子拍抹成与灰饼上表面相平一致。铺抹灰饼和标筋的砂浆材料配合比均与抹地面的砂浆相同。

(5) 搅拌砂浆。水泥砂浆的体积比宜为 1∶2（水泥∶砂），其稠度不应大于 35mm，强度等级不应小于 M15。为了控制加水量，应使用搅拌机搅拌均匀，颜色一致。

(6) 刷水泥浆结合层。在铺设水泥砂浆之前，应涂刷水泥浆一层，其水灰比为 0.4～0.5（涂刷之前要将抹灰饼的余灰清扫干净再洒水湿润），涂刷面积不要过大，随刷随铺面层砂浆。

(7) 铺水泥砂浆面层。涂刷水泥浆之后紧跟着铺水泥砂浆，在灰饼之间（或标筋之间）将砂浆铺均匀，然后用木刮杠按灰饼（或标筋）高度刮平，铺砂浆时如果灰饼（或标筋）已硬化，木刮杠刮平后，同时将利用过的灰饼（或标筋）敲掉，并用砂浆填平。

(8) 木抹子搓平。木刮杠刮平后，立即用木抹子搓平，从内向外退着操作，并随时用 2m 靠尺检查其平整度。

(9) 铁抹子压第一遍。木抹子抹平后，立即用铁抹子压第一遍，直到出浆为止，如果砂浆过稀表面有泌水现象时，可均匀撒一遍干水泥和砂（1∶1）的拌和料（砂子要过 3mm 筛），再用木抹子用力抹压，使干拌料与砂浆紧密结合为一体，吸水后用铁抹子压平。如有分格要求的地面，在面层上弹分格线，用劈缝溜子开缝，再用溜子将分缝内压至平、直、光。上述操作均在水泥砂浆初凝之前完成。

(10) 第二遍压光。面层砂浆初凝后，人踩上去有脚印但不下陷时，用铁抹子压第二遍，边抹压边把坑凹处填平，要求不漏压，表面压平、压光。有分格的地面压过后，应用溜子溜压，做到缝边光直、缝隙清晰、缝内光滑顺直。

(11) 第三遍压光。在水泥砂浆终凝前进行第三遍压光（人踩上去稍有脚印），铁抹子抹上去不再有抹纹时，用铁抹子把第二遍抹压时留下的全部抹纹压平、压实、压光（必须在终凝前完成）。

(12) 养护。地面压光完工后 24h，铺锯末或其他材料覆盖洒水养护，保持湿润，养护时间不少于 7d，当抗压强度达 5MPa 才能上人。

2. 水磨石地面施工

水磨石地面施工工艺流程：基层处理→找标高、弹水平线→铺抹找平层砂浆→养护→弹分格线→镶分格条→拌制水磨石拌和料→涂刷水泥浆结合层→铺水磨石拌和料→滚压、抹平→试磨→粗磨→细磨→磨光→草酸清洗→打蜡上光。施工工艺如下：

(1) 基层处理。将混凝土基层上的杂物清净，不得有油污、浮土。用钢錾子和钢丝刷将沾在基层上的水泥浆皮錾掉铲净。

（2）找标高、弹水平线。根据墙面上的＋50cm 标高线，往下量测出磨石面层的标高，弹在四周墙上，并考虑其他房间和通道面层的标高要相互一致。

（3）铺抹找平层砂浆。

1）根据墙上弹出的水平线，留出面层厚度（约 10～15mm 厚），抹 1∶3 水泥砂浆找平层，为了保证找平层的平整度，先抹灰饼（纵横方向间距 1.5m 左右），大小约 8～10cm。

2）灰饼砂浆硬结后，以灰饼高度为标准，抹宽度为 8～10cm 的纵横标筋。

3）在基层上洒水湿润，刷一道水灰比为 0.4～0.5 的水泥浆，面积不得过大，随刷浆随铺抹 1∶3 找平层砂浆，并用 2m 长刮杠以标筋为标准进行刮平，再用木抹子搓平。

（4）养护。抹好找平层砂浆后养护 24h，待抗压强度达到 1.2MPa，方可进行下道工序施工。

（5）弹分格线。根据设计要求的分格尺寸，一般采用 1m×1m。在房间中部弹十字线，计算好周边的镶边宽度后，以十字线为准可弹分格线。如果设计有图案要求时，应按设计要求弹出清晰的线条。

（6）镶分格条。用小铁抹子抹稠水泥浆将分格条固定住（分格条安在分格线上），抹成 30°八字形如图 9-16 所示，高度应低于分格条条顶 3mm，分格条应平直（上平必须一致）、牢固、接头严密，不得有缝隙，作为铺设面层的标志。另外在粘贴分格条时，在分格条十字交叉接头处，为了使拌和料填塞饱满，在距交点 40～50mm 内不抹水泥浆，如图 9-17 所示。

图 9-16　现制水磨石地面镶嵌分格条剖面示意　　　　图 9-17　分格条交叉处正确的粘贴方法

当分格采用铜条时，应预先在两端头下部 1/3 处打眼，穿入 22 号铁丝，锚固于下口八字角水泥浆内。镶条后 12h 后开始浇水养护，最少 2d，一般洒水养护 3～4d，在此期间房间应封闭，禁止各工序进行。

（7）拌制水磨石拌和料（或称石渣浆）：

1）拌和料的体积比宜采用 1∶1.5～1∶2.5（水泥∶石粒），要求配合比准确，拌和均匀。

2）使用彩色水磨石拌和料，除彩色石粒外，还加入耐光耐碱的矿物颜料，其掺入量为水泥重量的 3%～6%，普通水泥与颜料配合比、彩色石子与普通石子配合比，在施工前都须经试验室试验后确定。同一彩色水磨石面层应使用同厂、同批颜料。在拌制前应根据整个地面所需的用量，将水泥和所需颜料一次统一配好、配足。配料时不仅用铁铲拌和，还要用筛子筛匀后，用包装袋装起来存放在干燥的室内，避免受潮。彩色石粒与普通石粒拌和均匀后，集中储存待用。

3）各种拌和料在使用前加水拌和均匀，稠度约 6cm。

（8）涂刷水泥浆结合层。用清水将找平层洒水湿润，涂刷与面层颜色相同的水泥浆结合层，其水灰比宜为 0.4～0.5，要刷均匀，亦可在水泥浆内掺加胶粘剂，要随刷随铺拌和料，不得刷的面积过大，防止浆层风干导致面层空鼓。

（9）铺设水磨石拌和料。

1）水磨石拌和料的面层厚度，除有特殊要求的以外，宜为 12～18mm，并应按石料粒径确定。铺设时将搅拌均匀的拌和料先铺抹分格条边，后铺入分格条方框中间，用铁抹子由中间向边角推进，在分格条两边及交接处特别注意压实抹平，随抹随用直尺进行平度检查。如局部地面铺设过高时，应用铁抹子将其挖去一部分，再将周围的水泥石子浆拍挤抹平（不得用刮杠刮平）。

2）几种颜色的水磨石拌和料不可同时铺抹，要先铺抹深色的，后铺抹浅色的，待前一种凝固后，再铺后一种（因为深颜色的掺矿物颜料多，强度增长慢，影响机磨效果）。

（10）滚压、抹平。用滚筒液压前，先用铁抹子或木抹子在分格条两边宽约 10cm 范围内轻轻拍实（避免将分格条挤移位）。滚压时用力要均匀（要随时清掉粘在滚筒上的石渣），应从横竖两个方向轮换进行，达到表面平整密实、出浆石粒均匀为止。待石粒浆稍收水后，再用铁抹子将浆抹平、压实，如发现石粒不均匀之处，应补石粒浆再用铁抹子拍平、压实。24h 后浇水养护。

（11）试磨。一般根据气温情况确定养护天数，温度在 20～30℃时 2～3d 即可开始机磨，过早开磨石粒易松动；过迟造成磨光困难。所以需进行试磨，以面层不掉石粒为准。

（12）粗磨。第一遍用 60～90 号金刚石磨，使磨石机机头在地面上走横"8"字形，边磨边加水（如磨石面层养护时间太长，可加细砂，加快机磨速度），随时清扫水泥浆，并用靠尺检查平整度，直至表面磨平、磨匀，分格条和石粒全部露出（边角处用人工磨成同样效果），用水清洗晾干，然后用较浓的水泥浆（如掺有颜料的面层，应用同样掺有颜料配合比的水泥浆）擦一遍，特别是面层的洞眼小，孔隙要填实抹平，脱落的石粒应补齐，浇水养护 2～3d。

（13）细磨。第二遍用 90～120 号金刚石磨，要求磨至表面光滑为止。然后用清水冲净，满擦第二遍水泥浆，仍注意小孔隙要细致擦严密，然后养护 2～3d。

（14）磨光。第三遍用 200 号细金刚石磨，磨至表面石子显露均匀，无缺石粒现象，平整、光滑，无孔隙为度。

普通水磨石面层磨光遍数不应少于 3 遍，高级水磨石面层的厚度和磨光遍数及油石规格应根据设计确定。

（15）草酸擦洗。为了取得打蜡后显著的效果，在打蜡前磨石面层要进行一次适量限度的酸洗，一般均用草酸进行擦洗，使用时，将 10% 草酸溶液用扫帚蘸后洒在地面上，再用油石轻轻磨一遍；磨出水泥及石粒本色，再用水冲洗软布擦干。此道操作必须在各工种完工后才能进行，经酸洗后的面层不得再受污染。

（16）打蜡上光。将蜡包在薄布内，在面层上薄薄涂一层，待干后用钉有帆布或麻布的木块代替油石，装在磨石机上研磨，用同样方法再打第二遍蜡，直到光滑洁亮为止。

9.4.3 板块面层施工

大理石、花岗石地面施工工艺流程：准备工作→试拼→弹线→试排→刷水泥浆及铺砂浆结合层→铺大理石板块（或花岗石板块）→灌缝、擦缝→打蜡。

（1）准备工作：

1）以施工大样图和加工单为依据，熟悉了解各部位尺寸和做法，弄清洞口、边角等部位之间的关系。

2）基层处理。将地面垫层上的杂物清净，用钢丝刷刷掉粘结在垫层上的砂浆，并清扫干净。

（2）试拼。在正式铺设前，对每一房间的板块，应按图案、颜色、纹理试拼，将非整块板对称排放在房门靠墙部位，试拼后按两个方向编号排列，然后按编号码放整齐。

（3）弹线。为了检查和控制板块的位置，在房间内拉十字控制线，弹在混凝土垫层上，并引至墙面底部，然后依据墙面+50cm 标高线找出面层标高，在墙上弹出水平标高线，弹水平线时要注意室内与楼道面层标高要一致。

（4）试排。在房间内的两个相互垂直的方向铺两条干砂，其宽度大于板块宽度，厚度不小于 3cm、结合施工大样图及房间实际尺寸，把板块排好，以便检查板块之间的缝隙，核对板块与墙面、柱、洞口等部位的相对位置。

（5）刷水泥素浆及铺砂浆结合层。试铺后将余砂和板块移开，清扫干净，用喷壶洒水湿润，刷一层素水泥浆（水灰比为 0.4～0.5，刷的面积不要过大，随铺砂浆随刷）。根据板面水平线确定结合层砂浆厚度，拉十字控制线，开始铺结合层干硬性水泥砂浆（一般采用 1：2～1：3 的干硬性水泥砂浆，干硬程度以手捏成团，落地即散为宜），厚度控制在放板块时宜高出面层水平线 3～4mm。铺好后用大杠刮平，再用抹子拍实找平（铺摊面积不得过大）。

（6）铺砌板块：

1）板块应先用水浸湿，待擦干或表面晾干后方可铺设。

2）根据房间拉的十字控制线，纵横各铺一行，作为大面积铺砌标筋用。依据试拼时的编号、图案及试排时的缝隙（板块之间的缝隙宽度，当设计无规定时不应大于 1mm），在十字控制线交点开始铺砌。先试铺，即搬起板块对好纵横控制线铺落在已铺好的干硬性砂浆结合层上，用橡皮锤敲击木垫板（不得用橡皮锤或木槌直接敲击板块），振实砂浆至铺设高度后，将板块掀起移至一旁，检查砂浆表面与板块之间是否相吻合，如发现有空虚之处，应用砂浆填补，然后正式镶铺，先在水泥砂浆结合层上满浇一层水灰比为 0.5 的素水泥浆（用浆壶浇均匀），再铺板块，安放时四角同时往下落，用橡皮锤或木槌轻击木垫板，根据水平线用铁水平尺找平，铺完第一块，向两侧和后退方向顺序铺砌。铺完纵、横行之后有了标准，可分段分区依次铺砌，一般房间是先里后外进行，逐步退至门口，便于成品保护，但必须注意与楼道相呼应。也可从门口处往里铺砌，板块与墙角、镶边和靠墙处应紧密砌合，不得有空隙。

（7）灌缝、擦缝。在板块铺砌后 1～2 昼夜进行灌浆擦缝。根据大理石（或花岗石）颜色，选择相同颜色矿物颜料和水泥（或白水泥）拌和均匀，调成 1：1 稀水泥浆，用浆壶徐徐灌入板块之间的缝隙中（可分几次进行），并用长把刮板把流出的水泥浆刮向缝隙内，至基本灌满为止。灌浆 1～2h 后，用棉纱团蘸原稀水泥浆擦缝与板面擦平，同时将板面上水泥浆擦净，使大理石（或花岗石）面层的表面洁净、平整、坚实，以上工序完成后，面层加以覆盖。养护时间不应小于 7d。

（8）打蜡。当水泥砂浆结合层达到强度后（抗压强度达到 1.2MPa 时），方可进行打蜡，使面层达到光滑洁亮。

9.4.4　木（竹）面层施工

普通木（竹）地板和拼花木地板按构造方法不同，有"实铺"和"空铺"两种，如图 9-18 所示。"空铺"是由木格栅、企口板、剪刀撑等组成，一般均设在首层房间。当格栅跨度较大时，应在房中间加设地垄墙，地垄墙顶上要铺油毡或抹防水砂浆及放置沿缘木。"实铺"是木格栅铺在钢筋混凝土板或垫层上，它是由木格栅及企口板等组成。施工工艺流程为：安装木格栅→钉木地板→刨平→净面细刨、磨光→安装踢脚板。施工工艺如下。

图 9-18　木板面层构造做法示意图
（a）空铺式；（b）实铺式

1. 安装木格栅

（1）空铺法。在砖砌基础墙上和地垄墙上垫放通长沿缘木，用预埋的铁丝将其捆绑好，并在沿缘木表面画出各格栅的中线，然后将格栅对准中线摆好，端头离开墙面约 30mm 的缝隙，依次将中间的格栅摆好，当顶面不平时，可用垫木或木楔在格栅底下垫平，并将其钉牢在沿缘木上，为防止格栅活动，应在固定好的木格栅表面临时钉设木拉条，使之互相牵拉着，格栅摆正后，在格栅上按剪刀撑的间距弹线，然后按线将剪刀撑钉于格栅侧面，同一行剪刀撑要对齐顺线，上口齐平。

（2）实铺法。楼层木地板的铺设，通常采用实铺法施工，应先在楼板上弹出各木格栅的安装位置线（间距约 400mm）及标高。将格栅（断面呈梯形，宽面在下）放平、放稳，并找好标高，将预埋在楼板内的铁丝拉出，捆绑好木格栅（如未预埋镀锌铁丝，可按设计要求用膨胀螺栓等方法固定木格栅），然后把干炉渣或其他保温材料塞满两格栅之间。

2. 钉木地板

（1）条板铺钉。空铺的条板铺钉方法为剪刀撑钉完之后，可从墙的一边开始铺钉企口条板，靠墙的一块板应离墙面有 10～20mm 缝隙，以后逐块排紧，用钉从板侧凹角处斜向钉入，钉长为板厚的 2～2.5 倍，钉帽要砸扁，企口条板要钉牢、排紧。板的排紧方法一般可在木格栅上钉扒钉一只，在扒钉与板之间夹一对硬木楔，打紧硬木楔就可以使板排紧。钉到最后一块企口板时，因无法斜着钉，可用明钉钉牢，钉帽要砸扁，冲入板内。企口板的接头要在格栅中间，接头要互相错开，板与板之间应排紧，格栅上临时固定的木拉条，应随企口板的安装随时拆去，铺钉完之后及时清理干净，先应垂直木纹方向粗刨一遍，再依顺木纹方向细刨一遍。

实铺条板铺钉方法同上。

（2）拼花木地板铺钉。硬木地板下层一般都钉毛地板，可采用纯棱料，其宽度不宜大于 120mm，毛地板与格栅成 45°或 30°方向铺钉，并应斜向钉牢，板间缝隙不应大于 3mm，毛地板与墙之间应留 10～20mm 缝隙，每块毛地板应在每根格栅上各钉两个钉子固定，钉子的长度应为板厚的 2.5 倍。铺钉拼花地板前，宜先铺设一层沥青纸（或油毡），以隔声和防潮用。

在铺打硬木拼花地板前，应根据设计要求的地板图案，一般应在房间中央弹出图案墨线，再按墨线从中央向四边铺钉。有镶边的图案，应先钉镶边部分，再从中央向四边铺钉，各块木板应相互排紧，对于企口拼装的硬木地板，应从板的侧边斜向钉入毛地板中，钉头不要露出；钉长为板厚的 2～2.5 倍，当木板长度小于 30cm 时，侧边应钉两个钉子，长度大于 30cm 时，应钉入 3 个钉子，板的两端应各钉 1 个钉固定。板块间缝隙不应大于 0.3mm，面层与墙之间缝隙，应以木踢脚板封盖。钉完后，清扫干净刨光，刨刀吃口不应过深，防止板面出现刀痕。

（3）拼花地板粘结。采用沥青胶结料铺贴拼花木板面层时，其下一层应平整、洁净、干燥，并应先涂刷一遍同类底子油，然后用沥青胶结料随涂随铺，其厚度宜为 2mm，在铺贴时木板块背面亦应涂刷一层薄而均匀的沥青胶结料。

当采用胶粘剂铺贴拼花板面层时，胶粘剂应通过试验确定。胶粘剂应存放在阴凉通风、干燥的室内。超过生产期 3 个月的产品，应取样检验，合格后方可使用，超过保质期的产品，不得使用。

3. 净面细刨、磨光

地板刨光宜采用地板刨光机（或六面刨），转速在 5000r/min 以上。长条地板应顺水纹刨，拼花地板应与地板木纹成 45°斜刨。刨时不宜走得太快，刨口不要过大，要多走几遍，地板机不用时应先将机器提起关闭，防止啃伤地面。机器刨不到的地方要用手刨，并用细刨净面。地板刨平后，应使用地板磨光机磨光，所用砂布应先粗后细，砂布应绷紧绷平，磨光方向及角度与刨光方向相同。

木地板油漆、打蜡详见装饰工程木地板油漆工艺标准。

9.5　吊顶与轻质隔墙施工

9.5.1　吊顶施工

吊顶有直接式顶棚和悬吊式顶棚两种形式。直接式顶棚按施工方法和装饰材料的不同，可分为直接刷（喷）浆顶棚、直接抹灰顶棚、直接粘贴式顶棚（用胶粘剂粘贴装饰面层）；悬吊式顶棚按结构形式分为活动式装配吊顶、隐蔽式装配吊顶、金属装饰板吊顶、开敞式吊顶和整体式吊顶（灰板条吊顶）等。

1. 木骨架罩面板顶棚施工

木骨架罩面板顶棚施工工艺：安装吊点紧固件→沿吊顶标高线固定沿墙边龙骨→刷防火涂料→在地面拼接木格栅（木龙骨架）→分片吊装→与吊点固定→分片间的连接→预留孔洞→整体调整→安装胶合板→后期处理。

（1）安装吊点紧固件：

1）用冲击电钻在建筑结构底面按设计要求打孔，钉膨胀螺栓。

2）用直径必须大于 5mm 的射钉，将角铁等固定在建筑底面上。

3）利用事先预埋吊筋固定吊点。

（2）沿吊顶标高线固定沿墙边龙骨：

1）遇砖墙面，可用水泥钉将木龙骨固定在墙面上。

2）遇混凝土墙，先用冲击钻在墙面标高线以上 10mm 处打孔（孔的直径应大于 12mm，在孔内下木楔，木楔的直径要稍大于孔径），木楔下人孔内要达到牢固配合。木楔下完后，木楔和墙面应保持在同一平面，木楔间距为 0.5～0.8mm，然后将边龙骨用钉固定在墙上。边龙骨断面尺寸应与吊顶术龙骨断面尺寸相同，边龙骨固定后，其底边与吊顶标高线应齐平。

（3）刷防火涂料。

木吊顶龙骨筛选后要刷 3 遍防火涂料，待晾干后备用。

（4）在地面拼接木格栅（木龙骨架）：

1）先把吊顶面上需分片或可以分片的尺寸位置定出，根据分片的尺寸进行拼接前安排。

2）拼接接法将截面尺寸为 25mm×30mm 的木龙骨，在长木方向上按中心线距 300mm 的尺寸开出深 15mm、宽 25mm 的凹槽。然后按凹槽对凹槽的方法拼接，在拼口处用小圆钉或胶水固定。通常是先拼接大片的木格栅，再拼接小片的木格栅，但木格栅最大片不能大于 10m^2。

（5）分片吊装。

平面吊顶的吊装先从一个墙角位置开始，将拼接好的木格栅托起至吊顶标高位置。对于高度低于 3.2m 的吊顶木格栅，可在木格栅举起后用高度定位杆支撑，使格栅的高度略高于吊顶标高线，高度大于 3m 时，则用铁丝在吊点上做临时固定。

（6）与吊点固定。

与吊点固定有 3 种方法。

1）用木方固定。先用木方按吊点位置固定在楼板或屋面板的下面，然后，再用吊筋木方与固定在建筑顶面的木方钉牢。吊筋长短应大于吊点与木格栅表面之间的距离 100mm 左右，便于调整高度。吊筋应在木龙骨的两侧固定后再截去多余部分。吊筋与木龙骨钉接处每处不许少于两只铁钉。如木龙骨搭接间距较小，或钉接处有劈裂腐朽虫眼等缺陷，应换掉或立刻在木龙骨的吊挂处钉挂上 200mm 长的加固短木方。

2）用角铁固定。在需要上人和一些重要的位置，常用角铁做吊筋与木格栅固定连接。其方法是在角铁的端头钻 2～3 个孔做调整。角铁在木格栅的角位上，用两只木螺栓固定。

3）用扁铁固定。将扁铁的长短先测量截好，在吊点固定端钻出两个调整孔，以便调整木格栅的高度。扁铁与吊点件用 M6 螺栓连接，扁铁与木龙骨用两只木螺栓固定。扁铁端头不得长出木格栅下平面。

（7）分片间的连接。

分片间的连接有两种情况：两分片木格栅在同一平面对接，先将木格栅的各端头对正，然后用短木方进行加固；对分片木格栅不在同一平面，平面吊顶处于高低面连接，先用一条木方斜位地将上下两平面木格栅架定位，再将上下平面的木格栅用垂直的木方条固定连接。

（8）预留孔洞。

预留灯光盘、空调风口、检修孔位置。

（9）整体调整。

各个分片木格栅连接加固完后，在整个吊顶面下用尼龙线或棒线拉出十字交叉标高线，检查吊顶平面的平整度，吊顶应起拱一般可按 7～10m 跨度为 3/1000 的起拱量，10～15m 跨度为 5/1000 起拱量。

（10）安装胶合板：

1）按设计要求将挑选好的胶合板正面向上，按照木格栅分格的中心线尺寸，在胶合板正面上画线。

2）板面倒角：在胶合板的正面四周按宽度为 2～3mm 刨出 45°倒角。

3）钉胶合板：将胶合板正面朝下，托起到预定位置，使胶合板上的画线与木格栅中心线对齐，用铁钉固定。钉距为 80～150mm，钉长为 25～35mm，钉帽应砸扁钉入板内，钉帽进入板面 0.5～1mm，钉眼用油性腻子抹平。

4）固定纤维板：钉距为 80～120mm，钉长为 20～30mm，钉帽进入板面 0.5mm。钉眼用油性腻子抹平。硬质纤维板用前应先用水浸透，自然阴干后安装。

5）胶合板、纤维板、木丝板要钉木压条，先按图纸要求的间距尺寸在板面上弹线。以墨线为准，将压条用钉子左右交错钉牢，钉距不应大于 200mm，钉帽应砸扁顺着木纹打入木压条表面 0.5～1mm，钉眼用油性腻子抹平。木压条的接头处，用小齿锯制角，使其严密平整。

（11）后期处理。

按设计要求刷油、裱糊、喷涂，最后安装 PVC 塑料板。

2. 轻钢骨架罩面板顶棚施工

轻钢骨架罩面板顶棚施工工艺流程：弹顶棚标高水平线→画龙骨分档线→安装主龙骨吊杆→安装主龙骨→安装次龙骨→安装罩面板→刷防锈漆→安装压条。

（1）弹顶棚标高水平线。

根据楼层标高水平线，用尺竖向量至顶棚设计标高，沿墙往四周弹顶棚标高水平线。

（2）画龙骨分档线。

按设计要求的主、次龙骨间距布置，在已弹好的顶棚标高水平线上划龙骨分档线。

（3）安装主龙骨吊杆。

弹好顶棚标高水平线及龙骨分档位置线后，确定吊杆下端头的标高，按主龙骨位置及吊挂间距，将吊杆无螺栓丝扣的一端与楼板预埋钢筋连接固定。未预埋钢筋时可用膨胀螺栓。

（4）安装主龙骨：

1）配装吊杆螺母。

2）在主龙骨上安装吊挂件。

3）安装主龙骨：将组装好吊挂件的主龙骨，按分档线位置使吊挂件穿入相应的吊杆螺栓，拧好螺母。

4）主龙骨相接处装好连接件，拉线调整标高、起拱和平直。

5）安装洞口附加主龙骨，按图集相应节点构造，设置连接卡固件。

6）钉固边龙骨，采用射钉固定。设计无要求时，射钉间距为 1000mm。

（5）安装次龙骨：

1）按已弹好的次龙骨分档线，卡放次龙骨吊挂件。

2）吊挂次龙骨：按设计规定的次龙骨间距，将次龙骨通过吊挂件吊挂在大龙骨上，设计无要求时，一般间距为 500～600mm。

3）当次龙骨长度需多根延续接长时，用次龙骨连接件，在吊挂次龙骨的同时相接，调直固定。

4）当采用 T 型龙骨组成轻钢骨架时，次龙骨的卡档龙骨应在安装罩面板时，每装一块罩面板先后各装一根卡档次龙骨。

（6）安装罩面板。

在安装罩面板前必须对顶棚内的各种管线进行检查验收，并经打压试验合格后，才允许安装罩面板。顶棚罩面板的品种繁多，在设计文件中应明确选用的种类、规格和固定方式。罩面板与轻钢骨架固定的方式分为罩面板自攻螺栓钉固法、罩面板胶粘结固法、罩面板托卡固定法等。

1）罩面板自攻螺栓钉固法。在已装好并经验收的轻钢骨架下面，按罩面板的规格、拉缝间隙进行分块弹线，从顶棚中间顺通长次龙骨方向先装一行罩面板，作为基准，然后向两侧伸延分行安装，固定罩面板的自攻螺栓间距为 150～170mm。

2）罩面板胶粘结固法。按设计要求和罩面板的品种、材质选用胶粘结材料，一般可用 401 胶粘结，罩面板应经选配修整，使厚度、尺寸、边楞一致、整齐。每块罩面板粘结时应预装，然后在预装部位龙骨框底面刷胶，同时在罩面板四周边宽 10～15mm 的范围刷胶，经 5min 后，将罩面板压粘在预装部位；每间顶棚先由中间行开始，然后向两侧分行粘结。

3）罩面板托卡固定法。当轻钢龙骨为 T 形时，多为托卡固定法安装。

T 型轻钢龙骨安装完毕，经检查标高、间距、平直度和吊挂荷载符合设计要求，垂直于通长次龙骨弹分块及卡档龙骨线。罩面板安装由顶棚的中间行次龙骨的一端开始，先装一根边卡档次龙骨，再将罩面板槽托入 T 形次龙骨翼缘或将无槽的罩面板装在 T 形翼缘上，然后安装另一侧长档次龙骨。按上述程序分行安装，最后分行拉线调整 T 型明龙骨。

（7）安装压条。

罩面板顶棚如设计要求有压条，待一间顶棚罩面板安装后，经调整位置，使拉缝均匀，对缝平整，按压条位置弹线，然后接线进行压条安装。其固定方法宜用自攻螺栓，螺栓间距为 300mm；也可用胶粘结料粘贴。

（8）刷防锈漆。

轻钢骨架罩面板顶棚，碳钢或焊接处未做防腐处理的表面（如预埋件、吊挂件、连接件、钉固附件等），在各工序安装前应刷防锈漆。

9.5.2 轻质隔墙工程

1. 钢丝网架夹芯板隔墙

钢丝网架夹芯墙板是以三维构架式钢丝网为骨架，以膨胀珍珠岩、阻燃型聚苯乙烯泡沫塑料、矿棉、玻璃棉等轻质材料为芯材，由工厂制成面密度为 4～20kg/m² 的钢丝网架夹芯板，然后在其两面喷抹 20mm 厚水泥砂浆面层的新型轻质墙板。

钢丝网架夹芯墙板施工工艺流程为：清理→弹线→墙板安装→墙板加固→管线敷设→墙面粉刷。施工工艺如下。

（1）弹线。

在楼地面、墙体及顶棚面上弹出墙板双面边线，边线间距为 80mm（板厚），用线坠吊垂直，以保证对应的上下线在一个垂直平面内。

（2）墙板安装。

钢丝网架夹芯板墙体施工时，按排列图将板块就位，一般是按由下至上、从一端向另一端顺序安装。

1）将结构施工时预埋的两根直径为 6mm，间距为 400mm 的锚筋与钢丝网架焊接或用钢丝绑扎牢固。也可通过直径为 8mm 的胀铆螺栓加 U 形码（或压片），或打孔植筋，把板材固定在结构梁、板、墙、柱上。

2）板块就位前，可先在墙板底部安装位置满铺 1∶2.5 水泥砂浆垫层，砂浆垫层厚度不小于 35mm，使板材底部填满砂浆。有防渗漏要求的房间，应做高度不低于 100mm 的细石混凝土墙垫，待其达到一定强度后，再进行钢丝网架夹芯板的安装。

3）墙板拼缝、墙体阴阳角、门窗洞口等部位，均应按设计构造要求采用配套的钢网片覆盖或槽形网加强，用箍码固定或用钢丝绑牢。钢丝网架边缘与钢网片相交点用钢丝绑扎紧固，其余部分相交点可相隔交错扎牢，不得有变形、脱焊现象。

4）板材拼接时，接头处芯材若有空隙，应用同类芯材补充、填实、找平。门窗洞口应按设计要求进行加强，一般洞口周边设置的槽形网（300mm）和洞口四角设置的 45°加强钢网片（可用长度不小于 500mm 的"之"字条）应与钢网架用金属丝捆扎牢固。如设置洞边加筋，应与钢丝网架用金属丝绑扎定位；如设置通天柱，应与结构梁、板的预留锚筋或预埋件焊接固定。门窗框安装，应与洞口处的预埋件连接固定。

5）墙板安装完成后，检查板块间以及墙板与建筑结构之间的连接，确定是否符合设计规定的构造要求及墙体稳定性的要求，并检查暗设管线、设备等隐蔽部分施工质量以及墙板表面平整度是否符合要求；同时对墙板安装质量进行全面检查。

（3）暗管、暗线与暗盒安装。

安装暗管、暗线与暗盒等应与墙板安装相配合，在抹灰前进行。按设计位置将板材的钢丝剪开，剔除管线通过位置的芯材，把管、线或设备等埋入墙体内，上、下用钢筋码与钢丝网架固定，周边填实。埋设处表面另加钢网片覆盖补强，钢网片与钢丝网架用点焊连接或用金属丝绑扎牢固。

（4）水泥砂浆面层施工。

钢丝网架夹芯板墙体安装完毕并通过质量检查，即可进行墙面抹灰。

1）将钢丝网架夹芯板墙体四周与建筑结构连接处（25～30mm 宽缝）的缝隙用 1∶3 水泥砂浆填实。清理好钢丝网架与芯材结构的整体稳定效果，墙面做灰饼、设标筋；重要的阳角部位应按国家标准规定及设计要求做护角。

2）水泥砂浆抹灰层施工可分 3 遍完成，底层厚 12～15mm；中层厚 8～10mm；罩面层厚 2～5mm。水泥砂浆抹灰层的平均总厚度不小于 25mm。

3）可采用机械喷涂抹灰。若人工抹灰时，以自下而上为宜。底层抹灰后，应用木抹子反复揉搓，使砂浆密实并与墙体的钢丝网及芯材紧密粘结，且使抹灰表面保持粗糙。待底层砂浆终凝后，适当洒水润湿，即抹中层砂浆，表面用刮板找平、挫毛。两层抹灰均应采用同一配合比的砂浆。水泥砂浆抹灰层的罩面层，应按设计要求的装饰材料抹面。当罩面层需掺入其他防裂材料时，应经试验合格后方可使用。在钢丝网架夹芯墙板的一面喷灰时，注意防止芯材位置偏移。尚应注意，每一水泥砂浆抹灰层的砂浆终凝后，均应洒水养护；墙体两面抹灰的时间间隔，不得小于 24h。

2. 木龙骨隔墙工程

采用木龙骨作墙体骨架，以 4～25mm 厚的建筑平板作罩面板，组装而成的室内非承重轻质墙体，称为木龙骨隔墙。

（1）木龙骨隔墙的种类。

木龙骨隔墙分为全封隔墙、有门窗隔墙和隔断 3 种，其结构形式不尽相同。大木方构架结构的木隔墙，通常用 50mm×80mm 或 50mm×100mm 的大木方做主框架，框体规格为 500mm×500mm 的方框架或 500mm×800mm 的长方框架，再用 4～5mm 厚的木夹板做基面板。该结构多用于墙面较高较宽的隔墙。为了使木隔墙有一定的厚度，常用 25mm×30mm 带凹槽木方作成双层骨架的框体，每片规格为 300mm×300mm 或 400mm×400mm 的框架，间隔为 150mm，再将两个框架用木方横杆连接。单层小木方构架常用 25mm×30mm 的带凹槽木方组装，框体规格为 300mm×300mm，多用于 3m 以下隔墙或隔断。

（2）施工工艺。

木龙骨隔墙工程施工工艺流程为：弹线→钻孔→安装木骨架→安装饰面板→饰面处理。

1）弹线、钻孔。

在需要固定木隔墙的地面和建筑墙面上弹出隔墙的边缘线和中心线，画出固定点的位置，间距 300～400mm，打孔深度在 45mm 左右，用膨胀螺栓固定。如用木楔固定，则孔深应不小于 50mm。

2）木骨架安装：

①木骨架的固定通常是在沿墙、沿地和沿顶面处。对隔断来说，主要是靠地面和端头的建筑墙面固定。如端头无法固定，常用铁件来加固端头，加固部位主要是在地面与竖木方之间。对于木隔墙的门框竖向木方，均应用铁件加固，否则会使木隔墙颤动、门框松动以及木隔墙松动。

②如果隔墙的顶端不是建筑结构，而是吊顶，处理方法区分不同情况而定。对于无门隔墙，只需相接缝隙小，平直即可；对于有门的隔墙，考虑到振动和碰动，所以顶端必须加固，即隔墙的竖向龙骨应穿过吊顶面，再与建筑物的顶面进行固定。

③木隔墙中的门框是以门洞两侧的竖向木方为基体，配以挡位框、饰边板或饰边线条组合而成；大木方骨架隔墙门洞竖向木方较大，其挡位框可直接固定在竖向木方上；小木方双层构架的隔墙，因其木方小，应先在门洞内侧钉上厚夹板或实木板之后，再固定挡位框。

④木隔墙中的窗框是在制作时预留的，然后用木夹板和木线条进行压边定位；隔断墙的窗也分固定窗和活动窗，固定窗是用木压条把玻璃板固定在窗框中，活动窗与普通活动窗一样。

3）饰面板安装。

墙面木夹板的安装方式主要有明缝和拼缝两种。明缝固定是在两板之间留一条有一定宽度的缝，图样无规定时，缝宽以 8～10mm 为宜；明缝如不加垫板，则应将木龙骨面刨光，明缝的上下宽度应一致，锯割木夹板时，应用靠尺来保证锯口的平直度与尺寸的准确性，并用零号砂纸修边。拼缝固定时，要对木夹板正面四边进行倒角处理（45°×3mm），以使板缝平整。

3. 轻钢龙骨隔墙工程

采用轻钢龙骨作墙体骨架，以 4～25mm 厚的建筑平板作罩面板，组装而成的室内非承重轻质墙体，称为轻钢龙骨隔墙。

（1）材料要求。

隔墙所用的轻钢龙骨主件及配件、紧固件（包括射钉、膨胀螺栓、镀锌自攻螺栓、嵌缝料等）均应符合设计要求；轻钢龙骨还应满足防火及耐久性要求。

（2）施工工艺。

轻钢龙骨隔墙施工工艺流程：基层清理→定位放线→安装沿顶龙骨和沿地龙骨→安装竖向龙骨→安装横向龙骨→安装通贯龙骨（采用通贯龙骨系列时）、横撑龙骨、水电管线→安装门窗洞口部位的横撑龙骨→各洞口的龙骨加强及附加龙骨安装→检查骨架安装质量，并调整校正→安装墙体一侧罩面板→板面钻孔安装管线固定件→安装填充材料→安装另一侧罩面板→接缝处理→墙面装饰。

1）施工前应先完成基本的验收工作，石膏罩面板安装应在屋面、顶棚和墙抹灰完成后进行。

2）弹线定位。墙体骨架安装前，按设计图样检查现场，进行实测实量，并对基层表面予以清理。在基层上按龙骨的宽度弹线，弹线应清晰，位置应准确。

3）安装沿地、沿顶龙骨及边端竖龙骨。沿地、沿顶龙骨及边端竖龙骨可根据设计要求及具体情况采用射钉、膨胀螺栓或按所设置的预埋件进行连接固定。沿地、沿顶龙骨固定射钉或膨胀螺栓固定点间距，一般为 600~800mm。边框竖龙骨与建筑基体表面之间，应按设计规定设置隔声垫或满嵌弹性密封胶。

4）安装竖龙骨。竖龙骨的长度应比沿地、沿顶龙骨内侧的距离尺寸短 15mm。竖龙骨准确垂直就位后，即用抽芯铆钉将其两端分别与沿地、沿顶龙骨固定。

5）安装横向龙骨。当采用有配件龙骨体系时，其通贯龙骨在水平方向穿过各条竖龙骨上的贯通孔，由支撑卡在两者相交的开口处连接稳定。对于无配件龙骨体系，可将横向龙骨（可由竖龙骨截取或采用加强龙骨等配套横撑型材）端头剪开折弯，用抽芯铆钉与竖龙骨连接固定。

6）墙体龙骨骨架的验收。龙骨安装完毕，有水电设施的工程，尚需由专业人员按水电设计进行暗管、暗线及配件等安装进行检查验收。墙体中的预埋管线和附墙设备按设计要求采取加强措施。在罩面板安装之前，应检查龙骨骨架的表面平整度、立面垂直度及稳定性。

4. 平板玻璃隔墙工程

平板玻璃隔墙龙骨常用的有金属龙骨平板玻璃隔墙和木龙骨平板玻璃隔墙。常用的金属龙骨为铝合金龙骨。下面主要介绍铝合金龙骨的平板玻璃隔墙安装方法。隔墙的构造做法及施工安装基本上同于玻璃门窗工程。施工工艺流程为弹线→铝合金下料→安装框架→安装玻璃。

（1）弹线。

主要弹出地面、墙面位置线及高度线。

（2）铝合金下料。

首先是精确画线，精度要求为 ±0.5mm，画线时注意不要碰坏型材表面。下料要使用专门的铝材切割机，要求尺寸准确、切口平滑。

（3）金属框架安装。

半高铝合金玻璃隔断通常是先在地面组装好框架后，再竖立起来固定，通高的铝合金玻璃隔墙通常是先固定竖向型材,再安装框架横向型材。铝合金型材相互连接主要是用铝角和自攻螺栓。铝合金型材与地面、墙面的连接则主要是用铁脚固定法。

型材的安装连接主要是竖向型材与横向型材的垂直结合,目前所采用的方法主要是铝角件连接法。铝角件连接的作用有两个方面,一方面是连接,另一方面是起定位作用,防止型材安装后转动。对连接件的基本要求是有一定的强度和尺寸准确,所用的铝角通常是厚铝角,其厚度为 3mm 左右。铝角件与型材的固定,通常用自攻螺栓,通常为半圆头 M4×20 或 M5×20。

需要注意的是,为了美观,自攻螺栓的安装位置应在较隐蔽处。通常的处理方法,如对接处在 1.5m 以下,自攻螺栓头安装在型材的下方;如对接处在 1.8m 以上,自攻螺栓安装在型材的上方。在固定铝角件时就应注意其弯角的方向。

(4) 玻璃安装。

建议使用安全玻璃,如钢化玻璃的厚度不小于 5mm,夹层玻璃的厚度不小于 6.38mm。对于无框玻璃隔墙,应使用厚度不小于 10mm 的钢化玻璃,以保证使用的安全性。

玻璃安装应符合门窗工程的有关规定。铝合金隔墙的玻璃安装方式有两种,一种是安装于活动窗扇上,另一种是直接安装于型材上。前者需在制作铝合金活动窗时同时安装。在型材框架上安装玻璃,应先按框洞的尺寸缩 3~5mm 裁玻璃,以防止玻璃的不规整和框洞尺寸的误差,而造成装不上玻璃的问题。玻璃在型材框架上的固定,应用与型材同色的铝合金槽条,在玻璃两侧夹定,槽条可用自攻螺栓与型材固定,并在铝槽与玻璃间加玻璃胶密封。

平板玻璃隔墙的玻璃边缘不得与硬性材料直接接触,玻璃边缘与槽底隙不应小于 5mm。玻璃嵌入墙体、地面和顶面的槽口深度应符合相关规定,当玻璃厚 5~6mm 时,为 8mm;当玻璃厚 8~12mm 时,为 10mm。玻璃与槽口的前后空隙亦应符合有关规定,当玻璃厚 5~6mm 时,为 2.5mm;当玻璃厚 8~12mm 时,为 3mm。这些缝隙用弹性密封胶或橡胶条填嵌。

玻璃底部与槽底空隙间,应用不少于两块的 PVC 垫块或硬橡胶垫块支撑,支撑块长度不小于 10mm。玻璃平面与两边槽口空隙应使用弹性定位块衬垫,定位块长度不小于 25mm。支撑块和定位块应设置在距槽角不小于 300mm 或 1/4 边长的位置。

对于纯粹为采光而设置的平板落地玻璃分隔墙,应在距地面 1.5~1.7m 处的玻璃表面用装饰图案设置防撞标志。

9.6 门 窗 施 工

常见的门窗类型有木门窗、铝合金门窗、塑料门窗、彩板门窗和特种门窗。门窗工程的施工可分为两类,一类是由工厂预先加工拼装成型,在现场安装;另一类是在现场根据设计要求加工制作即时安装。

9.6.1 木门窗安装

木门窗安装工艺流程为:弹线找规矩→决定门窗框安装位置→决定安装标高→掩扇、门框安装样板→窗框、扇、安装→门框安装→门扇安装。施工工艺如下:

(1) 结构工程经过验收合格后,即可进行门窗安装施工。首先,应从顶层用大线坠吊垂直,检查窗口位置的准确度,并在墙上弹出安装位置线,对不符线的结构边楞进行处理。

（2）根据室内 50cm 的平线检查窗框安装的标高尺寸，对不符线的结构边棱进行处理。

（3）室内外门框应根据图纸位置和标高安装，为保证安装的牢固，应提前检查预埋木砖数量是否满足，1.2m 高的门口，每边预埋两块木砖，高 1.2～2m 门口，每边预埋木砖 3 块，高 2～3m 的门口，每边预埋木砖 4 块，每块木砖上应钉两根长 10cm 的钉子，将钉帽砸扁，顺木纹钉入木门框内。

（4）木门框安装应在地面工程和墙面抹灰施工以前完成。

（5）采用预埋带木砖的混凝土块与门窗框进行连接的轻质隔断墙，其混凝土块预埋的数量，亦应根据门口高度设 2 块、3 块、4 块，用钉子使其与门框钉牢。采用其他连接方法的，应符合设计要求。

（6）做样板：把窗扇根据图样要求安装到窗框上，此道工序称为掩扇。对掩扇的质量，按验评标准检查缝隙大小、五金安装位置、尺寸、型号，以及牢固性，符合标准要求后作为样板。并以此作为验收标准和依据。

（7）弹线安装门窗框扇：应考虑抹灰层厚度，并根据门窗尺寸、标高、位置及开启方向，在墙上画出安装位置线。有贴脸的门窗立框时，应与抹灰面齐平；有预制水磨石窗台板的窗，应注意窗台板的出墙尺寸，以确定立框位置；中立的外窗，如外墙为清水砖墙勾缝时，可稍移动，以盖上砖墙立缝为宜。窗框的安装标高，以墙上弹 50cm 平线为准，用木楔将框临时固定于窗洞内，为保证相隔窗框的平直，应在窗框下边拉小线找直，并用铁水平将平线引入洞内作为立框时的标准，再用线坠校正吊直。黄花松窗框安装前，应先对准木砖位置钻眼，便于钉钉。

（8）若隔墙为加气混凝土条板时，应按要求的木砖间距钻 ϕ30mm 的孔，孔深 7～10cm，并在孔内预埋木橛粘 108 胶水泥浆打入孔中（木橛直径应略大于孔径 5mm，以便其打入牢固），待其凝固后，再安装门窗框。

（9）木门扇的安装。

1）先确定门的开启方向及小五金型号、安装位置，对开门扇扇口的裁口位置及开启方向（一般右扇为盖口扇）。

2）检查门口尺寸是否正确，边角是否方正，有无窜角，检查门口高度应量门的两个立边，检查门口宽度应量门口的上、中、下 3 点，并在扇的相应部位定点画线。

3）将门扇靠在框上画出相应的尺寸线，如果扇大，则应根据框的尺寸将大出的部分刨去，若扇小应绑木条，且木条应绑在装合页的一面，用胶粘后并用钉子打牢，钉帽要砸扁，顺木纹送入框内 1～2mm。

4）第一次修刨后的门扇应以能塞入口内为宜，塞好后用木楔顶住临时固定，按门扇与口边缝宽尺寸合适，画第二次修刨线，标出合页槽的位置（距门扇的上下端各 1/10，且避开上、下冒头）。同时应注意口与扇安装的平整。

5）门扇第二次修刨，缝隙尺寸合适后，即安装合页。应先用线勒子勒出合页的宽度，根据上、下冒头 1/10 的要求，定出合页安装边线，分别从上、下边线往里量出合页长度，剔合页槽，以槽的深度来调整门扇安装后与框的平整，刨合页槽时应留线，不应剔得过大、过深。

6）合页槽剔好后，即安装上、下合页，安装时应先拧一个螺栓，然后关上门检查缝隙是否合适，口与扇是否平整，无问题后方可将螺栓全部拧上拧紧。木螺栓应钉入全长 1/3，拧入 2/3，如木门为黄花松或其他硬木时，安装前应先打眼，眼的孔径为木螺栓直径的 0.9 倍，眼深为螺栓长的 2/3，打眼后再拧螺栓，以防安装劈裂或将螺栓拧断。

7) 安装对开扇时，应将门扇的宽度用尺量好，再确定中间对口缝的裁口深度。如采用企口榫时，对口缝的裁口深度及裁口方向应满足装锁的要求，然后将四周刨到准确尺寸。

8) 五金安装应符合设计图纸的要求，不得遗漏。一般门锁、碰珠、拉手等距地高度为 95～100cm，插销应在拉手下面。

9) 安装玻璃门时，一般玻璃裁口在走廊内。厨房、厕所玻璃裁口在室内。

10) 门扇开启后易碰墙，为固定门扇位置，应安装门碰头，对有特殊要求的关闭门，应安装门扇开启器，其安装方法，参照产品安装说明书的要求。

9.6.2 硬 PVC 塑料门窗安装

硬 PVC 塑料门窗安装工艺流程：弹线找规矩→门窗洞口处理→安装连接件的检查→塑料门窗外观检查→按图示要求运到安装地点→塑料门窗安装→门窗四周嵌缝→安装五金配件→清理。施工工艺如下：

(1) 本工艺应采用后塞口施工，不得先立口后搞结构施工。

(2) 检查门窗洞口尺寸是否比门窗框尺寸大 3cm，否则应先行剔凿处理。

(3) 按图纸尺寸放好门窗框安装位置线及立口的标高控制线。

(4) 安装门窗框上的铁脚。

(5) 安装门窗框，并按线就位找好垂直度及标高，用木楔临时固定，检查正侧面垂直及对角线，合格后，用膨胀螺栓将铁脚与结构牢固固定好。

(6) 嵌缝：门窗框与墙体的缝隙应按设计要求的材料嵌缝，如设计无要求时用沥青麻丝或泡沫塑料填实。表面用厚度为 5～8mm 的密封胶封闭。

(7) 门窗附件安装：安装时应先用电钻钻孔，再用自攻螺栓拧入，严禁用铁锤或硬物敲打，防止损坏框料。

(8) 安装后注意成品保护，防污染，防电焊火花烧伤，损坏面层。

9.6.3 铝合金门窗

1. 准备工作及安装质量要求

检查铝合金门窗成品及构配件各部位，如发现变形，应予以校正和修理；同时还要检查洞口标高线及几何形状，预埋件位置、间距是否符合规定，埋设是否牢固。不符合要求的，应纠正后才能进行安装。安装质量要求是位置准确，横平、竖直，高低一致，牢固严密。

2. 安装方法

先安装门窗框，后安装门窗扇，用后塞口法。

3. 施工要点

(1) 将门窗框安放到洞口中正确位置，用木楔临时定位。

(2) 拉通线进行调整，使上、下、左、右的门窗分别在同一竖直线、水平线上。

(3) 框边四周间隙与框表面距墙体外表面尺寸一致。

(4) 仔细校正其正、侧面垂直度，水平度及位置合格后，楔紧木楔。

(5) 再校正一次后，按设计规定的门窗框与墙体或预埋件连接固定方式进行焊接固定。常用的固定方法有预留洞燕尾铁脚连接、射钉连接、预埋木砖连接、膨胀螺栓连接、预埋铁件焊接连接等，如图 9-19 所示。

图 9-19 铝合金门窗常用固定方法

(a) 预留洞燕尾铁脚连接；(b) 射钉连接方式；(c) 预埋木砖连接；

(d) 膨胀螺栓连接；(e) 预埋铁件焊接连接

1—门窗框；2—连接铁件；3—燕尾铁脚；4—射（钢）钉；

5—木砖；6—木螺栓；7—膨胀螺栓

(6) 窗框安装质量检查合格后，用 1∶2 的水泥砂浆或细石混凝土嵌填洞口与门窗框间的缝隙，使门窗框牢固地固定在洞内。

1) 嵌填前应先把缝隙中的残留物清除干净，然后浇湿。

2) 拉直检查外形平直度的直线。

3) 嵌填操作应轻而细致，不破坏原安装位置，应边嵌填边检查门窗框是否变形移位。

4) 嵌填时应注意不可污染门窗框和不嵌填部位，嵌填必须密实饱满不得有间隙，也不得松动或移动木楔，并洒水养护。

5) 在水泥砂浆未凝固前，绝对禁止在门窗框上工作，或在其上搁置任何物品，待嵌填的水泥砂浆凝固后，才可取下木楔，并用水泥砂浆抹严框周围缝隙。

(7) 窗扇的安装。

1) 质量要求：位置正确、平直，缝隙均匀、严密牢固、启闭灵活、启闭力合格、五金零配件安装位置准确，能起到各自的作用。

2) 施工操作要点：对推拉式门窗扇，先装室内侧门窗扇，后装室外侧的门窗扇；对固定扇应装在室外侧，并固定牢固，不会脱落，确保使用安全；平开式门窗扇应装于门窗框内，要求门窗扇关闭后四周压合严密，搭接量一致，相邻两门窗扇在同一平面内。

(8) 门窗框与墙体连接固定时应满足以下规定。

1) 窗框与墙体连接必须牢固，不得有任何松动现象。

2) 焊接铁件应对称地排列在门窗框两侧，相邻铁件宜内外错开，连接铁件不得露出装饰层。

3) 连接铁件时，应用橡胶或石棉布或石棉板遮盖门窗框，不得烧损门窗框，焊接完毕后应清除焊渣，焊接应牢固，焊缝不得有裂纹和漏焊现象，严禁在铝框上拴接地线或打火（引弧）。

4）固接件离墙体边缘应不小于 50mm，且不能装在缝隙中。

5）窗框与墙体连接用的预埋件连接铁件、紧固件规格和要求，必须符合设计的规定，见表 9-2。

表 9-2 紧 固 件 材 料 表

紧固件名称	规格/mm	材料或要求
膨胀螺栓	直径≥8	45 号钢镀锌、钝化
自攻螺栓	直径≥4	15 号钢 HRC～58 钝化，镀锌
钢钉、射钉	$(\phi4～\phi5.5)×6$（直径×长度）	Q235 钢
木螺栓	直径≥5	Q235 钢
预埋钢板	厚度 $\Delta=6$	Q235 钢

9.7 涂 饰 施 工

9.7.1 饰料的组成和分类

1. 涂料的组成

（1）主要成膜物质。主要成膜物质也称胶粘剂或固着剂，是决定涂料性质的最主要成分，它的作用是将其他组分粘结成一整体，并附着在被涂基层的表层形成坚韧的保护膜。它具有单独成膜的能力，也可以粘结其他组分共同成膜。

（2）次要成膜物质。次要成膜物质也是构成涂膜的组成部分，但它自身没有成膜的能力，要依靠主要成膜物质的粘结才可成为涂膜的一个组成部分。颜料就是次要成膜物质，其对涂膜的性能及颜色有重要作用。

（3）辅助成膜物质。辅助成膜物质不能构成涂膜或不是构成涂膜的主体，但对涂料的成膜过程有很大影响，或对涂膜的性能起一定辅助作用，它主要包括溶剂和助剂两大类。

2. 涂料的分类

建筑涂料的产品种类繁多，一般按下列几种方法进行分类。

（1）按使用的部位不同，可分为外墙涂料、内墙涂料、顶棚涂料、地面涂料、门窗涂料、屋面涂料等。

（2）按涂料的特殊功能不同，可分为防火涂料、防水涂料、防虫涂料、防霉涂料等。

（3）按涂料成膜物质的组成不同，可分为以下几种。

1）油性涂料，系指传统的以干性油为基础的涂料，即以前所称的油漆。

2）有机高分子涂料，包括聚醋酸乙烯系、丙烯酸树脂系、环氧系、聚氨酯系、过氯乙烯系等，其中以丙烯酸树脂系建筑涂料性能优越。

3）无机高分子涂料，包括有硅溶胶类、硅酸盐类等。

4）有机无机复合涂料，包括聚乙烯醇水玻璃涂料、聚合物改性水泥涂料等。

（4）按涂料分散介质（稀释剂）的不同可分为以下几种。

1）溶剂型涂料，它是以有机高分子合成树脂为主要成膜物质，以有机溶剂为稀释剂，加入适量的颜料、填料及辅助材料，经研磨而成的涂料。

2）水乳型涂料，它是在一定工艺条件下在合成树脂中加入适量乳化剂形成的以极细小的微粒形式分散于水中的乳液，以乳液中的树脂为主要成膜物质，并加入适量颜料、填料及辅助材料经研磨而成的涂料。

3）水溶型涂料，以水溶性树脂为主要成膜物质，并加入适量颜料、填料及辅助材料经研磨而成的涂料。

（5）按涂料所形成涂膜的质感可分为以下几种。

1）薄涂料，又称薄质涂料。它的黏度低，刷涂后能形成较薄的涂膜，表面光滑、平整、细致，但对基层凹凸线型无任何改变作用。

2）厚涂料，又称厚质涂料。它的特点是黏度较高，具有触变性，上墙后不流淌，成膜后能形成有一定粗糙质感的较厚的涂层，涂层经拉毛或滚花后富有立体感。

3）复层涂料，原称喷塑涂料，又称浮雕型涂料、华丽喷砖，其由封底涂料、主层涂料与罩面涂料三种涂料组成。

9.7.2　建筑涂料的施工

各种建筑涂料的施工过程大同小异，大致上包括基层处理、刮腻子与磨平、涂料施涂 3 个阶段工作。

1. 基层处理

基层处理的工作内容包括基层清理和基层修补。

（1）混凝土及抹灰面的基层处理。为保证涂膜能与基层牢固粘结在一起，基层表面必须干燥、洁净、坚实，无酥松、脱皮、起壳、粉化等现象，基层的表面的泥土、灰尘、污垢、粘附的砂浆等应清扫干净，酥松的表面应予铲除。为保证基层表面平整，缺棱掉角处应用 1∶3 水泥砂浆（或聚合物水泥砂浆）修补，表面的麻面、缝隙及凹陷处应用腻子填补修平。混凝土或抹灰面基层应干燥，当涂刷溶剂型涂料时，含水率不得大于 8%，当涂刷乳液型涂料时，含水率不得大于 10%。

（2）木材与金属基层的处理及打底子。为保证涂抹与基层粘接牢固，木材表面的灰尘、污垢和金属表面的油渍、鳞皮、锈斑、焊渣、毛刺等必须清除干净。木料表面的裂缝等在清理和修整后应用石膏腻子填补密实、刮平收净，用砂纸磨光以使基层表面平整。木材基层缺陷处理好后表面上应作打底子处理，使基层表面具有均匀吸收涂料的性能，以保证面层的色泽均匀一致。金属表面应刷防锈漆，涂料施涂前被涂物件的表面必须干燥，以免水分蒸发造成涂膜起泡，一般木材含水率不得大于 12%，金属表面不得有湿气。木基层含水率不得大于 12%。

2. 刮腻子与磨平

涂膜对光线的反射比较均匀，因而在一般情况下不易觉察的基层表面细小的凹凸不平和砂眼，在涂刷涂料后由于光影作用都将显现出来，影响美观。所以基层必须刮腻子数遍予以找平，并在每遍所刮腻子干燥后用砂纸打磨，保证基层表面平整光滑。需要刮腻子的遍数，视涂饰工程的质量等级，基层表面的平整度和所用的涂料品种而定。

3. 涂料的施涂

涂料在施涂前及施涂过程中，必须充分搅拌均匀。用于同一表面的涂料，应注意保证颜色一致。涂料黏度应调整合适，使其在施涂时不流坠、不显刷纹，如需稀释应用该种涂料所规定的稀释剂稀释。涂料的施涂遍数应根据涂料工程的质量等级而定。施涂溶剂型涂料时，后一遍涂料必须在前一遍涂料干燥后进行；施涂乳液型和水溶性涂料时后一遍涂料必须在前一遍涂料表干后进行。每一遍涂料不宜施涂过厚，应施涂均匀，各层必须结合牢固。

涂料的施涂方法有刷涂、滚涂、喷涂、刮涂和弹涂等。

（1）刷涂。它是用油漆刷、排笔等将涂料刷涂在物体表面上的一种施工方法。此法操作方便，适应性广，除极少数流平性较差或干燥太快的涂料不宜采用外，大部分薄涂料或云母片状厚质涂料均可采用。刷涂顺序是先左后右、先上后下、先过后面、先难后易。

（2）滚涂（或称辊涂）。它是利用滚筒（或称辊筒，涂料辊）蘸取涂料并将其涂布到物体表面上的一种施工方法。滚筒表面有的是粘贴合成纤维长毛绒，也有的是粘贴橡胶（称之为橡胶压辊），当绒面压花滚筒或橡胶压花压辊表面为凸出的花纹图案时，即可在涂层上滚压出相应的花纹。

（3）喷涂。它是利用压力或压缩空气将涂料喷布于物体表面的一种施工方法。涂料在高速喷射的空气流带动下，呈雾状小液滴喷到基层表面上形成涂层。喷涂的涂层较均匀，颜色也较均匀，施工效率高，适用于大面积施工。可使用各种涂料进行喷涂，尤其是外墙涂料用得较多。

喷涂的效果与质量由喷嘴的直径、喷枪距墙的距离、工作压力与喷枪移动的速度有关，是喷涂工艺的四要素。喷涂时空气压缩机的压力，一般是控制在 0.4~0.7MPa，气泵的排气量不小于 0.6m³/h；喷嘴距喷涂面的距离，以喷涂后不流挂为准，一般为 40~60cm。喷嘴应与被涂面垂直且作平行移动，运行中速度保持一致，如图 9-20 所示。纵横方向做 S 形移动。当喷涂两个平面相交的墙角时，应将喷嘴对准墙角线，如图 9-21 所示。

图 9-20　喷枪与喷涂面的相对位置

横向喷涂路线　　竖向喷涂路线

(a)　　　　　　　　　　　　　　　　　(b)

图 9-21　喷涂路线

(a) 正确的喷涂路线；(b) 错误的喷涂路线

（4）刮涂。它是利用刮板将涂料厚浆均匀地批刮于饰涂面上，形成厚度为 $1\sim2mm$ 的厚涂层。常用于地面厚层涂料的施涂。

（5）弹涂。它是利用弹涂器通过转动的弹棒将涂料以圆点形状弹到被涂面上的一种施工方法。若分数次弹涂，每次用不同颜色的涂料，被涂面由不同色点的涂料装饰，相互衬托，可使饰面增加装饰效果。

9.7.3　油漆涂料施工

油漆工程是一个专业性及技艺性较强的技术工程，从其主要材料如油漆、稀释剂、腻子、润粉、着色颜料及染料（水色、酒色和油色）、研磨抛光和上蜡材料的使用，到清除、嵌批、打磨、配料和涂饰等工序均十分复杂且要求严格。因此，建筑装饰的中、高级油漆工程，必须严格执行油漆施工操作规程。根据国家《建筑装饰装修工程质量验收规范》（GB 50210—2001），其重点项目是混色油漆、清漆和美术油漆工程以及木地板烫蜡、擦软蜡，大理石、水磨石地面打蜡工程。

油漆工程的基层面主要是木质基层、抹灰基层。抹灰基层的处理参考内墙涂料基层处理。木基层主要有门窗、家具、木装修（木墙裙、隔断、顶棚）等。一般松木等软材类的木料表面，以采用混色涂料或清漆面的普通、中等涂料较多；硬材类的木材表面则多采用漆片、蜡克面的清漆，属于高级涂料。

1. 施工工艺流程

油漆涂料施工工艺：基层处理→润粉→着色→打磨→配料→涂刷面层。

2. 施工操作要点

（1）基层处理、润粉、着色。

木质基层的木材本身除了木质素外，还含有油脂、单宁等。这些物质的存在，使涂层的附着力和外观质量受到影响。涂料对木制品表面的要求是平整光滑、少节疤、棱角整齐、木纹颜色一致等。因此，必须对木基层进行处理。

1）基层处理。木基层的含水率不得大于 12%；木材表面应平整，无尘土、油污等妨碍涂饰施工质量的污染物，施工前应用砂纸磨平。钉眼应用腻子填平，打磨光滑；木制品表面的缝隙、毛刺、掀岔及脂囊应进行处理，然后用腻子刮平、打光。较大的脂囊和节疤应剔除后用木纹相同的木料修补；木料表面的树脂、单宁、色素等应清除干净。

2）润粉。润粉是指在木质材料面的涂饰工艺中，采用填孔料以填平管孔并封闭基层和适当着色，同时可起到避免后续涂膜塌陷及节省涂料的作用。填孔料分为水性填孔料和油性填孔料两种，其配比做法见表 9-3。

3）着色。为了更好地突出木材表面的美丽花纹，常采用基层着色工艺，即在木质基面上涂刷着色剂，着色分为水色、酒色和油色三种不同的做法，其材料组成见表 9-4。

表 9-3　　　　　　　　　　　　　木质材料面的润粉及其应用

润　　　粉	材料配比（质量比）	配制方法及应用
水性填孔料（水老粉）	大白粉 $65\%\sim72\%$：水 $28\%\sim36\%$：颜料适量	按配合比要求将大白粉和水搅拌成糊状与颜料拌和均匀，然后再与原有大白粉糊上下充分搅拌均匀，不能有结块现象；颜料的用量应使填孔料的色泽略浅于样板木纹表面或管孔内的颜色； 优点：施工方便，着色均匀； 缺点：处理不当易使木纹膨胀，附着力较差，透明度低

润　　粉	材料配比（质量比）	配制方法及应用
油性填孔料 （油老粉）	大白粉 60％：清油10％：松香水 20％：煤油 10％：颜料适量	配制方法与以上所述相同； 优点：木纹不会膨胀，不易收缩开裂，干燥后坚固，着色效果好，透明度高，附着力强，吸收上层涂料少； 缺点：干燥较慢，操作不如水性填孔料方便

表 9-4   木质基层面透明涂饰时着色的材料组成

着色	材料组成	染色特点
水色	常用黄纳粉、黑纳粉等酸性染料溶解于热水中（染料占 10％～20％）	优点：透明，无遮盖力，保持木纹清晰； 缺点：耐光照性能差，易产生褪色
酒色	在清虫胶清漆中掺入适量品色的染料，即成为着色虫胶漆	透明，清晰显露木纹，耐光照性能较好
油色	用氧化铁系材料、哈巴粉、锌钡白、大白粉等调入松香水中再加入清油或清漆等，调制成稀浆	优点：由于采用无机颜料作为着色剂，所以耐光照性能良好，不易褪色； 缺点：透明度较低，显露木纹不够清晰

（2）打磨。

打磨工序是使用研磨材料对被涂物面进行研磨平整的过程，对于油漆涂层的平整光滑、附着力及被涂物面的棱角、线脚、外观质量等方面均有重要影响。常用的砂纸和砂布代号是根据磨料的粒径而划分的，砂布代号数字越大则磨粒越粗；而砂纸则恰恰相反，代号越大则磨粒越细。

油漆涂饰的打磨操作，包括对基层的打磨、层间打磨，以及面层的打磨；打磨的方式又分为干磨与湿磨。打磨必须是在基层或漆膜干实后进行；水性腻子或不宜浸水的基层不能采用湿磨，但含铅的油漆涂料必须湿磨；漆膜坚硬不平或软硬相差较大时，需选用锋利的磨料打磨。干磨是指使用木砂纸、铁砂布、浮石等的一般研磨操作；湿磨则是为了防止漆膜打磨时受热变软而使漆尘粘附于磨粒间影响打磨效率与质量，故将砂纸（或浮石）蘸水或润滑剂进行研磨。

（3）配料。

根据设计、样板或操作所需，将油漆饰面施工所需的原材料按配比调制的工序称为配料，如色漆调配、腻子调配、木质基层、填孔料及着色剂的调配等。配料在油漆涂饰施工中是一项重要的基本技术，它直接影响到涂施、漆膜质量和耐久性。此外，根据油漆涂料的应用特点，油漆技工常需对油漆的黏度（稠度）、品种性能等作必要的调配，其中最基本的事项和做法包括施工稠度的控制、油性漆的调配（油性漆易沉淀，使用时须加入清油等）、硝基漆韧性的调配（掺加适量增韧剂等）、醇酸漆油度的调配（面漆与底漆的调兑等）、无光色漆的调配（普通油基漆掺加适度颜料使漆膜平坦、光泽柔和且遮盖力强）等。

（4）涂刷面层：

1）涂刷涂料时，应做到横平竖直、纵横交错、均匀一致。在涂刷顺序上应先上后下，先内后外，先浅色后深色，按木纹方向理平理直。

2）涂刷混色涂料，一般不少于 4 遍；涂刷清漆时，一般不少于 5 遍。

3）当涂刷清漆时，在操作上应当注意色调均匀，拼色一致，表面不可显露刷纹。

9.8 裱 糊 施 工

裱糊工程就是在墙面、顶棚表面用粘结材料把塑料壁纸、复合壁纸、墙布和绸缎等薄型柔性材料贴到上面，形成装饰效果的施工工艺。裱糊的基层可以是清水平整的混凝土面、抹灰面、石膏板面、纤维水泥加压板面等。但基层必须光滑、平整，可用批刮腻子、砂纸磨平等方法，无鼓包、凹坑、毛糙等现象。裱糊工序应待顶棚、墙面、门窗及建筑设备的油漆、刷浆工序完成后进行。裱糊前要将突出基层表面的设备或附件先卸下；如为木基层则钉帽应打进表面，并涂防锈漆和抹油性腻子刮平；表面为混凝土、抹灰面、含水率不得大于 8%，木制品不得大于 12%。裱糊的基层表面要求颜色一致，阴阳角先做成小圆弧角。对易透底的壁纸等材料，在基层表面先刷一遍乳胶漆，使颜色一致。冬期施工，应在具备采暖的条件下进行。

1. 材料要求

（1）石膏、大白、滑石粉、聚醋酸乙烯乳液、羧甲基纤维素、108 胶或各种型号的壁纸、胶粘剂等。

（2）壁纸：为保证裱糊质量，各种壁纸、墙布的质量应符合设计要求和相应的国家标准。

（3）胶粘剂、嵌缝腻子、玻璃网格布等，应根据设计和基层的实际需要提前备齐。但胶粘剂应满足建筑物的防火要求，避免在高温下因胶粘剂失去粘结力使壁纸脱落而引起火灾。

2. 使用工具

（1）裁剪用的工具。工作台 1m×2m，钢直尺、钢卷尺、裁刀或剪刀。

（2）弹线工具。线锤、粉袋、铝质水平尺。

（3）裱糊工具。脚手架（高的顶棚用）、人字梯、塑料刮板、橡皮刮板、排笔、大油刷、壁纸刀、小辊子、白毛巾、棉丝、塑料桶、海绵块、毛刷、羊毛辊刷、胶质辊筒、牛皮纸、电熨斗等。

3. 作业条件

（1）混凝土和墙面抹灰已完成，且经过干燥，含水率不高于 8%；木材制品不得大于 12%。

（2）水电及设备、顶墙上预留预埋件已安装完。

（3）门窗油漆已完成。

（4）有水磨石地面的房间，出光、打蜡已完，并将面层磨石保护好。

（5）墙面清扫干净，如有凸凹不平、缺棱掉角或局部面层损坏，提前修补好并应干燥，预制混凝土表面提前刮石膏腻子找平。

（6）事先将凸出墙面的设备部件等卸下收存好，待壁纸粘贴完后再将其部件重新装好复原。

（7）如基层色差大，设计选用的又是易透底的薄型壁纸，粘贴前应先进行基层处理，使其颜色一致。

（8）对湿度较大的房间和经常潮湿的墙体表面，如需做裱糊时，应采用有防水性能的壁纸和胶粘剂等材料。

（9）如房间较高应提前准备好脚手架，房间不高，应提前钉设木凳。

（10）对施工人员进行技术交底时，应强调技术措施和质量要求。大面积施工前应先做样板间，经质检部门鉴定合格后，方可组织班组施工。

4. 施工工艺程序

裱糊的工艺程序以基层、襄糊材料不同而工序不同，一般裱糊施工工艺为：清扫基层→接缝处糊条→找补腻子、磨砂纸→满刮腻子、磨平→涂刷铅油一遍涂刷底胶一遍→墙面画准线→壁纸浸水润湿→壁纸涂刷胶粘剂→基层涂刷胶粘剂→墙上纸裱糊→拼缝、搭接、对花→赶压胶粘剂、气泡→裁边→擦净挤出的胶液→清理修整。

5. 裱糊顶棚壁纸

（1）基层处理。清理混凝土顶面，满刮腻子：首先将混凝土顶土的灰渣、浆点、污物等清刮干净，并用笤帚将粉尘扫净，满刮腻子一道。腻子的体积配合比为聚醋酸乙烯乳液：石膏或滑石粉：2%羧甲基纤维素溶液＝1：5：3.5。腻子干后磨砂纸，满刮第二遍腻子，待腻子干后用砂纸磨平、磨光。

（2）吊直、套方、找规矩、弹线。首先应将顶子的对称中心线通过吊直、套方、找规矩的办法弹出中心线，以便从中间向两边对称控制。墙顶交接处的处理原则：凡有挂镜线的按挂镜线，没有挂镜线则按设计要求弹线。

（3）计算用料、裁纸。根据设计要求决定壁纸的粘贴方向，然后计算用料、裁纸。应按所量尺寸每边留出2～3cm余量，如采用塑料壁纸，应在水槽内先浸泡2～3min后拿出，抖去余水，将纸面用净毛巾沾干。

（4）刷胶、糊纸。在纸的背面和顶棚的粘贴部位刷胶，应注意按壁纸宽度刷胶，不宜过宽，铺贴时应从中间开始向两边铺粘。第一张一定要按已弹好的线找直粘牢，应注意纸的两边各甩出1～2cm不压死，以满足与第二张铺粘时的拼花压控对缝的要求。然后依上法铺粘第二张，两张纸搭接1～2cm，用钢板尺比齐，两人将尺按紧，一人用劈纸刀裁切，随即将搭槎处两张纸条撕去，用刮板带胶将缝隙压实刮牢。随后将顶子两端阴角处用钢板尺比齐、拉直，用刮板及辊子压实，最后用湿毛巾将接缝处辊压出的胶痕擦净，依次进行。

（5）修整。壁纸粘贴完后，应检查是否有空鼓不实之处，接槎是否平顺，有无翘进现象，胶痕是否擦净，有无小包，表面是否平整，多余的胶是否清擦干净等，直至符合要求为止。

6. 裱糊墙面壁纸

（1）基层处理。如混凝土墙面可根据原基层质量的好坏，在清扫干净的墙面上满刮1～2道石膏腻子，干后用砂纸磨平、磨光；若为抹灰墙面，可满刮大白腻子1～2道找平、磨光，但不可磨破灰皮；石膏板墙用嵌缝腻子将缝堵实堵严，粘贴玻璃网格布或丝绸条、绢条等，然后局部刮腻子补平。

（2）吊垂直、套方、找规矩、弹线。首先应将房间四角的阴阳角通过吊垂直、套方、找规矩，并确定从哪个阴角开始按照壁纸的尺寸进行分块弹线控制（习惯做法是进门左阴角处开始铺贴第一张）。有挂镜线的按挂镜线，没有挂镜线的按设计要求弹线控制。

（3）计算用料、裁纸。按已量好的墙体高度约放大 2～3cm，按此尺寸计算用料、裁纸，一般应在案子上裁割，将裁好的纸用湿毛巾擦后，折好待用。

（4）刷胶、糊纸。应分别在纸上及墙上刷胶，其刷胶宽度应相吻合，墙上刷胶一次不应过宽。糊纸时从墙的阴角开始铺贴第一张，按已画好的垂直线吊直，并从上往下用手铺平，刮板刮实，并用小辊子将上、下阴角处压实。第一张粘好留 1～2cm（应拐过阴角约 2cm），然后粘铺第二张，依同法压平、压实，与第一张搭槎 1～2cm，要自上而下对缝，拼花要端正，用刮板刮平，用钢板尺在第一、第二张搭槎处切割开，将纸边撕去，边槎处带胶压实，并及时将挤出的胶液用湿毛巾擦净，然后用同法将接顶、接踢脚的边切割整齐，并带胶压实。墙面上遇有电门、插销盒时，应在其位置上破纸作为标记。在裱糊时，阳角不允许甩槎接缝，阴角处必须裁纸搭缝，不允许整张纸铺贴，避免产生空鼓与皱折。

（5）花纸拼接。纸的拼缝处花形要对接拼搭好，铺贴前应注意花形及纸的颜色力求一致，墙与顶壁纸的搭接应根据设计要求而定，一般有挂镜线的房间应以挂镜线为界，无挂镜线的房间则以弹线为准。花形拼接出现困难时，错槎应尽量甩到不显眼的阴角处，大面不应出现错槎和花形混乱的现象。

（6）壁纸修整。糊纸后应认真检查，对墙纸的翘边翘角、气泡、皱折及胶痕未擦净等，应及时处理和修整使之完善。

9.9　幕　墙　施　工

建筑幕墙是指由金属构件与各种板材组成的悬挂在主体结构上，不承担主体的结构荷载与作用的建筑外维护结构。建筑幕墙按其面层材料的不同可分为玻璃幕墙、石材幕墙、金属幕墙等，本节主要介绍玻璃幕墙的构造及施工工艺。

9.9.1　玻璃幕墙种类

玻璃幕墙分有框玻璃幕墙和无框全玻璃幕墙。有框玻璃幕墙又分为明框、隐框和半隐框玻璃幕墙 3 种。无框全玻璃幕墙分底座式全玻璃幕墙、吊挂式玻璃幕墙和点式连接式玻璃幕墙等多种。

（1）明框玻璃幕墙：玻璃镶嵌在铝框内、四边都有铝框的幕墙构件，横梁、立柱均外露。

（2）隐框玻璃幕墙：玻璃用结构硅酮胶粘结在铝框上，铝框全部隐蔽在玻璃后面。

（3）半隐框玻璃幕墙：玻璃两对边嵌在铝框内，两对边用结构胶粘在铝框上。形成立柱外露、横梁隐蔽的竖框横隐的玻璃幕墙或横梁外露、竖框隐蔽的竖隐横框的玻璃幕墙。

（4）全玻璃幕墙：使用大面积玻璃板，而且支撑结构也采用玻璃肋，称全玻璃幕墙。高度小于 4.5m 的玻璃幕墙，可直接以下部为支撑，如图 9 - 22 所示；超过 4.5m 的全玻璃幕

图 9 - 22　落地式全玻璃幕墙结构示意

墙，宜在上部悬挂，玻璃肋通过结构硅酮胶与面玻璃粘合，如图 9-23 所示。

图 9-23 悬挂式全玻璃幕墙结构示意

图 9-24 挂架式玻璃幕墙

（5）挂架式玻璃幕墙：采用四爪式不锈钢挂件与立柱焊接，挂件的每个爪与一块玻璃的一个孔相连接，即一个挂件同时与 4 块玻璃相连接，如图 9-24 所示。

9.9.2 玻璃幕墙材料及构造要求

玻璃幕墙的主要材料包括玻璃、铝合金型材、钢材、五金件及配件、结构胶及密封材料、防火、保温材料等。因幕墙不仅承受自重荷载，还要承受风荷载、地震荷载和温度变化作用的影响，因此幕墙必须安全可靠，使用的材料必须符合国家或行业标准规定的质量要求。

（1）具有防雨水渗漏性能：设泄水孔，用耐候嵌缝密封材料宜用氯丁胶或砖橡胶。

（2）设冷凝水排出管道。

（3）不同金属材料接触处，设置绝缘垫片，采取防腐措施。

（4）立柱与横梁接触处，应设柔性垫片。

（5）隐框玻璃拼缝宽不宜小于 15mm，作为清洗机轨道的玻璃竖缝不小于 40mm。

（6）幕墙下部设绿化带，入口处设遮阳棚、雨篷。

（7）设防撞栏杆。

（8）玻璃与楼层隔墙处缝隙填充料用不燃烧材料。

（9）玻璃幕墙自身应形成防雷体系，并与主体结构防雷体系连接。

9.9.3 玻璃幕墙安装

玻璃幕墙的施工方式除挂架式和无骨架式外，分为单元式安装（工厂组装）和元件式安装（现场组装）两种。单元式玻璃幕墙施工是将立柱、横梁和玻璃板材在工厂已拼装为一个安装单元（一般为一层楼高度），然后在现场整体吊装就位，如图 9-25 所示；元件式玻璃幕墙施工是将立柱、横梁和玻璃等材料分别运到工地现场，进行逐件安装就位，如图 9-26 所示。由于元件式安装不受层高和柱网尺寸的限制，是目前应用较多的安装方法，它适用于明框、隐框和半隐框幕墙，其主要工序如下。

图 9-25 单元式玻璃幕墙
1—楼板；2—玻璃幕墙板

图 9-26 元件式玻璃幕墙
1—立柱；2—横梁；3—楼板

1. 测量放线

将骨架的位置弹到主体结构上。放线工作应根据主体结构施工大的基准轴线和水准点进行。对于由横梁、立柱组成的幕墙骨架，先弹出立柱的位置，然后再将立柱的锚固点确定。待立柱通长布置完毕，将横梁弹到立柱上。如果是全玻璃安装，则首先将玻璃的位置线弹到地面上，再根据外边缘尺寸确定锚固点。

2. 预埋件检查

幕墙与主体结构连接的预埋件应在主体结构施工过程中按设计要求进行埋设，在幕墙安装前检查各预埋件位置是否正确，数量是否齐全。若预埋件遗漏或位置偏差过大，应会同设计单位采取补救措施。补救方法应采用植锚栓补设预埋件，同时应进行拉拔试验。

3. 骨架施工

根据放线的位置进行骨架安装。骨架安装是采用连接件与主体结构上的预埋件相连。连接件与主体结构是通过预埋件或后埋锚栓固定，当采用后埋锚栓固定时，应通过试验确定锚栓的承载力。骨架安装先安装立柱，再安装横梁。上下立柱通过芯柱连接，如图 9-27 所示，横梁与立柱的连接根据材料不同，可以采用焊接、螺栓连接、穿插件连接或用角铝连接。

4. 玻璃安装

玻璃的安装因幕墙的类型不同而不同。钢骨架，因型钢没有镶嵌玻璃的凹槽，多用窗框过渡，将玻璃安装在铝合金窗框上再将铝合金窗框与骨架相连。铝合金型材的幕墙框架，在成型时已经将固定玻璃的凹槽随同断面一次挤压成型，可以直接安装玻璃。玻璃与金属之间不能直接接触，玻璃底部设防震垫片，侧面与金属之间用封缝材料嵌缝。对隐框玻璃幕墙，在玻璃框安装前应对玻璃及四周的铝框进行清洁，保证嵌缝耐候胶能可靠粘结。安装前玻璃的镀膜面应粘贴保护膜加以保护，交工前全部揭除。安装时对于不同的金属接触面应设防静电垫片。

图 9-27 上下立柱连接方法

5. 密封处理

玻璃或玻璃组件安装完后，应即使用耐候密封胶嵌缝密封，保证玻璃幕墙的气密性、水密性等性能。嵌缝密封做法如图9-28～图9-30所示。玻璃幕墙使用的密封胶其性能必须符合规范规定。耐候密封胶必须是中性单组分胶，酸碱性胶不能使用。使用前，应经国家认可的检测机构对与硅酮结构胶相接触的材料进行相容性和剥离粘结性试验，并应对邵氏硬度和标准状态下拉伸粘结性能进行复验。

图9-28　隐框幕墙耐候胶嵌缝　　　图9-29　幕墙转角封缝构造　　　图9-30　幕墙顶部封缝做法

6. 清洁维护

玻璃安装完后，应从上往下用中性清洁剂对玻璃幕墙表面及外露构件进行清洁，清洁剂使用前应进行腐蚀性检验，证明对铝合金和玻璃无腐蚀作用后方可使用。

9.10　冬期与雨期施工

9.10.1　冬期施工措施

1. 抹灰工程

（1）热作法施工。

热作法施工是利用房屋的永久或临时热源来保持操作环境的温度，使抹灰砂浆硬化和固结。常用于室内抹灰。热源有火炉、蒸汽、远红外线加热器等。

室内抹灰以前，宜先做好屋面防水层及室内封闭保温。室内抹灰的养护温度不应低于5℃。水泥砂浆层应在潮湿的条件下养护，并应通风、换气。用冻结法砌筑的墙，室外抹灰应待其完全解冻后施工；室内抹灰应待抹灰的一面解冻深度不小于砖厚的一半时方可施工。不得采用热水冲刷冻结的墙面或用热水消除墙面的冰霜。砂浆应在搅拌棚中集中搅拌，并应在运输中保温，要随用随拌，防止冻结。

室内抹灰工程结束后，在7d以内，应保持室内温度不低于5℃。抹灰层可采取加温措施加速干燥。当采用热空气加温时，应注意通风，排除湿气。

（2）冷作法施工。

冷作法施工是在砂浆中掺入防冻剂，在不采取保温措施的情况下进行抹灰。适用于装饰要求不高、小面积的外墙抹灰工程。

抹灰基层表面当有冰、霜、雪时，可采用与抹灰砂浆同浓度的防冻剂溶液冲刷，并应清除表面的尘土。

2. 饰面工程

冬期室内饰面工程施工可采用热空气或带烟囱的火炉取暖，并应设有通风、排湿装置。

室外饰面工程宜采用暖棚法施工，棚内温度不应低于5℃，并按常温施工方法操作。

饰面板就位固定后，用1∶2.5水泥砂浆灌浆，保温养护时间不小于7d。

外面饰面石材应根据当地气温条件及吸水率要求选材。采用螺栓固定的干作业法施工，锚固螺栓应做防水、防锈处理。

釉面砖及外墙面砖在冬期施工时宜在2%盐水中浸泡2h，并在晾干后方可使用。

3. 油漆、刷浆、裱糊、玻璃工程

油漆、刷浆、裱糊、玻璃工程应在采暖条件下进行施工。当需要在室外施工时，其最低环境温度不应低于5℃，遇有大风、雨、雪应停止施工。

刷调和漆时，应在其内加入调和漆重量2.5%的催干剂和5%的松香水，施工时应排除烟气和潮气，防止失光和发粘不干。

室外刷浆应保持施工均衡，粉浆类料浆宜采用热水配制，随用随配并做料浆保温，料浆使用温度宜保持在15℃左右。

裱糊工程施工时，混凝土或抹灰基层含水率不应大于8%。施工中当室内温度高于20℃，且相对湿度不大于80%时，应开窗换气，防止壁纸打皱起泡。

玻璃工程冬期施工时，应将玻璃、镶嵌用合成橡胶等材料运到有采暖设备的室内，操作地点环境温度不应低于5℃。

外墙铝合金、塑料框、大扇玻璃不宜在冬期安装。

9.10.2　雨期施工措施

1. 油漆工程

(1) 在阴雨天，潮湿季节进行涂漆施工时，常发生漆膜泛白的现象。透明涂层泛白后，就形成一种不透明或半透明的乳白色雾层。不透明涂层（色漆涂层）泛白后，会使色漆失去鲜艳的色彩。为了防止漆膜泛白，操作场所必须保持适当的湿度。

(2) 如在雨天应关上门窗施工，或在涂刷操作的现场用碘钨灯或红外线烤灯，进行局部的干燥处理。如果湿度无法控制，可以在涂料中加入适量防潮剂，一般在香蕉水中加入10%～20%的丁醇防潮剂。漆膜如发生了泛白，可用红外线烘烤发白处，待泛白漆膜水分蒸发消失后，再涂一层加入防潮剂的涂料。

2. 石膏板吊顶

(1) 石膏板安装和嵌缝：在正常情况下，环境温度对石膏板的罩面质量，即对其线性膨胀和收缩的影响并不明显，但是，空气的湿度则对板材的胀缩影响很大。在湿度较大的环境里进行施工，吊顶的石膏板会吸收较多水分，尽管其板缝经嵌缝处理后已达到平整严密，但当环境湿度下降，板材内的水分释放出来并出现线性放缩，因而会使顶面产生裂纹。

(2) 为了保证施工质量，石膏板的安装和嵌缝应避免在湿度较大的天气内进行，或者考虑用玻璃纤维网格胶带取代穿孔牛皮纸带，以保证嵌缝的固结质量。

(3) 石膏板面乳胶漆施工。如果湿度较大，会使粘贴的水溶性胶料失效，而且会拖延涂料的干燥时间。为此，石膏板施工应尽量安排在湿度较为适宜的环境进行。

3. 木龙骨、夹板施工

木龙骨架安装时，对埋入墙体的木楔，应事先进行防腐处理，在雨季施工时，要用桐油进行浸渍，为了方便施工，也可采用新型防腐剂。木龙骨架和基层板要用防腐剂进行涂刷。切片板等饰面材料，先要进行底油涂刷，防止受潮变形。

4. 材料的运输和堆放

对石膏板、木龙骨、夹板类等容易受潮的材料，在运输过程中应防止雨淋，在堆放时，要堆放整齐，下面应垫木板，并与墙壁保持一定距离，而且要用塑料等遮盖物进行遮盖。

9.11 施 工 安 全 措 施

9.11.1 饰面作业

1. 饰面作业

(1) 施工前班组长对所有人员进行有针对性的安全交底。

(2) 外装饰为多工种立体交叉作业，必须设置可靠的安全防护隔离层。

(3) 贴面使用预制件、大理石、瓷砖等，应堆放整齐平稳，边用边运。安装要稳拿稳放，待灌浆凝固稳定后，方可拆除临时设施。

(4) 瓷砖墙面作业时，瓷砖碎片不得向窗外抛扔。剔凿瓷砖应戴防护镜。

(5) 使用电钻、砂轮等手持电动工具，必须装有漏电保护器，作业前应试机检查，作业时应戴绝缘手套。

(6) 夜间操作应有足够的照明。

(7) 遇有六级以上强风、大雨、大雾，应停止室外高处作业。

2. 刷（喷）浆工程

(1) 喷浆设备使用前应检查，使用后应洗净，喷头堵塞，疏通时不准对人。

(2) 喷浆要戴口罩、手套和保护镜、穿工作服，手上、脸上最好抹上护肤油脂（凡士林等）。

(3) 喷浆要注意风向，尽量减少污染及喷洒到他人身上。

(4) 使用人字梯，拉绳必须结牢，并不得站在最上一层操作，不准站在梯子上移位，梯子脚下要绑胶布防滑。

(5) 活动架子应牢固、平稳，移动时人要下来。移动式操作平台面积不应超过 10m²，高度不超过 5m。

3. 外檐装饰抹灰工程

(1) 施工前对抹灰工进行必要的安全和技能培训，未经培训或考试不合格者，不得上岗作业。更不得使用童工、未成年工、身体有疾病的人员作业。

(2) 对脚手板不牢固之处和跷头板等及时处理，要铺有足够的宽度，以保证手推车运灰浆时的安全。

(3) 脚手架上的材料要分散放稳，不得超过允许荷载（装修架不得超过 200kg/m²，集中荷载不得超过 150kg/m²）。

(4) 不准随意拆除、斩断脚手架软硬拉结，不准随意拆除脚手架上的安全设施，如妨碍施工，必须经施工负责人批准后，方能拆除妨碍部位。

(5) 使用吊篮进行外墙抹灰时，吊篮设备必须具备三证（检验报告、生产许可证、产品合格证），并对抹灰人员进行吊篮操作培训，专篮专人使用，更换人员必须经安全管理人员批准并从新教育、登记，吊篮架上作业必须系好安全带，必须系在专用保险绳上。

(6) 吊篮架子升降由架子工负责，非架子工不得擅自拆改或升降；作业过程中遇有脚手架与建筑物之间拉接,未经领导同意,严禁拆除。必要时由架子工负责采取加固措施后方可拆除。

(7) 井架吊篮起吊或放下时,必须关好井架安全门,头、手不得伸入井架内,待吊篮停稳,方能进入吊篮内工作。采用井字架、龙门架、外用电梯垂直运送材料时,预先检查卸料平台通道的两侧边防护是否齐全、牢固,吊盘(笼)内小推车必须加挡车板,不得向井内探头张望。

(8) 在架子上工作,工具和材料要放置稳当,不准随便乱扔。

(9) 砂浆机应有专人操作、维修、保养,电器设备应绝缘良好并接地,并做到二级漏电保护。

(10) 用塔吊上料时,要有专职指挥,遇六级以上大风时暂停作业。

(11) 高空作业时,应检查脚手架是否牢固,特别是大风及雨后作业。

4. 室内水泥砂浆抹灰工程

(1) 操作前应检查架子、高凳等是否牢固,如发现不安全地方立即作加固等处理,不准用 50mm×100mm、50mm×200mm 木料(2m 以上跨度)、钢模板等作为立人板。

(2) 搭设脚手板不得有跷头板,脚手板不得搭设在门窗、暖气片、洗脸池等非承重的物器上。阳台通廊部位抹灰,外侧必须挂设安全网。严禁踩踏脚手架的护身栏杆和阳台栏板进行操作。

(3) 室内抹灰使用的木凳、金属支架应搭设平稳牢固,脚手板高度不大于 2m,架子上堆放材料不得过于集中,存放砂浆的灰斗、灰桶等要放稳。

(4) 室内抹灰采用高凳上铺脚手板时,宽度不得少于两块脚手板,间距不得大于 2m,移动高凳时上面不得站人,作业人员最多不得超过 2 人。高度超过 2m 时,应由架子工搭设脚手架。

(5) 在室内推运输小车时,特别是在过道中拐弯时要注意小车挤手。在推小车时不准倒退。

(6) 在高大门、窗旁作业时,必须将门窗扇关好,并插上插销。

(7) 严禁从窗口向下随意抛掷东西。

(8) 搅拌与抹灰时(尤其在抹顶棚时),注意灰浆溅落眼内。

9.11.2 玻璃安装

1. 玻璃安装安全技术

(1) 切割玻璃,应在指定场所进行。切下的边角余料应集中堆放,及时处理,不得随地乱丢。

(2) 搬运和安装玻璃时,注意行走路线,戴手套,防止玻璃划伤。

(3) 安装门、窗及安装玻璃时严禁操作人员站在樘子、阳台栏板上操作。门、窗临时固定,封填材料未达到强度,严禁受拉门、窗进行攀登。

(4) 使用的工具、钉子应装在工具袋内,不准口含铁钉。

(5) 玻璃未钉牢固前,不得中途停工,以防掉落伤人。

(6) 安装窗扇玻璃时,不能在垂直方向的上下两层间同时安装,以免玻璃破碎时掉落伤人。

(7) 安装玻璃不得将梯子靠在门窗扇上或玻璃上。

（8）在高处安装玻璃，必须系安全带、穿软底鞋，应将玻璃放置平稳，垂直下方禁止通行。安装屋顶采光玻璃，应铺设脚手板。

（9）在高处外墙安装门、窗而无外脚手架时应张挂安全网。无安全网时，操作人员应系好安全带，其保险钩应挂在操作人员上方的可靠物件上，操作人员的重心应位于室内，不得在窗台上站立。

（10）施工时严禁从楼上向下抛撒物料，安装或更换玻璃要有防止玻璃坠落措施。

（11）施工中使用的电动工具及电气设备，均应符合国家现行标准《施工现场临时用电安全技术规范》（JGJ 46—2005）的规定。

（12）门窗扇玻璃安装完后，应随即将风钩或插销挂上，以免因刮风而打碎玻璃伤人。

（13）储存时，要将玻璃摆放平稳，立面平放。

2. 玻璃幕墙安装安全技术

（1）安装构件前应检查混凝土梁柱的强度等级是否达到要求，预埋件焊接是否牢靠，不松动；不准使用膨胀螺栓与主体结构拉结现象。

（2）严格按照施工组织设计方案及安全技术措施施工。

（3）吸盘机必须有产品合格证和产品使用证明书，使用前必须检查电源电线、电动机绝缘应良好无漏电，重复接地和接保护零线牢靠，触电保护器动作灵敏，液压系统连接牢固无漏油，压力正常，并进行吸附力和吸持时间试验，符合要求，方可使用。

（4）遇有大雨、大雾或五级阵风及其以上，必须立即停止作业。

9.11.3　涂料工程

1. 涂料工程安全注意事项

（1）施工前进行教育培训，严格执行安全技术交底工作，坚持特殊工种持证上岗制度，进场施工人员每人进行安全考试，考试合格后方可进场施工。

（2）漆材料（汽油、漆料、稀料）应单独存放在专用库房内，不得与其他材料混放，库房应通风良好。易挥发的汽油、稀料应装入密闭容器中，严禁在库内吸烟和使用任何烟火，照明灯具必须防爆，施工现场严禁吸烟、使用任何明火和可导致引起火灾的电器设备。并有专职消防员在现场监察旁站，现场设置足够的消防器材，确保使用满足灭火要求。

（3）库房应通风良好，并设置消防器材和"严禁烟火"标识。库房与其他建筑物应保持一定的安全距离。

（4）沾染油漆的棉纱、破布、油纸等废物，应收集存放在有盖的金属容器内，并及时处理。

（5）施工现场一切用电设施须安装漏电保护装置，施工用电动工具应正确使用。

（6）室内照明使用 36V，地下室使用 24V，电线不可拖地，严禁无证操作。

（7）配备足够的灭火器（一般情况按照 200m² 一个的灭火器的密度）。消防器材要设在易发生火灾隐患或位置明显处，所有的消防器材均要涂上红油漆，设置标志牌。要保障消防道路的畅通。

（8）作业的人员应注意：

1）严禁从高处向下方投掷或者从低处向高处投掷物料、工具；

2）清理楼内物料时，应设溜槽或使用垃圾桶或垃圾袋；

3）手持工具和零星物料应随手放在工具袋内；

4）如头痛、恶心、心闷和心悸等，应停止作业，到户外通风处换气；

5）从事有机溶剂、腐蚀和其他损坏皮肤的作业，应使用橡皮或塑料专用手套，不能用粉尘过滤器代替防毒过滤器，因为有机溶剂蒸汽，可以直接通过粉尘过滤器等。

2. 涂料工程施工安全技术

（1）施工中使用油漆、稀料等易燃物品时，应限额领料。禁止交叉作业；禁止在作业场分装、调料。

（2）油工施工前，应将易弄脏部位用塑料布、水泥依或油毡纸遮挡盖好，不得把白灰浆、油漆、腻子洒到地上，沾到门窗、玻璃和墙上。

（3）在施工过程中，必须遵守"先防护，后施工"的规定，施工人员必须佩戴安全帽、穿工作服、耐温鞋，严禁在没有任何防护的情况下违章作业。

（4）使用煤油、汽油、松香水、丙酮等调配油料，应戴好防护用品，严禁吸烟。熬胶、熬油必须远离建筑物，在空旷地方进行，严防发生火灾。

（5）在室内或容器内喷涂时，应戴防护镜。喷涂含有挥发性溶液和快干油漆时，严禁吸烟，作业周围不准有火种，并戴防护口罩和保持良好的通风。

（6）刷涂外开窗扇，将安全带挂在牢固的地方。刷涂封檐板、水落管等应搭设脚手架或吊架。在大于25℃的铁皮屋面上刷油，应设置活动板梯、防护栏杆和安全网。

（7）使用喷灯，加油不得过满，打气不应过足，使用时间不宜过长，点灯时火嘴不准对人，加油应待喷灯冷却后进行，离开工作岗位时，必须将火熄灭。

（8）喷砂机械设备的防护设备必须齐全可靠。

（9）用喷砂除锈，喷嘴接头要牢固，不准对人。喷嘴堵塞，应停机消除压力后，方可进行修理或更换。

（10）使用喷浆机，电动机接地必须可靠，电线绝缘良好。手上沾有浆水时，不准开关电闸，以防触电。通气管或喷嘴发生故障时，应关闭闸门后再进行修理。喷嘴堵塞，疏通时不准对人。

（11）采用静电喷漆，为避免静电聚集，喷漆室（棚）应有接地保护装置。

（12）使用合页梯作业时，梯子坡度不宜过限或过直，梯子下挡用绳子拴好，梯子脚应绑扎防滑物。在合页梯上搭设架板作业时，两人不得挤在一处操作，应分段顺向进行，以防人员集中发生危险。使用单梯坡度宜为60°。

（13）使用人字梯应遵守以下规定：

1）高度2m以下作业（超过2m按规定搭设脚手架）使用的人字梯应四脚落地，摆放平稳，梯脚应设防滑皮垫和保险拉链。

2）人字梯上搭铺脚手板，脚手板两端搭接长度不得小于20cm，脚手板中间不得同时两人操作，梯子挪动时，作业人员必须下来，严禁站在梯子上踩高跷式挪动。人字梯顶部铰轴不准站人、不准铺设脚手板。

3）人字梯应经常检查，发现开裂、腐朽、榫头松动、缺档等不得使用。

（14）空气压缩机压力表和安全阀必须灵敏有效。高压气管各种接头必须牢固，修理料斗气管时应关闭气门，试喷时不准对人。

（15）防水作业上方和周围10m应禁止动用明火交叉作业。

（16）临边作业必须采取防坠落的措施。外墙、外窗、外楼梯等高处作业时，应系好安全带，安全带应高挂低用，挂在牢靠处。油漆窗户时，严禁站在或骑在窗栏上操作。刷封沿板或水落管时，应在脚手架或专用操作平台架上进行。

（17）在施工休息、吃饭、收工后，现场油漆等易燃材料要清理干净，油料临时堆放处要设专人看守，防止无人看守易燃物品引起火灾隐患。

（18）作业后应及时清理现场遗料，运到指定位置存放。

3. 油漆工程安全技术

（1）油漆涂料的配置应遵守以下规定：

1）调制油漆应在通风良好的房间内进行。调制有害油漆涂料时，应戴好防毒口罩、护目镜，穿好与之相适应的个人防护用品，工作完毕应冲洗干净。

2）操作人员应进行体检，患有眼病、皮肤病、气管炎、结核病者不宜从事此项事业。

3）高处作业时必须支搭平台，平台下方不得有人。

4）工作完毕，各种油漆涂料的溶剂桶（箱）要加盖封严。

（2）在用钢丝刷、板锉、气动、电动工具清除铁锈、铁鳞时，为避免眼睛沾污和受伤，需戴上防护眼镜。

（3）在涂刷或喷涂对人体有害的油漆时，需戴上防护口罩，如对眼睛有害，需戴上密闭式眼镜进行保护。

（4）在涂刷红丹防锈漆及含铅颜料的油漆时，应注意防止铅中毒，操作时要戴口罩。

（5）在喷涂硝基漆或其他挥发性、易燃性溶剂稀释的涂料时，不准使用明火。

（6）为了避免静电集聚引起事故，对罐体涂漆或喷涂应安装接地线装置。

（7）涂刷大面积场地时，（室内）照明和电气设备必须按防火等级规定进行安装。

（8）在配料或提取易燃晶时严禁吸烟，浸擦过清油、清漆、油的棉纱、擦手布不能随便乱丢。

（9）不得在同一脚手板上交接工作面。

（10）油漆仓库明火不准入内，须配备灭火器，不准装小太阳灯。

复 习 思 考 题

1. 试述装饰工程的作用特点及所包含的内容。

2. 试述一般抹灰的分层做法操作要点及质量要求。

3. 试述机械抹灰的原理、施工工艺及操作注意事项。

4. 装饰抹灰有哪些种类？试述水刷石、水磨石、干粘石的做法及质量要求。

5. 简述饰面砖的镶贴方法。

6. 简述大理石及花岗岩石的安装方法。

7. 简述铝合金门窗及塑料门窗的安装方法。

8. 油漆施工有哪些工序？如何保证施工质量？

9. 试述壁纸裱糊工艺及质量要求。

10. 建筑装饰装修工程冬雨期施工措施有哪些？

11. 建筑装饰装修工程安全施工措施有哪些？

参 考 文 献·

[1]《建筑施工手册》编写组．建筑施工手册．5版．北京：中国建筑工业出版社，2012.

[2] 姚谨英．建筑施工技术．4版．北京：中国建筑工业出版社，2012.

[3] 张长友，白锋．建筑施工技术．北京：中国电力出版社，2006.

[4] 陈守兰．建筑施工技术．北京：科学出版社，2005.

[5] 祖青山．建筑施工技术．北京：中国环境科学出版社，2003.

[6] 李伟，王飞．建筑工程施工技术．北京：机械工业出版社，2006.

[7] 应惠清．土木工程施工技术．上海：同济大学出版社，2006.

[8] 张厚先，王志清．建筑施工技术．北京：机械工业出版社，2003.

[9] 宁仁歧．建筑施工技术．北京：高等教育出版社，2004.

[10] 廖代广．土木工程施工技术．武汉：武汉理工大学出版社，2002.

[11] 李继业．建筑施工技术．北京：科学出版社，2001.

[12] 毛鹤琴．土木工程施工．武汉：武汉理工大学出版社，2004.

[13] 林瑞铭，舒适．建筑施工．天津：天津大学出版社，1989.

[14] 廖代广．土木工程施工技术．武汉：武汉理工大学出版社，2003.

[15] 刘仁松．建筑工程施工工艺．重庆：重庆大学出版社，2002.

[16] 郭正兴，李金根．建筑施工．南京：南大学出版社，2003.

[17] 张保兴．建筑施工技术．北京：中国建材工业出版社，2010.